rapid biological : 17
inventories

Perú: Sierra del Divisor

Corine Vriesendorp, Thomas S. Schulenberg,
William S. Alverson, Debra K. Moskovits, y/and
José-Ignacio Rojas Moscoso, editores/editors

DICIEMBRE/DECEMBER 2006

Instituciones Participantes/Participating Institutions

The Field Museum	The Field Museum
The Nature Conservancy	The Nature Conservancy–Perú
	ProNaturaleza–Fundación Peruana para la Conservación de la Naturaleza
	Instituto del Bien Común (IBC)
	Organización Regional AIDESEP–Iquitos (ORAI)
	Organización Regional AIDESEP–Ucayali (ORAU)
	Herbario Amazonense de la Universidad Nacional de la Amazonía Peruana
	Museo de Historia Natural de la Universidad Nacional Mayor de San Marcos

LOS INVENTARIOS BIOLÓGICOS RÁPIDOS SON PUBLICADOS POR/
RAPID BIOLOGICAL INVENTORIES REPORTS ARE PUBLISHED BY:

THE FIELD MUSEUM
Environment, Culture and Conservation
1400 South Lake Shore Drive
Chicago, Illinois 60605–2496, USA
T 312.665.7430, F 312.665.7433
www.fieldmuseum.org

Editores/Editors
Corine Vriesendorp, Thomas S. Schulenberg, William S. Alverson,
Debra K. Moskovits, y/and José-Ignacio Rojas Moscoso

Diseño/Design
Costello Communications, Chicago

Mapas/Maps
Dan Brinkmeier, Kevin Havener, Sergio Rabiela y/and Nathan Strait

Traducciones/Translations
Patricia Álvarez, Maria Luisa S.P. Jorge, Pepe Rojas,
Susan Fansler Donoghue, Tyana Wachter, Paúl M. Velazco,
y/and Amanda Zidek-Vanega

Esta publicación ha sido financiada en parte por la Gordon and Betty
Moore Foundation./This publication has been funded in part by the
Gordon and Betty Moore Foundation.

Cita sugerida/Suggested citation
C. Vriesendorp, T. S. Schulenberg, W. S. Alverson,
D. K. Moskovits, y/and J.-I. Rojas Moscoso, eds. 2006.
Perú: Sierra del Divisor. Rapid Biological Inventories Report 17.
The Field Museum, Chicago.

Créditos fotográficos/Photography credits
Carátula/Cover: La Zona Reservada Sierra del Divisor se
caracteriza por levantamientos escarpados y formaciones geológicas
únicas. El Plan Director en 1996 ya identificaba el área como
una prioridad para la conservación en el Perú. La Zona Reservada
fue creada en 2006, después de este inventario rápido. Foto de
A. del Campo/Sierra del Divisor is marked by rugged uplifts and
unique geological formations. Identified as a conservation priority
for Peru in the nationwide conservation plan (Plan Director) in
1996, the area was protected in 2006, after this rapid inventory.
Photo by A. del Campo.

Carátula interior/Inner cover: Los levantamientos volcánicos
señalan el área sur de la Zona Reservada Sierra del Divisor. Foto de
R. Foster./Volcanic uplifts mark the southern portion of the Zona
Reservada Sierra del Divisor. Photo by R. Foster.

Láminas a color/Color plates: Fig. 1, A. del Campo;
Figs. 3C–D, C. Vriesendorp; Figs. 3E, 7B–D, G. Knell;
Figs. 3G–I, 4A–K, R. Foster; Figs. 5A–F, M. Hidalgo;
Figs. 3F, 6A, 6E–F, M. da Souza; Figs. 6A, 6C, 6D, C. Rivera;
Fig. 7A, T. Hayden; Fig. 8A, M. Bowler; Figs. 8B–C, E–F, M. L. Jorge;
Fig. 8D, L. Porter; Fig. 9A, V.-L. Rodrigues; Figs. 11A–E, A. Nogués.

 Impreso sobre papel reciclado/Printed on recycled paper

CONTENIDO/CONTENTS

INTEGRANTES DEL EQUIPO

EQUIPO DE CAMPO

Christian Albujar (*aves*)
Instituto de Investigación de Enfermedades Tropicales
Virology Program, U.S. Naval Medical Research
Center Detachment
Lima, Perú

Moisés Barbosa da Souza (*anfibios y reptiles*)
Universidade Federal do Acre
Rio Branco, Brasil

Nállarett Dávila Cardozo (*plantas*)
Universidad Nacional de la Amazonía Peruana
Iquitos, Perú

Francisco Estremadoyro (*logística*)
Pronaturaleza
Lima, Perú

Robin B. Foster (*plantas*)
Environmental and Conservation Programs
The Field Museum, Chicago, IL, EE.UU.

Thomas Hayden (*periodista*)
U.S. News and World Report
Washington, DC., EE.UU.

Max H. Hidalgo (*peces*)
Museo de Historia Natural
Universidad Nacional Mayor de San Marcos
Lima, Perú

Dario Hurtado (*logística de transporte*)
Policia Nacional del Perú
Lima, Perú

Maria Luisa S.P. Jorge (*mamíferos*)
Universidad de Illinois–Chicago
Chicago, IL, EE.UU.

Guillermo Knell (*anfibios y reptiles, logística de campo*)
Environmental and Conservation Programs
The Field Museum, Chicago, IL, EE.UU.

Presila Maynas (*caracterización social*)
Federación de Comunidades Nativas del Alto Ucayali
Pucallpa, Perú

Italo Mesones (*plantas, logística de campo*)
Universidad Nacional de la Amazonía Peruana
Iquitos, Perú

Orlando Mori (*caracterización social*)
Federación de Comunidades Nativas del Bajo Ucayali
Iquitos, Perú

Debra K. Moskovits (*coordinadora*)
Environment, Culture, and Conservation
The Field Museum, Chicago, IL, EE.UU.

Andrea Nogués (*caracterización social*)
Center for Cultural Understanding and Change
The Field Museum, Chicago, IL, EE.UU.

José F. Pezzi da Silva (*peces*)
Pontifícia Universidade Católica do Rio Grande do Sul
Porto Alegre, Brasil

Renzo Piana (*caracterización social*)
Instituto del Bien Común
Lima, Perú

Carlos Rivera (*anfibios y reptiles*)
Universidad Nacional de la Amazonía Peruana
Iquitos, Perú

José-Ignacio (Pepe) Rojas Moscoso (*logística de campo, aves*)
Rainforest Expeditions
Tambopata, Perú

Thomas S. Schulenberg (*aves*)
Environmental and Conservation Programs
The Field Museum, Chicago, IL, EE.UU.

Jaime Semizo (*caracterización social*)
Instituto del Bien Común
Lima, Perú

Robert Stallard (*geología*)
Smithsonian Tropical Research Institute
Cuidad de Panamá, Panamá

Vera Lis Uliana Rodrigues (*plantas*)
Universidade de São Paulo
São Paulo, Brasil

Raúl Vásquez (*caracterización social*)
ProNaturaleza
Pucallpa, Perú

Claudia Vega (*logística*)
The Nature Conservancy-Peru
Lima, Perú

Paúl M. Velazco (*mamíferos*)
Division of Mammals
The Field Museum, Chicago, IL, EE.UU.

Corine Vriesendorp (*plantas*)
Environmental and Conservation Programs
The Field Museum, Chicago, IL, EE.UU.

COLABORADORES

Asociación Interétnica de Desarrollo de la Selva Peruana (AIDESEP)
Lima, Perú

Centro de Datos para la Conservación (CDC)
Lima, Perú

Centro de Investigación y Manejo de Áreas Naturales (CIMA)
Lima, Perú

Derecho, Ambiente y Recursos Naturales (DAR)
Lima, Perú

Federación de Comunidades Nativas del Alto Ucayali (FECONAU)
Pucallpa, Perú

Federación de Comunidades Nativas del Bajo Ucayali (FECONBU)
Iquitos, Perú

Fuerza Aérea del Perú (FAP)
Lima, Perú

Gobierno Regional de Loreto (GOREL)
Iquitos, Perú

Gobierno Regional de Ucayali (GOREU)
Pucallpa, Perú

Instituto Nacional de Recursos Naturales (INRENA)
Lima, Perú

Policia Nacional del Perú (PNP)
Lima, Perú

Universidade Federal de Acre (UFAC)
Rio Branco, Brasil

Pontifícia Universidade Católica do Rio Grande do Sul (PUCRS)
Porto Alegre, Brasil

The Field Museum

El Field Museum es una institución de educación e investigación—basada en colecciones de historia natural—que se dedica a la diversidad natural y cultural. Combinando las diferentes especialidades de Antropología, Botánica, Geología, Zoología y Biología de Conservación, los científicos del museo investigan temas relacionados a evolución, biología del medio ambiente y antropología cultural. Una división del museo—Environment, Culture, and Conservation (ECCo)—a través de sus dos departamentos, Environmental and Conservation Programs (ECP) y el Center for Cultural Understanding and Change (CCUC), está dedicada a convertir la ciencia en acción que crea y apoya una conservación duradera de la diversidad biológica y cultural. ECCo colabora estrechamente con los residentes locales para asegurar su participación en conservación a través de sus valores culturales y fortalezas institucionales. Con la acelerada pérdida de la diversidad biológica en todo el mundo, la misión de ECCo es de dirigir los recursos del museo—conocimientos científicos, colecciones mundiales, programas educativos innovadores—a las necesidades inmediatas de conservación a un nivel local, regional e internacional.

The Field Museum
1400 South Lake Shore Drive
Chicago, Illinois 60605–2496 EE.UU.
312.922.9410 tel
www.fieldmuseum.org

The Nature Conservancy–Peru

The Nature Conservancy (TNC) es una organización internacional sin fines de lucro, establecida en 1951. Su sede está en los Estados Unidos, pero también trabaja en más de 30 otros países en el mundo. La misión de TNC es de conservar plantas, animales y comunidades naturales que representan la diversidad de vida en la tierra mediante la protección de las tierras y las aguas que éstos necesitan para sobrevivir. La visión de TNC es de conservar áreas de conservación funcionales dentro y a través de ecoregiones. En el Perú, TNC tiene tres iniciativas principales: el Parque Nacional Pacaya Samiria, los bosques de la Selva Central y la creación de un área protegida en la región de Sierra del Divisor como área "hermana" al Parque Nacional da Serra do Divisor en Brasil.

The Nature Conservancy–Perú
Av. Libertadores 744, San Isidro
Lima, Peru
51.1.222.8600 tel
51.1.221.6243 fax
www.nature.org/wherewework/southamerica/peru

Pronaturaleza – Fundación Peruana para la Conservación de la Naturaleza

ProNaturaleza–Fundación Peruana para la Conservación de la Naturaleza es una organización no lucrativa, creada en 1984 con la finalidad de contribuir a la conservación del patrimonio natural del Perú, en especial de su biodiversidad, propiciando el desarrollo sostenible y la mejora de la calidad de vida de los peruanos. Para lograr esto, ProNaturaleza ejecuta proyectos, básicamente en áreas naturales, en tres líneas principales de trabajo: la protección de la diversidad biológica, el uso sostenible de los recursos naturales y la promoción de una cultura de conservación en la sociedad nacional.

ProNaturaleza–Fundación Peruana para la
Conservación de la Naturaleza
Av. Alberto del Campo 417
Lima 17, Perú
51.1.264.2736, 51.1.264.2759 tel
51.1.264.2753 fax
www.pronaturaleza.org

Instituto del Bien Común (IBC)

El Instituto del Bien Común es una asociación civil peruana sin fines de lucro, cuya preocupación central es la gestión óptima de los bienes comunes. De ella depende nuestro bienestar común para hoy y para el futuro como pueblo y como país. De ella también depende el bienestar de la numerosa población que habita a las zonas rurales, boscosas y litorales, asi como la salud y continuidad de la oferta ambiental de los diversos ecosistemas que nos sustentan. De ella depende, finalmente, la viabilidad y calidad de la vida urbana de todos los sectores sociales. En la actualidad, el Instituto está realizando cuatro iniciativas hacia la gestión optima de los bienes comunes: el Programa Pro-Pachitea enfocado en la gestión local de cuencas, del agua y de los peces; el Programa Sistema de Información sobre Comunidades Nativas, enfocado en la defensa de los territorios indígenas; y el Programa Gestión de Grandes Paisajes que busca la creación de un mosaico de áreas de uso y conservación en las cuencas de los ríos Ampiyacu, Apayacu, Yaguas y Putumayo que incluya la ampliación de los territorios comunales, la creación de áreas de conservación regional y un área natural protegida. Así mismo, el Programa apoya el ordenamiento territorial y la participación de las organizaciones indígenas en el proceso de creación y categorización de la Zona Reservada Sierra del Divisor. El IBC ha concluido el proyecto ACRI enfocado en el estudio del manejo comunitario de recursos naturales, el cual tuvo como resultado varias publicaciones que están a disposición del público.

Instituto del Bien Común
Av. Petit Thouars 4377
Miraflores, Lima 18, Perú
51.1.421.7579 tel
51.1.440.0006 tel
51.1.440.6688 fax
www.ibcperu.org

Organización Regional AIDESEP–Iquitos (ORAI)

La Organización Regional AIDESEP–Iquitos (ORAI) es una institución jurídica inscrita en la Oficina Registral de Loreto en la cuidad de Iquitos, agrupa a 13 federaciones indígenas y está compuesto por 16 pueblos etnolingüísticas. Dichos pueblos están distribuidos geográficamente en la región de Loreto en los ríos Putumayo, Algodón, Ampiyacu, Amazonas, Nanay, Tigre, Corrientes, Marañón, Samiria, Ucayali, Yavarí y Tapiche.

Su misión es trabajar por la reivindicación de los derechos colectivos, acceso a territorio, por un desarrollo económico autónomo y sobre la base de sus valores propios y conocimientos tradicionales que cada pueblo indígena posee. Actualmente desarrollan actividades de comunicación y facilitan informaciones para que sus bases tomen una decisión acertada, en los temas de género, realiza actividades de unificación de roles y motivan la participación de las mujeres en la organización comunal. En coordinación con CIPTA conducen la titulación de comunidades nativas. También su participación es amplia en los espacios de consulta y grupos de trabajo con las instituciones del Estado y la sociedad civil tanto para el desarrollo como para la conservación del medio ambiente de la Región de Loreto.

Organización Regional AIDESEP–Iquitos
Avenida del Ejército 1718
Iquitos, Peru
51.65.265045 tel
51.65.265140 fax
orai2005@terra.com.pe

Organización Regional AIDESEP–Ucayali (ORAU)

La Organización Regional AIDESEP–Ucayali (ORAU) es una institución jurídica inscrita en los registros públicos en la cuidad de Pucallpa. La institución agrupa a 12 federaciones indígenas, compuesto por 14 grupos etnolingüísticas e incluye a 398 comunidades nativas tituladas y unas 48 en vías de ser tituladas. Estas comunidades geográficamente están distribuidas mayormente en las cuencas del Ucayali, Pachitea, Yurúa y Purus, y la zona del Gran Pajonal.

Su misión es de velar por el derecho del territorio para los pueblos indígenas, fortalecer la educación bilingüe intercultural mediante el plan piloto en Atalaya y—siendo parte del consejo directivo en la Universidad Nacional Indígena de la Amazonía Peruana—vigilar la salud indígena y valorar la medicina tradicional.

En materia de conservación y manejo de la biodiversidad desarrollan actividades de manejo de bosque comunitario, participan en la gestión de la Reserva Comunal El Sira mediante el proyecto Eco Sira, en la Zona Reservada y participan activamente en la Reserva Territorial del Purus, actualmente son parte del grupo de trabajo para la creación del área protegida de la Sierra del Divisor/Siná Jonibaon Manán.

Organización Regional AIDESEP–Ucayali
Jr. Aguarico 170
Pucallpa, Peru
51.61.573469 tel
orau_territorio@yahoo.es

Herbario Amazonense de la Universidad Nacional de la Amazonía Peruana

El Herbario Amazonense (AMAZ) pertenece a la Universidad Nacional de la Amazonía Peruana (UNAP), situada en la ciudad de Iquitos, Perú. Fue creado en 1972 como una institución abocada a la educación e investigación de la flora amazónica. En él se preservan ejemplares representativos de la flora amazónica del Perú, considerada una de las más diversas del planeta, y cuenta con una serie de colecciones provenientes de otros países. Su amplia colección es un recurso que brinda información sobre clasificación, distribución, temporadas de floración y fructificación, y hábitats de los grupos vegetales, como Pteridophyta, Gymnospermae y Angiospermae. Las colecciones permiten a estudiantes, docentes e investigadores locales y extranjeros disponer de material para sus actividades de enseñanza, aprendizaje, identificación, e investigación de la flora. De esta manera, el Herbario Amazonense busca fomentar la conservación y divulgación de la flora amazónica.

Herbario Amazonense (AMAZ)
Esquina Pevas con Nanay s/n
Iquitos, Perú
51.65.222649 tel
herbarium@dnet.com

Museo de Historia Natural de la Universidad Nacional Mayor de San Marcos

El Museo de Historia Natural, fundado en 1918, es la fuente principal de información sobre la flora y fauna del Perú. Su sala de exposiciones permanentes recibe visitas de cerca de 50,000 escolares por año, mientras sus colecciones científicas—de aproximadamente un millón y medio de especímenes de plantas, aves, mamíferos, peces, anfibios, reptiles, así como de fósiles y minerales—sirven como una base de referencia para cientos de tesistas e investigadores peruanos y extranjeros. La misión del museo es ser un núcleo de conservación, educación e investigación de la biodiversidad peruana, y difundir el mensaje, a nivel nacional e internacional, de que el Perú es uno de los países con mayor diversidad de la Tierra y que el progreso económico dependerá de la conservación y uso sostenible de su riqueza natural. El museo forma parte de la Universidad Nacional Mayor de San Marcos, la cual fue fundada en 1551.

Museo de Historia Natural de la Universidad Nacional
Mayor de San Marcos
Avenida Arenales 1256
Lince, Lima 11, Perú
51.1.471.0117 tel
www.museohn.unmsm.edu.pe

AGRADECIMIENTOS

Un inventario biológico rápido sólo puede tener éxito con la ayuda y la energía de muchos colaboradores y socios. Estamos sinceramente agradecidos a todos los que hicieron nuestro trabajo posible, y aunque no podemos reconocer a cada uno individualmente, apreciamos profundamente la ayuda que recibimos de todos.

Nuestro equipo de avanzada—liderado por Guillermo Knell, con la estrecha colaboración de Italo Mesones y de José-Ignacio "Pepe" Rojas—merece el crédito enorme por su magnífico manejo de la complicada logística del inventario. Ellos recibieron ayuda crítica en Contamana—nuestra base para el inventario— de Wacho Aguirre de CIMA–Contamana. Otro apoyo clave fue proporcionado por Carmen Bianchi y Antuanett Pacheco de Kantu Tours; Max Rivera, de ProNaturaleza-Pucallpa; y el Hostal August en Contamana. Ruben Ruiz, del Hotel Ruiz en Pucallpa, gentilmente acomodó a nuestro equipo ambos antes y después del trabajo en el campo, y nos proporcionó un lugar perfecto para la preparación de nuestros informes preliminares.

Seguimos profundamente endeudados a la Policía Nacional del Perú por su imprescindible apoyo y ayuda con el transporte por medio de helicóptero. Los detalles logísticos complicados de nuestros movimientos de un sitio a otro fueron supervisados cuidadosamente, como siempre, por el Comandante Dario Hurtado. También estamos agradecidos al Capitán Jhony Herencia Calampa (piloto), Roger Conislla (mecánico) y Julio Sarango (abastecedor). Jaime Paredes López ayudó a coordinar nuestros vuelos por avioneta desde Pucallpa a Contamana

El equipo de avanzada demostró increíble creatividad y determinación al lograr entrar en esta área salvaje tan remota, identificando el terreno apropiado para el trabajo de campo, y preparando los helipuertos, campamentos cómodos y redes de senderos. El equipo de avanzada en Ojo de Contaya, dirigido por Italo Mesones, incluyó a Edgar Caimata Payahua, Luis Edilberto Chanchari Panduro, Juan Alberto Díaz Ocampo, Elmergildo Gómez Huaya, Samuel Paredes Tananta, Freddy Astolfo Pezo Cauper, Euclides Rodríguez Acho, Hector Rodríguez Mori, Albertano Saboya Romaina y Moisés Tapayuri Urquia. Nuestro campamento en la orilla del río Tapiche fue establecido por Pepe Rojas, Ambrosio Acho Mori, Manuel Ilande Cachique Dasilva,

Jarbis Jay Flores Shuña, Jimy Angel Mori Amaringo, Elmo Enrique Ramírez Guerrero, Medardo Rodríguez Sanancino, Orlando Ruiz Trigoso, Fernando Valera Vela, Luis Fernando Vargas Tafur y Limber Vásquez Mori. El equipo de avanzada en Divisor fue dirigido por Guillermo Knell y también incluyó a Kherry Marden Barrantes Tuesta, Hernando Benjamin Cauper Magin, Santiago Dasouza Ríos, Hornero Miguel Díaz Ocampo, Wilmer Gómez Huaya, Ezequiel Meléndez Pinedo, Golber Missly Coral, Demetrio Rengifo Córdova, Josue Rengifo Cordova y Romer Romaina Vásquez. Nuestra cocinera, Betty Luzcita Ruiz Torres, nos mantuvo muy bien alimentados en nuestros campamentos.

El equipo de botánica agradece a Fabio Casado y al Herbario Amazonense por proporcionar un sitio para secar y organizar las muestras colectadas en el campo. Estamos también agradecidos a M. L. Kawasaki (The Field Museum) por su ayuda con las identificaciones de Myrtaceae; y a los siguientes colegas del Jardín Botánico de Missouri: T. Croat (Araceae), G. Davidse (Cyperaceae, Poaceae), R. Ortiz-Gentry (Menispermaceae), J. Ricketson (Myrsinaceae), C. Taylor (Rubiaceae), y H. van der Werff (Lauraceae).

El equipo de ictiología agradece a Hernán Ortega por su revisión del informe y a los miembros del equipo de avanzada en cada campamento por su ayuda en la captura de los peces. Por su ayuda en la identificación de especímenes (especialmente de Loricariidae) le agradecemos a Roberto E. Reis y Pablo Lehmann.

El equipo de herpetología reconoce al Dr. Alejandro Antonio Duarte Fonseca por sus comentarios sobre el informe y agradece a la Dra. Lily O. Rodríguez por su inmensa ayuda en Lima y por el inestimable préstamo de equipo de grabación para sonidos. También agradecemos a nuestros asistentes en el campo: Moisés Tapayuri, Fernando Valera, Ambrosio Acho y Golber Missly.

Los ornitólogos agradecen a David Oren (The Nature Conservancy) y a Bret Whitney por proporcionar información valiosa de los resultados de los inventarios del Parque Nacional Serra do Divisor; Doug Stotz y Dan Lane por sus comentarios constructivos sobre el informe y por su ayuda en la identificación de las grabaciones de sonidos; y a Bil Alverson por sugerir el uso en el campo de un iPod.

El equipo de mamíferos le agradece profundamente a Idea Wild por su donación de dos trampas de cámara que fueron utilizadas durante el inventario; a Carlos Peres y a Marc Bowler por sus revisiones del informe; al Departamento de Zoología (División de Aves) del Field Museum por el préstamo de las redes de neblina; y a Albertano Saboya, Fernando Valera, Demetrio Rengifo y Josue Rengifo por la asistencia en el campo.

El equipo social del inventario también recibió ayuda de numerosas personas durante el transcurso de su trabajo en el campo. Quisiéramos agradecer a Javier Orlando Rodríguez Chávez, especialista en silvicultura de ProNaturaleza, que nos acompañó durante algunos de nuestros muestreos, y a los siguientes motoristas: Segundo Mozombite, Santiago Rojas Mendoza y Álvaro Vásquez Flores. Robert Guimaraes y Gilmer Yuimachi (de ORAU), y Edwin Vásquez (de ORAI), facilitaron nuestros contactos con las comunidades en la región de Divisor. También nos quedamos muy agradecidos por la ayuda y a la hospitalidad de los miembros de las comunidades que visitamos, incluyendo Flores Rafael Fuchs Ruiz (jefe de la Comunidad Nativa San Mateo) y otros miembros de esta comunidad (Rafael Fuchs Pérez, Melisa Emeli Fuchs Pérez, Jobita Ruiz López, Carlos Vásquez y Walter Soria Sinarahua); Rita Silvano Sánchez, de la C.N. Callería; Domingo Padilla y Nardita Reina Lomas de la Comunidad Campesina Bella Vista; el Teniente Gobernador del Caserío Nuevo Canelos; Hugo Andrés Vega Tarazona (el Teniente Gobernador) y otros miembros del Caserío Vista Alegre (Francisco Ayzana Alanya, Winder Vela Pacaya y Nilo Ruiz Vela); Sixto Vásquez Papa (Teniente Gobernador) y Magali Trejos Villanueva del Caserío Guacamayo; Germán Mori Rojas, encargado de la C.N. Patria Nueva; Jairo Rengifo Pinedo, Agente Municipal de la C.N. Limón Cocha; y Guillermo Alvarado Acho (encargado), Pedro Pacaya Tamani (Teniente Gobernador) y Luis Acho Alvarado (Agente Municipal) de la C.N. Canchahuaya. También agradecemos a Alaka Wali por su supervisión del proceso social del equipo y por sus comentarios sobre nuestro informe.

Agradecemos a Marc Bowler por el uso de sus fotografías, a Guillermo Knell por su magnífica documentación de video del inventario y a Nigel Pitman por permitir que utilicemos su prosa en ¿Por qué Sierra del Divisor?

Tyana Wachter, Rob McMillan y Brandy Pawlak asistieron en cada etapa, de la organización inicial antes de nuestra partida al inventario mismo hasta la publicación y difusión de este informe. Sergio Rabiela preparó las imágenes satelitales. Dan Brinkmeier, Kevin Havener y Nathan Strait prepararon los mapas y materiales visuales que son críticos para poder comunicar nuestros resultados. Lucia Ruiz nos ayudó tremendamente con su edición del capítulo sobre la situación jurídica de las Reservas Territoriales. Brandy Pawlak, Tyana Wachter y Doug Stotz, como siempre, nos prestaron su ayuda increíble en editar y corregir el manuscrito. También tuvimos la ayuda de un gran número de traductores: Patricia Álvarez, Malu S. P. Jorge, Pepe Rojas, Susan Fansler Donoghue, Tyana Wachter, Paúl M. Velazco y Amanda Zidek-Vanega. Jim Costello y su personal en Costello Communications continúan exhibiendo gran habilidad (y paciencia) en la supervisión del diseño y en la producción del informe.

Agradecemos a la Fundación Gordon y Betty Moore por su ayuda financiera del inventario.

La meta de los inventarios rápidos—biológicos y sociales—
es de catalizar acciones efectivas para la conservación en
regiones amenazadas, las cuales tienen una alta riqueza y
singularidad biológica.

Metodología

En los inventarios biológicos rápidos, el equipo científico se
concentra principalmente en los grupos de organismos que sirven
como buenos indicadores del tipo y condición de hábitat, y que
pueden ser inventariados rápidamente y con precisión. Estos
inventarios no buscan producir una lista completa de los organismos
presentes. Más bien, usan un método integrado y rápido (1) para
identificar comunidades biológicas importantes en el sitio o región
de interés y (2) para determinar si estas comunidades son de
excepcional y de alta prioridad a nivel regional o mundial.

En los inventarios rápidos de recursos y fortalezas culturales y
sociales, científicos y comunidades trabajan juntos para identificar
el patrón de organización social y las oportunidades de colaboración
y capacitación. Los equipos usan observaciones de los participantes
y entrevistas semi-estructuradas para evaluar rápidamente las
fortalezas de las comunidades locales que servirán de punto de
inicio para programas extensos de conservación.

Los científicos locales son clave para el equipo de campo.
La experiencia de estos expertos es particularmente crítica para
entender las áreas donde previamente ha habido poca o ninguna
exploración científica. A partir del inventario, la investigación y
protección de las comunidades naturales y el compromiso de las
organizaciones y las fortalezas sociales ya existentes, dependen
de las iniciativas de los científicos y conservacionistas locales.
Una vez completado el inventario rápido (por lo general en un mes),
los equipos transmiten la información recopilada a las autoridades
locales y nacionales, responsables de las decisiones, quienes
pueden fijar las prioridades y los lineamientos para las acciones
de conservación en el país anfitrión.

Fechas del trabajo de campo	6–24 agosto del 2005
Región	La Sierra del Divisor—conocida por sus habitantes indígenas como *Siná Jonibaon Manán*, o "Tierra de los Hombres Bravos"—es una cadena de montañas que se eleva de manera impresionante de las tierras bajas de la parte central de la Amazonía peruana (Fig. 2A). Esta cadena montañosa, que corre aproximadamente de norte a sur, se sitúa en la frontera del Perú y de Brasil. Hacia el oeste de la Sierra del Divisor yace la Serranía de Contamana (Fig. 2A), la cual forma un estrecho arco cerca de la pequeña ciudad de Contamana. Al este de la Serranía de Contamana se encuentra un grupo aislado de montañas y valles en forma de un ojo, conocido como el Ojo de Contaya. Al sur de la Sierra del Divisor, un grupo de conos volcánicos se eleva majestuosamente desde las tierras bajas (Figs. 1, 2A, 2B). La Sierra del Divisor es parte de una serie de montañas bajas en la Amazonía central peruana, que forman una cadena discontinua que se extiende desde la orilla oeste del río Ucayali hasta la frontera con Brasil (Figs. 2A, 2B). La región se sitúa mayormente en el departamento de Loreto, con una porción en la parte más al norte del departamento de Ucayali. Este conjunto de montañas—Sierra del Divisor, la Serranía de Contamana, el Ojo de Contaya y los conos volcánicos—es conocido como la Región Sierra del Divisor/Siná Jonibaon Manán. La Zona Reservada Sierra del Divisor (la cual ya había sido propuesta pero aún no establecida cuando hicimos nuestro inventario) comprende la misma región (Fig. 2A).
Sitios biológicos inventariados	Inventariamos tres sitios dentro de la Zona Reservada Sierra del Divisor (la "Zona Reservada," Figs. 3A, 3B): el primero cerca del centro del Ojo de Contaya (Fig. 3A), el segundo a lo largo del río Tapiche, en las tierras bajas contiguas a la Sierra del Divisor (Tapiche, Fig. 3B) y el tercero dentro de la Sierra del Divisor en si, cerca de la frontera con Brasil (Divisor, Fig. 3B).
Organismos estudiados	Plantas vasculares, peces, reptiles, anfibios, aves, mamíferos medianos y grandes, y murciélagos.

Comunidades humanas visitadas	El equipo social visitó 9 de las 20 comunidades situadas en y alrededor de la Zona Reservada (Fig. 2A), en cuatro diferentes cuencas: el río Abujao (C.N. San Mateo), el río Callería (C.N. Callería, C.N. Patria Nueva, Guacamayo, Vista Alegre), el río Tapiche (C.N. Limón Cocha, Bella Vista) y el río Ucayali (C.N. Canchahuaya, Canelos).
Enfoque social	Fortalezas culturales y sociales, incluyendo las fortalezas organizacionales y el uso y manejo de los recursos naturales.
Resultados biológicos más destacados	Una de las características más notables de la Zona Reservada es la alta concentración de especies raras y de rango restringido. Varias de estas especies son conocidas solamente de esta región y ocurren en hábitats especializados (p. ej., los bosques enanos en la parte alta de las crestas arenosas).

Nuestro inventario documentó:

01 Un ave (Figs. 7C, 7D) conocida anteriormente de una sola cresta en Brasil, adyacente a la Zona Reservada; nuestro registro es el segundo para el mundo y el primero para el Perú.

02 Una comunidad diversa de primates, incluyendo especies globalmente amenazadas o no previamente protegidas dentro del SINANPE (Figs. 8A, 8D).

03 Refugios para especies de plantas y animales amenazadas por la sobreexplotación comercial en otras partes de la Amazonía.

04 Varias docenas de especies de plantas, peces y anfibios potencialmente nuevas para la ciencia, según lo detallado abajo.

El número de especies raras y endémicas en la región es espectacular. Por otro lado, la riqueza de especies comparada a otros sitios en la Amazonía es menos impresionante (Tabla 1). Abajo destacamos algunos de nuestros resultados más interesantes, incluyendo las especies previamente desconocidas para la ciencia o no registradas antes para el Perú, importantes extensiones de rango de especies poco conocidas y el descubrimiento de poblaciones considerables de especies amenazadas.

Tabla 1. Número de especies registradas y estimadas en la Zona Reservada Sierra del Divisor.

Sitio inventariado	Plantas vasculares	Peces	Anfibios y reptiles	Aves	Mamíferos grandes
Ojo de Contaya	500	20	29	149	23
Tapiche	750	94	40	327	31
Divisor	600	24	32	180	18
Total para el inventario	más de 1,000	109	109	365	38
Número estimado para la Zona Reservada*	3,000–3,500	250–300	más de 200	570	64

* No visitamos sitios típicos de bosque amazónico de tierra baja de la región, donde los números esperados de especies es alto pero el endemismo es bajo, pero incluimos los sitios amazónicos de más riqueza en nuestras estimaciones del total de especies.

Plantas vasculares: Registramos aproximadamente 1,000 especies de las 2,000 que estimamos para las áreas central y oriental de la región de la Sierra del Divisor. Todos los sitios que visitamos durante el inventario eran de suelos arenosos de baja productividad.

Tomando en cuenta los suelos más ricos, (presentes en las áreas al norte y sur de los sitios que visitamos), estimamos una flora de 3,000 a 3,500 especies para la región. Por lo menos diez especies encontradas durante el inventario son nuevas para la ciencia, incluyendo varias especies de árboles. Entre éstas está una especie enana de *Parkia* (Fabaceae), previamente conocida sólo de unas fotos tomadas en la Cordillera Azul, un parque nacional en las lomas andinas aproximadamente 675 km al oeste. Además, dos especies de árboles de la familia Clusiaceae, una *Moronobea* y una *Calophyllum* (Fig. 4J), posiblemente son nuevas para la ciencia.

Encontramos la mayoría de especies raras y/o nuevas en el bosque enano que domina la cima de las colinas de los sitios Ojo de Contaya y Divisor. También encontramos individuos reproductivos de varias especies de árboles de valor comercial, tales como cedro (*Cedrela* sp.) y tornillo (*Cedrelinga cateniformis*), que están bajo constante amenaza en otras partes del Perú.

Peces: Registramos 109 especies de peces durante el inventario y estimamos que unas 250–300 especies ocurren en la Zona Reservada. Por lo menos 14 de las especies de peces que encontramos en el inventario son nuevas para la ciencia o son registros nuevos para el Perú. La riqueza de especies de peces varió considerablemente de un sitio al otro. En el campamento de Tapiche (ubicado

**Resultados biológicos
más destacados**
(continuación)

en un río principal y que incluía una variedad de hábitats acuáticos) registramos 94 especies, mientras que las quebradas de baja productividad en el Ojo de Contaya y Divisor albergaban 20 y 24 especies, respectivamente.

Registramos una variedad de peces de importancia económica a lo largo del río Tapiche, incluyendo peces importantes para las comunidades ubicadas río abajo, tales como sábalos (*Brycon* spp. y *Salminus*), boquichico (*Prochilodus nigricans*), lisa (*Leporinus friderici*) y tigre zúngaro (*Pseudoplatystoma tigrinum*, Fig. 5D), así como peces ornamentales, tales como el pez de vidrio (*Leptagoniates steindachneri*, Fig. 5B), lisas (*Abramites hypselonotus*) y un *Peckoltia* sp. (*carachama*, Fig. 5A).

Anfibios y reptiles: Registramos 109 especies durante el inventario, incluyendo 68 anfibios y 41 reptiles. Catorce de estas especies (12% de las especies encontradas) siguen no identificadas. Unas cuantas probablemente son nuevas para la ciencia, incluyendo una especie de rana del género *Eleutherodactylus* (Fig. 6C) en el sitio de Divisor. Con excepción de una sola especie de salamandra, todos los anfibios fueron ranas y sapos. Registramos 21 serpientes, 17 lagartijas, 3 tortugas y 1 caimán. Encontramos dos especies conocidas de la región adyacente de Brasil pero nunca antes registradas en el Perú: la rana *Osteocephalus subtilis* (en los sitios Ojo de Contaya y Divisor) y la serpiente coral *Micrurus albicinctus* (en Tapiche, Fig. 6E).

Aves: Registramos 365 especies de aves en los tres sitios inventariados. Estimamos 570 especies para la Zona Reservada, incluyendo la avifauna de suelos más ricos que ocurren en las partes norte y sur de la región. Registramos varias especies raras y de distribuciones irregulares asociadas con bosques de arenas blancas, tales como el Nictibio Rufo (*Nyctibius bracteatus*, Fig. 7A) y el Colibrí Topacio de Fuego (*Topaza pyra*).

Nuestro registro más sobresaliente fue el Batará de Acre (*Thamnophilus divisorius*, Figs. 7C, 7D) en las crestas de bosque enano en Ojo de Contaya y Divisor. Esta especie era previamente conocida de una sola cresta en Brasil; nuestro inventario indica que la mayor parte de la población ocurre dentro del Perú.

En Tapiche registramos varias especies en peligro y/o amenazadas, incluyendo el Guacamayo de Cabeza Azul (*Primolius couloni*) y un gran número de especies de perdices. Aves de caza (pavas, *Penelope* y paujiles, *Mitu*) fueron abundantes en los tres sitios muestreados. Nos sorprendió registrar un Guácharo (*Steatornis caripensis*) en el campamento de Divisor. No se esperaba encontrarlo en la Amazonía porque descansan y se aparean en cuevas. Pensamos que pequeñas colonias de Guácharos viven en las cuevas de las montañas de Sierra del Divisor.

Mamíferos: Registramos 38 especies de mamíferos medianos y grandes durante el inventario, casi dos tercios de las 64 especies estimadas para la región. De éstas, 20 especies son consideradas amenazadas por la UICN, CITES, o INRENA. La mayoría son primates: encontramos 13 especies de pichicos y monos, con 12 especies a la vez en un sólo sitio (Tapiche)—una riqueza extraordinaria de primates en la Amazonía occidental. Entre los monos, dos especies son especialmente raras y pobremente conocidas: el pichico negro (*Callimico goeldii*, Fig. 8D) y el huapo colorado (*Cacajao calvus*, Fig. 8A). Ésta es la primera área en el Perú que protege ambas especies.

Encontramos grandes poblaciones de varias especies ampliamente distribuidas de monos grandes que son cazados comúnmente, tal es el caso del maquisapa (*Ateles chamek*) y el mono choro (*Lagothrix poeppigii*). También encontramos dos otras especies vulnerables a la caza: la carachupa mama (*Priodontes maximus*) y la sachavaca (*Tapirus terrestris*).

Comunidades Humanas	Nativos Iskonawa en aislamiento voluntario viven en la parte sureste de la región de Divisor, dentro de la Reserva Territorial (R.T.) Isconahua[1], establecida en 1998 con un área de 275,665 ha. Dos Reservas Territoriales adicionales[2] (Yavarí-Tapiche y Kapanawa) han sido propuestas, pero no establecidas, en el norte y oeste de la región (Fig. 10B).

Varios campamentos temporales para la extracción de recursos a gran escala han sido establecidos en el norte (extracción maderera a lo largo del río Tapiche, Fig. 9A) así como en el sur (concesiones mineras y madereras que se sobreponen con la R.T. Isconahua) (Fig. 9B). A excepción de las concesiones, la presencia humana en la mayoría de la Zona Reservada parece ser mínima, con unas pocas viviendas establecidas a lo largo de los ríos para la extracción de recursos a menor escala (p. ej., plantas medicinales, cacería y pesca).

Por lo menos 20 poblados humanos—incluyendo pueblos indígenas, gente que ha sido residente por generaciones y colonos recién llegados—viven al borde de la Zona Reservada (Fig. 2A). Los miembros de éstas comunidades dependen de la agricultura de subsistencia y del uso de recursos naturales a pequeña escala (Fig. 11A). La extracción de recursos es principalmente para el consumo familiar, aunque en algunas comunidades hay una pequeña cantidad de comercio basado en productos provenientes del bosque. Estas comunidades cercanas a la Zona

---

1 La manera de escribir el nombre oficial de la reserva territorial es diferente al que usan los propios Iskonawa.

2 Las reservas territoriales ahora se conocen como "Reservas Indígenas" en el Perú, por una nueva ley que ha designado áreas para las poblaciones indígenas en aislamiento voluntario (Ley Nº. 28736, 2006; ver el capítulo sobre la situación legal de las reservas territoriales).

Comunidades Humanas (continuación)	Reservada consideran que su estilo de vida basado en el bosque es amenazado por gente foránea y por actividades extractivas comerciales e industriales a gran escala (Fig. 9B). Varias comunidades se han organizado entre si para promover, de manera local, prácticas sostenibles para el uso de los recursos naturales.
Amenazas principales	Las amenazas principales se originan en actividades extractivas industriales a gran escala: extracción de madera, minería y exploración petrolera (Fig. 9B). Hay concesiones madereras propuestas en el norte que se sobreponen con la Zona Reservada y con la propuesta Reserva Territorial Yavarí-Tapiche. La extracción ilegal de madera es activa aun dentro del corazón de la Zona Reservada (Fig. 9B). En el oeste y el sur, las zonas propuestas para la minería y exploración petrolera rodean los bordes de la Zona Reservada, y en varios lugares se sobreponen con la Reserva Territorial Isconahua.

Otras amenazas vienen de la sobreexplotación de la fauna. La pesca comercial ilegal es una preocupación para las comunidades que viven en el área alrededor de la Zona Reservada, especialmente en el norte y sur. En la parte alta del río Tapiche encontramos ocho especies de peces que son muy importantes para la industria pesquera de la Amazonía, incluyendo peces con escamas, como *Brycon* spp. y *Salminus* (sábalos), *Prochilodus nigricans* (boquichico), *Leporinus friderici* (lisa) y bagres grandes, como el *Pseudoplatystoma tigrinum* (tigre zúngaro, Fig. 5D). Estas especies eran relativamente abundantes. Muchas de ellas migran estacionalmente a las cabeceras para desovar. La Zona Reservada podría resultar siendo crucial en el ciclo de vida de estas especies de peces que son importantes para el sustento de las comunidades humanas que viven río abajo. También en el río Tapiche, encontramos poblaciones de dos especies de tortugas amazónicas, *Podocnemis unifilis* (taricaya) y *Geochelone denticulata*, que son usadas como alimento por la gente local.

Las aves de caza típicas de la Amazonía, como paujiles (*Mitu tuberosum*) y pavas (*Penelope jacquacu*), estuvieron presentes en los tres sitios que muestreamos. Cantidades impresionantes de perdices fueron observadas en el Tapiche. Vimos una bandada pequeña del Guacamayo de Cabeza Azul (*Primolius couloni*) en el campamento de Tapiche. Esta especie se restringe casi completamente al Perú, con algunas observaciones provenientes de partes inmediatamente adyacentes del Brasil y de Bolivia. Recientemente BirdLife International puso esta especie en la lista de aves en peligro de extinción.

Registramos 20 especies de mamíferos medianos y grandes que son considerados como amenazados por la UICN, CITES, o INRENA; 13 son primates. Algunas especies están en la lista por su rareza ecológica (pichico negro, *Callimico goeldii*,

Fig. 8D; huapo colorado, *Cacajao calvus*, Fig. 8A), y otros porque están bajo mucha presión de caza en toda la Amazonía (p. ej., sachavaca, *Tapirus terrestris*; carachupa mama, *Priodontes maximus*). Encontramos regularmente varias especies de mono que son cazadas en todo su rango y están entre la primeras especies de primates que enfrentan la extinción local (maquisapa, *Ateles chamek*; mono choro, *Lagothrix poeppigii*).

Estado actual	Al salir del campo en agosto del 2005, formamos el Grupo de Trabajo Sierra del Divisor/Siná Jonibaon Manán, compuesto de las organizaciones indígenas y de conservación dedicadas a la región. El enfoque del Grupo de Trabajo sigue siendo juntar las fortalezas de las organizaciones participantes para superar las graves amenazas que enfrentamos en común y proporcionar de la manera más eficiente posible, la protección estricta a los pueblos indígenas en aislamiento voluntario y a los valores biológicos y geológicos de la región.
	El proceso logró el apoyo consensuado por parte del Grupo de Trabajo y el eventual establecimiento (el 11 de abril de 2006) de la Zona Reservada Sierra del Divisor (Resolución Ministerial 0283–2006–AG; 1.48 millones de hectáreas, Fig. 2A). Ésta era la recomendación de mayor urgencia dada la magnitud e intensidad de las amenazas a la región. Al proponer conjuntamente la Zona Reservada, el compromiso del Grupo de Trabajo fue desarrollar una propuesta consensuada para la categorización final de la Zona Reservada, a ser trabajada con la Comisión de Categorización establecida por el INRENA.
Principales recomendaciones para la protección y el manejo	01 **Implementar una protección efectiva de la Zona Reservada Sierra del Divisor.** La protección de la Zona Reservada es urgente. La amenaza de fragmentación irreversible—por carreteras, tala ilegal, minería, exploración petrolera y desarrollo —continúa acelerando rápidamente en la región (Fig. 9B). La protección inmediata y efectiva es crucial para la sobrevivencia de las poblaciones indígenas que viven en aislamiento voluntario así como para la protección de objetos únicos de conservación.
	02 **Desarrollar un fuerte consenso para la categorización final y la eventual zonificación de la Zona Reservada Sierra del Divisor/Siná Jonibaon Manán.** El consenso en la petición en común de las organizaciones indígenas y de las instituciones de conservación para la protección inmediata del área con la categoría de "Zona Reservada" vino bajo el entendimiento explícito que Zona Reservada es una categoría provisional y que el Grupo de Trabajo seguiría analizando las prioridades para los grupos indígenas y los de conservación para llegar a las recomendaciones apropiadas para la Comisión de Categorización establecida por el INRENA.

Principales
recomendaciones
para la protección
y el manejo
(continuación)

El mapa más reciente de las prioridades según lo discutido en la reunión del Grupo de Trabajo el 5 de diciembre de 2006 (Fig. 10C) nos condujo a hacer la recomendacion preliminar para un complejo de dos Reservas Territoriales adyacentes a un Parque Nacional (Fig. 10D). Nuestra visión para la recomendación de categorización definitiva es un complejo de áreas que tiene el completo apoyo y respaldo de las organizaciones indígenas y las instituciones de conservación.

03 **Asegurar la protección y el manejo de la Región Sierra del Divisor/ Siná Jonibaon Manán bajo una sólida colaboración entre las federaciones indígenas, poblaciones ribereñas y las organizaciones de conservación.** Todas son fundamentales para la protección exitosa de este territorio único y amenazado.

04 **Fortalecer los mecanismos legales para ofrecer una sólida protección a las poblaciones indígenas viviendo en aislamiento voluntario.** Hasta hace poco, Reserva Territorial era la categoría asignada a áreas con pueblos indígenas viviendo en aislamiento voluntario. Sin embargo, a ésta le faltaba un fuerte apoyo legal (como se muestra en la Sierra del Divisor, donde concesiones mineras fueron aprobadas en el corazón de la Reserva Territorial Isconahua). El Grupo de Trabajo Sierra del Divisor/Siná Jonibaon Manán se unió a otros en busca de una ley fortalecida que pueda proteger a los pueblos indígenas en aislamiento voluntario. La ley, aprobada en 2006, necesita aún modificaciones importantes para proporcionar una protección adecuada. Revisar y reforzar con la reglamentación respectiva este marco legal, es el siguiente paso vital para la protección de los pueblos indígenas no contactados del Perú.

05 **Invalidar las concesiones mineras que se sobreponen con la Reserva Territorial Isconahua.** La presencia de actividades de minería contradice directamente el propósito de la Reserva Territorial, poniendo en riesgo la salud e integridad de los grupos indígenas viviendo en aislamiento voluntario (Fig. 9B).

06 **Corregir los límites de la Zona Reservada para excluir los caseríos a lo largo del río Callería y del sector Orellana** (como se muestra en las Figs. 2A, 10C). Estas comunidades no deberían estar incluidas dentro de un área protegida.

07 **Colaborar con los pobladores locales para desarrollar planes de manejo basados en protección local.** Las comunidades al borde a la Zona Reservada apoyan fuertemente la protección del área y sus recursos.

08 **Establecer la más alta protección a los pueblos voluntariamente aislados.** En colaboración estrecha con las organizaciones indígenas, asignar la categoría de cuidado más alto a las secciones de la Zona Reservada donde viven grupos

indígenas aislados. Si alguna vez estos grupos indígenas optaran por el contacto con la civilización, estudios apropiados determinarían el tamaño de sus territorios para ser titulados por el Estado.

09 **Involucrar a la comunidad Matsés en la zonificación, manejo y administración del sector norte de la Zona Reservada (Figs. 2A, 10C, 10D).** Esta área de selvas bajas de la Amazonía es usada por comunidades indígenas Matsés (Vriesendorp et al. 2006) y ellos son los guardianes naturales de estas tierras.

Beneficios de conservación a largo plazo	01 La diversidad geológica y climática del área es única en la Amazonía. Los altos niveles de biodiversidad y endemismo resultantes hacen que la Sierra del Divisor sea una de las más altas prioridades de conservación en el Perú.

02 La nueva Zona Reservada colinda con 1.49 millón de hectáreas del Parque Nacional da Serra do Divisor y otras áreas protegidas inmediatamente al otro lado de la frontera en Brasil, creando un corredor de conservación binacional que se extiende desde el río Amazonas por el norte hasta el río Madre de Dios por el sur. El límite occidental de la Zona Reservada queda muy cerca al Parque Nacional Cordillera Azul, prácticamente conectando estas montañas aisladas de la Sierra del Divisor al macizo de los Andes (Fig. 2B).

03 Actualmente hay poca gente dentro de los límites de la Zona Reservada. La cuidadosa categorización y zonificación del área, en estrecha colaboración con las organizaciones indígenas, respetarían los derechos territoriales de los pueblos indígenas en aislamiento voluntario.

04 La belleza escénica y riqueza natural del área será una atracción turística para Ucayali y Loreto. Unas características especiales incluyen las aguas termales (donde cientos de guacamayos se congregan por los minerales), las montañas volcánicas que se levantan de las selvas bajas de la Amazonía, y las 13 especies de primates.

¿Por qué La Sierra Del Divisor?

Empinadas torres de granito, las cimas perdidas en las nubes, se levantan como puntos de exclamación sobre la planicie amazónica que las rodean. Una fuente de aguas calientes sulfurosas surge desde lo profundo del subsuelo, mientras los guacamayos abundan en la niebla, atraídos a los minerales de las aguas. Una gran extensión de mesetas y crestas de piedras areniscas, aislada del resto del mundo, permanece inexplorada en las inmensas llanuras de la Amazonía.

Ésta es la Sierra del Divisor, conocida localmente como Siná Jonibaon Manán ("Tierra de los Hombres Bravos"), un complejo de montañas plantadas como pequeñas gemas en la selva baja de la Amazonía peruana. En ninguna otra parte de la Amazonía existe una diversidad geológica y de climas comparable—donde una mezcla de volcanes muertos y formaciones antiguas se elevan en medio de formaciones más jóvenes, hasta alcanzar las tormentas que provienen de los llanos amazónicos. El resultante mosaico de "sombras de lluvia" sustenta bosques húmedos altos al lado de bosques enanos. Y muchos organismos aún sin describir, endémicos de este lugar, se entremezclan con la rica flora y fauna ya documentadas por los biólogos.

El futuro de estos bosques sigue incierto. Si no actuamos conjuntamente y efectivamente ahora, los madereros y mineros que trabajan en los bordes y dentro de la Sierra entrarán más y más en la región poniendo en peligro catastrófico a las poblaciones indígenas en aislamiento voluntario y emprobeciendo para siempre las comunidades únicas de plantas y animales de la Sierra.

La nueva Zona Reservada, contigua con el complejo de conservación de más de un millón de hectáreas en el Brasil (incluyendo el Parque Nacional da Serra do Divisor, Fig. 2A), crea una expansión binacional protegida y una oportunidad inmensa para la conservación. El cuidado y la administración efectiva de la Sierra del Divisor demostrarán un ejemplo de la colaboración entre dos diversos grupos—las organizaciones indígenas y las de conservación—que servirá como modelo para consolidar la protección tanto del medio-ambiente como de las culturas tradicionales del Perú.

PERÚ

1

Río Tapiche

2

Serranía de
Contamana

Ojo de Contaya

Tapiche
Divisor

Sierra del Divisor

BRASIL

2

4

5

6

Río Ucayali

1
3
4
2

3

4

12
11
10
9
8
8

Río
Callería

El Cono

3

7

8

7
5

5

6

7

1

9

6

PERÚ

Kilómetros / Kilometers

N

10   20   30

BRASIL

PERÚ

N

Kilómetros/Kilometers

60   120   180

PERÚ: Sierra del Divisor/ Siná Jonibaon Manán

FIG.2A La Zona Reservada (ZR) Sierra del Divisor (1.48 millones de hectáreas)—conocida por la población indígena local como Siná Jonibaon Manán, o Tierra de los Hombres Bravos—protege la parte oriental del Perú entre el río Ucayali y la frontera con Brasil. Cuatro montañas emergen de la llanura Amazónica en la ZR: la Serranía de Contamaná, el Ojo de Contaya, la Sierra del Divisor y el complejo de conos volcánicos en el sur. En esta imagen compuesta de satélite (2001, 2002) destacamos los sitios de los inventarios biológicos, las ubicaciones de inventarios anteriores y las comunidades humanas que rodean la ZR, incluyendo las que fueron visitadas durante el inventario social. Dos otras áreas desempeñan un papel importante en la región. La Reserva Territorial Isconahua protege el pueblo indígena Iskonawa no contactado y traslapa en el sudeste con la ZR. El Parque Nacional da Serra do Divisor (1.49 millones de hectáreas) en Brasil comparte una frontera con la ZR, creando un área protegida binacional de casi 3 millones de hectáreas./Zona Reservada (ZR) Sierra del Divisor (1.48 million ha)—known by local indigenous peoples as Siná Jonibaon Manán, or Land of the Brave People—protects the portion of eastern Peru between the Ucayali River and the Brazilian border. Four sets of ridges emerge from the Amazonian plain in the ZR: Serranía de Contamana,

Ojo de Contaya, Sierra del Divisor, and the complex of volcanic cones in the south. On this composite satellite image (2001, 2002) we highlight the biological inventory sites, the locations of previous inventories, and the villages that surround the ZR, including those visited during the social inventory. Two other areas play an important role in the region. The Reserva Territorial Isconahua protects uncontacted Iskonawa indigenous people and overlaps with the southeastern portion of the ZR. Parque Nacional da Serra do Divisor (1.49 million ha) in Brazil shares a border with the ZR and creates a binational protected area of nearly 3 million hectares.

FIG.2B Esta imagen de radar (2000, NASA/JPL-Caltech) de la selva central del Perú ilustra cómo la ZR Sierra del Divisor (en amarillo) protege levantamientos amazónicos excepcionales. En rojo aparece el Parque Nacional Cordillera Azul en el pie de monte andino. La proximidad de las dos áreas protegidas aumenta el valor de cada una para la conservación./A radar image (2000, NASA/JPL-Caltech) of central Peru illustrates how the ZR Sierra del Divisor, outlined in yellow, protects rare Amazonian uplifts. Outlined in red is Parque Nacional Cordillera Azul in the Andean foothills. The proximity of the two protected areas enhances their conservation value.

— Zona Reservada/ Reserved Zone [ZR]

Reserva Territorial Isconahua/Isconahua Territorial Reserve

••• Parque Nacional Serra do Divisor/Serra do Divisor National Park

■ Sitios del inventario biológico/Biological inventory sites

● Poblados visitados por el equipo social/ Villages visited by social inventory team:

1 C.N. Limón Cocha
2 Caserio Bellavista
3 C.N. Canchahuaya
4 Caserio Canelos
5 C.N. Patria Nueva
6 C.N. Calleria
7 Caserio Vista Alegre
8 Caserio Guacamayo
9 C.N. San Mateo

● Otros poblados locales/ Other villages:

1 Orellana
2 Inahuaya
3 Pampa Hermosa
4 Contamana
5 Tiruntan
6 Pucallpa
7 San Miguel de Pueblo
8 Primavera
9 Esperanza
10 San Juan
11 Sarita Colonia
12 Sr. de los Milagros

■ Inventarios anteriores/ Previous inventories:

1 1987: LSU/MUSM
2 2000: ProNaturaleza/CDC
3 2001: ProNaturaleza/CDC
4 2004: ProNaturaleza/CDC
5 2004: ProNaturaleza/CDC
6 2004: ProNaturaleza/CDC
7 2005: ProNaturaleza/CDC
8 2005: ProNaturaleza/CDC
9 2004: The Field Museum (Actiamë)

Ecuador

Iquitos

PERÚ   Brasil

Oceano Pacífico

Lima

FIG.3A Nuestro primer sitio fue en el centro del "ojo" en las montañas del Ojo de Contaya./ Our first site was in the heart of the eye-shaped Ojo de Contaya ridge system.

FIG.3B Aunque estén a tan sólo 6 kilómetros uno del otro, los sitios de muestreo en el Tapiche y el Divisor son radicalmente diferentes en su topografía y composición de especies./ Although only 6 km apart, the Tapiche and Divisor sites differed radically in topography and species composition.

FIG.3C Observamos varias comunidades raras de plantas, incluyendo esta área dominada por Melastomataceae./ We observed several rare plant communities, including this one dominated by Melastomataceae.

FIG.3D Esta cresta cubierta de helechos fue creada por fuegos ocasionados por rayos./This fern-covered crest was created by fire from lightning strikes.

FIG.3E Italo Mesones es bajado por cable al Ojo de Contaya para preparar el campamento y las trochas./Italo Mesones is lowered by cable into the Ojo de Contaya, to prepare the campsite and trails.

FIG.3F Los biólogos utilizaron escaleras rústicas para investigar las crestas escarpadas de la Sierra del Divisor./ Biologists used rustic ladders to survey the steep ridges in the Sierra del Divisor.

FIG.3G La arenisca porosa drena rápidamente, produciendo cumbres relativamente secas y susceptibles a los fuegos./ Porous sandstone drains quickly, producing relatively dry ridge crests that are susceptible to fires.

FIG.3H, 3I Vegetación enana y arenas blancas expuestas cubren varias de las crestas en Divisor./Stunted vegetation and exposed white sands cover several ridge crests at Divisor.

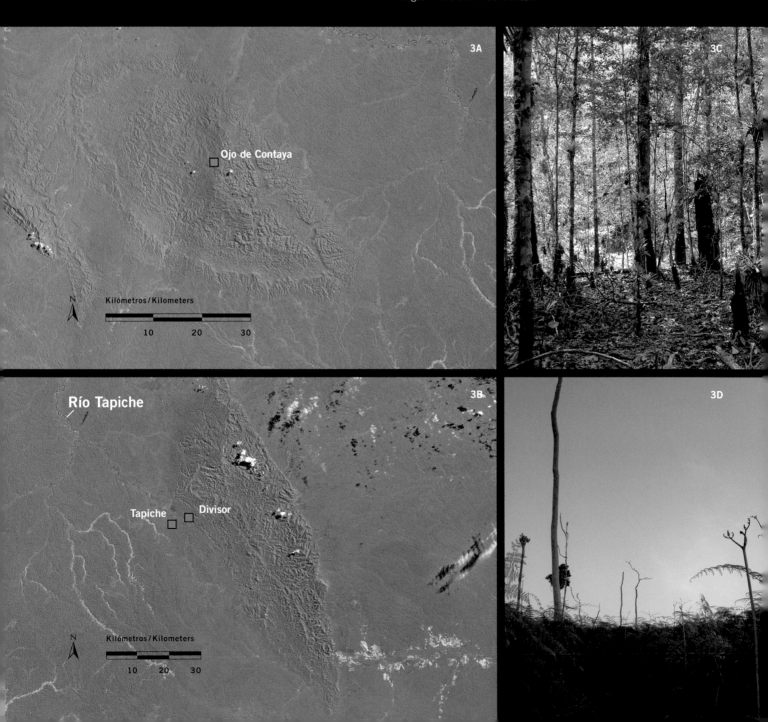

4F

4G

Los botánicos registraron más de 1,000 especies de plantas, incluyendo especies y generos dominantes (4E, 4L), especies nuevas para la ciencia (4A, 4C, 4F, 4H, 4J, 4K), sorprendentes extensiones de rango (4B, 4D, 4I) y nuevos registros para el Perú (4G)./Botanists registered more than 1,000 plant species, including dominant species and genera (4E, 4L), several species new to science (4A, 4C, 4F, 4H, 4J, 4K), exciting range extensions (4B, 4D, 4I), and new records for Peru (4G).

FIG.4A *Merostachys* (Poaceae)

FIG.4B *Podocarpus* (Podocarpaceae)

FIG.4C *Aparisthmium* (Euphorbiaceae)

FIG.4D *Pepinia fimbriata-bracteata* (Bromeliaceae)

FIG.4E *Huberodendron swietenioides* (Bombacaceae)

FIG.4F *Tococa* (Melastomataceae)

FIG.4G *Ficus acreana* (Moraceae)

FIG.4H *Calathea* (Marantaceae)

FIG.4I *Bonnetia* (Theaceae)

FIG.4J *Calophyllum* (Clusiaceae)

FIG.4K *Besleria* (Gesneriaceae)

FIG.4L *Ladenbergia* (Rubiaceae)

4H

4I 4J

4K

4L

5A

5B

5C

5D

5E

5F

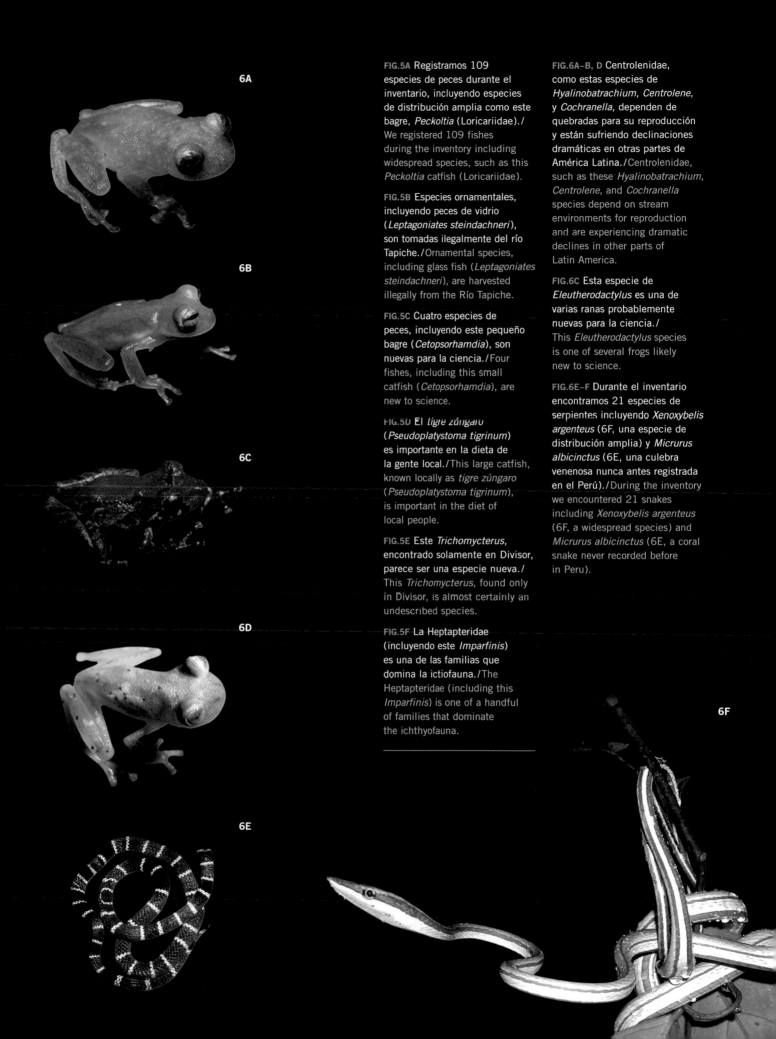

6A

6B

6C

6D

6E

6F

FIG.5A Registramos 109 especies de peces durante el inventario, incluyendo especies de distribución amplia como este bagre, *Peckoltia* (Loricariidae)./ We registered 109 fishes during the inventory including widespread species, such as this *Peckoltia* catfish (Loricariidae).

FIG.5B Especies ornamentales, incluyendo peces de vidrio (*Leptagoniates steindachneri*), son tomadas ilegalmente del río Tapiche./Ornamental species, including glass fish (*Leptagoniates steindachneri*), are harvested illegally from the Río Tapiche.

FIG.5C Cuatro especies de peces, incluyendo este pequeño bagre (*Cetopsorhamdia*), son nuevas para la ciencia./Four fishes, including this small catfish (*Cetopsorhamdia*), are new to science.

FIG.5D El *tigre zúngaro* (*Pseudoplatystoma tigrinum*) es importante en la dieta de la gente local./This large catfish, known locally as *tigre zúngaro* (*Pseudoplatystoma tigrinum*), is important in the diet of local people.

FIG.5E Este *Trichomycterus*, encontrado solamente en Divisor, parece ser una especie nueva./ This *Trichomycterus*, found only in Divisor, is almost certainly an undescribed species.

FIG.5F La Heptapteridae (incluyendo este *Imparfinis*) es una de las familias que domina la ictiofauna./The Heptapteridae (including this *Imparfinis*) is one of a handful of families that dominate the ichthyofauna.

FIG.6A–B, D Centrolenidae, como estas especies de *Hyalinobatrachium*, *Centrolene*, y *Cochranella*, dependen de quebradas para su reproducción y están sufriendo declinaciones dramáticas en otras partes de América Latina./Centrolenidae, such as these *Hyalinobatrachium*, *Centrolene*, and *Cochranella* species depend on stream environments for reproduction and are experiencing dramatic declines in other parts of Latin America.

FIG.6C Esta especie de *Eleutherodactylus* es una de varias ranas probablemente nuevas para la ciencia./ This *Eleutherodactylus* species is one of several frogs likely new to science.

FIG.6E–F Durante el inventario encontramos 21 especies de serpientes incluyendo *Xenoxybelis argenteus* (6F, una especie de distribución amplia) y *Micrurus albicinctus* (6E, una culebra venenosa nunca antes registrada en el Perú)./During the inventory we encountered 21 snakes including *Xenoxybelis argenteus* (6F, a widespread species) and *Micrurus albicinctus* (6E, a coral snake never recorded before in Peru).

7A

7B

7C

7D

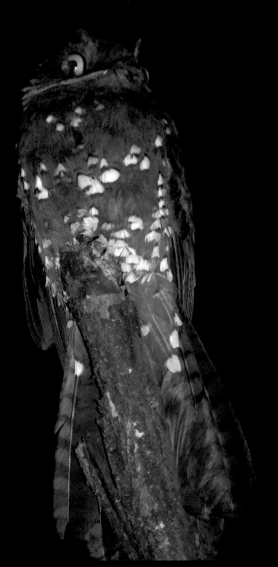

FIG.7A Hace unos veinte años los científicos finalmente aprendieron el canto del Nictibio Rufo (*Nyctibius bracteatus*) que todavía es una especie muy poco conocida./Twenty years ago scientists finally learned the song of the Rufous Potoo (*Nyctibius bracteatus*), yet it remains a poorly known species.

FIG.7B En el Perú, el Chotacabras Negruzco (*Caprimulgus nigrescens*) está restringido a los Andes y a los parches de arena blanca en la Amazonía./In Peru the Blackish Nightjar (*Caprimulgus nigrescens*) is confined to the Andes and patches of white sand in the Amazon.

FIG.7C–D Éstas son las primeras fotos publicadas del macho (7C) y la hembra (7D) del Batará de Acre (*Thamnophilus divisorius*), una especie endémica al Ojo de Contaya y a la Sierra del Divisor. Nuestro registro es el primero para el Perú./These are the first published photographs of the male (7C) and female (7D) Acre Antshrike (*Thamnophilus divisorius*), a species endemic to the Ojo de Contaya and Sierra del Divisor. Our record is the first for Peru.

FIG.8A La ZR Sierra del Divisor es actualmente la única área protegida peruana que resguarda el huapo colorado (*Cacajao calvus*)./ ZR Sierra del Divisor is currently the only Peruvian protected area to safeguard the red uakari monkey (*Cacajao calvus*).

FIG.8B–C, E Trampas fotográficas con sensores infrarrojos capturaron imágenes de grandes mamíferos nocturnos quienes son raramente vistos, incluyendo un venado colorado, *Mazama americana* (8B); un majás, *Cuniculus paca* (8C); y un tigrillo, *Leopardus pardalis* (8E)./Camera traps triggered by infrared sensors captured images of large, rarely seen nocturnal mammals, including red brocket

deer, *Mazama americana* (8B); pacas, *Cuniculus paca* (8C); and ocelots, *Leopardus pardalis* (8E).

FIG.8D El pichico negro (*Callimico goeldii*) es sumamente raro y una de las 12 especies de monos que registramos durante el inventario./ Goeldi's monkey (*Callimico goeldii*) is exceedingly rare and one of 12 species of monkeys we recorded during the inventory.

FIG.8F Los murciélagos frugívoros, como este *Platyrrhinus helleri*, desempeñan un papel crítico en la dispersión de semillas./ Frugivorous bats, such as this *Platyrrhinus helleri*, play a critical role in seed dispersal.

FIG.9A Las industrias extractivistas—incluyendo la tala de madera, la minería y la exploración petrolera—representan una gran amenaza para la ZR Sierra del Divisor. Durante el inventario vimos este grupo de madereros ilegales viajando río arriba por el Tapiche./ Extractive industries—including logging, mining, and oil exploration—pose an enormous threat to ZR Sierra del Divisor. During the inventory we saw this group of illegal loggers traveling upstream on the Río Tapiche.

FIG.9B Concesiones establecidas y propuestas de petróleo, madera y minería rodean la ZR Sierra del Divisor, y traslapan en algunos sitios, con el área protegida. La magnitud y urgencia de estas amenazas motivaron a los conservacionistas y grupos indígenas a unirse bajo una bandera común con la finalidad de proteger los ricos valores biológicos y culturales de la región./Granted and proposed concessions for oil, timber, and mining surround ZR Sierra del Divisor, even overlap in places with the protected area. The magnitude and urgency of these threats spurred conservationists and indigenous groups to unite around the common goal of protecting the region's rich biological and cultural values.

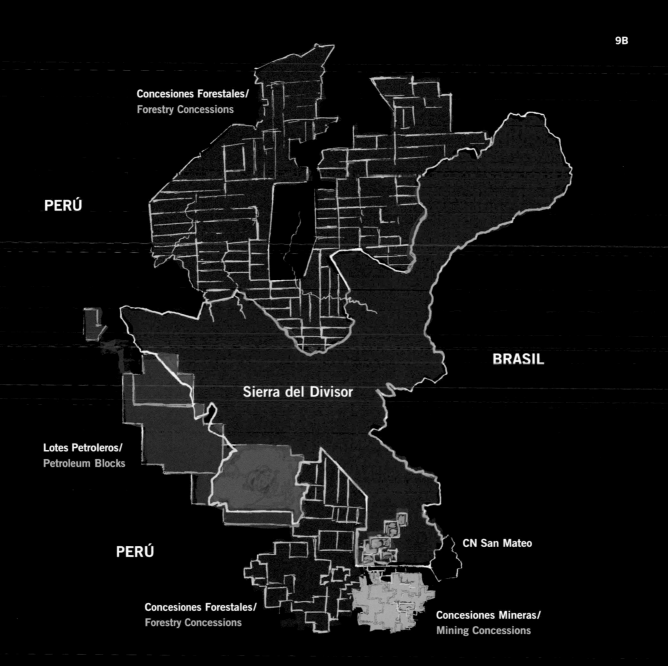

Concesiones Forestales/
Forestry Concessions

PERÚ

BRASIL

Sierra del Divisor

Lotes Petroleros/
Petroleum Blocks

PERÚ

CN San Mateo

Concesiones Forestales/
Forestry Concessions

Concesiones Mineras/
Mining Concessions

Sierra del Divisor es una prioridad para ambos los grupos de conservación y los grupos indígenas: la región contiene especies y formaciones geológicas únicas, además de poblaciones indígenas voluntariamente aisladas. Como un paso preliminar para generar un mapa consensuado de categorización y una protección efectiva del área, los grupos de conservación y los líderes indígenas han identificado

sitios de prioridad dentro de la Zona Reservada. Idealmente, Sierra del Divisor sería la primera área bajo un co-manejo entre grupos indígenas y grupos de conservación, cada uno proporcionando un fuerte respaldo al otro, y juntos formando un potente frente unido contra las amenazas existentes y futuras./

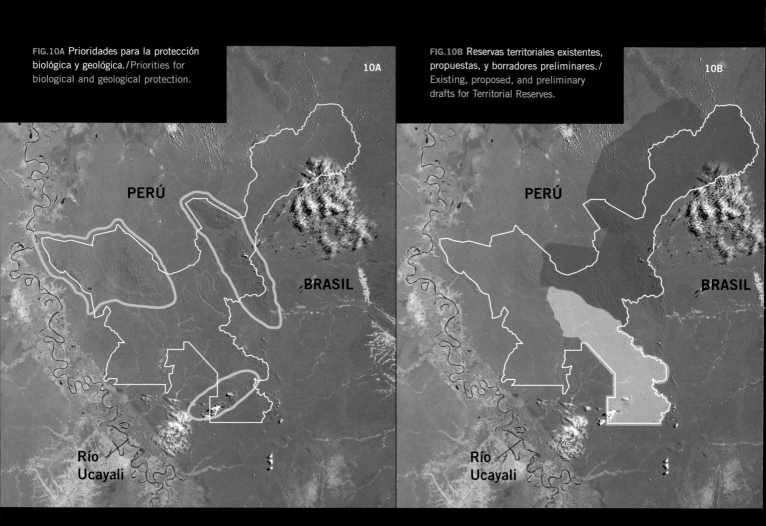

FIG.10A Prioridades para la protección biológica y geológica./Priorities for biological and geological protection.

10A

PERÚ

BRASIL

Río
Ucayali

FIG.10B Reservas territoriales existentes, propuestas, y borradores preliminares./ Existing, proposed, and preliminary drafts for Territorial Reserves.

10B

PERÚ

BRASIL

Río
Ucayali

━━ Áreas de prioridad geológica

▨ Reserva Territorial Isconahua/

Sierra del Divisor is a priority for both conservationists and indigenous groups: the region harbors unique species and geological formations, and populations of voluntarily isolated indigenous peoples. As a preliminary step towards generating a consensus map to categorize the area effectively for protection, conservation and

indigenous groups have identified priority sites within the Zona Reservada. Ideally, Sierra del Divisor would be the first area jointly managed by conservation and indigenous groups, each providing important support for the other, and together forming a strong, united front against existing and future threats.

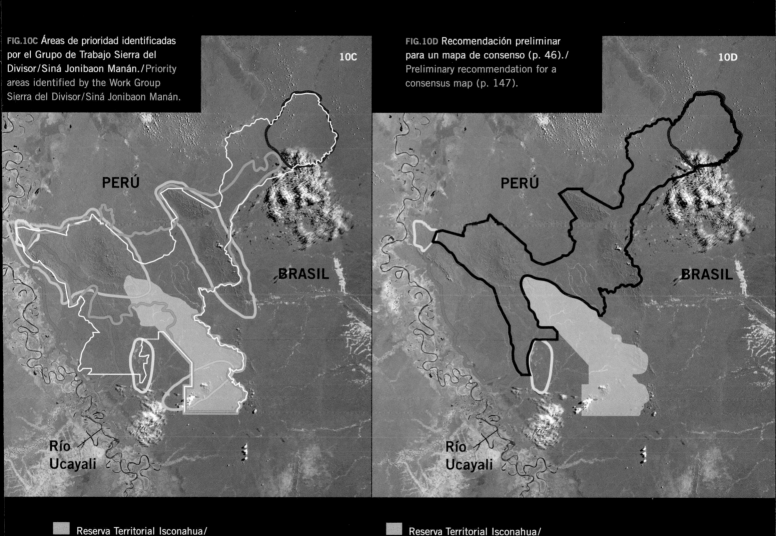

FIG.10C Áreas de prioridad identificadas por el Grupo de Trabajo Sierra del Divisor/Siná Jonibaon Manán./Priority areas identified by the Work Group Sierra del Divisor/Siná Jonibaon Manán.

10C

PERÚ

BRASIL

Río Ucayali

FIG.10D Recomendación preliminar para un mapa de consenso (p. 46)./ Preliminary recommendation for a consensus map (p. 147).

10D

PERÚ

BRASIL

Río Ucayali

Reserva Territorial Isconahua/ Isconahua Territorial Reserve

Área de uso de recursos naturales, Matsés/ Area of natural resource use, Matsés

Área de prioridad para los Kapanawa en aislamiento voluntario/Priority area for voluntarily isolated Kapanawa, ORAU

Reserva Territorial Isconahua/ Isconahua Territorial Reserve

Área excluída (para asentamiento existentes)/Excluded area (for existing settlements), IBC

Área de Uso Especial, Matsés/ Special Use Area, Matsés

11B

11C

11D

11E

FIG.11A El uso de recursos en pequeña escala, como la cosecha de la palma irapay (*Lepidocaryum tenue*), es una práctica común en poblados locales./Small-scale resource use, like harvesting thatch from the *irapay* palm (*Lepidocaryum tenue*), is a common practice in local villages.

FIG.11B Moradores locales están comprometidos a proteger los recursos naturales para generaciones futuras./Local people are committed to protecting natural resources for future generations.

FIG.11C Algunas comunidades están participando en una conservación activa, estableciendo puestos de control eficaces para monitorear y controlar pesquerías locales./ Some communities have taken conservation into their own hands, establishing effective guard posts to monitor and control local fisheries.

FIG.11D La pesca y la caza son aspectos centrales en la vida de los que viven alrededor de la Zona Reservada./Fishing and hunting are a way of life for people living around the Zona Reservada.

FIG.11E Conocimiento local y valores culturales, transmitidos por generaciones, son fortalezas importantes en la región./ Local knowledge and cultural values, transmitted through the generations, are an important regional asset.

Conservación de la Sierra del Divisor

ESTADO ACTUAL

La Región Sierra del Divisor/Siná Jonibaon Manán incluye una combinación de propuestas por grupos de conservación, organizaciones indígenas, y empresas comerciales a gran escala que se sobreponen unas a las otras. Al salir del campo, inmediatamente después del inventario en agosto del 2005, formamos el Grupo de Trabajo Sierra del Divisor/Siná Jonibaon Manán—compuesto por las organizaciones indígenas y de conservación dedicadas a la región—para resolver varias de éstas sobreposiciones de propuestas para la protección del área. Miembros del Grupo de Trabajo incluyen a la Organización Regional de AIDESEP–Iquitos (ORAI), la Organización Regional de AIDESEP–Ucayali (ORAU), Asociación Interétnica de Desarrollo de la Selva Peruana (AIDESEP), The Nature Conservancy–Perú (TNC), ProNaturaleza, Instituto del Bien Común (IBC), Derecho Ambiente, y Recursos Naturales (DAR), Centro de Investigación y Manejo de Áreas Naturales Protegidas (CIMA), Sociedad Peruana de Derecho Ambiental (SPDA), Centro para el Desarrollo Indígena Amazónico (CEDIA), Centro de Datos para la Conservación (CDC) y The Field Museum.

Después de más de un año de labor del Grupo de Trabajo, el enfoque sigue siendo (1) juntar las fortalezas de las organizaciones participantes para superar las graves amenazas que enfrentamos en común (minería, hidrocarburos, madereros ilegales, falta de normativa adecuada y respaldo para las Reservas Territoriales) y (2) proporcionar mecanismos viables, lo más rápido y eficientemente posible, para la protección estricta a los pueblos indígenas en aislamiento voluntario y a los valores biológicos y geológicos de la región. Acordamos trabajar simultáneamente, ambos en una propuesta consensuada para el cuidado de la Sierra del Divisor/Siná Jonibaon Manán y en el respaldo a las Reservas Territoriales. Formamos subgrupos que siguen trabajando y nos reunimos regularmente.

El proceso logró el apoyo consensuado del Grupo de Trabajo y el eventual establecimiento (el 11 de abril de 2006) de la Zona Reservada Sierra del Divisor (Resolución Ministerial 0283–2006–AG; 1.48 millones de hectáreas; Fig. 2A). Ésta fue la recomendación de mayor urgencia dada la magnitud e intensidad de las amenazas a la región. Al proponer conjuntamente la Zona Reservada (una designación temporal dentro del sistema nacional de áreas protegidas del Perú, SINANPE), el compromiso del Grupo de Trabajo fue desarrollar una propuesta consensuada para la categorización final de la Sierra del Divisor, a ser trabajada con la Comisión de Categorización establecida por el INRENA.

La Zona Reservada actualmente abarca la Reserva Territorial Isconahua (275,665 ha; Fig. 2A). La R.T. Isconahua fue establecida para proteger la existencia y los derechos de los voluntariamente aislados Iskonawa. Reserva Territorial es una designación aparte del SINANPE y es administrada por instituciones indígenas nacionales (AIDESEP e INDEPA). Existen dos propuestas adicionales para Reservas Territoriales: la propuesta R.T. Kapanawa (504,448 ha) se ubica en la parte central y oeste de la Zona Reservada, mientras que la propuesta R.T. Yavarí-Tapiche (1,058,200 ha) se sobrepone parcialmente al norte con la Zona Reservada (Fig. 10B).

Las empresas comerciales a gran escala en la región varían desde concesiones propuestas a concesiones establecidas. Unas concesiónes mineras, aprobadas en 2004, están en operación dentro de la R.T. Isconahua. Ninguna de las cinco concesiones petroleras han sido aprobadas aún, pero todas se sobreponen parcialmente con la Zona Reservada. Concesiones madereras en el norte a lo largo de la cuenca del Tapiche están establecidas y aparentemente en operación.

En diciembre del 2006, el Grupo de Trabajo solicitó al INRENA una prórroga de 120 días (abril del 2007) para la categorización definitiva de la Zona Reservada. Esto permitirá que se conduzcan los talleres y la recopilación de información necesaria para una propuesta consensuada de categorización. El mapa más reciente de las prioridades indígenas y las de conservación, según lo discutido en la reunión del Grupo de Trabajo del 5 de diciembre de 2006, se encuentra en la Figura 10C. En éste mapa todavía no figuran las prioridades por parte de ORAI y requiere insumos adicionales para llegar a una visión consensuada del área.

OBJETOS DE CONSERVACIÓN

El siguiente cuadro resalta las especies, los tipos de bosque, las comunidades biológicas, y los ecosistemas más vitales para la conservación en la Zona Reservada Sierra del Divisor. Algunos de los objetos de conservación son importantes por ser únicos para la región; raros, amenazadas o vulnerables en otras partes del Perú o la Amazonía; claves para la economía local; o por cumplir roles importantes en la función del ecosistema.

Comunidades Biológicas	▪ Extensiones enormes de bosques intactos que forman un corredor con el Parque Nacional Cordillera Azul hacia el oeste, la propuesta Reserva Comunal Matsés hacia el norte y el Parque Nacional da Serra do Divisor hacia el este, en Brasil (Figs. 2A, 2B)
	▪ Formaciones geológicas raras y diversas que ocurren en ninguna otra parte en la Amazonía e incluyen una serie de colinas de piedra arenisca en el oeste (Serranía de Contamana, Ojo de Contaya) y el este (Sierra del Divisor), y conos volcánicos en el sur (El Cono) (Figs. 2A, 2B)
	▪ Un esplendido mosaico de tipos de suelo: en el norte, suelos ricos y de alta diversidad; en la parte central, suelos que van de pobres a una fertilidad intermedia y que albergan endémicos; y suelos volcánicos en el sur
	▪ Las cabeceras del alto río Tapiche, las cuales son cruciales para migración y reproducción de especies de peces (incluyendo las especies comerciales), y las cabeceras de por lo menos diez otros ríos que nacen en la región
	▪ Quebradas que drenan suelos de fertilidad que varían de pobres a intermedios y podrían representar centros de especiación importantes para varios peces
	▪ Bosques enanos en suelos pobres ocurriendo principalmente en las crestas de las colinas (Figs. 3H, 3I)

Objetos de Conservación (continuación)

Plantas Vasculares	■	Poblaciones de especies maderables (tales como *Cedrela* sp. y *Cedrelinga cateniformis*) que son taladas a niveles no sostenibles en otras partes de la Amazonía
	■	Especies endémicas a hábitats únicos a la región, incluyendo varias especies—nuevas para la ciencia—que crecen en las crestas de piedra arenisca (*Parkia, Aparisthmium*, Fig. 4C)
Peces	■	Especies de *Hemigrammus, Hemibrycon, Knodus* y *Trichomycterus* (Fig. 5E) que están presentes en quebradas remotas y probablemente restringidas a la región
	■	Especies de Cheirodontinae presentes en el río Tapiche y principales tributarios, incluyendo *Ancistrus, Cetopsorhamdia* (Fig. 5C), *Crossoloricaria* y *Nannoptopoma*, los cuales son probablemente restringidos a la región
	■	Especies de importancia para la pesca que representan fuentes significativas de proteína para las comunidades humanas locales, tales como *Pseudoplatystoma tigrinum* (Fig. 5D), *Brycon* spp., un *Salminus* sp., *Prochilodus nigricans* y un *Leporinus* sp.
	■	Especies ornamentales de Cichlidae, Gasteropelecidae, Loricariidae, Anostomidae y Characidae con valor comercial y susceptible a la sobrepesca
	■	Comunidades de peces únicas en ambientes acuáticos del Ojo de Contaya
Anfibios y Reptiles	■	Especies de valor económico (tortugas terrestres y acuáticas, caimanes) que están amenazados en otras partes de su área de distribución
	■	Especies raras que representan nuevos registros para el Perú (*Osteocephalus subtilis* y *Micrurus albicinctus*, Fig. 6E)

Anfibios y Reptiles (continuación)	▪ Comunidades de anfibios que se reproducen en ambientes de quebradas y bosques (*Centrolene*, *Cochranella*, *Hyalinobatrachium*, *Colostethus*, *Dendrobates* y *Eleutherodactylus*) (Figs. 6A, 6B, 6D)
Aves	▪ El Batará de Acre (*Thamnophilus divisorius*, Figs. 7C, 7D), una especie recientemente descrita que es endémica a la Sierra del Divisor
	▪ Especies de aves raras o pobremente conocidas que están asociadas con arenas blancas o bosques enanos, tal como el Nictibio Rufo (*Nyctibius bracteatus*, Fig. 7A), el Colibrí Topacio del Fuego (*Topaza pyra*) y el Tirano-Todi de Zimmer (*Hemitriccus minimus*)
	▪ Guacamayos, especialmente el Guacamayo de Cabeza Azul (*Primolius couloni*), el cual es restringido a una pequeña población que ocurre casi exclusivamente en el Perú
	▪ Aves de caza (perdices, cracidos) que sufren típicamente de presión de caza en otras partes de la Amazonía
Mamíferos	▪ Una comunidad de primates grande y diversa de 15 especies (13 registradas en nuestro inventario y 2 conocidas de inventarios anteriores en la región)
	▪ Dos especies de monos raros y con distribución irregular, el pichico negro (*Callimico goeldii*, Fig. 8D) y el huapo colorado (*Cacajao calvus*, Fig. 8A)
	▪ Poblaciones saludables de mamíferos fuertemente cazados, tales como el mono maquisapa (*Ateles chamek*), el mono choro (*Lagothrix poeppigii*) y la sachavaca (*Tapirus terrestris*)
	▪ Carnívoros con amplios territorios, tales como el jaguar (*Panthera onca*) y el puma (*Puma concolor*)

Objetos de Conservación (continuación)

Comunidades Humanas	▪ Amplio conocimiento cultural del medio ambiente
	▪ Estilos de vida compatibles con el uso de recursos de bajo impacto (Figs. 11A, 11D)
	▪ Fuerte compromiso local para la protección del medio ambiente y para el uso sostenible de recursos naturales (Fig. 11B)
	▪ Capacidad organizativa para la protección de los recursos naturales

AMENAZAS

La integridad biológica y cultural de la región enfrenta serias e inmediatas amenazas. Éstas incluyen:

Extracción maderera ilegal

La extracción de madera es una amenaza primaria para las especies maderables y frecuentemente una amenaza secundaria para aves y mamíferos cazados por los madereros. La extracción ilegal de madera es evidente dentro y alrededor de la Zona Reservada, ocurriendo aún en el corazón de la Zona Reservada a lo largo del río Tapiche (Figs. 9A, 9B). Hacia el norte, concesiones madereras se sobreponen con la propuesta Reserva Territorial Yavarí-Tapiche (Figs. 9B, 10B).

Minería y exploración petrolera

Los impactos de minería y exploración petrolera son típicamente observados primero en las quebradas y ríos cercanos pero luego se abarcan a los peces y a la fauna terrestre. Concesiones mineras y petroleras se sobreponen en el sur con la Zona Reservada y con la Reserva Territorial Isconahua (Fig. 9B).

Pesca comercial no regulada

Operaciones de pesca comercial pueden impactar gravemente las poblaciones de peces. Botes equipados con refrigeración permiten a los pescadores comerciales almacenar grandes cantidades de pescado y pueden acelerar las extinciones locales de especies. Además, algunos pescadores usan explosivos o veneno—técnicas que son indiscriminadas en sus efectos y que dañan no solamente poblaciones de peces sino otros hábitats y fauna acuática. La pesca comercial no regulada figura entre las preocupaciones más altas de los pobladores que viven cerca de los límites de la Zona Reservada.

La Zona Reservada Sierra del Divisor está entre las prioridades de conservación más altas en el Perú. Amenazas inmediatas generan la urgencia para su protección. Éstas varían desde concesiones mineras hasta la extracción ilegal de madera, y de planes para hacer una carretera principal a través del área hasta intereses en minería y petróleo. De todos nuestros inventarios rápidos hasta la fecha, esta región demanda la más urgente y rápida acción.

Abajo resaltamos una serie de recomendaciones para asegurar la conservación efectiva de la región antes que la degradación y fragmentación transformen el paisaje.

Protección y manejo

Escoger estatus de protección

01 **Desarrollar un fuerte consenso para la categorización definitiva y la eventual zonificación de la Zona Reservada Sierra del Divisor/Siná Jonibaon Manán.** El consenso en la petición en común de las organizaciones indígenas y de las de conservación para la protección inmediata del área con la categoría de "Zona Reservada" vino con el entendimiento explícito que Zona Reservada es una categoría provisional. El Grupo de Trabajo Sierra del Divisor/Siná Jonibaon Manán se comprometió a seguir analizando las prioridades para los grupos indígenas y los de conservación para llegar a las recomendaciones apropiadas para la Comisión de Categorización oficial establecida por el INRENA.

El 5 de diciembre de 2006, el Grupo de Trabajo creó el primer mapa consensuado de las áreas de prioridad para los grupos indígenas y los de conservación dentro de la Zona Reservada (Fig. 10C). Como ORAI no pudo participar en la reunión, (1) las prioridades de ORAI todavía no figuran en el mapa y (2) la propuesta de ORAI para una Reserva Territorial todavía necesita ser reconciliada con los informes proporcionados por grupos Matsés previamente no contactados. A pesar de la información que falta de ORAI, el mapa de prioridades nos condujo a hacer la recomendación preliminar, para un complejo de áreas protegidas integradas por dos Reservas Territoriales adyacentes a un Parque Nacional (Fig. 10D).

El 12 de diciembre de 2006, el Grupo de Trabajo envió una carta a INRENA solicitando una prórroga de 120 días para recopilar datos importantes adicionales. En abril de 2007 se deberá presentar a la Comisión de Categorización una recomendación para la categorización definitiva de la Zona Reservada Sierra del Divisor, representando una visión integrada de protección eficiente a todas prioridades de los grupos indígenas y de conservación.

02 **Establecer categorización y zonificación apropiadas para proteger las áreas donde han sido reportados indígenas viviendo en aislamiento voluntario (Figs. 10B, 10C).**

03 **Establecer zonificación apropiada para asegurar a los Matsés su uso tradicional del rincón más al noreste de la Zona Reservada (Figs. 10C, 10D)**

04 **Redefinir los límites del área protegida para excluir los caseríos (Figs. 10C, 10D).** Existen varios caseríos pequeños dentro de la Zona Reservada Sierra del Divisor, especialmente a lo largo del río Callería. Estos asentamientos y las áreas contiguas usadas por los miembros de los caseríos deberían ser removidos de la Zona Reservada. Los límites de la ya existente Reserva Territorial Isconahua también deben ser redefinidos para eliminar la actual sobreposición con las tierras tituladas de la Comunidad Nativa San Mateo.

05 **Aprovechar las ventajas del corredor binacional de conservación con las áreas protegidas en la zona vecina en Brasil.** Coordinando el manejo de la Zona Reservada en el Perú con el Parque Nacional da Serra do Divisor y varias reservas indígenas extractivas en Brasil, el total de tierras protegidas sería de más de 3 millones de hectáreas.

Asegurar la amplia participación en los esfuerzos de conservación

06 **Combinar los esfuerzos de las federaciones indígenas interesadas y de las organizaciones de conservación para promover la protección inmediata y el co-manejo de la Zona Reservada Sierra del Divisor.** Ambos grupos comparten la preocupación por (a) los grupos indígenas viviendo en aislamiento voluntario en la inmensidad de la Zona Reservada, y (b) los tesoros biológicos y geológicos en la región. Trabajando juntos, los dos grupos deben resaltar la importancia de la región a los niveles más altos del gobierno y asegurar la protección efectiva de la región para un eventual apoyo mutuo y posible co-manejo.

07 **Actuar inmediatamente con los residentes locales e instituciones locales y regionales para responder a las actividades ilegales.** La invasión de la región por actividades comerciales no está regulada, sin embargo los poblados vecinos han expresado abiertamente su deseo de proteger el área. Las organizaciones indígenas y de conservación deberían coordinar y movilizar residentes locales para patrullar la región y controlar las actividades ilegales. Un sistema de protección local debería ser discutido con los gobiernos regionales de Ucayali y Loreto, y con la unidad adecuada del gobierno nacional (INRENA), y éste debería ser implementado lo más pronto posible.

08 **Establecer fuertes alianzas entre los grupos de conservación, federaciones indígenas (nacional, regional y local), agencias del gobierno (áreas protegidas y derechos indígenas) y donantes para la eficiente acción de protección**

Protección y manejo
(continuación)

en la región. Solamente a través de alianzas consolidadas y una constante comunicación a todos los niveles será posible implementar un plan a largo plazo para proteger el área mientras se mantiene y mejora la calidad de vida de los pueblos vecinos. Actividades en la zona de amortiguamiento de la Zona Reservada deben atraer inversiones económicas ecológicamente compatibles con el área protegida que reduzcan la brecha de ingresos de los residentes locales.

09 **Desarrollar un sistema efectivo de co-manejo de manera que la unidad entera esté totalmente protegida.** Aunque ésto requerirá una tremenda cantidad de trabajo por que no existe un precedente en el Perú, es de suma importancia para el bienestar de todos los valores culturales y biológicos en la Zona Reservada y la zona de amortiguamiento que la rodea.

Resolución de conflictos

10 **Asegurar un sólido respaldo legal y autoridad para los pueblos indígenas en aislamiento voluntario.** Históricamente, "Reserva Territorial" era la categoría usada en el Perú para proteger extensiones naturales que albergan grupos indígenas que deciden vivir sin contacto con la civilización occidental. Estas tierras, ahora llamadas "Reservas Indígenas," deberían recibir la más estricta protección hasta que el grupo indígena, por su propia voluntad, decida contactarse. Sin un requerimiento explicito para el contacto, el área deberá permanecer como zona intangible para salvaguardar la vida de personas altamente vulnerables al contacto con las enfermedades occidentales más comunes.

Actualmente, la categoría de Reserva Indígena carece de la definición apropiada y el apoyo legal para asegurar la conservación estricta de la tierra y sus pueblos (ver el capítulo, "Situación Jurídica de las Reservas Territoriales" en este informe). Esta falta de protección es evidentemente marcada a través de la historia de las Reservas Territoriales del Perú. No es simplemente que estas áreas no reciben una acción de protección, si no que son fragmentadas regularmente por carreteras, oleoductos y concesiones mineras aprobadas por el gobierno, y son invadidas sin compasión alguna por mineros y madereros ilegales. Si no se establece un mecanismo efectivo y poderoso para asegurar las Reservas Indígenas—con regulaciones adecuadas, entidades responsables y el financiamiento adecuado—la Región Sierra del Divisor/ Siná Jonibaon Manán y sus pueblos aislados estarán expuestos a graves peligros (Fig. 9B).

11 **Invalidar las concesiones mineras que han sido aprobadas dentro de la Reserva Territorial Isconahua (Fig. 9B).** La eliminación inmediata de estas concesiones es imperativa para la protección de la vida de los pueblos indígenas en aislamiento voluntario y para la conservación de formaciones geológicas únicas en la Amazonía.

12 **Evaluar la propuesta Reserva Territorial Yavarí-Tapiche y la propuesta Reserva Territorial Kapanawa y acomodar los límites requeridos para proteger poblaciones indígenas en aislamiento voluntario (Fig. 10B).**

13 **Resolver la sobreposición de las concesiones madereras propuestas con la Reserva Territorial Yavari-Tapiche propuesta por AIDESEP (Figs. 9B, 10B).** Delimitar los bordes de las concesiones madereras y la propuesta Reserva Territorial Yavarí-Tapiche debería ser una de las prioridades más altas después de evaluar la propuesta de la Reserva Territorial. La sobreposición de estas dos propuestas necesita ser resuelta para asegurar la protección definitiva de la Zona Reservada Sierra del Divisor y para los pueblos indígenas en aislamiento voluntario.

Inventarios adicionales

01 **Continuar los inventarios básicos de plantas y animales, centrándose en otros sitios y estaciones.** Estudios de hábitats acuáticos en las cabeceras de los ríos en las tierras altas del Ojo de Contaya y la Sierra del Divisor, tales como los ríos Blanco, Zúngaro, Bunyuca, Callería y Utuquinía. Los antiguos conos volcánicos, bosques aledaños y las quebradas en la parte sureste de la Zona Reservada son de alta prioridad para inventarios terrestres y acuáticos. Recomendamos inventarios durante otras estaciones del año, principalmente en la época de lluvias (octubre–marzo) cuando las poblaciones de anfibios están más activas y fáciles de muestrear.

02 **Hacer mapas de las grandes formaciones geológicas dentro de la Zona Reservada.** Las pocas muestras de agua y suelos que tomamos del Ojo de Contaya no alcanzan para medir la diversidad de hábitats dentro de la región, tampoco pudimos medir la variabilidad geológica de las rocas bajo tierra.

03 **Buscar al Batará de Acre (*Thamnophilus divisorius*, Figs. 7C, 7D) en otros lugares.** Creemos que esta especie de ave endémica a la región de Sierra de Divisor se encontraría en un hábitat específico en toda la región. El hábitat—bosque enano en la cresta de las colinas—es de distribución irregular. Debería determinarse si es que el batará ocurre en todos los sitios con suficiente hábitat enano.

Inventarios adicionales (continuación)	**04 Continuar los estudios en hábitats de suelos pobres para aves especialistas de arenas blancas.** Creemos que varias especies de aves especialistas de arenas blancas que fueron registradas en el inventario—especies raras y muy poco conocidas—tienen una distribución más amplia. Los inventarios deberían centrarse en documentar la distribución y abundancia relativa de estas especies.
	05 Buscar especies de aves que anidan en acantilados, cuevas y cataratas en el Ojo de Contaya y la Sierra del Divisor. Creemos que los Guacharos (*Steatornis caripensis*) y algunos vencejos (Apodiae), conocidos por utilizar colinas andinas de pie de monte para anidar al oeste del río Ucayali, deben anidar en hábitats similares en la Región Sierra del Divisor.
Investigación	**01 Evaluar los impactos de las comunidades locales en la pesca.** Determinar cuales especies de peces son capturadas con más frecuencia, la abundancia relativa de estas especies y las localidades donde se centra la pesca. Estudios preliminares de los recursos pesqueros del área serán de suma importancia para el manejo a largo plazo de las poblaciones de especies en los ríos dentro de la Zona Reservada.
	02 Investigar la biología reproductiva de las especies de peces en la Zona Reservada. Confirmar si existen movimientos estacionales durante los períodos de reproducción en las cabeceras de los ríos en la cuenca de la región y hacer los ajustes necesarios para proteger todas las áreas claves para las especies.
	03 Investigar la posibilidad de desarrollar acuicultura en la región con especies nativas. La acuicultura podría proveer una fuente significante de proteína para las comunidades en el área. Los principales candidatos para estudios de factibilidad incluyen especies nativas de crecimiento rápido, tales como boquichicos (*Prochilodus nigricans*), sábalos (*Brycon* spp. y *Salminus*) y ciclidos. Examinar la posibilidad de usar la acuicultura para renovar poblaciones de especies de peces más raras, tal como es el caso de la arahuana (*Osteoglossum bicirrhosum*).
	04 Documentar los límites de rango de las especies y las barreras biogeográficas en la región. Varios pares de especies de aves aparentemente se reemplazan unas a otras dentro de la Zona Reservada ante la falta de algún tipo de barrera geográfica (tal como un rió grande) y sin concordancia de límites de distribución entre diferentes pares de especies. La región ofrece una oportunidad excepcional de investigar los roles de historia y heterogeneidad de hábitat para determinar la distribución de especies de aves.

05 Estudiar mamíferos pequeños y murciélagos en toda la Zona Reservada. Las comunidades de pequeños mamíferos y murciélagos en la región permanecen casi desconocidas. Hábitats de particular interés son los bosques enanos de las crestas, los cuales podrían albergar especialistas de hábitat.

06 Estudiar en el Ojo de Contaya la presencia de dos formas aparentemente diferentes de monos maquisapas (*Ateles chamek*). Las dos formas de *Ateles* difieren solamente por el color de la piel facial expuesta (roja en vez de blanca a negruzca), hasta donde pudimos determinar. No sabemos la categoría taxonómica de estas dos formas; ellas podrían representar variaciones individuales dentro una sola especie, o dos especies simpátricas diferentes.

07 Estudiar las preferencias de hábitat del mono huapo colorado (*Cacajao calvus*). Nuestra observación de esta especie rara en las crestas de las cimas o en sitios alejados de aguajales (pantanos de *Mauritia*) fue completamente inesperada. Recomendamos determinar si es que esta especie está menos asociada con los aguajales que reportes anteriores (o si es que ellos migran estacionalmente).

Monitoreo y vigilancia

01 Vigilar las poblaciones de peces, aves y mamíferos de caza. Recolectar datos de abundancia relativa e identidad de las especies pescadas con más frecuencia, y lugares dentro la región donde la pesca y caza son abundantes. Esta información preliminar de poblaciones de animales cazados permitirá hacer las recomendaciones para potenciales áreas sin caza que podrían servir como fuente de las poblaciones.

02 Crear un programa de monitoreo práctico que mida los progresos hacia las metas de conservación establecidas en un plan de manejo a largo plazo para la región.

03 Documentar las incursiones ilegales dentro del área, a través de un sistema de patrullaje establecido (ver Recomendación 07, de Protección y manejo, arriba)

La Zona Reservada provee una enorme oportunidad para proteger un lugar único de la Amazonía, con todas sus características biológicas, culturales y geológicas intactas. La Zona Reservada:

01 **Protege características geológicas únicas.** La Sierra del Divisor es geológicamente distinta del resto de la Región Amazónica y contiene las únicas montañas en la Amazonía peruana (Fig. 2B).

02 **Forma un área de conservación binacional**, directamente contigua al Parque Nacional da Serra do Divisor de Brasil, al este, y, al oeste, el Parque Nacional Cordillera Azul, en el Perú (Fig. 2A).

03 **Protege pueblos indígenas en aislamiento voluntario (Figs. 2A, 10B).**

04 **Alberga una comunidad biológica rica de especies de plantas y animales globalmente endémicas, raras y amenazadas**, incluyendo especies de valor comercial que son sobre explotadas en otras regiones.

05 **Permite una alianza con residentes de poblados vecinos,** la mayoría de los cuales comparte una visión en común de proteger los recursos naturales que dan sustento a sus familias (Figs. 11B, 11E).

Informe Técnico

PAISAJE Y SITIOS VISITADOS

Autor: Robin B. Foster

La Zona Reservada Sierra del Divisor ("la Zona Reservada"), de 1.48 millones de hectáreas, incluye la única cadena de montañas en la Amazonía Peruana (Fig. 2B). Estas montañas de baja elevación emergen de la llanura Amazónica y se extienden desde la Sierra del Divisor al norte; desde Acre, Brasil, al este; y, al sur, a Madre de Dios, Perú. Esta meseta está separada de los Andes por el río Ucayali y el bajo río Urubamba al norte, y por el bajo río Manu y el río Madre de Dios al sur, pero está cerca de los Andes en la región divisoria de Fitzcarraldo. Usamos "Región Sierra del Divisor / Siná Jonibaon Manán" (o "región de Divisor") al referirse a la meseta de montañas bajas y las llanuras adyacentes en la Zona Reservada.

Esta baja meseta es geológicamente distinta de la mayor parte de la llanura Amazónica y fue levantada por las mismas fuerzas continentales que generaron los Andes. La erosión ha expuesto el antiguo estrato del Cretáceo que yacía debajo, el cual en la mayor parte de la llanura Amazónica está cubierto por sedimentos más recientes del Terciario y Cuaternario. En las elevaciones más altas, algunas rocas aun más antiguas han sido expuestas, abriéndose paso hacia arriba a través del estrato del Cretáceo. Un rectángulo irregular de fallas geológicas rodea la región de Divisor. En la parte oriental (Sierra del Divisor) y en la parte occidental (Serranía de Contamana) estas fallas han creado una pared montañosa muy empinada por afuera con una pendiente más gradual hacia adentro. En el norte, el anillo elíptico de montañas con suava pendiente hacia fuera formando el Ojo de Contaya parece albergar dentro de sus bordes un grupo horizontal de estratos erosionados.

La geología en la región de Divisor se asemeja a la de la base de los Andes hacia el oeste, donde presumiblemente los mismos estratos u otros similares han sido levantados. Pero en los Andes la banda compuesta principalmente de roca Cretácea es solamente una franja angosta a lo largo de las elevaciones mas bajas, mientras que en Divisor ese mismo tipo de roca forma un deposito más amplio. En la región de Divisor, los niveles de estrato del Cretáceo son diversos y compuestos por una sobrecarga de arenisca de cuarzo y otros sedimentos arenosos sueltos. Inclusive los amplios depósitos de antigua terrazas inundables en el centro de la región consisten de sedimentos arenosos. En todos los sitios visitados, los suelos de arenas blancas dominaban las cumbres, pendientes, e inclusive las zonas inundables mas recientes, creando un ambiente muy ácido para el crecimiento de las plantas. Hay algunas cavidades así como finas capas de estratos más ricos que forman arcillas, pero aparentemente no son tan importantes al nivel de paisaje.

La excepción más grande en el ambiente descrito arriba, es la región volcánica al sureste de la Zona Reservada (Fig. 2A). En los sobrevuelos de esta región observamos unas montañas pequeñas pero escarpadas, bordeando una falla aparentemente muy profunda. Esta región parece ser en su mayoría o casi enteramente de origen ígneo y tiene una antigüedad aproximada de 4 a 5 millones de años. Estas montañas son compactas con conos volcánicos y picos con forma de cráter de pendientes bien pronunciadas. Algunos de estos picos son alejados, como el pico simétrico y aislado conocido como "El Cono." (Fig. 1) Es tan notorio a la distancia que en días despejados puede ser visto inclusive desde las montañas bajas de los Andes.

La vegetación que cubre esta región volcánica parece ser diferente del resto de la región de Divisor, con poca o casi ninguna señal de vegetación caducifolia durante un año seco. En general las copas de los árboles son bastante anchas, pero hay pocos, si es que algunos emergentes. La región volcánica podría ser el único paisaje de su tipo en toda la llanura Amazónica y aun permanece inexplorado por los investigadores.

SITIOS VISITADOS POR EL EQUIPO BIOLÓGICO

En octubre del año 2002 investigadores de The Field Museum, ProNaturaleza, CIMA (Centro de Conservación, Investigación y Manejo de Áreas Naturales) e INRENA (Instituto de Recursos Naturales) volaron sobre la mayor parte de la Zona Reservada Sierra del Divisor y grabaron imágenes de este sobrevuelo. Para escoger los lugares para el inventario examinamos estas imágenes y también usamos mapas del área y imágenes de satélite de alta resolución. Para el inventario seleccionamos las áreas que no habían sido

visitadas previamente y ecológicamente parecían ser las más interesantes. Uno de nuestros sitios prioritarios, el área en el sureste cerca a "El Cono," tuvo que ser dejada a lado ya que esta dentro de la Reserva Territorial Isconahua, un área que protege indígenas Iskonawas* viviendo en aislamiento voluntario.

Entre el 6 y el 24 de agosto, el equipo biológico realizo muestreos en tres sitios. Uno estuvo en la mitad de la parte norte del Ojo de Contaya, otro en las zonas inundables y terrazas adyacentes del alto río Tapiche (que descarga la mayor parte de las aguas de la Sierra del Divisor) y el tercer sitio estuvo en el corazón de la parte más grande de la Sierra del Divisor (Figs. 3A, 3B). Abajo describimos los sitios en más detalle e incluimos información adicional de los sobrevuelos (incluyendo lo que vimos volando al entrar y al salir de cada sitio muestreado). Los nombres de cada sitio se refieren a la geografía dominante de cada área.

Ojo de Contaya (07°06'57.5" S, 74°35'18.6" W, 250–400 m; 6–12 agosto del 2005)

El primero de nuestros campamentos estuvo en el centro del complejo de lomas altas y pendientes elevadas en la parte norte del Ojo de Contaya (53 km al este de Contamana). El Ojo, llamado así por el anillo en forma de ojo que se forma alrededor de una zona de montañas de baja elevación otro grupo de montañas más altas (de 65 km de largo y 35 de ancho) agrupadas de manera similar. Ambos anillos rodean un complejo de altas montañas que representan al "iris" y a la "pupila" en las imágenes de satélite (Fig. 3A). El drenaje de agua fuera del Ojo de Contaya se da en todas las direcciones de la brújula, a través de varios arroyos serpenteantes grandes que salen por boquetes estrechos en los bordes de la cadena de montañas del "ojo" y dentro de las antiguas terrazas inundables cercanas. Toda esta agua eventualmente llega al río Ucayali, por arriba o debajo de Contamana.

---

* La manera de escribir el nombre oficial de la reserva es diferente al que usan los propios Iskonawa.

El helipuerto estaba en la cima de una montaña, un "cerro pelado" cubierto por una densa capa de helechos *Pteridium* (conocidos localmente como "shapumbales") con troncos dispersos de árboles emergentes secos. Este cerro expuesto aparentemente fue creado por un incendio a causa de un rayo. Es visible en las imágenes de satélite y es el único claro que observamos en el área (Fig. 3D). Nuestro campamento estuvo en un valle escarpado donde la bajura va haciéndose más angosta hasta convertirse en una quebrada empinada a los lados. El drenaje de esta área finalmente sale al norte, hacia el alto río Tapiche. No vimos evidencia de actividad humana hoy en día o en el pasado en la zona.

Los 14.6 km de trocha fueron cortados por el equipo de avanzada a través de los hábitats ca. 5 km en todas direcciones desde el campamento. Las trochas siguieron las líneas de las crestas de tres sistemas diferentes de montañas, y atravesaron pendientes empinadas llegando hasta cada cresta. Una trocha atravesó cinco diferentes barrancos y quebradas. Dos trochas siguieron el cauce de arroyos y las terrazas aluviales por varios kilómetros.

Cumbres

La mayoría de las cumbres altas (hasta 400 m o más) vistas en la región central del Ojo de Contaya fueron relativamente planas en las partes más altas, mostrando raramente picos muy marcados. Los pocos deslizamientos empinados de estas cumbres exponen bandas horizontales de arenisca dura alternándose con capas más suaves en su mayoría arenosas. Ésto sugiere que hubo un amplio levantamiento de toda el área, incluyendo la Serranía de Contamana justo al oeste, sin las características pendientes empinadas y levantadas de los Andes. Aproximadamente la mitad de estas cumbres están cubiertas con bosques de baja estatura con un dosel continuo de unos 10 m de altura, y el resto cubierto con bosques más altos (al menos 30 m de altura). Los bosques de baja estatura parecen que están sobre suelos arenosos de cuarzo, de color blanquecino, mientras que los bosques más altos están creciendo en arcilla arenosa. Ambos bosques, tanto los de las cumbres como los bosques de pendientes más estables, tienen una densa capa de raíces en la superficie, debajo de la capa de hojarasca. Los bosques de baja estatura son de apariencia similar a los bosques "esponjosos" vistos a elevaciones mayores creciendo en substratos de cuarcita de la Cordillera Azul al norte, al lado opuesto del río Ucayali (Foster et al. 2001), así como en la Sierra del Divisor (ver abajo).

Pendientes empinadas

En el sobrevuelo vimos un área en la parte sur del Ojo de Contaya donde un grupo de deslizamientos simultáneos en áreas de pendientes pronunciadas habían removido 10%–20% de la vegetación, como resultado claro de un terremoto localizado en la zona. Pero aparte de este lugar, las demás pendientes bordeando el valle amplio en su mayoría se veían estables y estaban cubiertas de bosque maduro mostrando poca señal de perturbación. La transición de bosques de baja estatura en la parte más elevada de las pendientes a los bosques más altos es relativamente brusca. En algunos lugares, paredes de roca de arenisca endurecida bordean el fondo. En contraste, las pendientes adyacentes a las estrechas quebradas son notoriamente dinámicas con una alta frecuencia de pequeñas "caídas laterales," deslizamientos que cortan una sección de la pendiente alta y la depositan debajo. Los depósitos de estas caídas revelan una diversidad de substratos, variando de arcillas rojas o amarillentas a arena casi pura, y cubiertos con diferentes combinaciones de especies de plantas pioneras y en diferentes estados de regeneración. Los pequeños arroyos se alternan entre áreas con pendientes suaves dentro de restos de rocas y caídas de agua mucho más empinadas hasta varios metros sobre capas de roca de arenisca dura.

Fondos de valles

Las terrazas al fondo de los valles son sorprendentemente planas y en su mayoría varían de 50 a 200 m de ancho. No sabemos hasta que punto estas terrazas son inundadas, pero si ocurre, la inundación debe ser temporal. El agua de los arroyos se mueve raudamente pero de manera meándrica, frecuentemente formando orillas de más de 5 m de altura y pequeñas cochas cuando uno de los meandros es aislado. Los bordes del arroyo son en su mayoría bancos de arena empinados que se alternaban con playas arenosas. El fondo de las quebradas de aguas claras (no de color té como se podría esperar en estas áreas) es notoriamente arenoso con "paquetes" de hojas y otro material orgánico acumulado.

Tapiche (07°12'30.5" S, 73°56'04.1" W, 220–240 m; 12–18 agosto del 2005)

Nuestro segundo campamento estaba ubicado aproximadamente a 75 km al este del Ojo de Contaya y 145 km al noreste de Pucallpa (Fig. 2A). Aquí muestreamos el alto río Tapiche cerca de la base de la Sierra del Divisor, la zona inundable más amplia en la región del Divisor. Acampamos en una terraza alta arriba del río (al lado este), y de ahí exploramos un sistema de trochas nuevas de unos 25 km en ambos lados del río que atravesaba transversalmente comunidades de sucesión en meandros activos del río, terrazas antiguas, un aguajal extenso y las pendientes más bajas de las montañas de Divisor.

Al lado opuesto de nuestro campamento, cerca de una cocha en el lado oeste, había un campamento abandonado de unos cuatro años de antigüedad. El área de bosque que había sido talado era limitado y había pocas plantas domesticadas alrededor de unas chozas en mal estado. Lo cual sugiere que este campamento era un sitio de descanso para gente que estaba de paso por el río, más que un campamento permanente.

Meandros del río

Durante la época relativamente seca de agosto el río dinámico y meándrico era de unos 15-20 m de ancho y no más de 1-2 m de profundidad; el fondo arenoso era visible a través del agua clara. En las curvas frecuentemente había playas de arena blanca, pero estas eran relativamente estables según lo que se podía ver por las estrechas bandas de vegetación sucesional truncadas. Así que estos meandros no son como los

meandros cargados de sedimentos de los ríos de aguas blancas. Las quebradas principales que desembocaban al río formaron versiones en miniatura del río, aunque menos meándricas y con un grupo de especies de sucesión un tanto diferentes.

Una cocha rara cerca del campamento en realidad era más una especie de charco secándose con agua estancada, rodeada principalmente por una terraza inundable alta, con un dique bajo que la separaba del río. Las cochas son más comunes en la parte más baja del Tapiche, donde la zona inundable es mucho más ancha. Solamente una estrecha parte del alto Tapiche parece inundarse anualmente o con poca frecuencia. Lo demás está compuesto por terrazas inundables altas más antiguas que se diferencian en sus características de drenaje.

Terrazas inundables antiguas y aguajal

Terrazas no inundables y de buen drenaje son extensas en la zona inundable y están cubiertas en su mayoría por un dosel continuo de árboles grandes con raíces tablares y un sotobosque abierto. Estas terrazas se están transformando en una llanura de colinas bajas conforme están siendo erosionadas en un sistema de pequeños canales menos de 5 m debajo la planicie de la terraza. Los suelos que yacen debajo de estas terrazas, aunque arenosos, aparentemente tiene un sustancial contenido de arcilla parecido a los bosques inundables arenosos cerca del río. Dentro del área del bosque de dosel alto nuestro sistema de trochas atravesaba un área de varias hectáreas que estaba recobrándose de una caída masiva de árboles, probablemente a causa de un viento cortante producido por una poderosa corriente de aire relacionado con una tormenta muy severa. Estas caídas masivas de árboles son obvias en las imágenes de satélite del área pero son relativamente esporádicas.

Pantanos con palmeras conocidos como "aguajales" por la presencia dominante de grandes concentraciones de la especie de la palmera *Mauritia flexuosa* ("aguaje") son infrecuentes en la región. Visto desde la imagen de satélite, el aguajal en una terraza alta cerca de nuestro campamento es uno de los más grandes de la región. La formación de aguajales presumiblemente refleja un proceso relacionado con el río que crea diques lo suficientemente altos como para bloquear el drenaje de depresiones poco profundas en la zona inundable. Los aguajales parecen ser rasgos temporales del paisaje, durando tal vez 1,000 años (o mucho menos), conforme la erosión va avanzando comiéndose la obstrucción mientras los sedimentos que van entrando van aumentando el nivel del suelo. En esta región los aguajales parecen ser más comunes debajo de la base del rango de montañas más bajas de Divisor, y a menor escala dentro del zona inundable activa más amplia aguas abajo del río Tapiche.

El aguajal que estudiamos tenia unos 2 km de diámetro aproximadamente. Está adyacente al pie de las montañas por el lado este y en esa área es más profundo. Se hace más difícil caminar a través de éste y es más denso en concentración de *Mauritia*. En el lado oeste, donde está siendo penetrado por varios canales con pendientes casi verticales que desaguan hacia el río, hay más tierra firme para caminar entre las lomas formadas en la base de cada palmera, y una diversidad y abundancia mucho más grande de otras plantas. Suelos húmedos de arcilla con capas de arcilla encima son el contraste más resaltante con los suelos mejor drenados de las terrazas altas y las colinas que rodean el aguajal. Aparentemente hay humedad suficientemente cerca al aguajal para soportar mucho más epífitas de troncos que cualquier otro lugar cercano.

Colinas de pendiente alta

En dirección este de nuestro campamento, las terrazas altas hacen una transición gradual hacia las montañas de Divisor. Pareciera como si las terrazas hubieran sido inclinadas hacia arriba en una pendiente gradual, permaneciendo en una superficie plana no horizontal. El suelo es más arenoso y los árboles siguen siendo tan altos, como en las terrazas de la parte baja, pero por lo general con copas más pequeñas, un sotobosque más denso y menos lianas. A diferencia de las terrazas de la parte baja, el drenaje no es de canales superficiales sino quebradas inclinadas y profundas que cortan dentro de las pendientes planas.

Divisor (07°12'16.4" S, 73°52'58.3" W, 250–600 m; 18–24 de agosto 2005)

Nuestro tercer campamento estaba a 6 km del segundo, en el corazón de la Sierra del Divisor, ca. 10 km de la frontera con Brasil y 150 km noreste de Pucallpa (Fig. 2A). Hacia el centro de la Sierra, las pendientes largas y planas y quebradas profundas del pie de monte son remplazadas por un grupo heterogéneo de pequeños picos montañosos, cumbres horizontales y valles amplios. La fisiografía tiene mucho más en común con el Ojo de Contaya, pero en una escala vertical más grande con más extremos: más heterogeneidad de estratos, y hábitats más secos y húmedos. Los 18 km de trochas incluían tres cumbres separadas y pendientes adyacentes más empinadas, cañones con paredes de arenisca y valles amplios con fondos inclinados. El área no mostraba señal ninguna de actividad humana, y la presencia de varios cedros muy grandes y valiosos (*Cedrela fissilis*) en el fondo de los valles confirman ésto.

Cumbres

Aunque nuestras trochas no llegaron a los picos más altos, nuestras observaciones desde las cumbres revelaron que las elevaciones más altas (hasta 800 m) de las montañas mas pequeñas hacia el este tenían bosques moderadamente altos (superan 20 m) con excepción de los acantilados. Emergiendo de esas montañas a elevaciones más bajas habían varias cumbres casi horizontales (cinco de las cuales eran visibles desde el campamento) con vegetación enana variando desde "bosque esponjoso" (de 10 m) hasta arbustales (de 2 m), algunos con parches abiertos de arena blanca expuesta. Esas cumbres estaban mezcladas con otras cumbres que soportaban un bosque alto de más de 30 m. Estos últimos aparentemente crecen sobre una mezcla de arcilla arenosa roja, aunque el suelo de la superficie tenía una densa capa de raíces. Las cumbres con arbustales en la cima tenían acantilados alrededor con una excepcionalmente porosa arenisca cerca de la cima de las cumbres. Esta arenisca había adquirido una forma semejante a panales de abeja con agujeros dando la apariencia de piedra caliza pero sin los bordes afilados, sin embargo parecía increíblemente resistente a la erosión. Otras bandas de arenisca fueron vistas entre las paredes de roca en algunos de los cañones en las partes bajas. La naturaleza porosa de la arenisca parece sugerir que el drenaje podría ser rápido y excesivo desde la parte alta de esos estratos, causando condiciones de sequía severa cuando la lluvia no es muy frecuente y aumentando las posibilidades de incendios producidos por rayos ocasionalmente. Tanto en las paredes de roca de los cañones como en las capas expuestas de los acantilados de las cumbres, esta área muestra una extraordinaria variedad de sustratos. Predominan diferentes tipos de arenisca, pero los sustratos varían desde capas de arena suave y suelta hasta arenisca extremadamente dura, incluyendo niveles de arcilla tipo roca y otros materiales.

Fondos de los valles

Comparados a las otras áreas visitadas, los fondos de los valles y cañones se asemejan al de un boque nublado. La presencia de musgos y otras briófitas cubriendo la mayoría de la superficie de los troncos, la alta densidad y diversidad de epífitas de troncos, y la abundancia de helechos arbóreos aumentan esta impresión. Además la profundidad de estos valles contribuye a la alta humedad. Ya que llovió fuertemente algunas veces durante nuestra estadía en este campamento, después de nuestras condiciones severas de época seca, podríamos haber sobrestimado la gradiente de humedad. Por otro lado, parece probable que la Sierra del Divisor genera lluvias locales ya que la sierra es el primer lugar de alta elevación con el que los vientos provenientes del este a través de toda la Amazonía van a chocar.

Los cañones amurallados y los amplios valles aquí tienen zonas inundables activas y planas, pero estas son mucho más angostas (20-50 m) que las de Contaya y es más probable que estén cubiertos con rocas en intervalos. Los anchos valles están cubiertos en su mayoría con sedimentos depositados de manera undulantes de los costados de los valles, de abanicos aluviales o lomas de restos laterales. Estas áreas no son inundables y presenten un paisaje muy irregular, aunque usualmente no son muy empinados sino hasta medio camino arriba en la pendiente de los valles.

GEOLOGÍA E HIDROLOGÍA

Autor: Robert F. Stallard

Objetos de Conservación: Levantamientos aislados de antiguas formaciones rocosas, formaciones geológicas únicas para el Perú y para un área vecina pequeña dentro de los límites de Brasil, y no protegidos por el Sistema Nacional de Áreas Naturales Protegidas del Perú (SINANPE); un amplia gradiente de fertilidad de suelos y quebradas representados a pequeñas y grandes escalas espaciales; una sierra volcánica en el sureste que es una característica unica en la Amazonía

INTRODUCCIÓN

Este capítulo consiste en una panorama geológica para la región de la Sierra del Divisor basada mayormente en revisión de literatura, un riguroso exámen de las imágenes de satélite y algunas muestras de agua obtenidas durante el inventario. El autor no visitó el lugar, pero tiene amplia experiencia en otras partes de Sudamérica, especialmente en las cuencas del Amazonas y Orinoco (Stallard and Edmond 1981, 1983, 1987; Stallard 1985, 1988, 2006; Stallard et al. 1991). En este capítulo el objetivo es describir las series de fallas y levantamientos que definen el paisaje, y proveer una visión general de las principales formaciones rocosas.

El equipo del inventario biológico visitó la región caracterizada por tres levantamientos importantes: Contamana, Contaya y Sierra del Divisor. Los arcos de Contamana y Contaya van hacia el este desde el valle del río Ucayali a la Sierra de Divisor (Sierra de Moa) (Apéndice 1). La Sierra de Divisor es un levantamiento en un sistema de fallas normales que ha caído en el lado este en relación con el lado oeste, formado por la Falla Tapiche (Dumont 1993, 1996)/Falla Inversa Moa-Jaquirana (Latrubesse y Rancy 2000). Esta falla es un factor importante en el paisaje, definiendo las cabeceras de los ríos Yavarí y Blanco. Las otras dos fallas corren paralelas a esta. La primera es una montaña de baja elevacion que define la Falla Inversa de Bata Cruzeiro (Latrubesse y Rancy 2000), y parece estar conectado al valle del río Blanco por el norte (Stallard 2006); la otra se encuentra a lo largo del río Juruá en Brasil (Latrubesse y Rancy 2000).

Esta región parece haber sido levantada y afectada con el mayor levantamiento de los Andes (Dumont 1993; Hoorn et al. 1995; Campbell et al. 2001). El levantamiento de Contamana y Contaya constituye el sitio de uno de los primeros yacimientos petroleros en Perú, el Yacimiento Petrolero Maquia, explotado en 1957 (Rigo de Righi y Bloomer 1975).

Estos tres levantamientos (Sierra del Divisor, Contamana, Contaya) incluyen mayormente rocas del Cretáceo y más recientes provenientes de numerosos ciclos de levantamiento previos de los Andes. Las rocas más antiguas expuestas en el centro de los Arcos Contamana y Contaya son de la Formación media Ordoviciana Contaya, consistentes de pizarras negras poco metamorfizadas intercaladas con arenisca de granos finos y cuarcitas (SD en IGM 1977; Bellido 1969). Las rocas más antiguas en la parte peruana de la Sierra de Divisor pertencen al Grupo Permian Mitu, una molaza, formada de areniscas rojas, violetas y marrones, y conglomerados, intercaladas de areniscas de grano fino y cuarcitas (Pms-c en IGM 1977; Bellido 1969). Dos formaciones rocosas mayores no se encuentran en el Arco de Contamana, Arco de Contaya y la Sierra del Divisor: (1) Las secciones carbonatadas encontradas al oeste, los grupos Tarma y Copacabana (Penn-Perm) y (2) la Formación superior Jurasica Sarayaquillo (cuarcitas y areniticas) intercaladas con limolita y lodolita de color chocolate, rojo, y rosado), encontrados en el oeste. El presente valle del Ucayali fluye a lo largo de lo que fuera una vez el borde del continente o un mar marginal en la epoca del Paleozóico. Presumiblemente las tierras en el lado este de esta margen estuvieron más elevadas y las formaciónes marinas del oeste nunca fueron depositadas o si llegaron a serlo fueron posteriormente erosionadas. Estratigráficamente, arriba de los núcleos Paleozóicos de estos levantamientos hay largas series de sedimentos Cretáceos y de origen más reciente, dominados por los sedimentos silicatados pero con pocas capas marinas de silicatos y calizas. Los sedimentos marinos tienden a formar suelos ricos en nutrientes. A continuación analizaré estas formaciones Cretáceas desde las más antiguas hasta las más recientes.

La más antigua de éstas es la Formación baja Cretácea Oriente. En la región de Contamana la Formación Oriente es 1,700 m de grosor y está dividida en seis miembros: (1) Cushabatay (750 m, areniscas de cuarzo con lodolitas en la base que contienen remanentes de plantas); (2) Aguanuya (155 m, areniscas y pizarras negras y grises que contienen remanentes de plantas); (3) Esperanza (140 m, pizarras y calizas marinas); Paco (75 m, areniscas intercaladas con pizarras que tienen plantas fósiles); (5) Agua Caliente (500-600 m, areniscas fuertemente estratificadas con cuarzo e incrustadas con pizarras que tienen fósiles de plantas); y (6) Huaya (180 m, areniscas finas con capas de pizarras marinas y lodolitas.) Las cuarcitas son conocidas por formar cumbres de una apariencia característica en el paisaje (Ki en IGM 1977; Bellido 1969).

Arriba de la Formación baja del Cretáceo Oriente está la Formación media Cretaceo Chonta, que tiene un contacto gradacional con la Formación Oriente. En la región de Contamana, tiene 160 m de espesor y está compuesta de lodolitas grises y negras, y pizarras intercaladas con calizas de color crema (Kms en IGM 1977; Bellido 1969). Las calizas del Cretáceo superior Azúcar yacen gradacionalmente en la parte superior de la Formación Chonta (Ks-c in IGM 1977; Bellido 1969). Está compuesta de areniscas finas blancas o amarillas, con grandes incrustaciones. En estas formaciones existen conglomerados y pizarras intercaladas. Las capas superiores son pizarras grises con fauna marina.

El final del Cretáceo estuvo marcado por grandes formaciones de montañas hacia el oeste y extensas deposiciones de la mayoría de sedimentos continentales en la cuenca externa hacia el oeste. Primero viene el grupo Contamana baja, que consiste de una sección gruesa de capas rojas, las cuales son areniscas y pizarras continentales (KTi-c en IGM 1977; Bellido 1969). No existen capas marinas en la región Contamana. La transición del Cretáceo al Terciario está acompañada por un cambio gradual de colores, de limos rojizos, a sedimentos arenosos marrones (Ts-c en

IGM 1977; Bellido 1969). La parte superior del grupo Contamana es una disconformidad regional, la Disconformidad de Ucayali. (Una disconformidad regional es un vacío extendido en los registros sedimentarios marcados por sin deposición de sedimentos nuevos y frecuentemente con la erosión de sedimentos previamente depositados.) Esta disconformidad probablemente está relacionada con una etapa importante del levantamiento de los Andes. Hacia el norte de la región de Contamana, la Disconformidad de Ucayali está precedida por la deposición de las formaciones fosilíferas Pevas, que incluye sedimentos de aguas lacustres y salinas y representa suelos más ricos (Hoorn 1994, 1996; Hoorn et al. 1995; Stallard 2006).

Siguiendo la Disconformidad de Ucayali, durante el Plio-Pleistoceno se depositaron la Formación Ucayali, localizada al sur, y la Formación Iquitos, localizada al norte. Ambas formaciones son de arenas y lodo horizontalmente estratificadas con finas capas de conglomerados. Estas tienen típicamente 30-40 m de espesor (Qpl-c & Q-c en IGM 1977; Bellido 1969). La edad estimada con isótpos K-Ar de cenizas volcánicas al este y sur de la región de Contamana indica que la deposición Plio-Pleistoceno estuvo activa durante 9 y 3.1 millones de años (Ma) atrás, probablemente terminando 2.5 Ma atrás, con una superficie de erosión trans-Amazónica que define los niveles superiores de tierra firme (Klammer 1984; Campbell et al. 2001).

Al sur del Arco de Contaya hay remanentes de numerosos pequeños volcanes (KT-I en IGM 1977). Análisis de K-Ar indica una edad entre 4.4 y 4.5 Ma para estos volcanes (Stewart 1971) y la química del magma indica erupción desde la zona de subducción descendiendo a gran profundidad, como unos 350 km (James 1978). El levantamiento de las Formaciones de Ucayali y Iquitos también ha sido afectado por la subducción de la placa Nazca, lo cual redujo la profundidad de la zona de subducción a unos 100 km, y por lo tanto, probablemente pasó bajo la región Contaya después de un vulcanismo de 4.4 a 5.4 Ma atrás (ver Stallard 2006). El Filón de Nazca pudo ser la causa del levantamiento de la región entera, produciendo

los Arcos de Contamana y Contaya. Actualmente, la placa Nazca está debajo de la divisoria de Fitzcarraldo, entre las cuencas del Ucayali y la del Madre de Dios.

MÉTODOS

En cada sitio, los miembros del inventario biológico colectaron muestras de agua y suelos representativas de las gradientes de suelos y quebradas presentes en el área. Para medir el pH usé un Sistema Portable ISFET-ORION Modelo 610 con un electrodo de estado sólido Orion pHuture/Temperature Systems. Para la conductividad, usé un medidor digital de conductividad Amber Science Model 2052, con una celda de conductividad de platino, que tiene un rango amplio y dinámico que permite medir especialmente las aguas diluidas. La relación entre estas dos medidas (pH y el logaritmo de la conductividad) es una manera útil de evaluar la geología y quebradas dentro de un contexto regional (ver Stallard 2006).

RESULTADOS

Las muestras de aguas tomadas durante el inventario (Tabla 2) se compararon con los sitios de la región de Matsés al norte (Stallard 2006) y los sitios a lo largo de las cuencas del Amazonas y Orinoco (Apéndice 3).

Las muestras de las diferentes regiones tienden a agruparse en asociaciones reflejando la importancia de la geología regional en el control de la química de aguas (Stallard 1985, 2006). Numerosas características deberán ser tomadas en cuenta. Dos quebradas en el Ojo de Contaya tienen un pH característico de aguas negras (indicando abundancia de ácidos orgánicos, pero no necesariamente aguas negras). Una quebrada en el sitio del Divisor tiene características correspondientes a los ácidos orgánicos diluidos. Estas tres quebradas probablemente drenan los suelos agotados en nutrientes. Tres muestras, una de cada sitio, caen dentro de una tendencia que incluye al río Blanco, desde el inventario de Matsés al norte (Stallard 2006). Esta tendencia indica una contribución de cationes desde los suelos menos agotados o de los lechos con minerales silicatados fácilmente meteorizados.

Tabla 2. Estaciones de muestreo de agua en la Zona Reservada Sierra del Divisor durante el inventario biológico rápido del 6 al 24 de agosto del 2005.

Muestra	Localidad	Sitio	pH	Conductividad
AM050001	Ojo de Contaya	Quebrada grande	4.96	18.38
AM050002	Ojo de Contaya	Quebrada pequeña	3.69	23.4
AM050003	Ojo de Contaya	Quebrada de fondo pedregoso	4.11	8.76
AM050004	Tapiche	Río Tapiche	4.62	21.3
AM050005	Divisor	Quebrada con rocas grandes	5.24	20.5
AM050006	Divisor	Quebrada grande	4.79	7.82

DISCUSIÓN

Todos los sitios de estudio estuvieron localizados en sedimentos Cretáceos. Estos son de diferentes tipos y producen una variedad amplia de suelos. Las cuarcitas producen suelos especialmente finos, arenosos y pobres en nutrientes. Generalmente se espera que las pizarras y areniscas (especialmente las capas rojas) produzcan suelos pobres en nutrientes, compuestos de materiales meteorizados. Las areniscas y pizarras marinas usualmente producen suelos más fértiles y ricos. Adicionalmente las pizarras oscuras, sedimentos ricos en materia orgánica y capas fósiles, y calizas y dolomitas usualmente están asociadas con suelos ricos en nutrientes.

Las quebradas siguen un gradiente de nutrientes que varia entre bajo y medianamente fértil en cada sitio. El sitio del Ojo de Contaya está localizado dentro de la Formación Oriente, probablemente situado a la mitad de la sección estratigráfica. La química de aguas es consistente con suelos pobres en nutrientes formados por las cuarcitas y pizarras meteorizadas, sin embargo la quebrada más grande en el Ojo de Contaya muestra una pequeña influencia de suelos más ricos. Por el contrario, el río Tapiche parece drenar la mayoría de suelos pobres en nutrientes, probablemente desde la Sierra del Divisor. En el sitio del Divisor, la quebrada más grande está prácticamente agotada de nutrientes, mientras que una quebrada cercana, con rocas más grandes, muestra una influencia de suelos más ricos.

Sin embargo, ninguno de estos sitios muestra la influencia de los suelos ricos en nutrientes, ampliamente distribuidos en la Amazonía, tal como se encontraron en los sitios de Actiamë/Yaquerana en el inventario de Matsés (Stallard 2006). Debido a que los límites de las áreas protegidas propuestas han sido recientemente modificados, éste sitio de suelos ricos está dentro del área norte de la Zona Reservada. Adicionalmente, numerosas unidades estratigráficas de la región deberían estar meteorizando los suelos ricos en nutrientes y aguas fluviales (en quebradas) de las quebradas ricas en solutos. El área total de estos sitios ricos en nutrientes puede ser pequeña, pero según la geología, es probable que existen.

RECOMENDACIONES

La gran variabilidad geológica de las rocas Cretáceas nos sugiere que existe una gran variedad de suelos y de composición de arroyos, y por lo tanto numerosos hábitats deberían estar presentes en esta región. Basándonos en las limitadas muestras obtenidas en los arroyos, los tres sitios estudiados no capturaron la totalidad de posibles hábitats presentes en la región. En lo posible, estudios futuros deberán documentar estos hábitats. Los volcanes remanentes al sur de la región deberían tener excelentes suelos con un amplio espectro de nutrientes y constituyendo un sitio de especial interés para estudios futuros.

FLORA Y VEGETACIÓN

Participantes/Autores: Corine Vriesendorp, Nállarett Dávila, Robin B. Foster, Italo Mesones, Vera Lis Uliana

Objetos de Conservación: Colinas elevadas (hasta 650 m) dentro de la cuenca Amazónica, unidad ecológica singular que existe solamente en Perú y Brasil, y actualmente no está protegida por el Sistema Nacional de Áreas Protegidas (SINANPE); un refugio de especies madereras (p. ej., *Cedrela fissilis* y *C. odorata*, Meliaceae; *Cedrelinga cateniformes*, Fabaceae) taladas a niveles no sostenibles en otras partes de Loreto, Perú y Amazonía; bosques enanos de suelos pobres que ocurren principalmente en las crestas de las colinas; una franja estrecha de bosques intactos que forma un corredor entre el Parque Nacional Cordillera Azul al oeste, Parque Nacional da Serra do Divisor en Brasil al este y la propuesta Reserva Comunal Matsés y la Comunidad Nativa Matsés al norte; un mosaico de suelos pobres o de fertilidad intermedia que albergan numerosas especies endémicas de suelos pobres; diez especies potencialmente nuevas para la ciencia

INTRODUCCIÓN

La Zona Reservada Sierra del Divisor es extensa (1,478,311 ha) y abarca un amplio rango de hábitats. El paisaje varía de bosques bajos de suelos arcillosos al norte, a un área central de suelos pobres y arenosos, e incluye un área al sur con suelos ricos que son de origen volcánico. Al norte, el área colinda con la Comunidad Nativa Matsés y al este con la frontera con Brasil, formando un corredor intacto con el Parque Nacional da Serra do Divisor en Brasil. El límite oeste sigue las Serranias de Contamana. El límite sur está dominado por numerosos complejos de colinas y picos aislados de forma cónica, formando parte de la Reserva Territorial Isconahua (un área reservada para los indígenas no contactados; Fig. 2A).

Por lo menos cuatro expediciones han visitado las áreas norte, oeste y sur, pero las áreas ubicadas al centro y al este aún no han sido exploradas. Tres organizaciones peruanas de conservación— ProNaturaleza, The Nature Conservancy–Perú, y el Centro de Datos para la Conservación—organizaron unas expediciónes conjuntas en el año 2000 (al oeste, a lo largo de las Serranías de Contamana), en el 2001 (al sur, a lo largo del río Abujao), en el 2004 (al oeste, desde las Serranías de Contamana al límite del Ojo de Contaya)

y en el 2005 (al suroeste, cerca del río Callería) (FPCN/CDC 2001, 2005 y datos sin publ.) (Fig. 2A). La información biológica para la parte norte de la Zona Reservada viene de un inventario realizado en el 2004 a lo largo del río Yaquerana, directamente al sur de la Comunidad Nativa Matsés (ver resultados para el sitio de Actiamë en Fine et al. 2006).

El presente inventario se enfoca en las áreas en el centro y este de la Zona Reservada e incluye dos complejos de colinas: el Ojo de Contaya y el más austral de las dos sierras que forman el límite (o "divisor") con Brasil. Aunque el límite oeste del Ojo de Contaya fue explorado en el 2004, nuestro inventario fue la primera visita biológica a la parte central. De igual manera, aunque han habido numerosos inventarios en el lado brasileiro de la Sierra del Divisor, el conocimiento de las comunidades biológicas en el lado peruano hasta ahora era desconocido en su totalidad.

MÉTODOS

Durante el inventario rápido el equipo de botánicos caracterizó los tipos de vegetación y la diversidad de hábitats en el área, tratando de cubrir la mayor parte de estos. Nos enfocamos en los elementos más comunes y dominantes de la flora, pero al mismo tiempo buscamos especies nuevas y/o raras. Nuestra evaluación de la diversidad de plantas refleja colecciones de especies de plantas en fruto o flor, colecciones estériles de especies interesantes y/o desconocidas y observaciones sin colección de numerosas especies típicas del Amazonas. Hicimos algunas observaciones cuantitativas de la diversidad de plantas incluyendo transectos de 5 x 50 m en el primer sitio (Ojo de Contaya), un transecto de 100 tallos en el tercer lugar (Divisor) y el inventario de árboles (ver Árboles del Dosel, abajo).

En el campo, R. Foster tomó aproximadamente 1,400 fotografías de plantas. Estas fotografías están siendo organizadas en una guía preliminar de plantas para la región, y estarán disponibles al público en el sitio *http://fm2.fieldmuseum.org/plantguides/*. (Estas guías serán donadas a las comunidades locales interesadas, con el propósito de hacer que las futuras versiones se enfoquen en plantas de importancia local, incluyendo los nombres comunes.)

Todos contribuyeron en las colecciones generales y observaciones. Adicionalmente, dos miembros del grupo se enfocaron en familias de plantas específicas. I. Mesones documentó la diversidad de Burseraceae y V. Uliana registró varias herbáceas, incluyendo Costaceae, Heliconiaceae, Marantaceae y Zingiberaceae. En cada sitio N. Dávila registró la abundacia de los árboles más grandes (individuos más que 40 cm de diámetro a la altura del pecho) en diferentes hábitats, usando una combinación de binoculares y hojas caídas para poder identificarlos.

Los especímenes de plantas del inventario fueron depositados en el Herbario Amazonense (AMAZ) de la Universidad Nacional de la Amazonía Peruana en Iquitos, Perú. Los especimenes duplicados han sido enviados al herbario de la Universidad Nacional Mayor de San Marcos (USM) en Lima, Perú, y los triplicados al Field Museum (F) en Chicago, EE.UU. Algunos duplicados fueron donados al Herbario da Universidad de São Paulo (ESA).

RIQUEZA Y COMPOSICIÓN FLORÍSTICA

Durante nuestros 18 días en el campo, registramos aproximadamente 1,000 especies en los tres sitios del inventario (Apéndice 2). Otros inventario rápidos de la Amazonía baja han registrado 1,400-1,500 especies en similares espacios de tiempo y usando los mismos métodos (a lo largo del río Yavarí, Pitman et al. 2003; a lo largo de los ríos Apayacu, Ampiyacu y Yaguas, Vriesendorp et al. 2004; entre los ríos Yaquerana y Blanco en la región de Matsés, Fine et al. 2006). Sin embargo, estos inventarios abarcaron un rango más amplio de fertilidad de suelos e incluyeron sitios con suelos mucho más ricos. En la Zona Reservada, los sitios del inventario estuvieron dominados por suelos pobres o de fertilidad intermedia, por lo que la diversidad de plantas fue más baja.

Los suelos más ricos fueron encontrados dentro de otras áreas de la Zona Reservada, en colinas suaves al norte y el complejo de colinas dispersas y filones al sur. No inventariamos estas áreas, aunque si las sobrevolamos (ver Paisaje y Sitios Visitados, arriba). Estimamos que la flora regional está dentro de un rango de 3,000 a 3,500 especies, incluyendo estas áreas. Si no incluimos los suelos ricos, estimamos que los suelos arenosos de las porciones este y central albergan aproximadamente unas 2,000 especies de plantas.

Debido a la baja fertilidad de suelos, numerosas familias tuvieron menos especies aquí que en la mayoría de sitios amazónicos. Algunas familias, sin embargo, son más diversas en suelos más pobres y encontramos que Nyctaginaceae, Lecythidaceae, Combretaceae, Clusiaceae y Euphorbiaceae son abundantes y diversas en los tres sitios del inventario. Adicionalmente Rubiaceae, Fabaceae, Burseraceae, Meliaceae y Sapotaceae fueron entre las familias más abundantes y con la mayor cantidad de especies durante el inventario, a modo parecido de otros sitios del Amazonas. Ninguna de las familias herbáceas fue especialmente diversa, aunque las familias Marantaceae y Araceae fueron las más ricas en especies, y definitivamente las más dominantes. La riqueza de especies en helechos y Myristicaceae fue marcadamente baja, incluyendo las comunidades conformadas por suelos pobres.

A nivel de género, *Psychotria* (16 especies), *Sloanea* (4), *Ladenbergia* (3), *Guarea* (12), *Tachigali* (10), *Ficus* (15), *Protium* (11), *Pourouma* (8), *Piper* (26), *Inga* (15) y *Neea* (11) fueron los géneros más ricos en especies. Con excepción de *Sloanea*, *Tachigali*, y *Ladenbergia*, estos géneros usualmente incluyeron por lo menos el doble de especies que en otras partes de la Amazonía. Ninguno de nosotros había visitado anteriormente áreas con tanta diversidad de especies de *Tachigali*.

TIPOS DE VEGETACIÓN Y DIVERSIDAD DE HÁBITATS

Inventariamos tres sitios, empezando en las colinas, en el corazón del Ojo de Contaya y avanzando progresivamente al este para inventariar un sitio a 73 km del río Tapiche, y un sitio a 79 km de distancia en las colinas de uno de los dos filones del Divisor (ver Paisaje y Sitios Visitados). Aunque los sitios Tapiche y Divisor están separados por 6 km y con una diferencia de altitud de aproximadamente 30-100 m, encontramos que no había ningún traslape de hábitas entre estos dos sitios. Por el contrario, casi todos los hábitats de los sitios Ojo de Contaya y Divisor estuvieron presentes en ambos. A continuación presentamos en breve las características generales de cada sitio, y de ahí pasaremos a describir los tipos de hábitats que visitamos en general, enfatizando en lo posible las diferencias entre un sitio y otro.

Ojo de Contaya (250–400 m, del 6 al 12 de agosto del 2005)

El Ojo de Contaya fue el sitio más al oeste que visitamos y yace en medio de un complejo de colinas redondas. A continuación describimos con más detalle algunos de los principales tipos de hábitats en el sitio Ojo de Contaya, empezando con los valles y las laderas de colinas y continuando hacia las crestas de las colinas. También hablaremos de un hábitat que nunca hablamos visto en ninguna otra parte de la Amazonía, un área abierta dominada exclusivamente por Melastomataceae.

Laderas y valles

La vegetación de laderas es difícil de caracterizar debido a que las laderas estuvieron algunas veces dominadas por una vegetación enana y baja en diversidad, y algunas veces albergaba una comunidad de bosques altos, rica en especies de plantas. En general la vegetación de ladera es menos rica en especies que la de los valles, y es más rica que la de los bosques enanos que crecen en las crestas. Las hábitats de las laderas y valles se traslapan, así que estos dos paisajes son discutidos en conjunto y resaltamos la taxa encontrada exclusivamente en los valles.

Los valles y las laderas estuvieron casi completamente dominadas por *Lepidocaryum tenue* (Arecaceae), conocidas localmente como "irapay." Esta especie puede formar colonias densas y reducir tremendamente la diversidad de plantas en el sotobosque. Además del irapay, algunas de las plantas más comunes del sotobosque fueron un arbolito en fructificación de *Trichilia* (Meliaceae), el arbusto *Siparuna* cf. *guianensis*, *Mouriri* sp. (Memecylaceae), *Neoptychocarpus killipii* (Flacourtiaceae) y *Roucheria* sp. (Hugoniaceae). Un sola especie de hierba, *Ischnosiphon* (Marantaceae), formó grandes parches y dominaron la comunidad herbácea. Los árboles tuvieron en lo general termiteros en sus ramas o en sus tallos principales. Aunque observamos pocas plantas trepadoras, la mayoría de árboles albergaron uno o más individuos de *Guzmania lingulata* (Bromeliaceae).

En el dosel, los géneros más ricos en especies fueron *Sloanea* (Elaeocarpaceae), *Pourouma* (Cecropiaceae), *Tachigali* (Fabaceae s.l.), *Protium* (Burseraceae) y *Ladenbergia* (Rubiaceae). En las áreas más perturbadas observamos *Aparisthmium cordatum* (Euphorbiaceae) y *Jacaranda obtusifolia* (Bignoniaceae) creciendo junto con *Nealchornea japurensis* (Euphorbiaceae). Sorprendentemente no encontramos ninguna *Cecropia* (Cecropiaceae), un género típico de áreas disturbadas de suelos ricos. Las palmeras, aunque bajas en diversidad, fueron abundantes en estos sitios, especialmente *Attalea microcarpa*, *Wettinia augusta*, *Oenocarpus bataua* e *Iriartella stenocarpa*.

Pocas especies estuvieron fructificando durante nuestro inventario, y el sotobosque estuvo por lo general sin rastros de frutos. Los géneros de Rubiaceae (p. ej., *Psychotria*, *Notopleura*, *Palicourea*) y de Melastomataceae (p. ej., *Miconia*, *Clidemia*, *Tococa*, *Ossaea*) que por lo general conforman la mayoría de los arbolillos y arbustos fructicando en el sotobosque estuvieron ausentes, pobres en especies o poco comunes. Una de las pocas especies fructificando, el árbol de subdosel *Rhigospera quadrangularis* (Apocynaceae), tiró sus frutos grandes al suelo y siendo una especie importante en la dieta de los primates (ver Mamíferos).

En áreas más húmedas en las valles encontramos, de forma individual o esparcida, plantas de *Mauritia flexuosa* (Arecaceae), aunque estas nunca formaron las densas formaciones conocidas como "aguajales" y comunes en otras partes de la Amazonía peruana. Junto con la palmera *Mauritia*, típicamente encontramos tres especies de *Heliconia*, incluyendo *H. hirsuta* (Heliconiaceae), y una especies de *Costus* (Costaceae) que era bastante similar a *C. scaber* pero tenia flores amarillas y peciolos largos. A lo largo de arroyos, observamos típicamente Melastomataceae esparcidas, conjuntos densos de hierbas Marantaceae, *Aparisthmium cordatum*, una *Inga* sp. (Fabaceae s.l.), un *Solanum* sp. (Solanaceae), ocasionalmente una *Mauritia flexuosa* y algunos helechos arbóreos como *Cyathea*. Las pocas plántulas que observamos crecían principalmente en áreas más húmedas. La mayoría de estas plántulas provenían de semillas grandes, e incluyeron especies como *Protium*, *Tachigali*, unas Sapotaceae, y las palmeras *Iriartella stenocarpa* y *Euterpe precatoria*.

En estos bosques encontramos dos especies raras y monocárpicas. *Froesia diffusa* (Quiianaceae) es raramente colectada y tiene semillas probablemente dispersadas por aves (ver Pitman et al. 2003). *Froesia* está dispersa en todo el paisaje y es relativamente común en todo el sotobosque, existiendo también en el Divisor. Encontramos tres individuos de otra rareza monocárpica, *Spathelia* cf. *terminalioides* (Rutaceae), creciendo a lo largo de un arroyo arenoso.

Crestas de colinas

La colina más alta del paisaje tuvo aproximadamente unos 400 m de elevación. En la cima de las colinas observamos dos tipos de bosques, poco correlacionados con los tipos de suelos subyacentes. Los bosques enanos y bajos en diversidad (altura de dosel de 5-15 m) crecen en suelos arenosos, mientras que los bosques altos y diversos (altura del dosel 25-35 m) crecen en suelos con un contenido evidentemente más alto de arcilla. Generalmente, las plantas en los bosques enanos son dispersadas por el viento, mientras que las plantas en los bosques más altos ubicados en las crestas, así como en las laderas y valles, son por lo general dispersadas por animales. Estimamos que sólo existe un 5% de traslape entre las comunidades de plantas de los bosques enanos con las otras comunidades en otras partes del paisaje.

En los bosques enanos encontramos una comunidad de unas 40 especies aproximadamente, típicamente dominadas por árboles pequeños, incluyendo *Macrolobium microcalyx* (Fabaceae s.l.), una *Pseudolmedia* cf. sp. nov. (Moraceae), *Tovomita* aff. *calophyllophylla* (Clusiaceae) y *Matayba* sp. (Sapindaceae). En algunas cimas una de estas especies dominantes estaba ausente y algunas veces reemplazada por *Gnetum* sp. (Gnetaceae) o *Ferdinandusa* sp. (Rubiaceae). La familia más diversa fue Lauraceae, con cinco especies, luego tres especies de *Cybianthus* (Myrsinaceae). Los helechos dominaron el sotobosque y algunas veces formaron parches monodominantes. El helecho *Schizaea elegans*, por ejemplo, formaba una cobertura densa cuando nos aproximábamos a una colina, y al descenso, en el otro lado de la colina, este helecho fue reemplazado por otra especie de helecho, *Metaxya rostrata*.

En los bosques altos *Micrandra spruceana* (Euphorbiaceae) fue la más abundante en todos los tamaños de plantas. Estos bosques altos tuvieron una composición de sotobosque similar a la de las comunidades de plantas creciendo en las laderas y valles, aunque el irapay no formó aquí parches densos ni compitió con las otras especies, así que la comunidad del sotobosque fue más diversa. Los géneros típicos de suelos más ricos, tales como *Inga*, *Guarea* (Meliaceae) y *Protium*, fueron más abundantes en este bosque alto, y observamos numerosos individuos de *Protium nodulosum*, un especialista de suelos arcillosos.

Melastomatal

En el Ojo de Contaya encontramos áreas abiertas, como nunca vistas en otras partes de la Amazonía, mayormente dominadas por especies de Melastomataceaes (Fig. 3C). En un inventario de seis de estos hábitats, la diversidad de Melatomataceae fue de 15 a 22 especies, incluyendo *Miconia* spp., *Graffenrieda* sp., *Salpinga* sp., *Maieta guianensis*, *Ossaea boliviana*, *Tococa* sp. y *Miconia bubalina*.

Estos "melastomatales" son casi semejantes a las "supay chacras," que son más abundantes en la Amazonía baja. Las supay chacras son áreas abiertas dominadas por plantas mutualistas, hospederas de hormigas, casi siempre incluyendo *Cordia nodosa* (Boraginaceae) y *Duroia hirsuta* o *D. saccifera* (Rubiaceae). Estas especies típicas estuvieron ausentes de las melastomales, aunque a veces encontramos *D. saccifera* y *C. nodosa* fuera de estas áreas en el sotobosque, pero sin las hormigas que usualmente viven en estas plantas. Adicionalmente, aunque la mayoría de las Melastomataceae (*Tococa*, *Maieta*) tuvieron asociaciones con hormigas, encontramos dos melastomatales sin ninguna hormiga. Estos hábitats son un misterio y no sabemos como han sido formados ni como son mantenidos.

Tapiche (220–240 m, 12 al 18 de agosto del 2005)
Este fue el único sitio a lo largo de un río grande. Una flora típica de bosques bajos crece en sus riberas, aunque esta flora no es tan rica como la de los bosques bajos encontrados en otras partes del Perú (p. ej., Madre de Dios) debido a que los suelos en este sitio son pobres. Este río es un punto de entrada vulnerable al interior del área, y observamos bastante evidencia de extracción maderera en este sitio (Fig. 9A ver Especies Madereras, abajo).

Aunque los sitios de Ojo de Contaya y Tapiche no comparten hábitats, se observó que comparten numerosas especies de plantas. Excepto por las comunidades de bosques enanos en las crestas de las colinas, la flora del Ojo de Contaya se encuentra plenamente representada aquí. El sitio Tapiche es continuo con las laderas del filón de Divisor (nuestro tercer sitio en el inventario) y estos dos sitios están íntimamente conectados, ya que los arroyos se originan en el sistema de colinas, corren colina abajo, y alimentan el aguajal.

Bosques inundados
El río Tapiche es una fuerza dominante en la estructura de las comunidades de plantas cercanas. Aunque esta influencia es más obvia a lo largo de las terrazas ribereñas, el río moldea la vegetación que crece dentro de un radio de 40 a 50 metros al interior de la selva. La diversidad de plantas en Tapiche fue más alta que en Ojo de Contaya y Divisor, lo que refleja totalmente la contribución de las especies de bosques bajos inundables.

La vegetación más cercana al río incluyó especies típicas de terrazas inundables, como *Ficus insipida* (Moraceae, ojé), *Acacia loretensis* (Fabaceae s.l.), *Cecropia membranacea* (Cecropiaceae) y *Tachigali* cf. *formicarum* (Fabaceae s.l.). Una comunidad de especies asociadas con disturbios, todas de crecimiento rápido y fuertemente defendidas (con espinas, hormigas, o pelos urticantes) crece a lo largo de la ribera. Esta composición fue pobre en diversidad, e incluyó poblaciones abundantes de *Urera laciniata* (Urticaceae), *Triplaris* sp. (Polygonaceae), *Attalea butyracea* (Arecaceae), *Celtis schippi* (Ulmaceae) y *Jacaranda copaia* (Bignoniaceae). La diversidad de Euphorbiaceae, especialmente de árboles pequeños, fue remarcablemente alta en estas áreas, e incluyó dos especies de *Alchornea*, *Acalypha diversifolia* y una especie de *Sapium*.

La zona más alejada del río tenía una serie de terrazas. En las terrazas más bajas, *Geonoma macrostachya* y *Chelyocarpus ulei* (Arecaceae) dominan el sotobosque, mientras *Tachigali, Wettinia augusta* y *Astrocaryum chambira* (Arecaceae) son comunes en el dosel. Las lianas de Hippocrataceae son las más comunes aquí, y ricas en especies. Encontramos *Hura crepitans* (Euphorbiaceae), una especie importante maderera, creciendo en parches en las terrazas más bajas.

La diversidad de plantas aumentó de acuerdo a la lejanía del río. En las terrazas altas, las palmeras que fueron más abundantes en las terrazas bajas desaparecieron, y especies de Marantaceae dominaron junto con juveniles de *Oenocarpus mapora* (Arecaceae). Las terrazas altas albergaron un dosel rico en especies, incluyendo *Hevea guianensis* (Euphorbiaceae), *Protium nodulosum* (Burseraceae), *Dipteryx* (Fabaceae) y *Simarouba amara* (Simaroubaceae). En el sotobosque, registramos *Siparuna cuspidata, Heliconia velutina* (Heliconiaceae), *Geonoma camana* (Arecaceae), *Abarema* sp. (Fabaceae s.l.), *Memora cladotricha* (Bignoniaceae) y numerosas *Pourouma* spp. (Cecropiaceae). Algunas especies comúnmente encontradas en el bosque bajo del río Manu fueron observadas, incluyendo *Carpotroche longifolia* (Flacourtiaceae), *Virola calophylla* (Myristicaceae), y árboles grandes, como *Ficus schultesii* (Moraceae). Encontramos las flores lilas de *Petrea* (Verbenaceae) en los suelos, resaltando la importancia de las lianas en estas áreas.

Habían algunas diferencias entre las dos riberas del río. Por ejemplo, *Heliconia chartacea* sólo se vió en un lado y no en el otro. Notablemente, ningún irapay (*Lepidocaryum tenue*) crece a lo largo de las riberas de los ríos o en las terrazas, aunque una vez que uno empieza a ascender las laderas rumbo hacia el Divisor, esta especie empieza a dominar el sotobosque.

Aguajal

El aguajal en este lugar fue de considerable extensión y dominó el paisaje. Nuestra trocha alrededor de los bordes fue de aproximadamente 11 km de largo y pudimos inventariar dentro y fuera del aguajal. Adicionalmente a la vegetación característica de *Mauritia flexuosa*, encontramos *Euterpe precatoria*, *Cespedesia* (Ochnaceae), *Siparuna*, una *Sterculia* (Sterculiaceae) con hojas enormemente largas, y numerosos árboles, incluyendo *Buchenavia* sp. (Combretaceae) y numerosos *Ficus* spp. (Moraceae).

En los suelos mejor drenados a lo largo de los límites del aguajal, documentamos una mayor diversidad de plantas. Comúnmente encontramos *Trichilia* sp. (Meliaceae), *Naucleopsis ulei* (Moraceae), *Minquartia guianensis* (Olacaceae), por lo menos tres especies de *Guarea* (Meliaceae), una *Pouteria* sp. (Sapotaceae) de hojas grandes y una especie de *Parinari* sp. (Chrysobalanaceae). Una de las especies dominantes a nivel local en los alrededores del aguajal fue *Cassia* cf. *spruceanum* (Fabaceae s.l.) con los folíolos de envés blanco. Adicionalmente observamos dos especies de *Virola* (Myristicaceae), una *Inga* sp. (con cuatro folíolos, pelos amarillos, y un raquis largo y alado), una *Casearia* sp. (Flacourtiaceae) y una *Talisia* sp.

(Sapindaceae). *Miconia tomentosa* (Melastomataceae), común en el Ojo de Contaya, fue dominante aquí también.

A lo largo de los arroyos que fluyeron dentro del aguajal se observaron dos especies de *Psychotria* (Rubiaceae), *P. caerulea* y *P.* cf. *deflexa*, así como *Piper augustum* (Piperaceae), una *Besleria* sp. (Gesneriaceae) con flores anaranjadas axilares y una *Alchornea* arbustiva (Euphorbiaceae). Las áreas más húmedas a lo largo de los bordes del aguajal estuvieron cubiertas de plántulas, incluyendo *Dicranostyles* (Convulvulaceae), *Protium*, *Pourouma*, numerosas especies de Menispermaceae, *Hymenea* (Fabaceae s.l.), *Aparisthmium cordatum*, y *Socratea exorrhiza*, *Oenocarpus mapora* e *Iriartea deltoidea* (Arecaceae).

Divisor (250–600 m, 18 al 24 de agosto del 2005)

Los sitios Ojo de Contaya y Divisor están alejados por unos 80 km, pero aun así se encuentran similitudes notables en su composición florística y diversidad de hábitats. Ésto es especialmente notable dado que estos dos hábitats están separados por una franja continua de hábitats marcadamente diferentes: un bosque bajo con una topografía suave y sin formaciones de colinas como las del Ojo de Contaya y Divisor. Las rocas en las dos áreas parecen ser las mismas, y hay una variación a pequeña escala similar en los sustratos de cuarcita y arenisca.

Más allá de estas similitudes aparentes, hay también varias diferencias muy obvias. Debido a las altas colinas del Divisor (hasta 800 m), y a los vientos dominantes que vienen del lado del Brasil, las crestas del Divisor son mucho más húmedas que las del Ojo de Contaya. Más aun, las colinas en esta área no son redondeadas como las del Ojo de Contaya; es más los filones del Divisor son largos y planos. También en el Divisor, las colinas más altas no albergan bosques enanos. Por el contrario, estos bosques enanos parecen sólo crecer en la cima de las colinas más bajas.

No podemos asegurar cual es el factor que forma y mantiene estos bosques enanos. Nuestra hipótesis es que tal vez cada 500 años hay una quema de las partes más secas debido a los rayos. Existe evidencia que puede apoyar esta hipótesis, ya que las cimas bien drenadas con los bosques enanos yacen sobre capas de arenisca porosa y son las áreas más secas del paisaje. Adicionalmente, encontramos evidencia de impactos de rayos e incendios en las cimas de las colinas, tanto en el Divisor y Ojo de Contaya.

A continuación describiremos en más detalle la flora y el hábitat del Divisor. En estas descripciones incluimos una breve mención de la diferencia de hábitats con los sitios Tapiche y Divisor, obtenidas durante nuestras exploraciones durante la caminata de 10 km entre estos dos campamentos.

Laderas y valles (incluyendo la ladera de Tapiche al Divisor)

Las laderas en esta región son más empinadas que las colinas redondas en el Ojo de Contaya. En ambos sitios los suelos varían de escalas espaciales pequeñas y similares. Los sedimentos son mayormente arenosos, pero en algunas áreas los suelos son una mezcla de arena, arcillas rojas y/o arcillas grises debido a antiguos deslizamientos y depresiones laterales. Algunas especies pueden estar respondiendo a estas condiciones de suelos localizadas. Nuestro inventario, sin embargo, se concentró en los elementos más comunes de la flora, como lo describimos a continuación.

El sotobosque estuvo frecuentemente dominado por el irapay (*Lepidocaryum tenue*), aunque encontramos un área cubierta de *Ampelozizyphus* cf. *amazonicus* (Rhamnaceae). Una de las especies más comunes fue *Tachigali vasquezii* (Fabaceae), y generalmente más de diez individuos podían ser contabilizados desde un sólo punto de muestreo. La riqueza de especies de *Tachigali* fue mayor en el Divisor que en cualquier otro lugar que visitamos, principalmente en las laderas y valles. Otras especies comunes en el sotobosque y en el subdosel incluyeron *Capparis sola* (Cappridaceae), *Aparisthmium cordatum* y numerosas especies de *Neea* (Nyctaginaceae).

Varios géneros de Rubiaceae fueron comunes, incluyendo *Bathysa*, *Ferdinandusa* y *Rustia*. En el sotobosque, *Dieffenbachia* (Araceae)

fue una de las hierbas comunes, y *Didymocleana trunculata* fue el helecho más común. Muchas especies se formaron cerca de los grupos monodominantes en el sotobosque, incluyendo la planta *Raputia hirsuta* (Rutaceae), con explosión dehiscente y el arbolito *Nealchornea japurensis*.

Una composición de menor diversidad creció a lo largo de los arroyos e incluyó abundantes *Chrysochlamys ulei* (Clusiaceae) junto con *Aparisthmium cordatum*, *Froesia diffusa*, juveniles de *Micrandra spruceana*, *Pholidostachys synanthera* (Arecaceae), *Marila* sp. (Clusiaceae), *Tovomita weddelliana* (Clusiaceae) y una de las *Heliconia* más grandes del mundo, *H. vellerigera*. A lo largo de una de estas laderas encontramos *Podocarpus* cf. *oleifolius* (Podocarpaceae, Fig. 4B). (*Podocarpus* es un género raro y primitivo, mayormente asociado con sitios montanos.)

La diversidad de las laderas y valles fue moderada comparada con otros sitios de la Amazonía. En un transecto de 100 tallos de individuos de 1-10 cm de diámetro a la altura del pecho (dap), registramos 65 especies, comparadas con las 88 especies en el área del río Putumayo cerca a la frontera con Colombia (Vriesendorp et al. 2004), y 80 especies en las áreas al norte del área propuesta reservada a lo largo del río Yavarí (Pitman et al. 2003). En el Divisor, las especies más comunes fueron representadas por *Rustia* sp. (5 individuos), seguidos de *Tachigali* sp. (4), *Guarea* sp. (4) e *Iryanthera* sp. (Myristicaceae, 4).

En las áreas más planas de bajas elevaciones observamos poblaciones grandes de especies madereras, incluyendo más de 20 individuos de *Cedrela fissilis* (Meliaceae) y numerosas *Cedrelinga cateniformis* (Fabaceae; ver Especies Madereras).

Cimas de colinas

Al igual que el Ojo de Contaya, bosques altos y enanos crecieron en las cimas de las colinas, con casi ninguna especie en común entre estos dos tipos de bosques. Los bosques enanos fueron más grandes que en el Divisor, pero ésto podría reflejar las crestas más grandes y largas en este sitio, comparadas con las crestas redondas de

Ojo de Contaya. Los bosques enanos eran aun más enanos en el Divisor, con 2 m de altura de dosel en algunas áreas. Cerca del 80% de la flora de los bosques enanos parece estar compartida entre estos dos sitios, aunque las especies únicas en el Divisor son los registros más interesantes del inventario.

Por lo menos dos de estas especies parecen ser nuevas para la ciencia, e incluyen a la *Parkia* enana, también registrada a 1,500 m durante el inventario de la Cordillera Azul (Foster et al. 2001) así como un *Aparisthmium* que tenia hojas pequeñas coriáceas (Fig. 4C). Otras especies registradas en el Divisor incluyen *Pagamea* sp. (Rubiaceae) *Bonnetia* sp. (Theaceae, Fig. 4I). Una especie conocida por ser resistente al fuego, *Roupala montana* (Proteaceae), fue observada aquí y apoya nuestra idea que las comunidades de plantas son transformadas por fuegos.

Contrario a la flora característica observada en los bosques enanos, los bosques altos compartieron especies con los hábitats de valles y laderas, ambas aquí y en el Ojo de Contaya. Algunas de las especies más comunes en el sotobosque incluyen *Neoptychocarpus killipii*, *Oenocarpus bataua* (Arecaceae), *Caryocar* sp. (Caryocaraceae), algunas especies de helechos arbóreos y *Tachigali* spp., así como *Couepia* y *Licania* (Chrysobalanaceae). Otra vez *Micrandra spruceana* dominó el dosel. Uno de nuestros hallazgos más sorprendentes en el bosque alto fue el árbol *Moronobea* (Clusiaceae) que potencialmente es nuevo para la ciencia.

ÁRBOLES DEL DOSEL (Nállarett Dávila)

Aunque los árboles de dosel representan sólo el 30% de la flora en los bosques tropicales (Phillips et al. 2003), estos son una parte esencial de la estructura del bosque, y proveen de hábitats para numerosos organismos. En nuestro inventario del área propuesta de la Sierra del Divisor, muestreamos grandes árboles de dosel en todos nuestro sitios del inventario.

Dependiendo de la amplitud del hábitat, establecimos transectos de 20 x 500 m o 10 x 1000 m y medimos los árboles 40 cm o más de diámetro a la altura del pecho (dap). Establecimos la mayor cantidad

de transectos posible. Registramos 150 especies de árboles de dosel. Fabaceae fue la familia más diversa, como en la mayoría de los bosques tropicales (Gentry y Ortiz 1993; Terborgh y Andresen 1998). Abajo damos un resumen de nuestros resultados para cada sitio, y luego discutiremos brevemente el traslape en la composición de especies entre estos lugares.

En el Ojo de Contaya distinguimos dos tipos principales de hábitats: crestas de colinas, y laderas y valles. Las crestas de colinas albergan principalmente vegetación enana con tallos menos de 40 cm dap, y por lo tanto no pudimos hacer ningún inventario de árboles. En el bosque más alto (aproximadamente 30 m de altura de dosel) creciendo en las laderas y valles registramos aproximadamente unas 90 especies. *Cariniana decandra* (Lecythidaceae), *Licania micrantha* (Chrysobalanaceae) y *Qualea* sp. (Vochysiaceae) fueron las especies más comunes, y todas fueron típicas de suelos pobres (Spichiger et al. 1996). Los doseles fueron mayormente cerrados y con pocas entradas de luz.

La composición florística en el dosel cambió radicalmente en Tapiche, reflejando el bosque bajo ribereño y los grandes pantanos de palmeras. Pocas especies fueron registradas aquí, aproximadamente unas 70 especies, con plantas dominantes pertenecientes a las familias Fabaceae, Euphorbiacae y Moraceae. Las especies más comunes fueron *Alchornea triplinervia* (Euphorbiaceae), *Acacia loretensis* (Fabaceae sp. l), y *Ficus* sp. (Moraceae). Estructuralmente el dosel fue más abierto en el sitio de Tapiche, lo que favorece el crecimiento rápido de árboles, y observamos numerosas árboles majestuosos, emergentes a lo largo de las riberas de los ríos, incluyendo *Ficus* spp. (Moraceae) y *Hura crepitans* (Euphorbiaceae). En el aguajal vimos pocas especies de dosel debido a la dominancia de *Mauritia flexuosa*. Sin embargo, a lo largo de sus límites, observamos *Huberodendron swietenioides* (Bombacaceae), *Cedrelinga cateniformis*, *Parkia* cf. *multijuga* (Fabaceae), *Brosimum rubescens* (Moraceae) numerosas especies de Lauraceae.

Divisor fue similar al Ojo de Contaya en cuanto a composición florística, con laderas arenosas y colinas franco arenosas. Aquí registramos aproximadamente unas 85 especies de árboles de dosel. Las familias más importantes fueron Fabaceae y Euphorbiaceae. Algunas áreas, especialmente las más bajas, estuvieron dominadas por *Huberodendron swietenioides* (Bombacaceae, Fig. 4E). Creciendo junto con *H. swietenioides* se encontró por lo general a *Tachigali* sp. (Fabaceae), *Ocotea* cf. *javitensis* (Lauraceae) y *Micrandra spruceana* (Euphorbiaceae), una especie caracterizada por sus raices tabulares. En las laderas más altas, *M. spruceana* fue la más dominante y crecía junto con *Brosimun rubescens* (Moraceae), *Macrolobium acaciifolium* (Fabaceae s.l.) y *Jacaranda copaia* (Bignoniaceae). Al igual que el Ojo de Contaya, en este sitio hubo crestas cubiertas de vegetación enana sin árboles grandes.

Observamos más árboles floreciendo y fructificando en Tapiche y en Ojo de Contaya que en el Divisor. Una especie notable que se encontró en el Divisor fue *Cedrela fissilis*, una especie maderera importante (ver Especies Madereras). Una comparación de los tres sitios revela que el Ojo de Contaya y Divisor son los más similares, compartiendo un 60% de especies de árboles, mientras que Tapiche sólo comparte el 20% de la especies de árboles con los otros dos sitios.

BURSERACEAE (Italo Mesones)

Los miembros de la familia Burseraceae estuvieron bien representadas en este inventario. Observamos unas 29 especies, de cuatro géneros, con la mayoría de especies en el género *Protium* (con 24 spp.). Ésto es una riqueza intermedia para el género *Protium*, y casi seguro se encuentra reflejando la pobreza de suelos del sitio del inventario. Para propósitos de comparación, Fine (2004) y Fine et al. (2005) registraron 36 especies de *Protium* en el Allpahuayo-Mishana (cerca de la ciudad de Iquitos), a lo largo de una amplia gradiente de fertilidad, de suelos ricos provenientes de la Formación Pevas a suelos pobres de arenas blancas. A continuación detallamos numerosos detalles de los registros más interesantes de Burseraceae en la Zona Reservada.

Aunque esta área está dominada por suelos pobres, encontramos numerosos especialistas de arcilla durante el inventario. En el Ojo de Contaya, encontramos áreas donde *Protium hebetatum* dominaba el subdosel, especialmente en los fondos del valle. Así como *P. hebetatum* prefiere suelos ricos, esta especie probablemente responde a los nutrientes depositados en los fondos de los valles, ya sea provenientes del lavado de suelos debido a las lluvias y erosión. De igual manera, los sitios Tapiche y Divisor estuvieron dominadas por *Protium nodulosum* en todos los tamaño de clases, con algunos individuos alcanzando 30 cm dap y una altura de 20 m. Esta especie fue típicamente encontrada en suelos de moderada a alta fertilidad y bastante contenido de arcilla. En la Zona Reservada, tanto *P. hebetatum* y *P. nodulosum* parecen ser tolerantes a condiciones más arenosas de lo normal.

Un especialista de suelos pobres, *Protium heptaphyllum*, dominó numerosos parches de bosque, creciendo en suelos arenosos y bien drenados de las crestas. Esta especie ha sido encontrado en hábitats enanos en otras áreas de arenas blancas del Perú (Allpahuayo-Mishana, Jeberos, Río Morona, Tamshiyacu, Jenaro Herrera y Río Blanco). Típicamente estos hábitats tienen altos niveles de endemismo, con más de 50% de las especies restringidas a estas áreas pobres en suelos. Encontramos otros tres especialistas de suelos pobres durante el inventario: *P. calanense*, *P. paniculatum* y *P. subserratum*.

Los sitios no variaron mucho en sus niveles de diversidad de Burseraceas, pero un grupo diferente de especies fue dominante en cada sitio. Por ejemplo, cada uno de los sitios del inventario tuvo una especie de *Dacryodes* y una especie de *Trattinnickia*. Sin embargo, cada sitio albergó sus propias especies dentro de estos géneros, con ninguna especie en común para ninguno de los sitios. De igual manera, especies diferentes de *Protium* dominaron en cada sitio, aunque numerosas de estas especies existió en más de un sitio, o en los tres sitios.

En el Ojo de Contaya, encontramos 15 especies de Burseraceae, incluyendo 13 especies de *Protium*. *Protium hebetatum* y *P. heptaphyllum* subsp. *ulei* fueron las más abundantes. En Tapiche registramos 14 especies de Burseraceae, incluyendo 11 especies de

Protium y 1 *Crepidospermum*. Aquí *P. nodulosum*,
P. trifoliatum y *P. amazonicum*, todos especialistas de
suelos más o menos fértiles, fueron las más abundantes.
En el Divisor registramos la mayor diversidad de
Burseraceae (17 especies), incluyendo 15 species de
Protium. Las especies más abundantes fueron
P. nodulosum, P. heptaphyllum y *P. paniculatum*. Estas
especies cubrieron un amplio rango de suelos desde
suelos pobres (*heptaphyllum*) a muy ricos (*nodulosum*),
y suelos medios en fertilidad (*paniculatum*).

TAXA HERBACEAE (Vera Lis Uliana)

En general, la diversidad herbácea en la Zona
Reservada fue baja. Las plantas en el orden Zingiberales
dominó la flora herbácea, y estuvo concentrada en
ambientes húmedos cerca de las vías de agua. Dentro de
los Zingiberales, la familia más rica en especies fue la
Marantaceae (con 26 species), seguida de Heliconiaceae
(7), Costaceae (3) y Zingiberaceae (1). A continuación
describimos la taxa que domina la comunidad herbácea
en cada sitio del inventario, y discutimos las numerosas
plantas herbáceas raras e interesantes observadas en
estos sitios.

Hubo una cantidad considerable de especies
comunes entre los sitios en la familia Marantaceae.
Los sotobosques del Ojo de Contaya y de las áreas
fuera del pantano de palmeras en Tapiche estuvieron
dominados por el mismo *Ischnosiphon* sp.
(Marantaceae). Dentro del pantano de palmeras en
Tapiche observamos dos especies; una permanece sin
identificar, mientras que la especie más abundante fue *I.
arouma*. En el Divisor también observamos *I. arouma*
cerca de los arroyos, así como dos especies trepadoras
de *Ischnosiphon* (*I. killipii* y una especie sin identificar).
En las áreas más secas de Ojo de Contaya y Divisor
encontramos *Calathea micans* y *Monotagma* sp., las
cuales fueron encontradas en las crestas de las colinas.
Sólo dos especies estuvieron en estos tres lugares,
C. micans, y *C. aff. panamensis*.

En la familia Helicioniaceae, *Heliconia stricta*
fue poco común, mientras que *H. velutina* y *H. lasiorachis*
fueron las más comunes y fueron encontradas en los sitos

inundados. Encontramos *H. vellegeria*, la cual es la
Heliconia más grande del mundo (puede llegar a medir
4 m de altura) sólo en el Divisor.

Todas estas especies en las Zingiberales pueden
ser cultivadas como ornamentales, siendo *Calathea* y
Heliconia las más comunes. La gente que vive a lo largo
de los ríos del Amazonas típicamente utilizan los
peciolos y las hojas de *I. arouma* para hacer canastas
(Ribeiro et al. 1999), especialmente si es que la especie
crece en los aguajales los cuales son lugares claves para
actividades de cacería y recolección.

ESPECIES MADERERAS (Italo Mesones)

La Sierra del Divisor es un área remota, pero aun así
sufre de la misma presión extractiva que amenaza las
especies madereras en toda la Amazonía. Por más de
60 años los recursos madereros de la Amazonía peruana
no han sido manejados y están siendo explotados a un
ritmo alarmante. Las redes de arroyos y ríos facilitan el
acceso a estas poblaciones de árboles madereros. Debido
a que hubo una extracción intensiva en el pasado, sólo
se pueden ver pocas especies en estas rutas ribereñas.
Esto es especialmente cierto para las especies que son
más importantes en los mercados nacionales e
internacionales, como la caoba (*Swietenia macrophylla*,
Meliaceae), cedro (*Cedrela odorata* y *Cederla fissilis*,
Meliaceae) y tornillo (*Cedrelinga cateniformis*, Fabaceae).

Debido a que los recursos madereros han
sido agotados, la gente ha empezado a buscar madera
en zonas más remotas, amenazando la subsistencia a
largo plazo de estas especies madereras. A ésto se agrega
que la gente está también explotando otras especies
madereras menores, como la cumala (*Virola* spp.,
Iryanthera spp., Myristicaceae), catahua (*Hura crepitans*,
Euphorbiaceae), lupuna (*Ceiba* spp., Bombacaceae),
moena (*Ocotea* spp., *Nectandra* spp. *Licaria* spp.;
Lauraceae) y pashaco (*Parkia* spp., Fabaceae).
Este cambio hacia especies menos conocidas ocurre
especialmente en aquellas áreas donde existen muy pocos
remanentes de especies madereras.

En este contexto deprimente, durante
nuestro inventario nuestras observaciones fueron un

tanto alentadoras. Encontramos poblaciones reproductivas de cedro, tornillo, cachimbo caspi (*Cariniana*, Lecythidaceae), moena y otras, especialmente en las cabeceras del Divisor. Estas áreas actualmente son refugios, donde estas semillas pueden ser producidas y dispersadas a otras áreas. El cedro y tornillo fueron las especies más abundantes, y son especies dispersadas por viento y agua.

Sin embargo, otras observaciones durante el inventario fueron desalentadoras. En el área del Tapiche encontramos tocones de cedro, tornillo y de la planta medicinal sangre de grado (*Croton lechlerii*, Euphorbiaceae). Estos tocones parecen datar de hace 20 años de antigüedad. No vimos ningún árbol reproductivo en Tapiche, sólo plantas juveniles, lo que parece reflejar una reproducción pre-tala, o advenimiento a esta áreas de poblaciones distantes.

Nuestras observaciones reflejan la importancia de conservar las áreas de cabeceras que se originan en el complejo de filones de la Sierra del Divisor. Esta protección permitiría a las poblaciones ubicadas en las áreas más afectadas recuperarse y podría ser un paso importante para la sobrevivencia a largo plazo de estas especies madereras.

NUEVAS ESPECIES, RAREZAS Y EXTENSIONES DE RANGO

Durante el inventario colectamos más que 500 especies fértiles. Sospechamos que unas diez especies son potencialmente nuevas para la ciencia. A continuación describimos algunas de estas, así como también numerosas especies que son raras o representan extensiones sustanciales para su extensión.

En las crestas de las colinas con vegetación enana encontramos dos especies potencialmente nuevas para la ciencia. Un especimen (con frutos) encontrado sólo en el Divisor es un bonsai de *Parkia* (Fabaceae s.l., colección número ND1696 de Nállarett Dávila), que sólo ha sido visto pero no colectado a 1,500 m en la Cordillera Azul (Foster et al. 2001). Debido a que nuestro record en la Zona Reservada estuvo a tan sólo a 400 m de altura, las dos localidades, conocidas para esta especie tiene un rango altitudinal de 1,000 m.

Sólo una especie, ampliamente difundida, de *Aparisthmium* (Euphorbiaceae) es conocida en el Neotrópico, *A. cordatum*. Sin embargo, encontramos individuos en las crestas en el Divisor que parecen ser nuevas especies de este género (ND1882, 1884), con hojas mucho más pequeñas y coriáceas (Fig. 4C).

Dos grandes árboles en la familia Clusiaceae también parecen ser nuevas especies. Una de ellas, la *Moronobea* (ND1924), tiene una flor blanca mucho más pequeña que las otras especies conocidas para este género y fue encontrada en el bosque de la cresta más alta del Divisor. Otra especie, un *Calophyllum* (ND1569) fue encontrado en los valles del Ojo de Contaya, tiene hojas más pequeñas comparada con la otra especie del conocido árbol maderero *C. brasiliense*, y tiene un látex verde (no blanco) en su tronco y hojas (Fig. 4J).

Dos especies de *Calathea*, ambas encontradas en el Ojo de Contaya y Tapiche, probablemente son nuevas para la ciencia. Una tiene hojas que varían de color verde a colores variegados (verde claro a verde oscuro), con inflorescencia verde y flores blancas (colección número VU1396 de Vera Lis Uliana, Fig. 4H). La otra especie tiene hojas con un brillo metálico en su envés, y es conocida para Acre en Brasil, pero sigue en calidad de no descrita (VU1397).

Para el Ojo de Contaya registramos tres individuos de una especie rara y monocárpica, *Spathelia terminalioides* (Rutaceae, ND1984), creciendo a lo largo del arroyo en un área abierta. Esta especie es conocida para Cusco y Loreto en el Perú, y fue registrada durante el inventario en Federico Román, en Pando, Bolivia (Alverson et al. 2003).

Otra especie rara fue registrada en el Divisor cuando encontramos un individuo de *Podocarpus* cf. *oleifolius* (Fig. 4B, ND1985). Por lo general este género está restringido a las áreas montanas; sin embargo, esta especie en particular existe en los bosques bajos en otras partes del Perú, pero casi exclusivamente en suelos de arenas blancas.

En Divisor encontramos a *Ficus acreana* (Moraceae, Fig. 4G), conocida anteriormente solamente de Brasil y Ecuador. Una especie que inicialmente sospechamos que era nueva, una leguminosa bipinada, fue *Stryphnodendron polystachyum* (Fabaceae). Después de revisar nuestras colecciones de otros inventarios, parece ser que esta especie es poca conocida pero distribuida ampliamente.

AMENAZAS, OPORTUNIDADES Y RECOMENDACIONES

Actualmente, las amenazas principales a la flora de Sierra del Divisor son la tala ilegal, exploración petrolera, y minera. Durante nuestros cuatro días a lo largo del río Tapiche, observamos numerosos botes dirigiéndose río arriba para extraer madera (Fig. 9A). Adicionalmente, las comunidades visitadas por el equipo social reportaron que estos botes estaban conformados por madereros ilegales, entrando al área protegida propuesta por casi todos o todos los principales afluentes. Las operaciones de extracción minera y petrolera se dan en las áreas volcánicas al sur. Los mapas geológicos y los sobrevuelos del área nos indican que esta área es una de las área prioritarias de conservación.

La Zona Reservada Sierra del Divisor, con sus altas colinas levantándose sobre la cuenca Amazónica, es como ningún otro lugar en el mundo. En sólo tres semanas en el campo encontramos por lo menos diez especies de plantas potencialmente nuevas para la ciencia y exploramos hábitats que nunca habíamos vistos antes en la Amazonía (p. ej., melastomatales y crestas de colinas albergando bosques enanos). Las sierras en el límite con Brasil sirven como un refugio para especies madereras sobreexplotadas en otras partes del Perú y Sur América. Debido a la singularidad biológica y su importancia como fuente de especies madereras, recomendamos la inmediata protección de la Zona Reservada.

Nuestro inventario es el quinto a la Región Sierra del Divisor/Siná Jonibaon Manán, sin embargo existe un área obvia que permanece aun inexplorada. En lo posible y con el permiso necesario de las federaciones de indígenas locales y nacionales, recomendamos que los biólogos visiten la parte sur del área, incluyendo los conos volcánicos.

PECES

Participantes/Autores: Max H. Hidalgo y José F. Pezzi Da Silva

Objetos de conservación: La comunidad singular de peces que habita los ambientes acuáticos del Ojo de Contaya; la parte alta del río Tapiche que constituye áreas de cabeceras de importancia para la migración y reproducción de especies de importancia comercial y de subsistencia; especies de *Hemigrammus, Hemibrycon, Knodus* y *Trichomycterus* (presentes en las quebradas alejadas en el Ojo de Contaya y en las colinas del Divisor) que constituirían nuevos registros para el Perú o probables especies nuevas para la ciencia; especies de Cheirodontinae presentes en el área del río Tapiche y afluentes principales que constituirían también novedades para la ciencia, incluyendo *Ancistrus, Cetopsorhamdia, Crossoloricaria* y *Nannoptopoma*; especies de interés ornamental de Cichlidae, Gasteropelecidae, Loricariidae, Anostomidae y Characidae presentes en la zona del Tapiche; especies de importancia comercial y de subsistencia que constituyen importantes fuentes de proteína para las comunidades nativas habitantes de la zona, como *Pseudoplatystoma tigrinum, Brycon* spp., *Salminus, Prochilodus nigricans* y *Leporinus*

INTRODUCCIÓN

La Zona Reservada Sierra del Divisor se ubica en la región este del Perú entre la margen derecha del río Ucayali y la frontera con Brasil, en los departamentos de Loreto y Ucayali. Dentro de esta área se ubican diferentes cuencas de drenaje. Las principales de norte a sur son las de los ríos Yaquerana, Tapiche, Buncuya, Callería y Abujao. Estos ríos principales más algunos otros que nacen de la Sierra del Divisor suman alrededor de once. La gran mayoría de ellos drenan hacia la margen derecha (este) del río Ucayali, mientras que el Yaquerana, ubicado en el extremo noreste de la Zona Reservada, forma el Yavarí, el cuál desemboca al Amazonas alrededor de 400 km aguas abajo de la Sierra del Divisor, en el punto más este del territorio peruano, en Loreto.

La ictiofauna de esta inmensa región se está empezando a conocer pero aún existen vacíos de información ictiológicos de muchos de los tributarios del Ucayali (Ortega y Vari 1986), incluidos la mayoría de los tributarios en la Zona Reservada. Uno de los primeros trabajos que compilan la diversidad íctica del Perú fue realizado por Fowler en 1945, donde reúne alrededor de 500 especies continentales, anotando aquellas que se presentan en la cuenca del Ucayali.

Posteriormente Ortega y Vari (1986) realizan la primera lista anotada de los peces de agua dulce del Perú e incrementan la lista total a 736 especies. Una estimación conservativa de la diversidad de la ictiofauna continental peruana muestra que podría superar las 1,100 especies (Ortega y Chang 1998), lo que sitúa al Perú entre los 10 países con mayor diversidad de ictiofauna del mundo (Thomsen 1999).

De acuerdo a esta perspectiva la ictiofauna de la cuenca del río Ucayali fácilmente superaría las 600 especies. Esta riqueza se sustenta en la información previa conocida y en recientes estudios realizados en algunos tributarios en la región próxima a los Andes, como las cuencas del Pisqui y Pachitea (de Rham et al. 2001; Ortega, McClain, et al. 2003), en los alrededores de Pucallpa (Ortega et al. 1977) y en material depositado en la colección de peces del Museo de Historia Natural de la Universidad Nacional Mayor de San Marcos, Lima. Los tributarios andinos, como el Pachitea, poseen más de 200 especies de peces (Ortega et al. 2003), y para la zona de Pucallpa se tiene 171.

Dentro de la Zona Reservada ya se han realizado algunos inventarios ictiológicos en las regiones más accesibles desde el Ucayali. Así, en el año 2000 se realizó una expedición a la zona de Aguas Calientes en la Serranía de Contamana (FPCN/CDC 2001); en el 2001 se estudió el río Shesha (un tributario del río Abujao, FPCN/CDC 2001); y más reciente se exploró el lado oeste del Ojo de Contaya en las cabeceras de la quebrada Maquía (FPCN/CDC 2005). Estos estudios reportan una baja a moderada diversidad de peces. Los siguientes ambientes acuáticos permanecen como incógnitas para peces: las subcuencas de los ríos Buncuya, Zúngaro, Callería, Utuquinía y la parte alta del Abujao.

Durante el inventario en la Zona Reservada evaluamos los ambientes acuáticos en tres áreas, no exploradas hasta la fecha, en la parte central del Ojo de Contaya y las cabeceras del río Tapiche. Los objetivos del estudio fueron determinar la presencia de especies, poblaciones, o comunidades de peces que puedan servir como objetos de conservación para sustentar una área

protegida en la Sierra del Divisor. Exploramos diversos ambientes acuáticos, como ríos, quebradas, aguajales, tahuampas, y lagunas, en tres campamentos (Ojo de Contaya, Tapiche y Divisor) y los resultados muestran la presencia de una interesante ictiofauna de valor científico, sociocultural y económico.

MÉTODOS

Durante 15 días efectivos de trabajo de campo estudiamos la mayor cantidad y variedad de ambientes acuáticos a los que tuvimos acceso en cada campamento. Para todas las faenas de pesca contamos con el apoyo de un guía local y todos los desplazamientos fueron a pie. Evaluamos en total 28 estaciones de muestreo, entre 5 y 13 por campamento y en cada una anotamos las coordenadas geográficas en cada punto de evaluación y registramos las características básicas del ambiente acuático que se resumen en el Apéndice 4.

De los 28 puntos evaluados, 23 fueron ambientes lóticos (ríos y quebradas) y 5 fueron lénticos, que correspondieron a dos aguajales (uno en el Ojo de Contaya y otro en el Tapiche), dos lagunas (en el Tapiche) y una poza temporal de inundación o "tahuampa" (Ojo de Contaya). En el Tapiche los ambientes lénticos (el aguajal y las lagunas) fueron de mayor tamaño y en el Ojo de Contaya la tahuampa era pequeña. En general, los hábitats más frecuentes en el área del inventario fueron lóticos de aguas claras, con excepción de los aguajales, una laguna y la tahuampa, que presentaron aguas negras. Solo la laguna frente al campamento Tapiche presentó aguas blancas.

Las colectas fueron principalmente diurnas (entre las 08:00 y 15:00 horas), y sólo en el río Tapiche hicimos un muestreo nocturno procurando atrapar aquellas especies que son más activas de noche. Por ser época seca, o menos lluviosa, el nivel de las aguas de los principales tributarios fue bajo, lo que facilitó muestrear con mayor efectividad todos los hábitats y microhábitats identificados. Por ejemplo, el río Tapiche presentó profundidad promedio de 50 cm, permitiendo que hiciéramos recorridos de hasta 1 km en el cauce principal para muestrear este microhábitat. Durante las tardes ya en el campamento procedíamos a identificar el material recolectado.

Colectamos los peces con redes de 10 x 2.6 m y de 5 x 1.2 m de abertura de malla pequeña (de 5 y 2 mm, respectivamente). Estas fueron empleadas para hacer arrastres a orilla o como redes de espera luego de remover áreas con palizada, hojas, zonas de rápidos de fondo pedregoso y áreas de orillas con raíces donde pudieran estar refugiadas las especies. En las quebradas mayores, lagunas y en el río Tapiche empleamos una atarraya de 1.8 m de altura y abertura de malla 12 mm. En los aguajales y quebradas pequeñas de poca profundidad utilizamos una red de mano, o "calcal," de 40 cm de diámetro, con bolsa de 75 cm y malla de 2 mm.

En el río Tapiche utilizamos además anzuelos e hilos de pescar para la captura de peces de mayores tamaños, como tigre zúngaro (Fig. 5D), piraña y sábalos, los cuales fueron identificados y fotografiados sólo para registro. Ninguna de estas especies fue preservada como muestra. En algunos ambientes de agua clara hicimos observaciones desde la superficie del agua pudiendo determinar la presencia de algunas pocas especies de fácil identificación sin tener que colectarlas. Adicionalmente empleamos un pequeño amplificador de sonido para detectar los campos eléctricos de peces Gymnotiformes, determinando su presencia en áreas, como aguajales o vegetación sumergida en las quebradas, en donde se refugian durante el día ya que la mayoría son de hábitos nocturnos. Tuvimos éxito en algunos de nuestros intentos de colecta luego de determinada la presencia de algún individuo de este grupo de peces.

Los peces colectados fueron fijados inmediatamente en una solución de formol al 10% por 24 horas. En cada campamento identificamos las especies, luego de ello éstas eran empacadas en gasa de algodón embebida en alcohol etílico al 70% para su transporte al Museo de Historia Natural, Lima, donde pasaran a la colección científica del Departamento de Ictiología. Algunas de las identificaciones en campo no son precisas hasta el nivel de especies para varios grupos, presentándose como "morfoespecies" aquellas que no han podido ser plenamente reconocidas y que

requieren de revisiones más cuidadosas en laboratorio. Esta misma metodología ha sido aplicada en otros inventarios rápidos, como Yavarí y Ampiyacu (Ortega et al. 2003; Hidalgo y Olivera 2004).

RESULTADOS

Descripción de los hábitats acuáticos por campamento

Ojo de Contaya

Según pudimos determinar de la observación de las imágenes de satélite las quebradas en este sitio drenan hacia el noreste a las cabeceras del río Buncuya, que desemboca finalmente sobre la margen derecha del río Ucayali, aguas abajo de Contamana. Los ambientes acuáticos en este campamento correspondieron casi todos a quebradas de primer a tercer orden, cubiertas por el dosel del bosque por lo que existe escasa productividad primaria. Otros hábitats acuáticos presentes fueron un aguajal y una "tahuampa" (una poza temporal de inundación), ambos pequeños (menores de 10 m de longitud), de aguas negras, con fondo fangoso y cubiertas de materia orgánica y hojarasca.

Identificamos un solo sistema de drenaje en los alrededores del área de campamento que corresponde a una quebrada mayor de 5 m de ancho. Las quebradas se caracterizan por ser de aguas claras, con un ancho promedio de 4 m, profundidad media de 30 cm y máxima de 70 cm (solo en la quebrada mayor). La velocidad de la corriente fue lenta a moderada, las orillas estrechas y casi todas de fondo arenoso. Solo una quebrada presentó fondo rocoso en una sección de aproximadamente 200 m de longitud, con zonas de cataratas de hasta 3 m de altura. Existe un gran aporte de material alóctono proveniente de la vegetación ribereña, como troncos, ramas y hojas, que en los ambientes acuáticos proveen refugio y alimento a peces eléctricos, bagres pequeños, carácidos menores y muchísimos invertebrados acuáticos.

Esta región se ubica en un área colinosa en la que no existen áreas inundables importantes, siendo la tahuampa una excepción. Los sistemas de drenaje se encuentran más alejados de las áreas bajas donde se ubican ríos mayores, como el Buncuya y Tapiche. Realizamos en este campamento 13 estaciones de muestreo.

Tapiche

Este sitio corresponde a parte de las cabeceras del río Tapiche, que desemboca al río Ucayali (margen derecha) a la latitud de Requena. En este campamento evaluamos el río Tapiche, dos quebradas grandes de la margen derecha del Tapiche, un aguajal grande, una laguna dentro del bosque y otra aún en contacto con el río, al frente del campamento.

El hábitat más representativo en este sitio es el río Tapiche, que se caracteriza por ser un río mediano de agua clara y gran transparencia, de aproximadamente 35 m de ancho y poca profundidad (50 cm promedio). El fondo es arenoso con poca palizada y troncos sumergidos, las orillas varían de estrechas en las secciones rectas a amplias en algunos meandros, donde se observaron playas arenosas. La vegetación ribereña en algunas partes del cauce del río cubre un poco las orillas hasta una distancia de 3 m desde el borde del agua, creando microhábitats propicios para algunas especies de peces, como carachamas y algunos Characiformes. El cauce del río Tapiche es meándrico, formando lagunas que fueron también evaluadas durante el inventario.

Las quebradas se caracterizaron por ser de aguas claras, con transparencia total y casi sin color o ligeramente verdosas. El ancho medio de estas fue de 8 m, con fondo arenoso similar al Tapiche, orillas estrechas con vegetación ribereña cubriendo parte del curso de agua. La presencia de palizadas y hojarasca era más notoria en estos hábitats, y sólo la quebrada cercana al campamento presentó secciones torrentosas o "rápidos" cerca de las áreas colinosas. Estos rápidos presentaron fondos de roca, en donde la fuerza de la corriente era considerable, aunque la profundidad no era mayor de 30 cm.

También evaluamos un aguajal colindante al campamento. Se caracterizó por presentar zonas pantanosas de aguas negras, con pozas de tamaño variable de 1 a 10 m de ancho y gran cantidad de restos vegetales. Las aguas son de color marrón oscuro (negras) con transparencia variable dependiendo de la profundidad, la cual no fue mayor de 40 cm. No existen orillas o éstas fueron muy reducidas. El fondo fue muy fangoso, con mucha materia orgánica. Las lagunas fueron más variables. Una de ellas fue más reciente de formación, con agua blanca y casi en contacto con el río, y otra fue más antigua, de agua negra y relativamente alejada del río, rodeada de un bosque más maduro. En ambas el fondo era muy fangoso y presentaron una profundidad hasta 2 m. Abundaron más peces con respecto al aguajal. Realizamos en este campamento diez estaciones de muestreo.

Divisor

Este sitio corresponde a parte de las cabeceras del río Tapiche que nacen de los cerros sobre su margen derecha, más próximos a la frontera con Brasil. El área es colinosa. La principal quebrada en este campamento colecta todos los pequeños arroyos y quebradas que identificamos en este sitio, y aguas abajo desemboca en la quebrada mayor cercana del campamento Tapiche.

Identificamos un solo sistema de drenaje en los alrededores del área de campamento que corresponde a la quebrada mayor (5 m de ancho). Todas las quebradas se caracterizan por ser de aguas claras, fondo dominante arenoso con algunas rocas y con palizadas en varios sectores. En este sitio se observó mayor pendiente del cauce de las quebradas, formándose pequeños rápidos. En algunos tramos las quebradas estaban flanqueadas por paredes verticales rocosas y arcillosas donde se formaban pozas de relativa mayor profundidad (hasta 70 cm), pudiendo observarse cardúmenes de peces Characiformes. A diferencia del campamento en el Ojo de Contaya, no observamos ningún ambiente léntico, como pozas temporales o aguajales. Realizamos en este campamento cinco estaciones de muestreo.

Diversidad de especies y estructura comunitaria

De nuestras colectas y observaciones (3,457 ejemplares de peces), obtuvimos una lista sistemática preliminar que comprende 109 especies, que representan a

82 géneros, 24 familias y 6 órdenes (Apéndice 5). Esta diversidad es relativamente moderada para la región amazónica peruana en comparación con lo conocido para otras áreas más al norte en Loreto, donde se han encontrado mayor número de especies. Sin embargo, teniendo en cuenta los tipos de hábitats estudiados y las evaluaciones previas en la Zona Reservada este resultado es mayor de lo esperado (ver Discusión). De estas 109 especies, alrededor de 60 (56%) no fue identificado hasta el nivel de especie, requiriendo en la mayoría de ellas de una revisión más detallada en laboratorio para su total identificación. Una de las especies sólo ha podido ser identificada a nivel de subfamilia (Cheirodontinae), requiriendo de una revisión más detallada en laboratorio.

Los grupos más diversos corresponden a los peces del orden Characiformes (peces con escamas, sin espinas en las aletas), con 56 especies, y del orden Siluriformes (bagres, peces con barbillas), con 33 especies. Juntos constituyen el 81% de la diversidad que registramos durante el inventario. Esta dominancia es un patrón similar a lo encontrado en otros inventarios, como Yavarí (Ortega et al. 2003), Ampiyacu (Hidalgo y Olivera 2004), y para la región amazónica (Reis et al. 2003). De los otros 4 órdenes, los Perciformes (peces con espinas en las aletas impares, como los cíclidos) y los Gymnotiformes (peces eléctricos) representaron el 15% (16 especies) de la ictiofauna registrada en la Zona Reservada, y Cyprinodontiformes (peces anuales o rivúlidos) y Synbranchiformes (anguilas de pantano o atingas) presentaron cuatro especies en conjunto (4%).

Tanto Characidae como Loricariidae son las familias con los mayores números de especies en la región neotropical (Reis et al. 2003), y en el inventario observamos su dominancia. Varios de los probables registros nuevos para el Perú o especies potencialmente nuevas para la ciencia presentes en la zona del inventario pertenecen a estas familias (Apéndice 5). A nivel de familias, Characidae presentó el más alto número de especies (40, o el 37%) y en segundo lugar Loricariidae, con 14 especies (13%). Ambas conforman la mitad de la ictiofauna que registramos en la Zona

Reservada durante este inventario. Otras familias con importante presencia fueron Cichlidae (8 especies), Heptapteridae (6), y Crenuchidae y Gymnotidae (4 cada una). Familias con una sola especie fueron Acestrorynchidae, Aspredinidae, Curimatidae, Gasteropelecidae, Parodontidae, Prochilodontidae, Pseudopimelodidae, Sternopygidae y Synbranchidae.

La estructura comunitaria muestra mayor número de especies pequeñas a medianas (con adultos entre 5 y 15 cm de longitud), representados por alrededor de 68 especies (64%) de la ictiofauna que registramos durante el inventario. Estas especies son principalmente de las familias Characidae (*Hemigrammus*, Cheirodontinae), Lebiasinidae (*Pyrrhulina*) y Crenuchidae (*Melanocharacidium*, *Microcharacidium*) entre los Characiformes, y Heptapteridae (*Pariolius*, *Imparfinis*, y *Cetopsorhamdia*; Figs. 5C, 5F), Loricariidae (*Otocinclus*, *Ancistrus*, *Nannoptopoma*, *Peckoltia*) y Trichomycteridae (*Stegophilus*, *Trichomycterus*) entre los bagres Siluriformes. En otros grupos, como Rivulidae y Cichlidae (*Apistogramma*, *Bujurquina*), también se presentan especies pequeñas. Algunas especies de Characidae, como *Tyttocharax* y *Xenurobrycon*, presentan incluso adultos menores de 2 cm, los cuales son un ejemplo de miniaturización que ocurre en algunas especies en la Amazonia (Weitzman y Vari 1988).

Alrededor de 25 especies (22% del total) corresponden a grupos que pueden alcanzar tallas mayores de 20 cm en los individuos adultos. En el río Tapiche pudimos observar ejemplares de estas tallas como los sábalos (*Brycon* spp. y *Salminus*), la lisa (*Leporinus friderici*), el boquichico (*Prochilodus nigricans*), el huasaco (*Hoplias malabaricus*), bagres (como el bocón, *Ageneiosus*), cunchis (*Pimelodus* spp.) y entre los cíclidos, la añashua (*Crenicichla*). La especie de mayor tamaño que observamos durante el inventario fue el tigre zúngaro (*Pseudoplatystoma tigrinum*), que puede alcanzar más de 1 m de longitud total (Fig. 5D). Todas estas especies son utilizadas por las comunidades humanas en la zona de estudio y habitan en los ríos mayores, como el Tapiche y en los afluentes principales. De estas especies mayores sólo *Hoplias malabaricus* fue registrado en el Ojo de Contaya, mientras que en el campamento Divisor observamos *Crenicichla*.

Diversidad por sitios y hábitats

Ojo de Contaya

En este campamento registramos 20 especies que corresponden a 12 familias y 6 órdenes. La mayor riqueza fue de Characiformes (9 especies), Gymnotiformes (4) y Siluriformes (3), como los principales. Cyprinodontiformes presentaron 2 especies de *Rivulus*, y tanto Perciformes como Synbranchiformes 1 especie cada una. Esta composición si bien es baja en número de especies, muestra una mayor variabilidad a nivel de órdenes y una composición con diferencias notorias en comparación con los estudios previos en la Zona Reservada.

La mayoría de especies (ca. 16) estuvieron presentes en todas las quebradas en este campamento lo que muestra una alta homogeneidad de la comunidad. Otras especies comunes en este sitio fueron *Chrysobrycon*, *Ancistrus*, *Rivulus* y *Pariolius*. Esta última especie es un bagre de la familia Heptapteridae descrito del río Ampiyacu (margen norte del río Amazonas) y registrado en los inventarios del Ampiyacu y Matsés con baja abundancia y frecuencia en las capturas. En el Ojo de Contaya, *Pariolius armillatus* estuvo presente en casi todas las quebradas y en abundancias mayores que en los estudios previos, siendo para este sitio la cuarta especie más abundante.

En las quebradas encontramos mayor diversidad y abundancia de especies que en ambientes lénticos (tahuampa y aguajal): en los primeros registramos 19 especies y en los segundos 8 especies. *Pyrrhulina* solo fue registrada en ambientes lénticos, siendo la segunda especie más abundante en este campamento (129 individuos, 13% abundancia). Un estudio reciente en aguajales de Madre de Dios ha encontrado a una especie de este género como la más característica en este tipo de hábitat (Hidalgo obs. pers.).

Probablemente en este sitio tres especies sean nuevos registros para Perú o nuevas especies para la ciencia, las que están en los géneros *Hemibrycon*, *Hemigrammus* y *Rivulus*. De estas, *Hemigrammus*

fue la especie más común y abundante para este sitio, estando presente en todos los hábitats (incluso en el aguajal y la tahuampa) y con el 50% de la abundancia total para este sitio (Apéndice 5). Esta especie no ha sido registrada en los inventarios previos en la zona, ni siquiera en la zona oeste del Ojo de Contaya (FPCN/CDC 2005).

Tapiche

En este campamento registramos 94 especies que corresponden a 24 familias y 6 órdenes. Characiformes presentó la mayor riqueza, con 56 especies (60%). El segundo orden más representativo fue Siluriformes, con 32 especies (34%). Gymnotiformes y Perciformes contribuyeron 8 especies (9%) y 7 especies (7%) respectivamente, mientras que Cyprinodontiformes y Synbranchiformes presentaron solo 1 especie cada una. Este campamento es el más diverso de todo el inventario.

La diversidad encontrada es más alta en este sitio porque evaluamos mayor variedad de hábitats acuáticos y de mayor tamaño en comparación con hábitats similares del Ojo de Contaya y Divisor. El río Tapiche es el hábitat más importante en este campamento (registrando 58 especies sólo en el río, es decir, casi dos tercios de la diversidad para este sitio). Aquí mismo se registraron todas las especies de interés comercial de consumo (ca. 8). Las quebradas principales albergaron también un moderado número de especies (ca. 35), principalmente formas pequeñas y algunas de importancia comercial, como sábalos de cola negra y lisas.

En las lagunas del Tapiche identificamos 35 especies. Las especies más abundantes fueron *Serrapinnus piaba* y *Cichlasoma amazonarum*. En la laguna de agua blanca frente al campamento base pudimos registrar varias especies de consumo humano, como boquichicos, huasacos y lisas, viviendo en saludables poblaciones. En la laguna de agua negra encontramos relativamente pocas especies (nueve) con clara dominancia de los pequeños *Serrapinnus piaba*. En el aguajal las especies más abundantes fueron

Hemigrammus sp. 3 y *Pyrrhulina* sp. 2, que fueron únicas para este hábitat.

Encontramos ocho especies de importancia en las pesquerías amazónicas de consumo, principalmente de peces escamados, como sábalos, boquichico, lisa y bagres grandes, como el tigre zúngaro (Apéndice 5). Colectamos u observamos estas especies en el río Tapiche, en la laguna frente al campamento, y en las partes bajas de las quebradas mayores. De estas especies, el sábalo cola negra (*Brycon melanopterus*) fue el más común, pudiendo observarse en cardúmenes de más de diez individuos surcando el río y las quebradas mayores.

Unas siete especies registradas en este campamento serían nuevas para la ciencia o por lo menos nuevos registros para Perú, las que pertenecen a los géneros *Hemibrycon, Ancistrus, Crossoloricaria, Cetopsorhamdia* (Fig. 5C), *Nannoptopoma, Hypoptopoma* y *Otocinclus*. El pequeño bagre *Cetopsorhamdia* y la *Crossoloricaria* fueron encontrados entre la hojarasca sumergida en las quebradas y en el fondo arenoso del río Tapiche, respectivamente.

Divisor

En este campamento registramos 24 especies que corresponden a 9 familias y 5 órdenes. Los peces Characiformes fueron los de mayor diversidad, con 10 especies, seguidos por los Siluriformes, con 7. Además registramos 3 especies de rivúlidos, 2 de peces eléctricos y 2 cíclidos.

En este campamento se observó sólo quebradas de aguas claras. Las especies más frecuentes y comunes en las capturas fueron *Hemibrycon, Knodus* sp. 2, *Melanocharacidium, Creagrutus* y *Ancistrus*, todas de pequeño tamaño. Únicas para este sitio fueron 6 especies, entre las cuales están *Trichomycterus, Knodus* sp. 2, *Rhamdia quelen* y *Rhamdia* sp.

La diversidad de peces de este campamento es más alta que en el Ojo de Contaya, pero similar con Tapiche en al menos 16 especies (67% del total para este sitio). La especie más común en este sitio fue *Knodus* sp. 2, presente en todos los puntos de muestreo, seguido de

Melanocharacidium, Gymnotus y *Ancistrus* sp. 2, ausentes sólo en uno de ellos. Para el Divisor al menos tres especies son probables nuevos registros para Perú o novedades científicas. Estas son *Trichomycterus* sp. (Fig. 5E), *Knodus* sp. 2 y *Rhamdia* sp. (las que se no registraron en los otros campamentos en este inventario).

Comparación entre campamentos

Encontramos muy pocas especies comunes para los tres campamentos. Estas fueron cinco: *Chrysobrycon, Hemibrycon, Characidium* sp. 1, *Pariolius armillatus* y *Rivulus* sp. 1. Sus abundancias fueron bastante variable entre sitios. Con excepción de *Rivulus* sp. 1, que también encontramos en los aguajales, las otras cuatro especies fueron registradas sólo en quebradas.

Observamos mayor similaridad entre el Tapiche y Divisor por la evidente relación de las cuencas. Encontramos que el 25% (6 de 24) de las especies de Divisor no fueron registrada aguas abajo en Tapiche a pesar de su cercanía (ca. 5 km entre los dos). Similar a este resultado encontramos que para el Ojo de Contaya el 35% de las especies (7 de 20) fueron únicas para este sitio, siendo más similar al campamento Tapiche (55%) que al Divisor (35%).

En un principio pensamos que por las características similares de los cuerpos de agua (Apéndice 4) y su ubicación entre colinas, las ictiofaunas del Ojo de Contaya y del Divisor podrían ser más semejantes. Sin embargo parece que las pequeñas redes hidrográficas separadas geográficamente pueden contener comunidades diferentes, lo que refuerza la hipótesis de que cada subcuenca mediana o chica podría tener una fauna de peces particular (Ortega and Vari 1986; Vari y Harold 1998; de Rham et al. 2001).

A nivel trófico las comunidades de las áreas colinosas del Ojo de Contaya y Divisor parecen ser similares, compuestas por especies adaptadas a vivir en cuerpo de aguas escasamente productivos, y que dependen mucho del material alóctono del bosque circundante.

Registros interesantes

La comunidad de peces en el Ojo de Contaya se muestra como singular y bastante diferente de lo registrado en áreas cercanas. A pesar de tener un bajo número de especies, registramos todos los órdenes de peces determinados durante el inventario, lo que demuestra una variabilidad destacable. Para este tipo de ecosistemas un número bajo de especies es esperado, sin embargo registramos seis órdenes, la misma cantidad que en el campamento Tapiche y uno más que en Divisor. En la Serrania de Contamana se ha registrado sólo dos, Characiformes y Siluriformes, y en la vertiente oeste del Ojo de Contaya, cuatro (FPCN/CDC 2001 y 2004, respectivamente).

Estimamos que por lo menos unas 14 especies son potencialmente nuevos registros para el Perú o nuevas para la ciencia (Apéndice 5). Cuatro especies ya han sido confirmadas como novedades científicas según los especialistas consultados. Éstas son *Nannoptopoma, Otocinclus, Hypoptopoma* y *Cetopsorhamdia* (Fig. 5C). En el caso de *Crossoloricaria,* el género presenta dos especies en Perú, una de Madre de Dios y la otra del Ucayali central, específicamente del Aguaytía y Pachitea. Nuestro ejemplar es más parecido a la especie descrita de Madre de Dios. Hasta donde se conoce la distribución de estas dos especies en Perú, están restringidas al área original y aledaña de donde fueron descritas. La del Tapiche podría tratarse de una tercera especie no descrita, que pudiera ser la misma que se sospechaba nueva de Cordillera Azul (de Rham et al. 2001).

Otro registro interesante es la abundancia de cardúmenes de peces de importancia en la pesca local y regional, como los sábalos, boquichicos y lisas, con poblaciones relativamente abundantes para un río mediano y de cabecera. Además de estas especies, también registramos bagres grandes, como el tigre zúngaro, que es muy apreciado por su carne. Estas especies realizan migraciones reproductivas hacia las cabeceras para desovar, en especial los Characiformes, que forman grandes cardúmenes conocidos en la Amazonía peruana como "mijanos." Durante estos mijanos se pueden pescar grandes cantidades de peces, lo que representa una fuente de proteína esencial en los pobladores ribereños en la zona.

También observamos la presencia de especies de valor ornamental, como los peces vidrios (*Leptagoniates steindachneri,* Fig. 5B), las lisas (*Abramites hypselonotus*) y carachamas de colores como *Peckoltia* (entre otras especies, Fig. 5A), que valdría la pena proteger por su singularidad. Según estadísticas pesqueras de Loreto, del río Tapiche son extraídos varias de estas especies.

Pariolius armillatus ha sido relativamente abundante en el Ojo de Contaya y raro en áreas más bajas, como Ampiyacu (Hidalgo y Olivera 2004) y Matsés (Hidalgo y Velásquez 2006). Según Bockmann y Guazzelli (2003) la presencia y abundancia de bagres, como *Pariolius,* es un indicador de una buena calidad acuática, por lo que pueden ser utilizados como eficientes indicadores ambientales. En los tres sitios observamos especies de Heptapteridae habitando las quebradas principalmente.

DISCUSIÓN

La diversidad de peces de la Zona Reservada es moderada (109 especies). Este número de especies es relativamente bajo comparado con la diversidad encontrada en otras regiones recientemente inventariadas al norte de la Zona Reservada, como Yavarí (240 especies) y Ampiyacu (207 especies), y mucho menor que lo estimado para la cuenca del Ucayali (más que 600 especies). Sin embargo, debemos considerar que en estas regiones existen áreas con gran número de hábitats que no se presentan en el área de este inventario. Varios de estos corresponden a áreas más bajas e inundables, como Yavarí, lo que favorece la presencia de una mayor riqueza y abundancia de peces, mayor número de ambientes lénticos (como lagunas), y mayor número de ambientes de agua negra, entre otros.

En Cordillera Azul, que para nosotros es el área más comparable con la Sierra del Divisor, se registraron 93 especies de peces (de Rham et al. 2001) entre los 200 y 700 m de altitud, riqueza que nuestros resultados han superado en un periodo similar de evaluación. Analizando la composición de especies existe similaridad en la presencia de sábalos, tigre zúngaro y en varios Characidae, pero de manera particular destaca la presencia en la Zona Reservada de varias especies únicas que podrían tratarse de nuevas especies.

Uno de los aspectos que captó además nuestra atención acerca de la ictiofauna de nuestros sitios es su baja similaridad con las ictiofaunas reportadas en los inventarios previos dentro del área propuesta, lo que sugiere aparentemente un aislamiento de comunidades. Durante el estudio de FPCN/CDC en el 2001 en los ambientes acuáticos de la Serrania de Contamana se reporta la presencia de 19 especies de peces en dos órdenes (Characiformes y Siluriformes), mientras que nosotros encontramos seis en el Ojo de Contaya y cinco en Divisor, sitios que serían los más similares a los de la Serrania de Contamana.

Analizando la composición específica de peces observamos que lo encontrado en el Ojo de Contaya es similar sólo en un genero de carachama (*Ancistrus*) con lo reportado en los Serrania de Contamana, y que podría incluso tratarse de especies diferentes. También resulta interesante anotar que el 60% de las especies que registramos en el Ojo de Contaya no ha sido registrado durante las evaluaciones del 2004 en las cabeceras de las quebradas Pacaya y Maquía que nacen de la vertiente oeste de esta formación geológica.

Nuestra idea acerca de estas diferencias es que en sistemas hidrográficos pequeños, como quebradas de primeros órdenes, la composición de especies de peces puede variar más si estos pertenecen a cuencas distintas aunque no necesariamente estén muy alejados geográficamente, lo que concuerda con hipótesis ya expuestas (Vari 1998; Vari y Harold 1998). Las áreas montañosas, como la Serrania de Contamana y del Ojo de Contaya, funcionan como barreras de dispersión para organismos acuáticos por ser divisorias de aguas, lo que en regiones andinas como Megantoni se ha observado para especies de *Astroblepus* y *Trichomycterus* (Hidalgo y Quispe 2005). Barthem y colegas (2003) muestran que las ictiofaunas de los ríos mayores y de las áreas inundables

son similares entre si, y que la ictiofauna de quebradas puede ser significativamente diferente de los primeros.

Si consideramos que la Zona Reservada incluye alrededor de 11 cabeceras de ríos (Yaquerana, Blanco, Tapiche, Buncuya, Zúngaro, Callería, Utuquinía y Abujao, entre algunos), existe una gran probabilidad de que los sistemas de drenaje de colinas que encierran quebradas de primeros órdenes posean ictiofaunas no conocidas y especializadas a estos hábitats. Para el Ojo de Contaya se ha observado ésto siendo estas montanas relativamente bajas. En el área sur de la Zona Reservada (que sería interesante estudiar) la altitud de los cerros es mayor (ca. 900 m), como pudimos observar en el sobrevuelo. Estimamos que dentro de toda el área de la Zona Reservada podrían existir entre 250 y 300 especies de peces.

AMENAZAS, OPORTUNIDADES Y RECOMENDACIONES

Amenazas

La deforestación por la extracción ilegal de madera es una amenaza para las comunidades acuáticas y que deriva en una serie de impactos directos e indirectos. En regiones de cabeceras de ríos, como en el Ojo de Contaya y en la cuenca del Tapiche, la relación entre el bosque de tierra firme y las especies de peces se hace más estrecha si tenemos en cuenta que la producción primaria es mucho más reducida en comparación con las áreas inundables ubicadas en las partes bajas de las cuencas de drenaje. En sistemas acuáticos con baja producción primaria, gran cantidad de recursos alimenticios para las especies de peces son aportados por los bosques en diversas formas (p. ej., invertebrados terrestres, frutos, semillas, troncos y polen). Las especies que allí viven entonces usan estos recursos y se han adaptado a estas condiciones, casos como algunos bagres (*Ancistrus*) o peces caracoideos (*Hemibrycon, Creagrutus, Characidium, Apareiodon*).

El retiro de la vegetación marginal causa erosión, sedimentación, pérdida de hábitats (refugios) y menor disponibilidad de alimentos. Los efectos sobre el hábitat son cambios en el régimen hídrico con la posibilidad incluso de la desaparición del cuerpo de agua, en especial en quebradas menores que son utilizadas como rutas de extracción de madera. Lleva una pérdida de la diversidad con posible extinción de especies, en especial aquellas adaptadas a los ambientes interiores de bosque que dependen casi totalmente del alimento proveniente del bosque. Según Sabino y Castro (1990), en arroyos de la Mata Atlántica donde hubo retiro de vegetación ribereña el número medio de especies nativas descendió de ca 20 a menos de 9.

Adicional a estos efectos causados por extracción ilegal de madera, también hay alteración del cauce principal de los ríos y quebradas mayores al represarlos para poder bajar la madera más fácilmente. Esto crea una barrera para el desplazamiento de las especies, y además atrapa a los peces y los hace vulnerables a pescas masivas. Los efectos directos son interrupción de la migración, afectando la reproducción y el reclutamiento.

Otra amenaza tiene que ver con el uso de métodos no selectivos de pesca, como ictiotóxicos, dinamita y redes de arrastre de malla pequeña, lo que produce muerte indiscriminada de todos los estadíos en las poblaciones de peces. A corto plazo, esto reduce drásticamente el stock disponible, y en el mediano y largo plazo disminuye de fuentes de recursos para las comunidades locales. Según lo que manifestaron personas de las comunidades al equipo social del inventario, el uso de sustancias tóxicas para la pesca, como Tiodan, ha disminuido considerablemente las poblaciones de arahuana (*Osteoglossum bicirrhosum*). La especie no fue registrada en el inventario pero está presente en la Zona Reservada en el río Callería y en la parte baja del Tapiche.

La pesca comercial a gran escala durante la época de reproducción es otra amenaza, en especial para aquellas especies que realizan migraciones y que se vuelven más vulnerables a la pesca ya que realizan estos desplazamientos antes del período de lluvias que es cuando las aguas de los diversos tributarios están a su menor nivel.

Recomendaciones

Protección y Manejo

Los ambientes acuáticos de la Zona Reservada se convierten en fuentes de recursos ícticos para las comunidades que viven en las cuencas de los ríos que se protejan, ya que la presión de pesca es mucho más fuerte en las partes bajas más cercanas a los ríos mayores, como el Ucayali y Amazonas. Observando regionalmente, con excepción del Parque Nacional Cordillera Azul, no existe un área protegida similar en Loreto.

El Ojo de Contaya es un área singular en la que las especies de peces presentes poseen un escaso a nulo valor comercial, tanto de consumo como ornamental, pero si gran valor científico por lo particular. Esta área podría recibir una categoría de protección mayor la cual podría aplicarse al resto de áreas colinosas.

La protección de las cabeceras tiene dos ventajas principales. La primera es evitar que todas las perturbaciones causadas por la deforestación alteren las condiciones naturales de los cuerpos de agua y con ello los aspectos biológicos de las especies más dependientes de los recursos del bosque. Segundo, la conservación de estos hábitats favorece a las especies migradoras presentes y a algunas esperadas, como otros bagres grandes (zúngaro, dorado), que podrían utilizar estas áreas para el desove, siendo necesarios más estudios ecológicos para confirmar ésto.

Las comunidades locales habitantes de la zona pueden cuidar esta región de los pescadores foráneos que entran sin permiso en las cochas y ríos extrayendo con métodos nocivos de pesca y no selectivos los recursos ícticos. Adicionalmente, se podría tener un control de la pesca durante las épocas en que los recursos son más vulnerables (p. ej., durante la migración). Es necesario que las comunidades participen en el proceso de categorización final del área y que sean actores principales del cuidado de los recursos naturales, siendo necesario promover prácticas de uso compatibles con la conservación.

Investigación

Sería interesante realizar más inventarios en las cabeceras de los otros ríos que nacen dentro del área del

Divisor, como son Blanco, Zúngaro, Bunyuca, Callería y Utuquinía. Las áreas montañosas al sur del área propuesta y que alcanzan mayor altitud también deben de ser estudiadas.

Sería importante promover investigaciones en ecología en las áreas de cabeceras para conocer como se da la dinámica de la migración en las especies que utilizan estas áreas para reproducción. Recién se están empezando los primeros de estos estudios en el Perú para determinar donde desovan grandes bagres, como el dorado (*Brachyplatystoma rousseauxii*). Al determinar la presencia de larvas en estas áreas podría dar indicios de estos procesos (Goulding com. pers.).

Es necesario conocer cuales son las especies más capturadas en la zona por las pesquerías, áreas de pesca más importantes, métodos empleados, abundancia relativa y uso de las especies (diagnóstico de recursos hidrobiológicos). De esta manera se puede tener una idea del potencial pesquero del área y aplicar programas de educación ambiental para enseñar que el uso de tóxicos como métodos de pesca es perjudicial en el mediano a largo plazo y no es compatible con la conservación ni sostenible en el tiempo.

En las áreas donde se concentran mayores poblaciones humanas se pueden incentivar actividades de piscicultura, previos estudios de factibilidad, como actividad que brinde no sólo fuente de proteína animal durante la época lluviosa, sino también ingresos económicos por la venta de pescado. Es necesario resaltar que deben emplearse solamente especies nativas, de preferencia de crecimiento rápido y bajo costo, como boquichicos, sábalos y cíclidos. Incluso podría intentarse con especies que ahora son escasas en la zona, como *Osteoglossum bicirrhosum* (arahuana), y que podrían ser utilizadas para repoblamiento.

ANFIBIOS Y REPTILES

Participantes/Autores: Moisés Barbosa de Souza y Carlos Fernando Rivera Gonzales

Objetos de conservación: Comunidades de anfibios de los géneros *Centrolene, Cochranella, Hyalinobatrachium, Colostethus, Dendrobates* y *Eleutherodactylus* que se reproducen y desarrollan en ambientes especiales de bosques y quebradas; especies raras que representan nuevos registros para el Perú (*Osteocephalus subtilis, Micrurus albicinctus*); especies de valor comercial que son amenazadas en otras partes de su distribución (como tortugas y caimanes)

INTRODUCCIÓN

En la Amazonía Peruana se han venido desarrollando estudios de herpetología por más de tres décadas, sin embargo son pocos los lugares de los que se tiene información completa sobre la composición de las comunidades de reptiles y anfibios (Crump 1974; Duellman 1978, 1990; Dixon y Soini 1986; Rodríguez y Cadle 1990; Duellman y Salas 1991; Rodríguez 1992; Rodríguez y Duellman 1994; Duellman y Mendelson 1995; Lamar 1998).

Al sur del Amazonas y al este del río Ucayali se han realizado pocos estudios a largo plazo de la herpetofauna. Nuestro inventario fue realizado en esta region, dentro de la Zona Reservada Sierra del Divisor, parte de un conjunto de montañas entre Perú y Brasil. Existen algunos inventarios cortos previos del area: en la Serrania de Contamana en Noviembre del 2000 (FPCN/CDC 2001); en el lado suroeste del Ojo de Contaya en Octubre del 2004 (Rivera 2005); en el norte de la (propuesta) Zona Reservada en noviembre del 2004 (Gordo et al. 2006); en el alto rió Shesha, en el sureste de la Zona Reservada, en enero del 2001 (FPCN/CDC 2001); y en el suroeste de la Zona Reservada en julio del 2005 (Rivera, datos sin publicar). Además cabe mencionar que entre los años 1990 y 2002 se realizaron una serie de evaluaciones en el territorio colindante en Acre, Brasil, en el Parque Nacional da Serra do Divisor y en la Reserva Extrativista del Alto Jurúa, Brasil (Souza 1997, 2003).

MÉTODOS

Los muestreos se llevaron a cabo en tres sitios en la Zona Reservada Sierra del Divisor durante 16 días. En cada sitio hicimos transectos que abarcaban la mayor cantidad de diferentes tipos de hábitat con vegetación heterogénea (quebradas, planicies, cerros, etc). Cabe mencionar que dentro de estos hábitats tratamos de cubrir la mayor cantidad de microhábitats posibles, incluyendo la hojarasca, restos de madera en decomposición, follaje de arbustos y árboles, gambas de los arboles y bromelias. La búsqueda e identificación de reptiles y anfibios se realizó con la asistencia de guías locales.

El esfuerzo de muestreo vario en los tres sitios: seis días en el Ojo de Contaya, y cinco días en ambos Tapiche y Divisor. En cada sitio realizamos caminatas lentas en los transectos, mayormente en la noche, y continuamos al día siguiente duranete la mañana en el mismo transecto. Las distancias recorridas dependían de la abundancia de especies encontradas, topografía y tipo de vegetación. Nuestros muestros variaron de 8 a 10 horas, acumulando un total de 280 horas de observación. El registro de individuos fue una combinación de registros visuales y colleciones. Usamos vocalizaciones de anfibios para registrar y localizar individuos, y grabamos a varias especies.

Realizamos la identificación usando guías de campo, fotos y claves de identificación. Las especies fueron fotografiadas en vivo y casi todas fueron liberadas en el campo. Cuando la identificación taxonómica en el campo no fue posible, se realizó una colección testigo para asegurar las identificaciones. Esta colección se depositó en el Museo de Historia Natural de la Universidad Mayor de San Marcos, Lima.

RESULTADOS

Registramos 109 especies: 68 anfibios y 41 reptiles (Apéndice 6). Dos especies, una rana y una serpiente, parecen ser nuevos registros para el Perú. Todavía nos faltan las identificaciones completas de 15 especies de sapos: *Centrolene* (1 especies), *Cochranella* (1), *Hyalinobatrachium* (2), *Colostethus* (3), *Epipedobates* (1),

Osteocephalus (2), *Adenomera* (1) y *Eleutherodactylus* (4). Algunos de éstos, especialmente *Eleutherodactylus* sp. 4 (Fig. 6C), podrían ser especies nuevas para la ciencia. Dentro de los anfibios, 67 especies corresponden al orden Anura, representado por seis familias (Bufonidae, 4 especies; Centrolenidae, 4; Dendrobatidae, 9; Hylidae, 25; Leptodactylidae, 23; y Microhylidae, 2), y 1 especie de la familia Plethedontidae, del orden Caudata. De las 41 especies de reptiles, 21 pertenecen al suborden Squamata representando a cinco familias de serpientes: Aniliidae (1 especies), Boidae (3), Colubridae (14), Elapidae (1) y Viperidae (2). En el suborden Lacertilia 17 especies corresponden a seis familias: Gekkonidae (3), Gymnophthalmidae (7), Polychrotidae (3), Scincidae (1), Teiidae (2) y Tropiduridae (1). Registramos una especie en el Orden Crocodylia (familia Crocodylidae), y dos familias en el orden Chelonia: Testudinidae (1) y Podocnemidae (1).

Ojo de Contaya

Este punto estaba ubicado en el centro de una formación geológica montañosa conocida como el Ojo de Contaya, 53 km al este de Contamana. El terreno predominante eran colinas con pendientes variables y arroyos que drenaban en diferentes direcciones. Sin embargo las partes bajas de los valles aparentemente eran inundadas temporalmente.

En este sitio registramos 43 especies: 29 especies de anfibios y 14 de reptiles. Once especies fueron registradas durante el inventario solamente en Ojo de Contaya. Entre éstas era *Bolitoglossa altamazonica*; fue la única especie de salamandra que encontramos durante el inventario. Nuestro registro de *Osteocephalus subtilis* (Hylidae) extiende su distribución geográfica. Anteriormente esta especie era conocida solamente del Brasil.

Tapiche

Nuestro segundo sitio estaba localizado en el alto rió Tapiche a 73 km de distancia en dirección este con relación al primer campamento de Contaya y cerca a la base de la Sierra del Divisor. Esta área parece ser la zona inundable más grande dentro de la Zona Reservada. Los hábitats que muestreamos estaban situados en ambas márgenes del rió Tapiche y variaban desde zonas ribereñas, quebradas, antiguas terrazas, un aguajal y una cocha. Esta diversidad de hábitats se reflejó en la cantidad de especies que encontramos. De las 66 especies, 40 fueron anfibios y 26 reptiles. Un poco más de la mitad de las especies registradas en Tapiche (36) fue encontrada solamente en este sitio.

Uno de nuestros registros más notables fue un individuo de la serpiente venosa *Micrurus albicinctus*, lo cual representa el primer registro para el Perú de esta especie y una extensión du su distribución conocida hacia el oeste (Fig. 6E). Esta especie previamente era conocida solamente en los estados de Acre, Mato Grosso, Rondônia, y Amazonas en Brasil. *Dendrobates quinquevittatus*, una rana poco conocida en el Perú, fue encontrada en este sitio en densidades bajas y siempre relacionada a la presencia de un tipo de bambú conocido como "marona."

En Tapiche registramos varias especies de importancia económica. *Podocnemis unifilis* (taricaya) es una de las dos especies de quelonios que encontramos aquí. Esta especie está categorizada como vulnerable, y tanto su carne como sus huevos son altamente apreciados por las comunidades nativas y ribereñas con fines de subsistencia y comerciales. En Tapiche encontramos poblaciones saludables de las especies que aún utilizan las playas de arena para depositar sus huevos. *Geochelone denticulata* (motelo), la otra especie de quelonio que encontramos en esta zona, también es de importancia económica en la región y tanto sus huevos como su carne son aprovechados por los pobladores de la zona. También registramos *Paleosuchus trigonatus* (caimán enano), otra especie de valor comercial, en el área.

Divisor

Nuestro tercer sitio estaba situado a 6 km al este del Tapiche, dentro de lo que vendría a ser el centro de la Sierra del Divisor, muy cerca de la frontera con Brasil. Fisiograficamente tenía mucha similitud con el Ojo de Contaya, sin embargo notamos algunos hábitats que eran más secos o húmedos en comparación a Contaya, en particular las crestas más secas y valles más húmedos. El sistema de trochas abarcaba la mayoría de hábitats encontrados en el área e iba desde las crestas y cumbres de las montañas a los valles que se formaban al igual que entre las zonas de transición.

Aquí registramos 52 especies: 32 de anfibios y 20 de reptiles. Otra vez encontramos un porcentaje relativamente alto de estas especies (22 de 52, o el 42%) solamente en este lugar. Encontramos la especie *Osteocephalus subtilis* (que registramos en el Perú por primera vez en el Ojo de Contaya), y una especie de *Eleutherodactylus* posiblemente nueva para la ciencia (en la pendiente cerca de la cumbre de los bosques achaparrados, donde predominaba una bromelia terrestre, Fig. 6C). Registramos una especie de *Bachia*, un saurio que presenta las extremidades reducidas y es considerado como especie rara y de la cual se tienen muy pocos registros para el Perú. *Dendrobates quinquevittatus*, otra especie poco conocida en el Perú, abundaba aquí y lo registramos dentro de la bromelia *Guzmania lingulata*. En Tapiche encontramos la misma especie usando un tipo de bambú, sugiriendo que esta rana podría estar respondiendo a similitudes estructurales en estas dos especies de plantas.

DISCUSIÓN

Registramos 109 especies de anfibios y reptiles durante el inventario. Estimamos que con inventarios adicionales durante la epoca lluviosa y en el sur de la Zona Reservada, la herpetofauna regional aumentaría a 200 especies. Esta estimación refleja tambien los inventarios previos realizados en la region, y estudios en Acre, Brasil, donde se han registrado 190 especies: 125 anfibios y 65 reptiles (Souza 1997, 2003).

Comparaciones entre los sitios del inventario

En Tapiche registramos la mayor riqueza de especies de reptiles y anfibios de todos los sitios muestreados, con 66 especies. Divisor constituyó el segundo sitio más representativo (con 53 especies) y el Ojo de Contaya fue el sitio que presentó menor diversidad (con solamente

43 especies). La mayor diversidad encontrada en Tapiche podría estar relacionada con la mayor heterogeneidad de hábitats (aguajales, claros, cochas, río, quebradas, várzea, bosque primario y secundario), y menor altitud con relación a los otros sitios. Aquí registramos especies de anfibios típicas de zonas abiertas y bajas de la Amazonía, con mayor predominancia de la familia Hylidae, que posee gran número de especies que dependen directamente de los cuerpos de agua para su reproducción. Los sitios Ojo de Contaya y Divisor presentaron pequeña diferencia en el número de especies, con predominancia de la familia Leptodactylidae.

A pesar que los puntos Ojo de Contaya y Divisor presentaron características similares de topografía y vegetación, comparten solamente 13% de las especies. Estas diferencias pueden deberse principalmente a la temporada de lluvia en algunos días en el sitio Divisor, haciendo que algunas especies de anfibios, principalmente de la familia Leptodactylidae, entrasen en actividad reproductiva.

Es interesante resaltar que la diferencia de riqueza de especies de anfibios entre los sitios en parte esta relacionada con los modos reproductivos, que es considerado un factor importante en la estructura de la comunidad. Todas las especies más abundantes dependen de la estación lluviosa. Por ejemplo, *Hyla boans* y una especie del grupo *Bufo margaritifer* se reproducen en las orillas de las márgenes de ríos y quebradas; *Osteocephalus deridens*, *Dendrobates ventrimaculatus* y *D. quinquevitattus* se reproducen en aguas acumuladas en brácteas (partes axilares de plantas), en huecos de bambú, y en árboles; *Colostethus* spp. se reproducen en la hojarasca húmeda; *Adenomera* spp. se reproducen en pequeñas cámaras construidas en el suelo; y los centrolénidos depositan huevos en hojas de la vegetación de las márgenes de quebradas y ríos.

En cuanto a los reptiles la mayor abundancia constata *Anolis fuscoauratus* en el sitio Ojo de Contaya y *Anolis trachyderma* en el sitio Tapiche.

OPORTUNIDADES, AMENAZAS Y RECOMENDACIONES

Dentro de la Zona Reservada, la tala de madera, la minería y el uso de tóxico para la pesca o herbicidas constituyen una amenaza para la comunidad de anfibios. No observamos extracción y caza de tortugas y lagartos, pero la presencia de madereros en las cabeceras del río Tapiche podría aumentar la presión de caza de estas especies, así como tambien la recolección de huevos de tortugas, y disminuir las pocas poblaciones observadas en el área.

Algunos anfibios son consumidos eventualmente como alimento por la población nativa, como la especie conocido como "hualo" (*Leptodactylus pentadactylus*) y el "sapo regatón" (*Hyla boans*). Otras especies, como los dendrobatidos y algunos hylidos (p. ej., *Phyllomedusa* spp.), son utilizados como ornamentales y en investigaciones biomédicas, debido a los compuestos biológicamente activos que presentan en la piel (alcaloides, péptidos y proteínas). Por lo tanto las poblaciones de estas especies son vulnerables a la sobreexplotación.

La Zona Reservada Sierra del Divisor contiene una comunidad única de anfibios y reptiles, y representa una alta prioridad para la conservación. Recomendamos inventarios adicionales durante la epoca lluviosa y en el sur de la Zona Reservada, además de talleres participativos con las comunidades locales para desarrollar prácticas sostenibles para la cosecha de especies de subsistencia.

AVES

Participantes / Autores: Thomas S. Schulenberg, Christian Albujar y José I. Rojas

Objetos de conservación: El Batará de Acre (*Thamnophilus divisorius*), una especie recientemente descrita y endémica a la Sierra del Divisor y las montañas de Contaya; otras especies restringidas a la cumbre de estos bosques enanos, especialmente el Tirano-Todi de Zimmer (*Hemitriccus minimus*) y la población de arena blanca del Mosquerito Fusco (*Cnemotriccus fuscatus duidae*); guacamayos, en especial el Guacamayo de Cabeza Azul (*Primolius couloni*), él cual tiene una pequeña población global amenazada y es casi endémico al Perú; especies raras o poco conocidas en el Perú tales como el Nictibio Rufo (*Nyctibius bracteatus*) y el colibrí Topacio de Fuego (*Topaza pyra*); aves de caza (perdices, crácidos) que típicamente sufren por presiones de caza en otras partes de la Amazonía

INTRODUCCIÓN

La Sierra del Divisor es la característica física más dominante de la inmensa región del centro de Perú que está ubicada al sur del río Amazonas y al este del bajo y central rió Ucayali (Fig. 2B). Sin embargo esta zona ha permanecido casi desconocida para los biólogos. Esta situación es sorprendente debido a la prominente importancia de la Sierra del Divisor y por su cercanía a Pucallpa, un sitio bastante conocido por las colecciones ornitológicas que se realizaron a mediados del siglo veinte (Traylor 1958; O'Neill y Pearson 1974).

La Zona Reservada Sierra del Divisor comprende a la Sierra del Divisor, que está ubicada a lo largo de la frontera entre Perú y Brasil; otras áreas elevadas cerca del rió Ucayali (las Serranías de Contamana y Contaya); las cabeceras del rió Yavarí al norte de Divisor, colindantes con la Comunidad Nativa Matsés; y otro grupo de montañas de origen volcánico al sur de Divisor (Fig. 2A). La mayor parte de nuestro conocimiento actual de la avifauna del rió Yavarí es proporcionada por Lane et al. (2003), así como por Stotz y Pequeño (2006). Actiamë, la parte más al sur visitada durante el inventario de la Reserva Comunal Matsés, está dentro del limite norte de la Zona Reservada comprende a la Sierra del Divisor (ver Stotz y Pequeño 2006). Pequeñas colecciones (en el Field Museum [FMNH]) se llevaron a cabo en Cerro Azul (cerca de Contamana) por J. Schunke en 1947 y en las Serranías de Contamana por Peter Hocking y su equipo en 1985 y 1986 (en FMNH y el Museo de Historia Natural de la Universidad Mayor de San Marcos [MUSM]). Recientemente ProNaturaleza (FPCN), The Nature Conservancy (TNC) y el Centro de Datos para la Conservación (CDC) patrocinaron una serie de inventarios en la región de Contamana. En el primero de éstos (Noviembre 2000) se visitaron Aguas Calientes y el Cerro Canchahuaya (al este de Contamana) en

Noviembre del año 2000: Christian Albujar fue el ornitólogo participante (FPCN/CDC 2001; también MUSM). Un segundo inventario, con José Álvarez A. como el ornitólogo de campo, pudo entrar un poco más profundo dentro de la región, llegando a la margen occidental de las montañas de Contaya durante Octubre del 2004 (Álvarez 2005). Un tercer inventario similar visitó lugares cerca del río Ucayali en la parte suroeste de la Zona Reservada durante julio del 2005.

Más lejos al sur, John P. O'Neill dirigió una expedición mixta (Lousiana State University Museum of Natural History [LSUMZ] y MUSM) a la parte alta del rió Shesha, al este de Pucallpa en la parte norte del Ucayali, en 1987. Este fue el primer intento de evaluar un sitio (Cerro Tahuayo) dentro del complejo de montañas al sur de Divisor. En enero del 2001 se realizó una visita más corta a la región auspiciada por ProNaturaleza, TNC, y CDC, con la participación de C. Albujar nuevamente (FPCN/CDC2001, Fig. 2A).

La información sobre la avifauna del estado de Acre, en la región occidental de Brasil exactamente contigua a esta parte de Perú, permaneció desconocida en su mayoría hasta hace poco. Durante julio del 1996 (en la zona norte) y en marzo de 1997 (en la zona sur), se realizaron una serie de evaluaciones ecológicas rápidas en el Parque Nacional da Serra do Divisor, con el auspicio de The Nature Conservancy, S.O.S. Amazonía y el Instituto Brasileiro do Meio Ambiente e de Recursos Naturais Renováveis. Bret M. Whitney, David C. Oren y Dionisio C. Pimentel Neto fueron los integrantes del equipo ornitológico (Whitney et al. 1996, 1997).

El presente inventario visitó tres sitios durante agosto del 2005. El primero de éstos estaba en el centro de las elevaciones de Contaya. El segundo y tercero estuvieron más alejados hacia el este, a lo largo del alto río Tapiche y cerca en montañas de la Sierra del Divisor (Figs. 3A, 3B).

METODOS

Hicimos el muestreo de aves lo largo del sistema de trochas previamente establecido en cada uno de los campamentos. Salíamos del campamento antes del amanecer y normalmente no regresábamos sino hasta pasado el medio día y en ocasiones más tarde. Cuando no volvíamos muy tarde, regresábamos a las trochas hasta las últimas horas del día. Raramente caminamos de noche, y sólo lo hicimos en Tapiche. Cada miembro del equipo caminó las trochas por separado, para incrementar la cantidad de observaciones independientes. Todas las trochas fueron caminadas por cada miembro del equipo, por lo menos dos veces; muy pocas veces una trocha sería visitada sólo una vez por cada miembro del equipo. El número de kilómetros caminados por día por cada observador varió por campamento. La longitud de las trochas en cada campamento fue de 14.6 km (Ojo de Contaya), ca. 25 km (Tapiche), y ca. 18 km (Divisor). Otros miembros de la expedición, en especial D. Moskovits, compartieron sus observaciones diariamente con nosotros.

Todos los observadores llevaron grabadoras de sonido y micrófonos direccionales para documentar la presencia de las especies grabadas así como para hacer uso de las vocalizaciones como una herramienta para confirmar las identificaciones visuales. La mayoría de estas grabaciones serán depositadas en la Macaulay Library, Cornell Laboratory of Ornithology, Ithaca, NY, EE.UU.

El Apéndice 7 presenta la abundancia relativa de cada especie por lugar. Nuestros valores de abundancia relativa son subjetivos, pero están basados en las observaciones combinadas de todos los miembros del equipo que estuvieron presentes en un sitio. Usamos cuatro categorías para indicar abundancia relativa. Especie "Bastante común" refiere a aquellas especies que fueron encontradas a diario por uno o más de uno de los observadores (cuando estuvo en el hábitat adecuado de esa especie). Especie "Poco común" se refiere a aquellas especies que fueron vistas varias veces en cada sitio, pero no a diario. Usamos "Rara" cuando la especie fue encontrada solamente dos veces, y usamos una "X" para notar las especies que vimos solamente una vez por sitio.

RESULTADOS

Avifaunas de los sitios muestreados

Durante el inventario registramos 365 especies de aves (Apéndice 7), lo cual en términos de riqueza de especies es relativamente bajo para lugares en la Amazonía peruana. El número de especies por sitio varió de 149 (Ojo de Contaya) a 283 (Tapiche; 44 especies adicionales fueron observadas por J. Rojas durante el período previo a la llegada del equipo). El moderado número de especies probablemente refleja la naturaleza arenosa de los suelos así como de la poca cantidad de nutrientes en éstos. Aunque la riqueza de especies no fue tan alta, como en algunos otros sitios de la Amazonía, hicimos una serie de descubrimientos importantes de especies raras o poco conocidas, las que en su mayoría están asociadas a suelos arenosos o con pocos nutrientes.

Ojo de Contaya

Las características predominantes del campamento Ojo de Contaya fueron los suelos arenosos y la topografía colinosa. Éste fue el lugar con la riqueza de especies más baja (149) de cualquiera de las localidades visitadas durante el inventario. Un hecho interesante y que llamó mucho nuestra atención fue el escaso número de aves típicamente comunes y de amplia distribución en los bosques de la Amazonía peruana (arasaris, *Pteroglossus* sp.; Hormiguero de Cola Castaña, *Myrmeciza hemimelaena*) o según parece ausentes (p. ej., Paloma Rojiza, *Patagioenas subvinacea*; Barbudo de Garganta Limón, *Eubucco richardsonii*; Trepatroncos de Garganta Anteada, *Xiphorhynchus guttatus*; Hormiguerito de Flancos Blancos, *Myrmotherula axillaris*; y Hormiguero Gris, *Cercomacra cinerascens*). Las bandadas mixtas, especialmente las de dosel, fueron poco frecuentes, y usualmente de una estructura muy simple. Por ejemplo, las bandadas mixtas de sotobosque eran muy básicas, y estaban compuestas por el Batará Saturnino (*Thamnomanes saturninus*), el Hormiguerito de Garganta Punteada (*Myrmotherula hematonota*) y el Hormiguerito de Ala Larga (*Myrmotherula longipennis*) como las especies nucleares de la bandada, y un número pequeño de especies adicionales como miembros ocasionales. Particularmente llamativa fue la relativa baja diversidad de especies de la familia de los furnáridos (Furnariidae). Otros grupos notablemente escasos o ausentes fueron loros (aparte del Perico de Frente Rosada, *Pyrrhura roseifrons*) é ictéridos (oropéndolas, *Psaracolius* sp.; caciques, *Cacicus* sp.).

Creemos que los bajos números de especies en este sitio están relacionados con los suelos relativamente pobres. Recientemente se comprobó que un número de especies del bosque, previamente desconocido o raramente reportado del Perú están asociados con ese tipo de suelo (Álvarez y Whitney 2003). Una de estas especies, el Atrapamoscas de Garganta Amarilla (*Conopias parvus*), fue reportado varias veces en los bosques más altos que predominan en este sitio. *C. parvulus* también fue reportado en el lugar cercano a Contaya en Octubre del 2004 (Álvarez 2005), en lugares del alto (Stotz y Pequeño 2006) y del bajo (Lane et al. 2003) río Yavarí, y en la zona norte del Parque Nacional da Serra do Divisor in Acre (Whitney et al. 1996.)

Las especies más interesantes fueron encontradas en áreas pequeñas del bosque enano en las crestas de las cumbres de tres montañas que eran atravesadas por el sistema de trochas. Encontramos al Tirano-Todi de Zimmer (*Hemitriccus minimus*) en estos tres puntos. Este pequeño atrapamoscas fue reportado para el Perú recientemente (Álvarez y Whitney 2003), y aunque aparentemente de amplia distribución está más bien distribuido de manera irregular en bosques con suelos arenosos.

El descubrimiento más extraordinario— una de las sorpresas más grandes de todo el inventario para el equipo de ornitólogos—fue la presencia del Batará de Acre (*Thamnophilus divisorius*, Figs. 7C, 7D). Esta especie recientemente descrita fue descubierta en 1996 en una sola cumbre en el sector norte del Parque Nacional da Sierra do Divisor (Whitney et al. 2004). Nosotros anticipamos que podríamos encontrarla durante el inventario en el lado peruano de la Sierra del Divisor, pero pensábamos que este podría estar restringido a las cumbres próximas al lado brasilero. Fue una experiencia increíble encontrar esta especie tan lejos de la localidad

tipo además de poder extender el rango de distribución de esta rara y poco conocida especie en casi 100 km hacia el oeste. Su presencia en el sitio de Contaya es aun más importante por que este sitio está separado de Divisor por una amplia extensión de bosque bajo en el cual el Batará no ocurre. Encontramos al *T. divisorius* en dos de las tres cumbres que visitamos en Contaya cuya vegetación dominante era de bosque enano, el hábitat especializado para esta especie (Whitney et al. 2004; ver Flora y Vegetación, p. 65, y Figs. 3H, 3I). No sabemos la razón que no pudimos ubicarlo en la tercera cumbre aun cuando el hábitat, por lo menos para nosotros, parecía ser el apropiado. Sin embargo, la extensión del bosque enano en esta cumbre era menor que la de las otras dos lo cual tal vez no era suficiente como para soportar siquiera una pareja del Batará. También es interesante que las bromelias terrestres que fueron un factor dominante de la localidad tipo (Whitney et al. 2004) no lo fueron para nada en los sitios en Contaya donde encontramos al *T. divisorius*.

A pesar de la relativamente baja riqueza de especies en el Ojo de Contaya, encontramos varios enjambres de hormigas guerreras en los cuales hallamos muchas de las especies que se esperaba para esta parte del Perú. La excepción más notable fue la escasez o ausencia de especies grandes de seguidores de hormigas (ojo-pelados, *Phlegopsis* sp.). También observamos al Pico-Grueso de Hombro Amarillo (*Parkerthraustes humeralis*) en una de las raramente vistas bandadas de dosel. *P. humeralis* es una especie de distribución amplia en la Amazonía, pero típicamente se le encuentra en densidades bajas y podría estar ausente de muchos otros lugares. Nuestra observación en el Ojo de Contaya es el único registro dentro de una vasta área del Perú entre la orilla que está directamente al sur del Amazonas (Robbins et al. 1991) por el norte, y el alto rió Shesha (J.P. O'Neill com. pers.) hacia el sur. La ampliación de este vació podría reflejar no solamente la relativa escasez de esta especie, sino también la cruda naturaleza sobre nuestro poco conocimiento de distribución de aves al este del Ucayali.

Vimos Pavas de Spix (*Penelope jacquacu*) regularmente durante nuestra visita y también tuvimos varios registros del Paujil Común (*Mitu tubrosum*).

Tapiche

Este lugar a orillas del alto río Tapiche fue el más rico en términos de especies de los tres sitios visitados durante el inventario. Durante el período que todo el equipo estuvo presente en el campo registramos 283 especies. J. Rojas registró 44 especies adicionales durante los 27 días que estuvo presente con el equipo de avanzada, para un total de 327 especies.

La mayoría de las especies comunes y de amplia distribución en la Amazonía que no registramos en Contaya estuvieron presentes en Tapiche. Sin embargo, incluso en este lugar muchas de las especies que esperábamos encontrar estuvieron ausentes u ocurrieron en bajas densidades, tal fue el caso de loros (*Amazona* spp.), arasaris (*Pteroglossus* spp.) y furnáridos (Furnariidae). Por otro lado, nos impresionó la gran cantidad de perdices (Tinamidae) especialmente en los bordes del aguajal. También registramos regularmente *Penelope jacquacu*, Pavas de Garganta Azul (*Pipile cumanensis*) y tuvimos varias observaciones de *Mitu tuberosum*.

Las observaciones más sobresalientes en el campamento de Tapiche son los registros de dos especies muy poco conocidas en el Perú, ambas de lugares principalmente al norte del Amazonas. El primero es el Nictibio Rufo (*Nyctibius bracteatus*, Fig. 7A), una especie nocturna con pocos registros en el Perú (Álvarez y Whitney 2003). La mayoría de las localidades de las que se ha reportado *N. bracteatus* en el Perú son lugares con suelos arenosos o con pocos nutrientes (aunque también hay registros de pocos lugares donde la avifauna conocida demostró tener poca o ninguna afinidad con otras especies restringidas a suelos arenosos). Aunque esta especie es conocida de algunos lugares al sur del Amazonas en Brasil, nuestro registro, así como el de Álvarez (2005) al borde de las montañas de Contaya en Octubre del 2004, son los primeros reportes de algún lugar al sur del Amazonas para el

Perú. Esta especie podría resultar siendo de gran extensión (distribuida irregularmente o ser poco común) por la mayor parte de la Amazonía peruana.

La otra especie es el Topacio de Fuego (*Topaza pyra*), una espectacular especie de colibrí muy vistoso de amplia distribución pero que es poco común en el norte del Perú, y cuya distribución está mayormente restringida a bosques de suelos arenosos, particularmente con quebradas de aguas negras (Hu et al. 2000). Temprano por las mañanas observamos de vez en cuando a esta especie cazando insectos al vuelo sobre el río Tapiche o volando sobre quebradas en el bosque (también cazando insectos al vuelo?). Hasta hace poco el único registro para el Perú al sur del Amazonas y al este del río Ucayali era de la Reserva Comunal Tamshiyacu-Tahuayo (A. Begazo com. pers.). Además de nuestros registros en Tapiche, esta especie fue encontrada a 80 km al oeste en la región suroeste de los cerros de Contaya en Octubre 2004 (Álvarez 2005), y también fue reportada en las zonas al norte del Parque Nacional da Serra do Divisor (Whitney et al. 1996).

Varias extensiones de rango interesantes fueron registradas en Tapiche. Varias veces, vímos la Perdiz Brasilera (*Crypturellus strigulosus*) vocalizando al anochecer. Nuestro registro es el primero de esta especie en el Perú entre Jenaro Herrera (Álvarez 2002), en el bajo Ucayali, y Lagarto (Zimmer 1983) en el alto Ucayali cerca de la boca del río Urubamba. Esta especie también fue encontrada en la zona norte del Parque Nacional da Serra do Divisor (Whitney et al. 1996). Nuestro registro así, como los de la vecina Acre, sugieren que las aves en Jenaro Herrera no representan una población aislada si no más bien demostraría que *Crypturellus strigulosus* está ampliamente distribuido en el este del Perú al sur del Amazonas, por lo menos en las terrazas altas (tierra firme) con buen drenaje.

Otro registro interesante fue la presencia del Arbustero Negro (*Neoctantes niger*). Este hormiguero del sotobosque, que normalmente se encuentra en bajas densidades, no había sido reportado antes en el Perú para la zona entre el bajo río Yavari (Lane et al. 2003) y el rió Manu/alto Madre de Dios en el sureste del Perú

(Terborgh et al. 1984; FMNH). De esta manera nuestro registro en Tapiche cae en el centro de lo que había sido un enorme "vacío" para la distribución de esta especie en el Perú. Hay otros registros de pocos lugares en la adyacente parte sur de Acre (Whittaker y Oren 1999), sugiriendo sin embargo que *Neoctantes* está más ampliamente distribuido de lo que creíamos. Podría ser que el registro de Madre de Dios, aparentemente tan aislado de otras localidades del Perú, representa solamente el final de la cadena de las poblaciones del sur que se extienden a lo largo de la frontera entre Perú y Brasil.

En Tapiche observamos al Trepador de Palmeras (*Berlepschia rikeri*), un furnarido que está restringido a los aguajales. Lo encontramos regularmente a lo largo del aguajal en este sitio, y a lo largo del río también por lo menos una vez. Aunque se esperaba la presencia de esta especie en el área, vale la pena resaltar que éste es el primer registro de esta especie en la extensa región entre el bajo río Yavarí (Lane et al. 2003) y Madre de Dios (Karr et al 1990). Ésta es otra indicación de hasta que punto nuestro conocimiento sobre la distribución de especies en la Amazonía central de Perú permanece incompleta y fragmentada.

También observamos un Trepatroncos de Vientre Rayado (*Hylexetastes stresemanni*). Este sitio está dentro de la distribución conocida de esta especie, que generalmente es rara y ha sido reportado de pocas localidades en el Perú. *H. stresemanni* también es conocido de localidades cercanas, tales como el Cerro Canchahuaya (FPCN/CDC 2001) y las márgenes de las montañas de Contaya (Álvarez 2005). El Cola-Suave Simple (*Thripophaga fusciceps*) fue bastante común a lo largo de las márgenes de ríos y cochas. Este poco común furnarido era casi desconocido del norte de la Amazonía peruana hasta hace poco, pero ahora ha sido encontrado en varios lugares de esta región del Perú y la vecina Acre y aparentemente está relativamente bien distribuido en esta área (Whitney et al. 1996; Lane et el. 2003; Stotz y Pequeño 2006; A. Begazo com. pers.; R. Ridgley com. pers.).

El Tucancillo Esmeralda (*Aulacorhynchus prasinus*) fue visto varias veces en este sitio. El estatus de esta especie en la Amazonía peruana no está claro, pero nuestros registros llenan un pequeño vacío entre los registros del río Shesha al norte del Ucayali (J.P. O'Neill com. pers; LSUMZ, MUSM) y el alto río Yavarí (Stotz y Pequeño 2006), sugiriendo que su distribución es más amplia y poco común en esta parte de Perú. Como lo sugieren Stotz y Pequeño (2006), en la adyacente Acre probablemente sucede lo mismo, aunque esta especie fue reportada en Brasil recientemente por primera vez (Whittaker y Oren 1999). Finalmente, vimos regularmente los Periquitos Amazónicos (*Nannopsittaca dachilleae*) en números pequeños, en áreas alteradas del bosque al borde de la cocha cerca del río Tapiche. Se esperaba encontrar esta especie en la región ya que antes había sido colectada no muy lejos de ahí, al sur a lo largo del río Shesha (O'Neill et al. 1991). No obstante, sigue siendo conocido de pocos lugares en la Amazonía peruana, con la mayoría de los registros del sureste de Perú. Suponemos que tiene una distribución relativamente amplia en la parte este-central, así como en el sureste del Perú.

Antes de la llegada del equipo, J. Rojas observó dos especies de guacamayos raras. La más importante de estas fue una pequeña bandada de Guacamayos de Cabeza Azul (*Primolius couloni*) que fueron vistos regularmente a lo largo del río Tapiche por un período de diez días. Actualmente esta especie está considerada en peligro de extinción según BirdLife International. Creemos que este estatus exagera la amenaza que esta especie enfrenta. Sin embargo, *P. couloni* es una especie poco común, nunca encontrada en grandes cantidades en ningún lugar y restringida en su mayor parte a las zonas del centro y el sur del Perú. Otros lugares donde ha sido reportado son las Serranías de Contamana (P. Hocking, MUSM), el alto río Shesha (J.P. O'Neill com. pers.) y la región norte del Parque Nacional da Serra do Divisor en Acre (Whitney et al. 1996), lo que sugiere que *P. couloni* está ampliamente distribuido dentro de la Zona Reservada y al parque contiguo del lado brasilero. Rojas notó también la presencia de

Guacamayos Escarlata (*Ara macao*) en una sóla ocasión. *A. macao* tiene una amplia distribución en los bosques húmedos tropicales sino en el Perú es el menos común de las especies de guacamayos grandes. En el Perú, está considerado poco común o raro fuera del sureste, donde la especie es más abundante.

Divisor

Los suelos en este lugar fueron relativamente arenosos. En muchas formas, la avifauna de este sitio estuvo en un nivel intermedio en términos de abundancia de especies y composición entre los dos primeros sitios visitados. Durante el inventario identificamos 180 especies. La mayoría de estas fue compartida con las especies de bosque halladas en Tapiche, aunque hubo algunas diferencias interesantes. Por ejemplo, la especie dominante de paloma en Tapiche fue la Paloma Rojiza (*Patagioenas subvinacea*), con números bajos de la Paloma Plomiza (*P. plumbea*) observados diariamente. Sin embargo en Divisor estas abundancias relativas fueron inversas (*P. plumbea* fue la única especie de paloma registrada en el Ojo de Contaya). De manera similar, en Tapiche el Batará Azul-Acerado (*Thamnomanes schistogynus*) fue la especie "líder" mas frecuente de las bandadas mixtas de hormigueros de sotobosque encontradas mientras que tanto en el Ojo de Contaya, como en Divisor, esta especie estuvo totalmente ausente y fue reemplazada por otra especie de *Thamnomanes*.

Las comunidades de aves más interesantes en Divisor estuvieron, como esperábamos, en los bosques enanos de las cumbres. Un pequeño grupo de especies estuvo casi o enteramente restringido a este hábitat: Chotacabras Negruzco (*Caprimulgus nigrescens*, Fig. 7B), *Hemitriccus minimus* y Mosquitero Fusco (*Cnemotriccus fuscatus duidae*). *Caprimulgus nigrescens* en el Perú se encuentra principalmente en la región de pie de monte de lo Andes, pero también se encuentra distribuido irregularmente en la Amazonía peruana (incluyendo Aguas Calientes cerca de Contamana; MUSM), especialmente en sitios con suelos arenosos. Aunque localmente distribuido en la Amazonía peruana, esperábamos encontrar en este sitio también a

Hemitriccus minimus después de haberlo encontrado en el Ojo de Contaya en bosques más altos. Este *Cnemotriccus* es también un taxón restringido a suelos arenosos y de manera similar, distribuido irregularmente en la Amazonía peruana. Inicialmente descrito como una subespecie del ampliamente distribuido *Cnemotriccus fuscatus duidae* se traslapa geográficamente con otras subespecies de *fuscatus* y se diferencian por sus preferencias de hábitat y vocalizaciones; sin duda eventualmente será reconocido como una especie diferente (Hilty 2003; B. Whitney com. pers.)

Thamnophilus divisorius (Figs. 7C, 7D) fue registrado nuevamente en este lugar, por lo menos en los bordes del bosque enano, pero tenía una clara preferencia por los bosques en lo alto de las cumbres con predominancia de la bromelia terrestre. Este hábitat aparentemente es más parecido al hábitat tipo de esta especie en Acre, Brasil (Whitney et al. 2004). El Batará estuvo presente en las dos cumbres accesibles por el sistema de trochas y también lo escuchamos vocalizando desde las cumbres contiguas.

Como en Tapiche, *Topaza pyra* fue visto varias veces volando sobre las quebradas en el bosque, temprano por las mañanas. Uno de nuestros registros más extraordinarios de todo el inventario lo constituye la presencia de un Guácharo (*Steatornis caripensis*) que voló sobre la quebrada del tercer campamento dos noches consecutivas poco después de anochecer. *Steatornis* está irregularmente distribuido en los Andes del Perú, donde forman grandes colonias en cuevas grandes en las que descansan durante el día y donde se reproducen. Hay pocos registros de Amazonía (Whittaker et al. 2004). Se supone que tales registros han sido de individuos que se han desviado de sus colonias en los Andes, ya que es bien conocido que esta especie cubre distancias muy grandes (por lo menos hasta 150 km) cuando se alimentan (Roca 1994). Durante nuestra corta visita, no encontramos cuevas que fueran lo suficientemente grandes como para pensar que podrían albergar una colonia de Guácharos, pero podemos imaginar fácilmente por las numerosas paredes de roca perforadas con cavidades pequeñas existentes en el área, que tales cuevas podrían existir dentro de la gran extensión de la Sierra del Divisor. J. P. O'Neill (com. pers.) escuchó a los guías locales en la expedición del rió Shesha mencionar que había una "cueva de lechuzas" en los cerros al norte del Ucayali (que también podría referirse a una colonia de Guácharos). Nuestros asistentes también mencionaron colonias de estas aves a varios días de distancia desde Orellana, probablemente en las partes al norte de la Cordillera Azul en la orilla oeste del río Ucayali (y mucho más cerca de los Andes).

Otro registro sorprendente fue el de un solo individuo de Cacique de Lomo Rojo (*Cacicus haemorrhous*). Sabemos que en el Perú no existen registros de esta especie al sur del Amazonas y al este del Ucayali, entre el bajo río Yavarí y el alto río Purus. Tampoco es conocido en la adyacente región de Acre, Brasil.

Varias veces observamos especies no identificadas de vencejos volando sobre la zona de Divisor. Estas claramente eran algunas de las especies de cola larga y relativamente cuadrada, más grandes que las especies de *Chaetura*. Podrían haber sido alguna de las especies de *Cypseloides*, o Vencejo de Cuello Castaño (*Streptroprocne rutila*). Sospechamos que debe haber sido ésta última, pero no podemos afirmarlo con certeza. *S. rutila* no es conocida en la Amazonía y muy pocas veces es vista lejós de áreas montañosas donde anidan en paredes de roca verticales con sombra y cerca de agua (Marín y Stiles 1992). No encontramos ningún nido activo de vencejos en la Sierra del Divisor, pero en este caso podemos imaginar que las aún inexploradas áreas de estas montañas deben albergar lugares ideales de anidamiento para las especies de vencejos *Cypseloides* y *Streptroprocne*.

La cantidad de crácidos grandes fue relativamente baja en este sitio, pero tanto *Penélope jacquacu* y *Mitu tuberosum* estuvieron presentes.

Migración

Agosto, que es parte del invierno austral, es un período de poca actividad migratoria. Observamos algunos individuos de playeros (Playero Solitario, *Tringa solitaria*; Playero Coleador, *Actitis macularius*) que representan a los primeros migrantes en llegar de Norte América. La mayoría de los migrantes australes de la Amazonía peruana pasan el invierno más al sur y no llegan más al norte que a la parte sur del Ucayali o Madre de Dios, pero por lo menos ocho especies (Cuclillo de Pico Oscuro, *Coccyzus melacoryphus*; Fío-fío Grande, *Elaenia spectabilis*; Fío-fío de Pico Chico, *E. parvirostris*; Mosquero Bermellón, *Pyrocephalus rubinus*; Mosquero Rayado, *Myiodynates maculatus*; Copetón de Swainson, *Myiarchus swainsoni*; y Vireo de Ojo Rojo, *Vireo olivaceus*) pasan el invierno distribuidos de manera más amplia en toda la Amazonía peruana. La mayoría de migrantes australes ocupan áreas abiertas, tales como orillas de ríos y bordes de bosques, hábitats que estuvieron limitados durante nuestro inventario al sitio de Tapiche. No observamos ningún migrante austral en los bosques enanos de las cumbres en el Ojo de Contaya y Divisor, hábitats que eran mucho más abiertos que las áreas adyacentes de bosque más altos. Registramos solamente dos migrantes australes (*Myiodynates maculatus* y *Vireo olivaceus*). *V. olivaceus*, la especie austral migrante de bosque observada durante nuestro muestreo (sólo en Tapiche), fue notablemente escasa.

Reproducción

La precipitación en la parte este-central del Perú (donde está ubicada la Sierra del Divisor) es estacional, con un período de época seca muy notorio que alcanza su punto más alto durante junio, julio y agosto. Se esperaría que el comportamiento reproductivo de las aves fuera similarmente estacional en esta parte del Perú, sin embargo la estacionalidad del comportamiento reproductivo en aves de la Amazonía peruana no ha sido profundamente estudiado aún. El volumen de cantos de aves durante el inventario fue bajo (sorprendentemente bajo según lo observado, especialmente en el Ojo de Contaya) por lo que pensamos que los niveles de actividad reproductiva eran bajos también. Sin embargo durante nuestro inventario encontramos nidos activos de varias especies: Hormiguero de Ceja Amarilla (*Hypocnemis hypoxantha*) en Ojo de Contaya; Chotacabras Común (*Nyctidromus albicollis*),

Chotacabras Ocelado (*Nyctiphrynus ocellatus*),
Martín Pescador Amazónico (*Chloroceryle amazonas*),
Monja de Frente Negra (*Monasa nigrifrons*),
Buco Golondrina (*Chelidoptera tenebrosa*), Barbudo
de Capucha Escarlata (*Eubucco tucinkae*), Titira
Enmascarada (*Tityra semifasciata*), Golondrina de Faja
Blanca (*Atticora fasciata*), Oropéndola Amazónica
(*Psaracolius bifasciatus*) y Cacique de Lomo Amarillo
(*Cacicus cela*) en Tapiche; y *Caprimulgus nigrescens*,
Trogon de Garganta Negra (*Trogon rufus*) y
Myrmotherula hematonota en Divisor. Encontramos
individuos juveniles dependientes de varias especies,
como Hormiguerito Bandeado (*Dichrozona cincta*,
Tapiche); *Hypocnemis hypoxantha* (Ojo de Contaya)
y Coritopis Anillado (*Corythopis torquatus*, Tapiche);
así como individuos juveniles no dependientes de Zorzal
de Cuello Blanco (*Turdus albicollis*, Ojo de Contaya).

Además, en Tapiche observamos varias
especies de loros (Guacamayo Azul y Amarillo, *Ara
ararauna*; Loro de Vientre Blanco, *Pionites leucogaster*)
revisando huecos en árboles y una pareja de *Pyrrhura
roseifrons* copulando.

DISCUSIÓN

Como mencionamos arriba, la riqueza de especies en los
tres sitios visitados fue más baja de lo que anticipamos
para un lugar de Amazonía, lo cual tal vez no es tan
raro si tenemos en cuenta la naturaleza arenosa de los
suelos. Se hubiera esperado encontrar mucho más
especies en lugares con suelos más ricos y de hecho que
así fue. Tapiche, el lugar donde registramos la riqueza
de especies más alta estaba en una zona ribereña
inundable. También sabemos que los suelos y la
avifauna asociada a éstos son mucho más ricos en otras
regiones de la Zona Reservada, como en el cuadrante
noreste en el drenaje del alto río Yavarí (Stotz y
Pequeño 2006) y en el cuadrante sureste del drenaje
del alto río Shesha (J.P. O'Neill com. pers.) Tomando
en cuenta estas dos áreas, la avifauna de la Serranía de
Contamana, y los resultados de nuestro inventario,
aproximadamente 465 especies de aves han sido
reportadas actualmente para la Zona Reservada Sierra

del Divisor. Calculamos que 570 especies de aves ocurren
regularmente en el área, indicando que la riqueza de
especies en toda la zona es relativamente alta.

Comparación entre los sitios

Tapiche tiene una riqueza de especies más alta (327)
que los otros sitios. Asumimos que esta diferencia se
refleja primariamente por la zona inundable del río
Tapiche y las 45 especies asociadas a cochas, vegetación
ribereña y playas, hábitats que estuvieron ausentes en
los otros dos sitios muestreados. Una base más útil para
la comparación de los sitios de Ojo de Contaya y Divisor
serian 234 especies, el número de aves de bosque para
Tapiche durante el inventario. Aun así, el sitio de
Tapiche fue claramente más rico que los otros dos sitios.

La riqueza de especies en el Ojo de Contaya
(149) y en Divisor (180) fue mucho más comparable.
Dieciasiete especies fueron compartidas entre Tapiche y
Divisor pero ausentes en el Ojo de Contaya (aunque
algunas de estas fueron relativamente escasas en
Divisor también). En general, Divisor fue intermedio
entre los otros dos sitios, tanto en riqueza como en
composición de especies.

Aves de arenas blancas

La presencia de áreas de arenas blancas dispersas a
través de la Amazonía ha sido conocida desde hace ya
buen tiempo, pero los ornitólogos recién han aprendido a
apreciar la importancia de este hábitat. En especial la
presencia de grandes extensiones de bosques de arenas
blancas que solo recientemente se ha observado cuan
lejos hacia el oeste en el Perú extiende sus límites.
Estos bosques mantienen un grupo de especies no antes
reportadas para el Perú o que eran consideradas raras
(Álvarez y Whitney 2003), así como varias especies
nuevas para la ciencia (Whitney y Álvarez 1998, 2005;
Álvarez y Whitney 2001; Isler et al. 2001). La mayoría de
estas aves, en especial las especies recién descritas, están
restringidas a formaciones de bosque poco comunes en
lugares que son más arenosos aun que los de nuestra área
de estudio. Bosques "clásicos" de arena blanca incluyen
"varillales" (bosques de baja estatura y poca riqueza de

especies de plantas que crecen en suelos casi de arena pura) e "irapayales" (bosques de dosel cerrado, frecuentemente sobre arcillas erosionadas, con un sotobosque dominado por palmeras de irapay, *Lepidocaryum tenue*). No hubieron verdaderos varillales en los lugares que visitamos. Lo más cercano a los bosques de varillales estaba en las cumbres y muchas de las crestas en el Ojo de Contaya y Divisor. Aquí encontramos una comunidad de aves que, aunque muy pequeña, estaba enteramente restringida a un hábitat de distribución irregular muy particular (*Caprimulgus nigrescens*, *Thamnophilus divisorius*, *Hemitriccus minimus*, *Cnemotriccus fuscatus duidae*, Figs. 7B, 7C, 7D).

Otro grupo de especies está menos restringido a bosques de pura arena blanca, sin embargo están asociados a suelos pobres en nutrientes, arenosos o con buen drenaje. Varias de estas especies fueron encontradas durante el inventario (*Crypturellus strigulosus*, *Nyctibius bracteatus*, *Topaza pyra* y *Conopias parvus*). La mayoría de estas (todas con excepción de *Crypturellus*) fueron encontradas también en localidades al suroeste del campamento Ojo de Contaya en octubre del 2004 (Álvarez 2005), lo cual sugeriría que estas especies tienen una distribución relativamente amplia en bosques de suelos arenosos en la Zona Reservada. Otras especies asociadas con suelos arenosos no fueron encontradas durante el inventario biológico rápido. Por lo menos dos de éstas (Buco Pardo Bandeado, *Notharchus ordii*; Tirano Acanelado, *Neopipo cinnamomea*) fueron encontradas en muestreos anteriores en el Divisor cerca a Contamana (FPCN/CDC 2001; Álvarez 2005). Juntando todos los resultados de los inventarios de aves en la Sierra del Divisor, éstos sugieren que las especies que están asociadas con suelos con bajos nutrientes o arenosos están ampliamente distribuidas en la zona. El hecho que algunas de estas no hallan sido encontradas en todas partes de la región podría reflejar que la mayoría de estas especies son raras o poco comunes, aun cuando pudieron haber estado, y fácilmente pueden faltar debido al poco tiempo que tuvimos para muestrear. Esperamos que futuros trabajos adicionales en Divisor muestren que la mayoría sino todas de estas especies están ampliamente distribuidas a en toda la región.

Otros registros interesantes de la Zona Reservada

Aquí nos gustaría atraer la atención hacia otros registros inusuales de aves conocidas de la Zona Reservada Sierra del Divisor, pero que no encontramos durante nuestro inventario. El Rascón de Monte de Ala Rojiza (*Aramides calopterus*) es una especie pobremente conocida y aparentemente rara reportada de unos pocos lugares dispersos en el Perú, muchos de los cuales están ubicados en las regiones montañosas y de pie de monte. Una de estas localidades es Cerro Azul (Traylor 1958), al este de Contamana, y probablemente dentro de la Zona Reservada. Esta especie debería ser buscada en otras partes de la región.

El Hormiguerito de Ala Rufa (*Herpsilochmus rufomarginatus*) es conocido localmente en la Amazonía Brasilera, pero en los países andinos está restringido a las zonas de pie de monte. La presencia de especies cerca del Cerro Tahuayo en el río Shesha (J.P. O'Neill com. pers.) fue inesperada y es el único registro de esta especie para el Perú lejos de los Andes.

Tororoi Evasivo (*Grallaria eludens*) es conocido al norte de la Zona Reservada en el drenaje del río Yavarí (Lane et al. 2003) y en la parte sureste en el drenaje del río Shesha (Isler y Whitney 2002; J.P. O'Neill com. pers.). Ésta es una especie pobremente conocida y rara cuya distribución entera está ubicada en el este de la Amazonía peruana y el extremo oeste de Brasil.

El Mosquero de Agua (*Sayornis nigricans*) ocurre cerca de Aguas Calientes en el rango de las colinas más cercanas a Contamana (P. Hocking, espécimen en MUSM; FPCN/CDC 2001). De lo contrario esta especie está restringida a la vertiente de los Andes y a las cumbres más altas y remotas, tales como la Cordillera Azul y los Cerros del Sira. Aguas Calientes es la única localidad de la Amazonía donde *S. nigricans* ha sido reportado. Estuvimos buscando esta especie en las quebradas rocosas en la Sierra del Divisor, pero no la observamos.

Consideraciones biogeográficas

Se ha sabido desde hace tiempo que existe un reemplazo entre especies relacionadas a través de la Amazonía y que éste reemplazo de fauna ocurre con frecuencia al otro lado de las orillas opuestas de los ríos principales (Wallace 1852). El río Ucayali, en especial las partes medias y altas, separa la distribución de un número de especies hermanas de aves. Al mismo tiempo, otro patrón de reemplazo de fauna ocurre en el centro del Perú, en que especies hermanas se reemplazan unas a otras de manera norte-sur aproximadamente, sin ríos actuando como barreras entre ellos. Este patrón es particularmente pronunciado al este del río Ucayali (ver Lane et al. 2003; Stotz y Pequeño 2006) pero es parte de un patrón de reemplazo de fauna mucho más amplio que para algunos pares de especies también se extiende hasta la orilla oeste del Ucayali (ver Haffer 1997). Sorprendentemente es poco lo que se sabe sobre los detalles del reemplazo de fauna en esta región, en especial al este del río Ucayali. Nuestros resultados concuerdan con observaciones anteriores y sugieren que aparentemente al este del Ucayali no hay una sola área dentro de la cual la mayoría de reemplazos de los pares de especies ocurren (en contraste con el marcado reemplazo de fauna en pequeños mamíferos terrestres entre el alto y bajo rió Jurua al oeste de Brasil; Patton et al. 2000). Además, por lo menos en algunos casos este reemplazo de pares de especies no es tan repentino (distribuciones parapátricas o estrechamente simpátricas), como es el caso con sustituciones realmente allopatricas en orillas opuestas, pero en vez de eso, ocurren con un nivel relativamente amplio de simpatría entre dos especies. Estudios adicionales serán necesarios para determinar hasta que punto los reemplazos de fauna están interviniendo a niveles locales por cambios imperceptibles en el tipo de suelos y estructura del bosque.

Ermitaño de Pico Recto (Phaetornis bourcieri)/
Ermitaño de Pico Aguja (P. philippi)

P. bourcieri está ampliamente distribuido al norte del Amazonas y también ocurre al sur del Marañón.

P. philippi se encuentra directamente en la orilla sur del Amazonas (Zimmer 1950; Robbins et al. 1991) y está ampliamente distribuido en el sureste del Perú. Por esto fue una sorpresa muy grande cuando se encontró que *bourcieri* era la única especie de *Phaetornis* presente cerca de Contamana (espécimenes de P. Hocking, MUSM, FMNH) y en el alto río Shesha (J.P. O'Neill com. pers.; LZUMZ, MUSM). De manera similar encontramos que *bourcieri* era común en los tres sitios muestreados, pero no observamos *philippi* en absoluto. Más lejos al norte, ambas especies fueron reportadas cerca de la desembocadura del río Ucayali, en Jenaro Herrera (Wust et al. 1990). Las dos especies aparentemente se aproximan entre si en el drenaje del alto Ucayali, con registros de *philippi* de la orilla este del alto río Ucayali (Zimmer 1950) y *bourcieri* presente no muy lejos de ahí en el bajo río Urubamba (M.J. Miller com. pers., MUSM). No sabemos si las dos especies son ampliamente simpátricas, pero raramente sinotipicas, en la parte este-central de Perú; o si es que *bourcieri* ocupa la mayoría de la región (al menos en las áreas que drenan hacia el río Ucayali) solamente en contacto limitado con *philippi* a las partes más bajas y altas de la extensión del Ucayali.

Monjita de Pecho Rojizo (Nonnula rubecula)/
Monjita de Barbilla Fulva (N. sclateri)

N. rubecula ocurre al este del Perú en ambas márgenes del Amazonas (al este de los ríos Napo y Ucayali), mientras que *N. sclateri* está ampliamente distribuida pero poco común en el sureste del Perú. Solamente encontramos *Nonnula* en Tapiche, donde todos los registros fueron de *rubecula*. *N. sclateri* fue reportada por Álvarez (2005) ca. 30 km al suroeste del Ojo de Contaya, y antes había sido encontrada a lo largo del bajo río Ucayali en Jenaro Herrera (Álvarez com. pers.). También fue encontrada en alto río Shesha (J.P. O'Neill com. pers.). Estas dos especies no han sido encontradas aún al mismo tiempo pero es claro que el intercambio reemplazo de una especie a la otra es complicado y tal vez está afectado a nivel local por el tipo de suelo u otros factores.

Batará Saturnino (Thamnomanes saturninus) y
0Batará de Garganta Oscura (T. ardesiacus)

T. ardesiacus esta ampliamente distribuido en la Amazonía Peruana pero es reemplazado en la parte este-central de Perú, al sur del Amazonas, por *T. saturninus*. *Thamnomanes saturninus* había sido colectada cerca de Contamana (especímenes de P. Hocking, MUSM, FMNH; FPCN/CDC 2001), fue observada al este de Contamana (Álvarez 2005) y fue también la única especie reportada en la región norte del Parque Nacional da Serra do Divisor, en Acre (Whitney et al 2006). Según lo esperado, de los registros a esta latitud al este y oeste de los lugares que visitamos, *T. saturninus* fue bastante común en el Ojo de Contaya. Miembros de este par de especies fueron poco comunes en Tapiche, y no tomamos cuidado de examinar con más detenimiento los pocos individuos que encontramos. Nos causó gran sorpresa descubrir que *T. ardesiacus* era la especie común en Divisor (aunque C. Albujar observó por lo menos algunos individuos que creemos eran *saturninus)*. El espécimen-localidad de *ardesiacus* más cercano es el río Shesha, en el cuadrante sureste de la Zona Reservada (J.P. O'Neill com. pers.; LZUMZ, MUSM.) No esperamos la "intromisión" hacia el norte de *ardesiacus* hacia la Sierra del Divisor, dentro de un área que está entre Contamana/Ojo de Contaya y los registros en Acre. Como en el caso de las dos especies de *Nonnula*, este ejemplo demuestra que la geografía de reemplazo de especies hermanas dentro de esta región puede ser complicada y no está simplemente en función de la latitud.

En otros ejemplos, típicamente encontramos a los miembros de pares de especies más representativos del sur (p. ej., Jacamar Castaño, *Galbalcyrhynchus purusianus*, y no Jacamar de Orejas Blancas, *G. leucotis*; Buco Semiacollarado, *Malacoptila semicincta*, y no Buco de Cuello Rufo, *M. rufa*; Hormiguero de Dorso Escamoso, *Hylophylax poecilinota griseiventris*, y no la subespecie *gutturalis*). Pero en un caso encontramos al par de especies mas representativa del norte (Cuco Terrestre de Pico Rojo, *Neomorphus pucheranii*, y no Cuco Terrestre de Vientre Rufo, *N. geoffroyi*).

RECOMENDACIONES

Amenazas y oportunidades

La Zona Reservada Sierra del Divisor representa una oportunidad sin paralelo de proteger los hábitats excepcionales de la región y las raras especies asociados con estos. La presencia combinada de (1) una especie de ave (Batará de Acre, *Thamnophilus divisorius*) cuya distribución es completamente restringida a la Sierra del Divisor y el Ojo de Contaya, (2) un grupo de especies raras asociadas con bosques enanos de cumbres, (3) un grupo grande de aves especialistas de arenas blancas, y (4) una heterogeneidad de hábitats a gran escala con una alta riqueza de especies de aves hacen de la Zona Reservada un lugar de alta prioridad de conservación. Además, por la posición de la Zona Reservada, que está ubicada entre el Parque Nacional Cordillera Azul (al oeste del río Ucayali en Perú) y el Parque Nacional da Serra do Divisor, su conservación aumentaría el valor de estas dos áreas protegidas ya existentes. De hecho, la mayoría de áreas altas de Sierra del Divisor se encuentran en el lado peruano al lado de la frontera, y la conservación del área del Divisor en Perú podría ser crítica para la protección y manejo de estos únicos hábitats y las especies que se encuentran aquí.

Actualmente la densidad poblacional en la Zona Reservada es extremadamente baja. La amenaza principal para las aves es la destrucción de hábitat asociada con actividades extractivas, como lo son la tala, exploración o desarrollo de actividades petroleras y minería, las cuales ya amenazan la región. Durante el inventario vimos evidencia directa de tala ilegal (tocones de árboles, gente viajando río arriba para cortar madera; Fig. 9A) en la parte alta del río Tapiche, y esta actividad podría estar ocurriendo en otras partes de la Zona Reservada. La tala es una amenaza directa para todas las especies del bosque, pero podría tener efectos más devastadores en especies con requerimientos de hábitat especializados y/o con distribuciones irregulares. Tal vez la especie más vulnerable es el Batará de Acre (*Thamnophilus divisorius*), el cual es conocido solamente de la Sierra del Divisor y el Ojo de Contaya y en ninguna otra parte del mundo (Figs. 7C, 7D). Además, dentro de la Zona Reservada el Batará de Acre está restringido a bosques enanos especializados en las cumbres de algunas montañas. Otras especies raras o poco conocidas asociadas con estos suelos se encuentran en la Zona Reservada, en las cumbres (traslapándose con el *Thamnophilus*) o en bosques más altos en el fondo de los valles.

Los efectos destructivos por la extracción de recursos a gran escala podrían estar compuestos para algunas especies por la presión de caza que típicamente acompaña los campamentos de madereros y mineros. Crácidos, perdices, y otras aves de caza estuvieron presentes a través de toda el área, y todas son vulnerables a la cacería.

Investigación

Estuvimos gratamente sorprendidos por haber encontrado al *Thamnophilus divisorius* no solamente en la Sierra del Divisor en el borde de Perú y Brasil, sino también tan lejos al oeste como en el Ojo de Contaya, donde inventarios anteriores no lo encontraron. Aunque asumimos que ésto prueba que está más ampliamente distribuido en las montañas a través del área, debería ser buscado en lugares adicionales (en especial en las elevaciones de Contaya). Además de esto, esfuerzos adicionales deberían ser hechos para corroborar nuestra sospecha de que especies raras de arenas blancas (tales como *Nyctibius bracteatus*, *Topaza pyra*, *Conopias parvus* y otros) están extendidos en la región, y que especies que no encontramos (tales como *Notharcus ordii* y *Neopipo cinnamomea*) también ocurren aquí.

La avifauna de las cumbres redondas de las montañas volcánicas al sur de Divisor siguen siendo totalmente desconocida. Nuestra impresión desde el aire es que la parte alta de esas montañas está completamente cubierta de bosque alto, y que hay muy poca o ninguna señal de las formaciones de bosque enano de la Sierra del Divisor y de las Serranías de Contamana al norte. Sin embargo, estas montañas justifican investigaciones adicionales.

En cualquier lugar con montañas dentro de la Zona Reservada se deben hacer intentos de buscar lugares adecuados como nidos o madrigueras de especies "andinas" habitantes de cuevas, tal como lo son *Steatornis caripensis* y *Streptoprocne rutila*, las cuales sospechamos podrían tener poblaciones aisladas aquí.

Cuando evaluábamos algunos de nuestros registros, repetidamente nos sorprendimos de cuan poco se sabía de los detalles de distribución de aves en la parte este-central de Perú (al área grande al sur del Amazonas y este del río Ucayali). Muchos inventarios adicionales necesitarán ser llevados a cabo en esta región para darnos una mejor idea de patrones de distribución. Una serie de transectos norte-sur a través de la región podrían generar información muy útil, no solamente en cuanto al patrón general de distribución de especies sino hasta que punto especies de arena blanca están distribuidas desigualmente (vs. distribuidas uniformemente) en la Zona Reservada; en los límites geográficos de arenas blancas y suelos pobres en nutrientes (y faunas asociadas) vs. suelos más ricos (y con alta riqueza de especies de aves); y en los patrones de reemplazo entre especies hermanas, y al punto en el cual tales reemplazos podría estar asociado con cambios imperceptibles en la composición de bosques y suelos.

MAMÍFEROS

Participantes / Autores: Maria Luisa S. P. Jorge y Paúl M. Velazco

Objetos de conservación: Una de las comunidades de primates más diversas de los Neotrópicos, con 15 especies; el huapo colorado (*Cacajao calvus*) y el pichico negro (*Callimico goeldii*), con distribuciónes fragmentadas y considerados como especies "Casi Amenazadas" por la Unión Mundial para la Naturaleza (UICN); el mono choro (*Lagothrix poeppigii*), el maquisapa (*Ateles chamek*) y la sachavaca (*Tapirus terrestris*), abundantes en la región pero bajo una fuerte presión de caza en otras regiones; especies de amplia distribución, como el otorongo (*Panthera onca*) y el puma (*Puma concolor*), que son altamente vulnerables a la sobre cacería, y también considerados como Casi Amenazadas por la UICN

INTRODUCCIÓN

La Sierra del Divisor es una formación geomorfológica compleja y única, situada en una de las regiones más diversas para mamíferos en los Neotrópicos, la Amazonia occidental (Voss y Emmons 1996). Se espera que esta área albergue especies de mamíferos con una distribucion geográfica restringida, como huapo coloradao (*Cacajao calvus*, Fig. 8A), pichico negro (*Callimico goeldii*, Fig. 8D) y la pacarana (*Dinomys branickii*).

Esta cadena de montañas forma un límite entre Perú y Brasil. En el lado brasileño, The Nature Conservancy y S.O.S. Amazônia realizaron un inventario biológico en los sectores norte y sur del Parque Nacional da Serra do Divisor y registraron 32 especies de mamíferos medianos y grandes (Whitney et al. 1996, 1997; ver Apéndice 9). Esta lista incluye las tres especies mencionadas anteriormente, lo cual confirma su presencia en la región (y la importancia de preservarla). El lado peruano de la Sierra del Divisor está considerado como área prioritaria para la conservación por parte del Sistema Nacional de Areas Protegidas (Rodríguez 1996) del gobierno peruano, pero aún no está protegido. Cuatro inventarios fueron realizados previamente dentro de la Zona Reservada Sierra del Divisor: dos en las Sierras de Contamana y Contaya, en el lado occidental de la Zona Reservada (FPCN/CDC 2001, 2005), uno en el sureste (el río Abujao-Shesha, FPCN/CDC 2001) y uno en la Reserva Comunal Matsés (Amanzo 2006), en la parte norte de la Zona Reservada.

En el presente inventario, evaluamos la diversidad de mamíferos medianos a grandes, y de los murciélagos, en tres sitios dentro de la parte central de la Zona Reservada. En este capítulo presentamos nuestros resultados, discutimos las diferencias en diversidad entre los tres sitios, comparamos nuestros resultados con los resultados de los otros inventarios en la región, resaltamos las especies importantes para conservación y discutimos las oportunidades de investigación, manejo y conservación.

MÉTODOS

El presente estudio fue realizado durante la época seca, del 6 al 24 de agosto del 2005, en tres sitios ubicados entre los 200 y 450 m de altitud.

Información de las especies amenazadas globalmente fue obtenida de la UICN (IUCN 2004), y de CITES (2005). Información de la categorización de especies amenazadas en Peru, hecha por INRENA (2004). Usamos las categorías del grupo de especialista en Chiroptera IUCN/SSC (Hutson et al. 2001) para murciélagos.

Mamíferos no voladores

Registramos mamíferos medianos y grandes a lo largo de las trochas establecidas en los tres sitios (Ojo de Contaya, Tapiche y Divisor). Usamos una combinación de observación directa y evidencia indirecta, como huellas y otras señales de actividad de mamíferos (vocalizaciones, restos de comida, dormideros, arañazos en los árboles, etc.) para muestrear a lo largo de las trochas que variaron en longitud desde los 0.6 a 15 km. Estas trochas atravesaban la mayoría de hábitats en cada sitio. Realizamos recorridos tanto diurnos como nocturnos. Nuestros recorridos diurnos típicamente comenzaban a las 06:00 horas. El tiempo para completar el recorrido variaba dependiendo de la longitud de la trocha. Los recorridos nocturnos se realizaban de 19:00 a 21:00. Caminábamos lentamente (velocidad aproximada 1 km/h), en trochas separadas, observando minuciosamente la vegetación desde el dosel hasta el suelo y registrando la presencia de mamíferos terrestres y arbóreos. En algunas ocasiones seguimos a los animales para confirmar la identificación y estimar el tamaño del grupo. Por cada observación, anotamos la especie, hora, número de individuos, tipo de actividad realizada al momento (descansando, comiendo, moviéndose) y el tipo de vegetación.

Para detectar la presencia de mamíferos que son difíciles de observar, instalamos cámaras automáticas con un sensor infrarrojo a lo largo de los caminos de los animales, en playas, a lo largo de quebradas o ríos y en colpas. Tres de estas fueron de la marca Leaf River Scouting Cameras, modelo C-1, y dos fueron Deer Cams, modelo DC-200. Las trampas fotográficas fueron ubicadas a una altura de entre 50 y 70 cm sobre el suelo y fueron programadas para esperar cinco minutos entre cada toma.

También incluimos todas las observaciones hechas por los demás miembros del inventario y los miembros del grupo de avanzada.

Usando la guía de Emmons y Feer (1997) para la identificación de mamíferos, entrevistamos a Fernando Valera de la comunidad de Canaan, nuestro guía en el campamento Tapiche, para obtener los nombres Shipibos de los mamíferos que se esperaban encontrar en el área de los tres campamentos.

Mamíferos voladores (murciélagos)

Evaluamos la comunidad de murciélagos durante dos días en cada campamento usando cinco redes de niebla de 12 x 2.6 m. La redes fueron ubicadas en diferentes hábitats (p. ej., bosque primario, bosque secundario, bosque ribereño, sobre quebradas y otros cuerpos de agua) y microhábitats preferidos por murciélagos (como debajo de árboles en fructificación, claros en el bosque, a través de trochas, o cerca de sus dormideros). También buscamos por dormideros de murciélagos en árboles huecos y caídos, huecos de armadillos y bajo hojas, como es sugerido por Simmons y Voss (1998), como un método efectivo para el registro de murciélagos.

Abríamos las redes al atardecer (aproximadamente 18:30), las revisábamos cada 30 minutos, y las cerrábamos a las 23:00. Cada vez que un murciélago era capturado, registrábamos la hora de la captura y el hábitat, determinamos a la identificación hasta especie, y determinamos el sexo y el estado reproductivo. Liberamos cada murciélago después de obtener todos estos datos. Por cada sitio, calculamos el esfuerzo y éxito de captura usando el número de noches y las horas red.

RESULTADOS

Mamíferos no voladores

Recorrimos 237 km durante el presente inventario, y registramos 38 especies de mamíferos medianos a grandes, 60% de las 64 especies esperadas para la región. Entre estos, 4 fueron marsupiales, 3 xenartros, 13 primates, 7 carnívoros, 5 ungulados y 6 roedores (Apéndice 8).

Ojo de Contaya

En cinco días (6-11 agosto 2005) recorrimos 61 km. Registramos 23 especies de mamíferos medianos a grandes: 2 marsupiales, 2 xenartros, 6 primates, 5 carnívoros, 4 ungulados y 4 roedores (Apéndice 8).

Maquisapa (*Ateles chamek*) y machín negro (*Cebus apella*) fueron los especies detectadas con mayor frecuencia en el área, vistos y escuchados por varias personas todos los días en sitios diferentes. Encuentros con huapos negros (*Pithecia monachus*) también fueron relativamente comunes (5 de los 6 días del inventario en dos valles). Monos choros (*Lagothrix poeppigii*) fueron vistos dos días en lugares cercanos, por lo tanto fueron menos comunes que las especies mencionadas anteriormente. Machín blanco (*Cebus albifrons*) fue raro, con solo una observación hecha por el grupo de avanzada. Ningún primate pequeño fue registrado en este campamento.

Uno de los registros más inesperados en este sitio fue el de un grupo de *Cacajao calvus* (aproximadamente 15 individuos) en la cresta de una cumbre. Estudios previos asocian la presencia de *Cacajao* con bosque inundable ya sea permanentemente o estacional, especialmente aguajales (Barnett y Brandon-Jones 1997). Basándonos en imágenes de satélite de la región, estimamos que el aguajal más cercano a este punto estaba aproximadamente a 15 km. Grupos de *C. calvus* puede migrar estacionalmente entre bosque inundable y bosque alto siguiendo los patrones de producción de frutos (M. Bowler com. pers.). Nuestra observación podría reflejar este tipo de migración local.

Este registro sugiere también la gran habilidad de *Cacajao calvus* para explotar los recursos de las cumbres, comparado con otros primates observados en el área. Todos los encuentro con *Ateles chamek*, *Lagothrix poeppigii* y *Pithecia monachus* fueron cerca de los valles. *Cebus apella* fue el único primate que fue observado en ambos valles y cumbres.

Otros mamíferos comunes en el Ojo de Contaya fueron sachavaca (*Tapirus terrestris*), el majás (*Cuniculus paca*, Fig. 8C), el venado colorado (*Mazama americana*, Fig. 8B), carachupa (*Dasypus novemcinctus*), la ardilla colorada (*Sciurus spadiceus*) y la ardilla (*Microsciurus flaviventer*), todos detectados solo en los valles.

Todas las otras especies reportadas para este sitio fueron registradas solamente una vez cada una. Tal patrón de escasez es esperado y no necesariamente se traduce en baja abundancia natural. Algunas especies son raramente observadas debido a su comportamiento críptico (p. ej., perezosos) o actividad nocturna (p. ej., marsupiales).

Sin embargo, tres especies se presentan como inusualmente raras o ausentes. El sajino (*Pecari tajacu*) fue registrado una vez, por un miembro del equipo de avanzada. Nosotros no registramos añujes (*Dasyprocta fuliginosa*) ni coto monos (*Alouatta seniculus*). Estos resultados indican su ausencia o extrema rareza en el área, ya que estos animales son detectados fácilmente cuando se encuentran presentes y son ampliamente distribuidos y comunes localmente donde se presentan (M.L.S.P. Jorge obs. pers.). Para los pecaris y añujes, dos factores podrían explicar estos patrones: escasez de nueces y la dificultad para el desplazamiento terrestre debido a la topografía colinosa. En el caso de *Alouatta*, la mejor explicación podría ser la escasez de hojas suaves en plantas que crecen en suelos pobres en nutrientes.

Tapiche
En cinco días de inventario (12-17 agosto 2005), recorrimos 111 km. Registramos 31 especies de mamíferos medianos y grandes: 1 marsupial, 3 xenartros, 12 primates, 5 carnívoros, 5 ungulados y 5 roedores (Apéndice 8).

El resultado más resaltante para este sitio fue la presencia de 12 especies de primates, un número de especies extremadamente alto para una sola localidad en la Amazonia (Voss y Emmons 1996; Peres 1999). Las especies observadas más frecuentemente fueron *Cebus apella*, *Lagothrix poeppigii* y *Pithecia monachus*. Curiosamente, *Ateles chamek*, que fue el primate más común en el Ojo de Contaya, fue registrado sólo una vez en el Tapiche.

Un grupo grande de *Cacajao calvus* (aprox. 30 individuos) fue visto el primer día en un aguajal cerca del campamento. Esta palmera (*Mauritia flexuosa*), que crece en lugares pantanosos que están pobremente drenados, es el hábitat predilecto para esta especie (Barnett y Brandon-Jones 1997).

Nuestro equipo encontró el pobremente estudiado *Callimico goeldii* (Fig. 8D) varias veces en un bosque ribereño denso con presencia de bambú. Aquí *Callimico* fue visto en grupos de aproximadamente cuatro individuos, algunas veces en grupos mixtos con pichicos de barba blanca (*Saguinus mystax*) y pichicos (*S. fuscicollis*). En esas ocasiones, individuos de *Callimico* ocupaban la parte baja, mientras que *Saguinus* ocupaban las partes bajas y la parte media del dosel, como es descrito por Christen (1999) y Porter (2004).

Vimos y oimos tocón (*Callicebus cupreus*) varias veces en bosque maduro, bosque secundario (*Cecropia* sp.), y en bosque ribereño. También registramos un grupo de cuatro a seis individuos de *Callicebus caligatus* en un bosque ribereño cerca al campamento. La simpatría de estas dos especies es esperada (Hershkovitz 1988) y es reportada para otras localidades de la Amazonia occidental (Peres 1999).

No registramos *Cebus albifrons* ni el mono fraile (*Saimiri sciureus*) en este sitio. De hecho, *Saimiri* no fue registrado durante todo este inventario. *Tapirus terrestris*, *Pecari tajacu* y huanganas (*Tayassu pecari*) fueron los mamíferos terrestres más abundantes en este sitio, con varias observaciones de parte de casi todos los miembros del inventario y numerosas señales de presencia en todos los tipos de hábitat. *Cuniculus paca* y *Mazama americana* también fueron registrados en varias ocasiones mediante observaciones, heces, huellas y fotografías (Figs. 8B, 8C). También fueron observadas abundantes madrigueras de *Dasypus novemcinctus* en todas las trochas, en bosque maduro y secundario.

Al igual que en el Ojo de Contaya, tuvimos también encuentros únicos con las demás especies reportadas en el Apéndice 8. Entre estas, observamos un individuo de nutria de río (*Lontra longicaudis*) cerca del río Tapiche y huellas de esta especie en una quebrada, que podría corresponder a otro individuo.

Divisor

Recorrimos 65 km en cinco días de inventario (19–23 agosto 2005). Registramos 18 especies de mamíferos medianos a grandes: 1 marsupial, 2 xenartros, 5 primates, 3 carnívoros, 3 ungulados y 4 roedores (Apéndice 8).

Lagothrix poeppigii (6-15 individuos), *Cebus apella, Tapirus terrestris* y *Cuniculus paca* fueron los mamíferos más comunes en este sitio, con varias señales de su presencia en casi todos los hábitats.

El registro más resaltante fue el de un grupo pequeño de *Saguinus fuscicollis* (dos adultos y un juvenil), que fue la única especie de primate pequeña registrada en este sitio. La ausencia de *Pithecia monachus* y escasez de *Ateles chamek* (ambas que fueron comunes en el Ojo de Contaya) también fue inusual.

Entre las especies más interesantes que registramos sólo una vez se encuentra el puma (*Puma concolor*), del cual encontramos un grupo de huellas, y un macho juvenil de tamandua (*Tamandua tetradactyla*) que vimos en bosque maduro 2.5 m sobre el suelo. Este individuo era completamente marrón con un collar negro.

Mamíferos voladores (murciélagos)

Capturamos 80 murciélagos pertenecientes a 4 familias, 18 géneros y 26 especies (Apéndice 10). Dieciséis especies fueron registradas en el Ojo de Contaya, 12 en el Tapiche y 10 en el Divisor. Las especies registradas durante este inventario representan el 16.4% de los 158 especies conocida para el Perú (Hice et al. 2004). La tasa de éxito fue 0.43 individuos por red-noche en los tres sitios. Ojo de Contaya (35 capturas) tuvo una tasa de éxito de 0.7 individuos por red-noche, Tapiche (15 capturas) 0.3 individuos por red-noche y Divisor (15 capturas) 0.3 individuos por red-noche. Esta baja tasa de captura probablemente es el reflejo de la baja captura durante la luna llena, especialmente en el Tapiche y Divisor.

Phyllostomidae fue la familia más diversa, con 23 especies en 15 géneros, y las subfamilias Carolliinae (género *Carollia*) y Stenodermatinae (género *Artibeus*) fueron los grupos más abundantes.

La abundancia entre los géneros difiere ligeramente entre los campamentos. *Carollia* y *Artibeus* registraron 60% de las capturas en el Ojo de Contaya, mientras que en el Tapiche los mismos géneros registraron 40% y en el Divisor al igual que en el Ojo de Contaya registraron 60%. Estos valores pueden ser el resultado de similaridades en hábitats entre el Ojo de Contaya y Divisor. Ambos sitios fueron bien colinosos y tienen alturas mayores, en contraste con el Tapiche, que tenía una topografía plana y queda más cerca a un río grande. No obstante, esta correlación hay que tomarla con cuidado, debido al número menor de días muestreados y el efecto de la luna llena, especialmente en el Tapiche.

Finalmente, en el Divisor una colonia de aproximadamente 15 individuos de *Saccopteryx bilineata* fue encontrada en una cueva cerca a una quebrada. Esta especie no fue registrada mediante redes en ninguno de los tres sitios.

DISCUSIÓN

Sesenta por ciento de las 64 especies esperadas de mamíferos medianos a grandes fueron registradas durante nuestro inventario. Nuestros métodos de muestreo son especialmente eficientes en detectar animales diurnos, aquellos que viven en grupos y animales que dejan cierto tipo de evidencia indirecta de su presencia. Por lo tanto, confiamos en los estimados de abundancia para los primates, ungulados, armadillos y algunos de los roedores (majás, añuje y ardillas).

Para primates, registramos 80% de las especies esperadas (13 de 16), sin embargo no todas las especies fueron registradas en todos los lugares muestreados. Además, no solamente observamos primates grandes en grupos de tamaño considerable (más de 15 individuos), sino también a una alta frecuencia, resaltando la importancia de la Zona Reservada en la conservación de la comunidad de primates amazónicos.

El mono leoncito (*Callithrix pygmaea*), *Saimiri sciureus* y el pichico emperador (*Saguinus imperator*) fueron tres especies de primates que no fueron registradas durante nuestro inventario. Sin embargo, las dos primeras fueron registradas en inventarios previos en la Zona Reservada (Apéndice 9). *Callithrix pygmaea* habita bosques aluviales y vegetación secundaria densa con abundantes lianas (Aquino y Encarnación 1994). No está muy claro por que fracasamos en encontrar esta especie, debido a que el Tapiche presenta los hábitats preferidos por *C. pygmaea*, pero esta especie es conocida por tener una distribución fragmentada (Emmons y Feer 1997). En contraste, *Saimiri sciureus* habita todos los tipos de bosque, incluyendo bosque seco y húmedo, bosque continuo y secundario, hábitats ribereños y fragmentos (Baldwin y Baldwin 1971), entonces la aparente ausencia es más difícil de explicar. Tal vez esta ausencia se pueda deber a una migración estacional (Trolle 2003).

La explicación más probable para la aparente ausencia de *Saguinus imperator* es que nuestros sitios están ubicados al norte de su rango de distribución. En Perú, esta especie se presenta en Madre de Dios, más al sur que el área de estudio. En la porción brasileña del Divisor, *S. imperator* fue registrado en la parte sur del Parque Nacional da Serra do Divisor, que también esta situada más al sur de nuestros sitios.

Los cinco ungulados esperados (*Tapirus terrestris*, *Tayassu pecari*, *Pecari tajacu*, *Mazama americana* y *M. gouazoubira*) y dos roedores (*Cuniculus paca* y *Dasyprocta fuliginosa*) fueron registrados durante este inventario, aunque en abundancias diferentes entre los sitios. No registramos *Dinomys branickii*, probablemente por la ausencia de su hábitat predilecto, que es bosque de bambú (C. Peres com. pers.).

Entre los primates, *Cebus apella*, *Ateles chamek* y *Lagothrix poeppigii* fueron abundantes en los tres sitios. *Dasypus novemcinctus*, manco (*Eira barbara*), *Pecari tajacu*, *Mazama americana*, *Tapirus terrestris* y *Cuniculus paca* también fueron comunes en los tres sitios.

El grupo menos representado en nuestro inventario es los carnívoros; registramos solo el 40% (7 de 18) de las especies esperadas. La mayoría de los carnívoros son especies solitarias con comportamiento elusivo y con poblaciones de baja densidad, por lo

cual son difíciles de registrar. Nuestros resultados probablemente subestiman el verdadero número de especies de carnívoros en la región.

Comparaciones entre los tres sitios inventariados

Tapiche fue el lugar con la riqueza de especies más alta. Aquí encontramos 31 especies de mamíferos medianos y grandes, 11 de que no fueron registrados en los otros sitios (Apéndice 8). Este patrón era esperado por que Tapiche tiene la mayor diversidad de hábitats, que incluye bosque ribereño, aguajal y bosque maduro. Por lo tanto, diferentes especialistas de hábitats fueron registrados en este sitio. Por ejemplo, la mayoría de primates pequeños (*Callimico goeldii*, *Saguinus mystax*, *Aotus* sp., *Callicebus caligatus* y *C. cupreus*) están asociados con bosque ribereño, y por lo tanto sólo fueron registrados en el Tapiche. *Tayassu pecari* es altamente dependiente de la presencia de grandes fuentes de agua (Mayer y Wetzel 1987), y el ronsoco (*Hydrochaeris hydrochaeris*) es asociado con vegetación de quebradas grandes (Mones y Ojasti 1986); fueron sólo registrados en el Tapiche. La carachupa mama (*Priodontes maximus*), *Alouatta seniculus* y el coati (*Nasua nasua*) también fueron registrados solamente en Tapiche, lo cual podría deberse a su preferencia por hábitats alterados. Finalmente, en este sitio hubo una alta abundancia de grandes herbívoros terrestres, como *Tapirus terrestris*, *Pecari tajacu*, *Mazama americana* y *Cuniculus paca*, debido a la presencia de un aguajal grande.

Ojo de Contaya y Divisor (23 y 18 especies, respectivamente) tuvieron considerablemente una baja riqueza de especies comparado con el Tapiche. Ésto es consistente con la idea de que en el dominio de la Zona Reservada, el tipo de hábitat es más importante que la cercanía cuando se trata de definir similaridades en especies.

Ojo de Contaya y Divisor tuvieron una topografía colinosa y predominancia de suelos arenosos. Registramos pocos mamíferos en las cumbres de los cerros, aparte de *Cebus apella* (con pocos registros en el Ojo de Contaya), *Cacajao calvus* (un registro en el Ojo de Contaya) y *Saguinus fuscicollis* (con un solo registro en Divisor). Los valles en estos sitios albergan grandes poblaciones de herbívoros y frugívoros, tanto arboreos como terrestres, pero no pequeños primates.

Registramos cuatro especies sólo en el Ojo de Contaya: zorro de agua (*Chironectes minimus*), pelejo colorado (*Choloepus didactylus*), tigrillo (*Leopardus pardalis*) y ardilla (*Sciurus ignitus*), y una en Divisor (*Puma concolor*). Sin embargo, éstas son especies que son difíciles de observar y su aparente ausencia en los otros sitios puede deberse sólo un artefacto de muestreo.

Comparación con otros inventarios en la Zona Reservada

En Apéndice 9, comparamos la riqueza y composición de especies de este inventario con los resultados de tres inventarios realizados previamente en otros sitios dentro del área de la Zona Reservada: reportes de la Serranía de Contamana y el río Abujao-Shesha (FPCN/CDC 2001, 2004) y de la localidad de Actiamë del inventario biológico rápido en la Reserva Comunal Matsés (Amanzo 2006). También comparamos nuestro estudio con inventarios del Parque Nacional da Serra do Divisor, Brasil (Whitney et al. 1996, 1997).

En el inventario de la Serranía de Contamana y el río Abuajo-Shesha, cuatro sitios diferentes fueron evaluados. Treinta y cinco especies fueron registradas, 24 de las cuales son compartidas con nuestros sitios (incluyendo 10 especies de primates). Nueve especies fueron registradas sólo en nuestros sitios, incluyendo perezoso de dos dedos (*Choloepus didactylus*), *Callimico goeldii*, *Callicebus cupreus*, *C. caligatus*, *Nasua nasua* y *Puma concolor*. Las especies que fueron registradas sólo en la Serrania de Contamana fueron *Myrmecophaga tridactyla*, *Callithrix pygmaea*, *Saimiri sciureus*, *Sciurillus pusillus*, *Sciurus igniventris* y la punchana (*Myoprocta pratti*).

Las áreas más diversas en especies de primates en el Perú son la cuenca del río Gálvez (Fleck y Harder 2000) y la Reserva Comunal Tamshiyacu-Tahuayo (Puertas y Bodmer 1993), ambos con 14 especies. En este inventario registramos 13 especies de primates. Si añadimos *Callithrix pygmaea* y *Saimiri sciureus*,

ambas registradas en la Serrania de Contamana, alcanzaríamos a 15 especies y la Zona Reservada se convertiría en la región con la mayor diversidad de primates en el Perú.

Treinta y cinco especies de mamíferos fueron registrados en cuatro días en Actiamë (Amanzo 2006). Esta alta riqueza de especies es el reflejo de la alta disponibilidad de frutos comestibles, combinado con la presencia de diferentes hábitats en este sitio. Este número es muy similar a las 31 especies que registramos en Tapiche, que fue el sitio de nuestro inventario más parecido con Actiamë. En particular, fue sorprendente la alta diversidad de xenartros en Actiamë (ocho especies vs. cuatro en nuestro sitios). Con respecto a los otros grupos de mamíferos, la riqueza de especies fue casi similar entre Actiamë y nuestros sitios.

Finalmente, dos especies de mamíferos fueron registraos en el Parque Nacional da Serra do Divisor en Brasil, pero no fueron registrados en ninguno de los inventarios en la Zona Reservada: *Dinomys branickii* y *Saguinus imperator*. Como mencionamos anteriormente, sospechamos que *Dinomys* no fue registrado en nuestros sitios debido a la ausencia de su hábitat preferido, bosque de bambú (C. Peres com. pers.). La presencia de *Saguinus imperator* en el Parque Nacional da Serra do Divisor probablemente es debido a la ubicación sur del parque brasileño, que es consistente con las localidades registradas de *S. imperator* en Perú.

AMENAZAS, OPORTUNIDADES Y RECOMENDACIONES

Principales amenazas

Dentro de la Zona Reservada Sierra del Divisor existen diferentes amenazas para los mamíferos medianos a grandes. Mamíferos grandes (herbívoros terrestres, primates y depredadores) están amenazadas por la cacería. Nosotros no encontramos ninguna evidencia de presión de caza en los tres sitios inventariados, probablemente por la ubicación de estos, lejos de cualquier comunidad. Sin embargo, los inventarios en la Serrania de Contamana y el río Abujao-Shesha, cercanos a los limites de la propuesta Zona Reservada, mostraron evidencias claras de presión de caza (e.g., la ausencia de *Ateles chamek*). Estos resultados resaltan la importancia de preservar una amplia región continua (que incluyen áreas de difícil acceso para los humanos) para preservar grandes poblaciones de especies de importancia cercanas a comunidades.

Especies de pequeños mamíferos están amenazadas por la perdida de hábitat. Cuatro de las trece especies de primates registradas en nuestro inventario (*Callimico goeldii*, *Saguinus mystax*, *Callicebus caligatus* y *C. cupreus*) fueron encontradas sólo en bosque ribereño, cerca al río Tapiche. Por lo tanto, la pérdida de este hábitat causaría probablemente la extinción local de estas especies. Debido a su proximidad a ríos grandes, los bosques ribereños son los primeros en ser degradados o desaparecer si la región no es protegida del uso y ocupación humana, reforzando la importancia de proteger estrictamente un mosaico de diferentes tipos de hábitats.

Para *Callimico goeldii* la amenaza es más seria por que esta especie tiene una distribución muy restringida. *Cacajao calvus* también tiene una distribución geográfica muy restringida, y principalmente está asociado a aguajales cerca a grandes ríos. La degradación de estos hábitats sería especialmente contraproducente para la supervivencia de estos dos especialistas de hábitats.

Oportunidades de conservación

Mamíferos grandes y medianos

Registramos un gran número de especies amenazadas a nivel nacional e internacional (Apéndice 8). De las 64 especies esperadas, 20 están categorizadas como amenazadas por la Lista Roja de UICN (IUCN 2004), 30 están protegidas por CITES (2005) y 12 están categorizadas como amenazadas en la lista nacional para Perú (INRENA 2004).

Los pobremente conocidos *Callimico goeldii* y *Cacajao calvus* están considerados como especies Casi Amenazadas (IUCN 2004), Vulnerables de acuerdo a INRENA (2004) y en el Apéndice I de CITES (2005). *Callimico goeldii* es uno de los primates sudamericanos menos estudiados, debido a que su

naturaleza críptica y baja densidad los hace difíciles de observar (Porter et al. 2001).

Cacajao calvus ucayalii (la subespecie endémica a Perú y al oeste de Brasil) está restringida a las márgenes derechas de los ríos Amazonas y Ucayali en el noreste de Perú y oeste de Brasil (Hershkovitz 1987; Barnett y Brandon-Jones 1997). *Cacajao calvus* está amenazada a lo largo de su rango de distribución pero no se encuentra presente en ninguna área protegida por el SINANPE en el Perú.

Especies de primates grandes, como *Ateles chamek* y *Lagothrix poeppigii*, son consideradas como Vulnerable y Casi Amenazada, respectivamente, por INRENA (2004) y forman parte del Apéndice II de CITES (2005).

Priodontes maximus está ampliamente distribuido en la Amazonia (Emmons y Feer 1997), pero esta listado como En Peligro por la UICN (IUCN 2004) y esta sometido a una fuerte presión de caza.

Tapirus terrestris es considerado Vulnerable por ambos la UICN (IUCN 2004) y INRENA (2004), y pertenece al Apéndice II de CITES (2005) debido a que sus poblaciones han sido seriamente reducidas por la sobrecacería (y al presente en algunos lugares han sufrido extinciones locales). Poblaciones de *T. terrestris*, raras en Perú, fueron bien comunes en los tres sitios inventariados.

Carnívoros grandes, como el *Panthera onca* y *Puma concolor*, están considerados por la UICN (2004) y el INRENA (2004) como Casi Amenazados, y están en los Apéndices I y II de CITES (2005), respectivamente. Ambas especies fueron registradas durante nuestro inventario, y debido a su amplia área de actividad, están bajo seria amenaza por la perdida de hábitat y cacería en otras regiones de la Amazonia.

Murciélagos

Cuatro de las especies de murciélagos registradas durante nuestro inventario (*Artibeus obscurus*, *Platyrrhinus infuscus*, *Sturnira magna* y *Vampyressa bidens*; Apéndice 10) están listadas como de Bajo Riesgo (Casi Amenazadas) por el Grupo de Especialistas en Chiroptera IUCN/SSC (Hutson et al. 2001).

Recomendaciones

Protección y manejo

Recomendamos que la Zona Reservada Sierra del Divisor sea estrictamente protegida, especialmente las áreas que contienen bosques ribereños, aguajales y bosque maduro bien preservados. Estas áreas sostendrían poblaciones grandes de la mayoría de mamíferos grandes y medianos, y son los hábitats preferidos de los primates pequeños y de las especies amenazadas *Callimico goeldii* y *Cacajao calvus*. Áreas colinosas deberían ser completamente protegidas porque éstas siempre albergan poblaciones de mamíferos grandes en sus valles. Las cumbres, a pesar de que no juegan un papel importante en la riqueza de mamíferos grandes, pueden albergar mamíferos pequeños especialistas.

Recomendamos un plan de manejo para hacer un uso apropiado de las poblaciones de especies de importancia, como *Ateles chamek*, *Lagothrix poeppigii* y *Tapirus terrestris*. Este plan debería ser desarrollado en concordancia con las comunidades de nativos y colonos locales. Hay que establecer áreas protegidas estrictas, donde la cacería esté prohibida, adyacente a áreas de amortiguamiento donde una cacería ligera sería permitida (para ayudar a recuperar las poblaciones de mamíferos de importancia en estas áreas).

Investigación

En general, más investigación es necesaria para ubicar las áreas donde las especies de importancia son más abundantes y ayudar al manejo de sus poblaciones. Se conoce muy poco acerca de las comunidades de murciélagos y pequeños mamíferos terrestres en la región. En particular recomendamos inventarios de pequeños mamíferos en las laderas de las crestas de la región, donde hay microhábitats específicos que son conocidos por estar asociados con especies endémicas de otros grupos de vertebrados (p. .ej., *Thamnophilus divisorius*). Otras observaciones interesantes que invitan a hacer futura investigación son (1) la presencia de dos variedades de *Ateles chamek* en el Ojo de Contaya, uno con una cara roja y la otra con una cara blanca o blancuzca. (Recomendamos investigación adicional para determinar si estas son variaciones dentro de la misma especie o se trata de dos especies simpátricas.), y (2) la presencia de *Cacajao calvus* en las cumbres, lejos del bosque bajo. Esta observación puede representar una ampliación de los hábitats que esta especie utiliza, demostrando nuestro limitado conocimiento acerca de su uso de hábitats y migración. Determinando exactamente los factores que causan su presencia en este lugar inesperado podría ayudar a estructurar los lineamientos para su propia conservación y manejo.

FORTALEZAS SOCIOCULTURALES

Participantes/Autores: Andrea Nogués, Presila Maynas, Orlando Mori, Mario Pariona, Renzo Piana, Jaime Semizo y Raúl Vásquez

Objetos de conservación: La Reserva Territorial Isconahua; chacras con cultivos diversificados para los fines de desarrollo de economía de subsistencia; superficies con bosque secundario para la rotación de cultivos agrícolas; cuerpos de agua para actividades permanentes de pesca para autoconsumo familiar; áreas con poblaciones de bosque con diversidad de especies maderables y aptas para el manejo sostenible

Fortalezas para la conservación: Prácticas tradicionales y conocimientos locales congruentes con la conservación de la biodiversidad natural y su vínculo con la diversidad de culturas; alta disposición y capacidad organizativa para participar en el cuidado de un área protegida; actitudes positivas, visión del futuro y necesidad de manejar los recursos naturales; percepción integral de valoración del medioambiente y gran compromiso con su zona.

INTRODUCCIÓN

Previo al inventario biológico rápido, existen dentro de la Zona Reservada Sierra del Divisor la Reserva Territorial Isconahua* y la propuesta para establecer la Reserva Territorial Yavarí-Tapiche (Fig. 10B). La zona cuenta con varios estudios biológicos y socioeconómicos que dieron origen a la formulación de propuesta de área protegida, investigaciones antropológicas para el reconocimiento de la Reserva Territorial Isconahua y estudios para la propuesta de Reserva Territorial Yavarí-Tapiche (grupo étnico Mayuruna). El más reciente es el Estudio Socio-Económico del Área de Influencia del

Proyecto: Zona Reservada Sierra del Divisor, desarrollado por FPCN/CDC (zona norte) y CIFA (Centro de investigaciones de la frontera Amazónica)-UNU (Universidad Nacional de Ucayali) (zona sur), en el año 2004.

Alrededor de la Zona Reservada Sierra del Divisor, existen aproximadamente 20 comunidades y caseríos, habitados por diversos grupos étnicos, y ubicadas sobre los ríos Ucayali, Abujao, Callería, Utiquinía y Tapiche (Fig. 2A).

METODOS

Tuvimos como objetivo principal identificar las fortalezas socioculturales en las principales poblaciones humanas en la Zona Reservada Sierra del Divisor. Del 2 al 22 de agosto visitamos 9 de los 20 centros poblados (comunidades nativas y caseríos) aledaños a la Zona Reservada (Appendix 11). No pudimos visitar las poblaciones restantes por limitaciones de acceso por río en la época en la que se realizó el trabajo.

En dichos asentamientos realizamos reuniones informales y formales, con participación de los comuneros, comuneras, autoridades y personas interesadas. Realizamos reuniones formales con la finalidad de informar el desarrollo del inventario biológico rápido en la zona y recoger las opiniones de la población sobre la gestión y el control del área natural. Las reuniones formales también evidenciaron de manera preliminar las fortalezas del uso y cuidado de la biodiversidad natural. Durante la fase de recopilación de la información en las comunidades y caseríos empleamos mecanismos participativos, talleres de trabajo y encuestas semi-estructuradas.

Esto a su vez fue complementado por las observaciones sistemáticas de la vida cotidiana de la población; conversaciones informales con autoridades y personas claves; trabajo con grupos focales; la asistencia a asambleas comunales; el desarrollo de mapas de uso de sus recursos naturales; inspecciones al bosque a los lugares de caza, recolección de frutos y extracción de

* La manera de escribir el nombre oficial de la reserva es diferente al que usan los propios Iskonawa.

madera; visitas informales a viviendas familiares; y participación en faenas comunales y chacras. Toda esta información sirvió para que el equipo pueda tener un mejor panorama de las fortalezas de las comunidades y caseríos más cercanos.

RESULTADOS

Identificamos una serie de prácticas locales de uso de recursos naturales, capacidades organizativas desarrolladas, actitudes positivas hacia el cuidado y protección del área, y valores culturales (conducidos con liderazgo y por consenso dentro del marco de una organización social), fuerte posicionamiento al lugar y valoración a su medio que les rodea. Estos aspectos, identificados como fortalezas, pueden contribuir a los esfuerzos de protección de la biodiversidad y contrarrestar las amenazas al área.

Fortalezas

Uso sostenible de los recursos naturales

En la mayoría de las comunidades y caseríos aledaños a la Zona Reservada existen conocimientos y prácticas de producción con enfoque de manejo y extracción esencialmente con fines de satisfacer el consumo familiar (Appendix 12). Estos aspectos de las poblaciones humanas de la región constituyen una gran fortaleza porque representa cierta resistencia a otras definiciones de calidad de vida mas alineadas con aquellos procesos de "desarrollo" y "crecimiento" económico que suelen arrasar con los recursos naturales (Daly y Cobb 1989; Daly 1996).

En general los pobladores asentados alrededor de la Zona Reservada realizan prácticas de uso de los recursos naturales compatibles con la conservación. La escala de producción y extracción de productos del bosque suele ser baja y a nivel familiar, ya que las actividades se realizan principalmente para el autoconsumo y para cubrir las necesidades básicas. Se practican métodos de extracción de madera con bajo impacto—los trabajos son hechos manualmente y con equipos livianos que no perturban al bosque—acciones que permiten una regeneración viable de los recursos naturales (Fig. 11A).

Una comunidad nativa ejemplar en la que se documentaron una serie de fortalezas ha sido la Cominidad Nativa (C.N.) Callería, integrada por el grupo étnico Shipibo-Conibo. Durante las conversaciones con los pobladores, un tema importante fue el uso y manejo de los recursos naturales. A pesar de estar ubicados cerca de la desembocadura del río Callería, afluente del río Ucayali y bastante próximos a los mercados regionales, los habitantes de esta comunidad prefieren realizar actividades de producción y extracción con fines de subsistencia; producen y venden sólo lo necesario para comprar productos de primera necesidad así como para cubrir los gastos escolares y de salud. La producción agrícola es practicada a nivel familiar. En los cultivos incluyen una diversidad de variedades de plátanos, yucas, maíz, arroz, legumbres, árboles frutales y plantas medicinales.

Por encontrarse en tierras inundables, los comuneros cazan periódicamente al noroeste del centro poblado indígena Chachibai (comunidad que agrupa a los pobladores Iskonawa) y en los bosques de la concesión forestal El Roble. Allí los cazadores encuentran venado (*Mazama* spp.), sajino (*Pecari tajacu*), picuro (*Cuniculus paca*), mono negro (*Pithecia monachus*), mono choro (*Lagothrix poeppigii*) y aves.

La pesca constituye una actividad principal (Fig. 11D). La practican diariamente con fines de autoconsumo en el río Callería, en los caños de Cumanía y Chashuya, y otras cochas. Entre las especies más aprovechadas, destacan la palometa (*Mylossoma duriventre*), la sardina (*Triportheus* sp.) y la lisa (*Leporinis friderici*) en época de vaciante, y la carachama (Loricariidae), el acarahuazú (*Astronotus ocellatus*), la cahuara, la sardina y la paña (Characidae) en el resto del año. Para asegurar la sostenibilidad de esta actividad, los miembros de la comunidad crearon un Comité de Pesca, el cual maneja un criadero de alevines de paiches (*Arapaima gigas*) para repoblar sus cochas. El Comité de Pesca fue formado en el año 2000, con el apoyo de la Asociación para la Investigación y el Desarrollo Integral (AIDER) y el Fondo de Desarrollo Indígena. El principal objetivo a

largo plazo del Comité de Pesca es obtener una concesión para el manejo de esta especie. Para este fin han elegido la cocha Chashuya, la cual cuenta con el tamaño suficiente para desarrollar un plan de manejo eficiente de alevines de paiche. Los residentes tienen planeado coordinar con la comunidad campesina de Pantoja (pobladores de origen Cocama) para acciones de manejo en conjunto. Eventualmente, también piensan en repoblar con otras especies, como gamitana (*Colossoma macropomum),* arawana (*Osteoglossum bicirrhosum),* doncella (*Pseudoplatystoma fasciatum*) y paco (*Piaractus brachypomus*).

Actualmente la C.N. Callería viene desarrollando un plan de aprovechamiento forestal sostenible sobre una superficie de 2,528 ha de bosque, bajo la responsabilidad del Comité de Manejo Forestal. Este Comité esta integrado por 24 personas y su administración está conducida por un presidente, un vicepresidente, un tesorero, un jefe de operaciones, un encargado de tratamiento silvicultural y varios operadores. El aprovechamiento se realiza en un ciclo de corta de 20 años, y en parcelas de corta anual, que varían entre las 120 a 140 ha. Asimismo, los integrantes del Comité de Manejo Forestal consideran importante darle mayor valor agregado a la madera aserrada que producen, como para la fabricación de muebles. También han planificado producir carbón con las ramas de los árboles aprovechados, con el propósito de hacer un uso más eficiente de la biomasa forestal.

La presencia de extractores foráneos de los productos del bosque también afecta a los recursos naturales del área, lo cual ha motivado el desarrollo de formas comunales de vigilancia para la protección. Los pobladores manifiestan insistentemente su preocupación por asegurar el cuidado del área para el futuro, dada la presencia de esta fuerte amenaza permanente en la zona. Las aspiraciones que tienen los pobladores de la C.N. Callería —de cuidar y manejar los recursos naturales— ha sido respaldado con acciones específicas para proteger al área de la presencia de los foráneos que realizan prácticas extractivas no-sostenibles. Por ejemplo, se ha creado un Comité de Vigilancia de Pesca (el cual forma parte del Comité de Pesca mencionado anteriormente) para controlar el acceso al área de depredadores. Han construido un puesto de control sobre el río Callería para mantener vigilado el acceso al uso de los recursos en el área, particularmente de las actividades de los pescadores comerciales (Fig. 11C). Lamentablemente, este sistema de control no es siempre respetado por los foráneos que transitan el área, en parte porque los comuneros no cuentan con el respaldo del Estado.

En la C.N. Callería existe un gran potencial humano para la colaboración local en la protección y el cuidado de la Zona Reservada. Los pobladores han demostrado su interés en conducir, por iniciativa propia, acciones para el uso sostenible y el cuidado los recursos y el área. También disponen de una capacidad organizativa local para participar en esfuerzos de control. Es interesante notar que durante una conversación con un grupo de mujeres que pertenecen al Comité de Artesanías de la C.N. Callería, las mismas expresaron no sólo que están de acuerdo con la creación de un área protegida, sino también reconocieron la necesidad de mantener la equidad de género en el cuidado de los recursos naturales. Dos señoras comentaron, "Las mujeres también podemos ser guardaparques," y "En el Sira hay una mujer guardaparque y nosotras también podemos hacerlo."

En los poblados restantes que visitamos, identificamos similares fortalezas, particularmente en términos de uso de recursos. Por ejemplo, la agricultura diversificada es realizada de acuerdo a la capacidad de mano de obra disponible en la comunidad y básicamente es para el consumo familiar. Esta practica fue un común denominador en los poblados visitados. En los poblados con mayor número de habitantes, los cultivos que se siembran son diversos. Tal es el caso de la C.N. Patria Nueva, donde los pobladores siembran yuca, maíz, fríjol, arroz, plátano, frutales y variedad de hortalizas en sus chacras. En el caserío Bellavista, la agricultura de subsistencia es una de las principales actividades productivas de los pobladores, quienes cultivan yuca, plátano, maíz, fríjol, y frutales como mango, limon, piña y sandia.

En el Caserío Guacamayo, donde la población es más reducida, la producción agrícola de autoconsumo es más limitada. Cultivan maíz, arroz, plátano y yuca. Igualmente en la C.N. San Mateo, donde los pobladores siembran yuca, plátano, maíz, fríjol, palta, y además cuentan con una pequeña plantación de algodón para semillero.

La mayoría de los poblados aledaños a la Zona Reservada realizan una amplia variedad de actividades extractivas, como la caza, pesca, recolección y extracción de recursos maderables y no maderables. En algunos casos, las técnicas aplicadas en estas actividades se consideran sostenibles, también por destinarse los productos para los fines de autoconsumo. En otros, se consideran sostenibles por los métodos de manejo aplicados. Un ejemplo notable de una actividad extractiva basada en los fundamentos de manejo sostenible de recursos no maderables se practica en el Caserío Guacamayo, donde los habitantes dedican la mayor parte de su tiempo a la extracción y confección de paños tejidos de hoja de irapay (*Lepidocaryum tenue*, Fig. 11A), conocidos en la región como "crisnejas." Todas las crisnejas se comercializan en Pucallpa y es sin duda la principal actividad generadora de ingresos en este caserío. El método de manejo de las palmeras de irapay consiste en aprovechar las hojas lignificadas y dejando el "cogollo" (ápice terminal) intacto con dos o tres hojas como mínimo, permitiendo un ciclo de rotación para el aprovechamiento cada cinco años por planta.

En el Caserío Bellavista los pobladores practican actividades extractivas, en la mayoría de los afluentes del río Tapiche. El conocimiento de los pobladores de la ubicación la diversidad de especies y la potencialidad del bosque es amplio. Extraen maderas de baja densidad y de mayor valor en el mercado local, como cedro (*Cedrela* sp.), caoba (*Swietenia macrophylla*), cumala (*Virola, Iryanthera*), lupuna (*Ceiba*), catahua (*Hura crepitans*) y copaiba (*Copaifera reticulata*). Se emplea motosierras para el talado y trozado de los árboles. El arrastre de las trozas de madera hasta las quebradas es efectuado utilizando la fuerza humana, ayudándose con algunas herramientas simples. El sistema de aprovechamiento del bosque practicado es de bajo impacto. Los disturbios al medio ambiente y principalmente a la regeneración natural de las especies forestales son mínimos. El aprovechamiento se centra en árboles con diámetros comerciales. Al respetar los árboles forestales con diámetros mínimos de corta, también se garantiza la regeneración de los árboles y garantiza la dispersión de semilla. Asimismo la población se opone al uso de maquinaria pesada para extraer madera.

En el Caserío Canelos, los pobladores se dedican muy poco a la caza de animales silvestres. La realizan de manera especial para celebrar las fiestas navideñas, celebrar los matrimonios y la fiesta patronal del caserío. En estos casos, las especies cazadas con más frecuencia incluyen majás (*Cuniculus paca*), venado, sajino y algunos monos.

Fuerte deseo de cuidar sus recursos naturales
La constante presencia de las amenazas afecta no sólo a la biodiversidad sino también a los pobladores locales y las poblaciones indígenas sin contacto. Durante las conversaciones con los miembros de las comunidades y caseríos sobre la necesidad de protección de los recursos naturales, la mayoría expresó un gran deseo de cuidar sus recursos naturales y controlar el ingreso de extractores foráneos de los productos del bosque.

En todas las comunidades y asentamientos visitados durante el estudio se documentó que la práctica de pesca es primordialmente para el autoconsumo. Este recurso es fundamental para la dieta alimenticia de los todos pobladores y es la más presionada por la presencia de pescadores comerciante foráneos, de allí la necesidad de organizarse de las comunidades para proteger y manejar los cuerpos de agua.

Los comuneros de la C.N. San Mateo, por ejemplo, señalaron la abundancia de recursos durante la época de sus padres y afirman que ahora éstos son más escasos. Reflexionan que es importante mantener la diversidad de especies de animales y plantas en el bosque, así como diversificar cultivos en sus chacras y huertos. Esta motivación los condujo a introducir algunas plantas

como sangre de grado (*Croton lechleri*) y la palmera de aguaje (*Mauritia flexuosa*) a la comunidad.

En la actualidad, existen concesiones forestales, conducidas por grupos de madereros y colindan con el territorio del C.N. San Mateo. Además hay presencia de madereros ilegales dentro y alrededor de la comunidad. Frente a estas amenazas, la comunidad se encuentra indefensa, ya que cuenta con una población reducida para resguardar su territorio y demasiado aislada para solicitar el apoyo o denunciar a las autoridades. Por estas razones los pobladores expresaron una gran disposición de colaborar en el cuidado y la protección de los recursos naturales. Vale destacar que los pobladores actuales de San Mateo, a pesar de las permanentes amenazas que han recibido de los madereros y las continuas entradas al área por parte de los mineros y otros foráneos, se sienten comprometidos a permanecer en el área porque lo consideran parte de su vida: El bosque los provee de suficientes productos para el autoconsumo y les permite garantizar una buena calidad de vida.

Los pobladores de los caseríos de Vista Alegre y Guacamayo, y las comunidades nativas Patria Nueva y Callería, tienen actitudes positivas respecto a la creación de un área protegida en la zona y quieren cuidar mejor sus recursos hidrobiológicos. Han expresado su preocupación por los frecuentes casos de pesca con una pesticida, conocida como Tiodan, por parte de los pescadores comerciantes, así como por la apertura de viales forestales desde las nacientes del río Callería hacia las nacientes del río Tapiche, atravesando la Zona Reservada y una parte de la Reserva Territorial Isconahua, para la extracción de madera de alto valor comercial (caoba y cedro). Por estos motivos, los pobladores consideran la creación de un área protegida como un instrumento legal que pondría freno al continuo ingreso de madereros y a la pesca con tóxicos.

En el río Tapiche, los pobladores de la C.N. Limón Cocha expresaron su temor de que los niños se queden sin recursos naturales en el futuro porque los que disponen actualmente se están agotando. Por este motivo consideran que es sumamente importante cuidar los bosques que aún existen. Al ser informados de la Zona Reservada, no sólo expresaron su conformidad con proteger el área, sino también están dispuestos a colaborar con el control y participar directamente en la gestión del área.

Estas perspectivas locales relacionadas al cuidado de los recursos naturales reflejan una fortaleza que se encuentran en el total de las poblaciones visitadas por el equipo social, y se manifiestan a través de iniciativas que deberán ser incorporadas en las estrategias y mecanismos para la protección de la biodiversidad natural del área.

Organización comunal efectiva

El funcionamiento de las organizaciones sociales locales que demuestran ser efectivas para realizar gestiones y actividades de bien común y familiar constituyen una gran fortaleza para la implementación del sistema de protección de la biodiversidad y de zonas con diversidad cultural.

Durante el período de trabajo de campo se evidenció varios ejemplos de fortalezas organizativas en los centros poblados de la región. En general, se afirma que el uso colectivo de los recursos naturales puede contribuir de manera importante a la conservación y el manejo sostenible de los recursos naturales. Las relaciones de parentesco, en la mayoría de los casos, forman una base importante para consolidar estas prácticas colectivas.

El trabajo grupal, conocido comúnmente como "minga," es la forma principal en la que los comuneros o pobladores de la región se organizan para realizar labores agrícolas y comunales. Las mingas se realizan no sólo para trabajos comunales (como la limpieza de la cancha de fútbol), sino también para el beneficio de las familias (acondicionamiento de chacras, cosechas, construcción de casas, etc.). Las mingas casi siempre son de un día y están constituidas por grupos de 15 a 25 personas. Participan varones y mujeres de diferentes edades, y la responsabilidad de quien organiza la minga es proveer la bebida y alimentos. Estos esfuerzos grupales también fortalecen los vínculos sociales y de parentesco dentro de la comunidad.

En varios centros poblados existen mecanismos que garantizan la participación democrática y eficiente de los moradores y de sus autoridades. Para aquellos que no cumplen con las faenas o con los deberes comunales, existen normas internas que las autoridades aplican para asegurar una mayor participación y garantizar el cumplimiento de las obligaciones. Por otro lado, cuando una autoridad se ausenta por mucho tiempo del poblado, o cuando no se ven resultados en su gestión, el caserío o la comunidad las cambia o proceden a reestructurar la junta directiva.

Un ejemplo de trabajo colectivo y organizado es la extracción de los recursos naturales en el Caserío Guacamayo, donde los hombres, mujeres y niños trabajan juntos en el tejido de los paños de hojas de irapay. Por las mañanas, los hombres extraen las hojas, mientras los niños están en la escuela; y por la tarde, la familia entera teje los paños (Fig. 11A). Los paños de hojas de irapay son comercializados por un intermediario (quien generalmente es un pariente) que los compra semanalmente o los intercambia por insumos básicos (kerosene, sal, aceite, jabón) traídos desde Pucallpa.

En la C.N. Callería por la necesidad de cuidar los recursos naturales se han constituido diferentes comités orientados a realizar actividades de manejo sostenible del bosque. Estos comités se dedican al manejo forestal, manejo de recursos pesqueros y a la elaboración de artesanías.

Para la elaboración de estas artesanías, las mujeres usan principalmente la materia prima provenientes de los bosques de la zona. Sin embargo, existen algunos recursos necesarios para la elaboración de cerámicas, como lacre, tierra blanca y tierra negra que deben obtenerse de otras comunidades nativas vecinas, tales como Tupac Amaru (del alto Ucayali) y Nuevo Edén (del río Pisqui). Estas relaciones intercomunales basadas en relaciones de parentesco y de apoyo colectivo, constituyen una fortaleza importante, ya que demuestran una alta capacidad de comunicación y coordinación, a pesar de las distancias geográficas.

Otras fortalezas relacionadas con la organización comunal se basan en los lazos de parentesco que facilitan las acciones de gestión de las organizaciones. Existen diversas formas de organización local que incluyen a los pobladores, a las autoridades comunales y a grupos focales (comités, clubes, comisiones de trabajo, etc.) creados para realizar gestiones específicas (manejo forestal, manejo de pesca, manejo de irapay, etc.).

Si bien la mayoría de los poblados visitados se organizan políticamente de forma oficial, implementando mecanismos de toma de decisiones a través de la asamblea comunal y aplicando sanciones a quienes no participan adecuadamente. También existen otras formas para consolidar los esfuerzos comunales que son un tanto informales, pero acertadas. Este es el caso del Caserío Guacamayo en el cual a pesar de tener una población reducida (solamente 12 familias), suelen tomar decisiones sin la necesidad de convocar a asambleas.

Por el contrario, un ejemplo de organización comunal consolidada mediante un sistema formal se evidenció en la C.N. Callería, donde el centro poblado es particularmente ordenado y cuidado, lo cual es consecuencia de una organización política fuerte que cuenta con el apoyo de los pobladores. Las autoridades tienen como prioridad atender los intereses de toda la comunidad, coordinando asuntos importantes como la limpieza de sus linderos y calles, la realización de mingas para la construcción de casas, el mantenimiento de la cancha de fútbol y de las escuelas, entre otras actividades. Los pobladores colaboran en todos los trabajos públicos y comunales. Todos los días sábado, un promedio de 90 pobladores dedica parte de su tiempo a la realización de las labores comunales. Este grupo lo conforman comuneros "hábiles" (jóvenes y adultos con capacidad física) y comuneros "jubilados" (adultos mayores y ancianos), cuya participación es opcional.

Observamos otro ejemplo interesante de un grupo creado por mujeres y para responder a una necesidad específica fue documentado en la C.N. Limón Cocha, donde el Club de Madres fue recientemente reactivado para promover la enseñanza del idioma Kapanawa a los niños en coordinación con el profesor de la escuela primaria.

Todos estos modos efectivos de organización comunal representan la variedad de capacidades locales que podrían contribuir al cuidado del área. Aquí se muestra que no sólo mediante las autoridades oficiales se llevan a cabo esfuerzos de bienestar común y familiar, sino que existen maneras de organización informal y grupos que han sido creados con objetivos específicos de cuidado de los recursos naturales y desarrollar actividades de interés para el bienestar de la comunidad. También es notorio en estos diferentes modos de organización, los lazos de parentesco juegan un papel sumamente importante en la realización de esfuerzos comunes de organización social.

PANORAMA SOCIAL GENERAL

Muchas de las comunidades nativas y caseríos tienen una presencia en la zona que se remonta a trayectoria de vida de varias generaciones (hasta cinco). Durante este período de convivencia se ha transmitido a los jóvenes un sentimiento de identidad importante con el lugar donde viven y por lo tanto mantienen un interés en cuidar sus recursos con una visión para que las generaciones futuras puedan continuar disponiendo de los recursos del bosque. También, algunos caseríos creados recientemente expresan su deseo de mantenerse estables donde actualmente se encuentran, para vivir de los recursos del bosque. En conclusión, tanto los caseríos como las comunidades en general utilizan los recursos, principalmente para el autoconsumo, y en menor grado con fines de subsistencia familiar (consumo y comercialización). En algunos casos, han iniciado esfuerzos de repoblamiento de peces, de manejo sostenible de diferentes recursos del bosque y vienen desarrollando estrategias para controlar el acceso a sus recursos naturales.

AMENAZAS Y RECOMENDACIONES

La zona tiene vastas preocupaciones que requieren su atención inmediata, como (1) intereses extractivos motivados por mercados regionales, nacionales, e internacionales, (2) necesidad de proteger a los pueblos indígenas no contactados y (3) necesidad de conservar la biodiversidad natural. Al contestar a estas amenazas ofrecemos las siguientes recomendaciones.

Desarrollar mecanismos participativos de protección y manejo del área.

Las fortalezas sociales y culturales que identificamos de forma preliminar durante el inventario rápido social deberán formar la base de mecanismos de participación local en la protección de la Zona Reservada Sierra del Divisor. Los mecanismos de protección del área se deberán incorporar a las numerosas organizaciones sociales que ya existen en las comunidades y caseríos locales. Estas organizaciones incluyen no sólo a las autoridades locales, sino también a otros grupos organizados que llevan a cabo manejo y vigilancia de pesca, manejo forestal, extracción de productos no maderables, grupos de ayuda mutua para el desarrollo de las actividades agrícolas, etc. Todas estas capacidades locales deberán ser incorporadas al cuidado del área protegida.

Involucrar la Comunidad Nativa Matsés.

Dado que la C.N. Matsés se encuentra desarrollando mecanismos para implementar el cuidado de su Reserva Comunal, recomendamos que estas iniciativas se incorporen al manejo y cuidado de la parte norte de la Zona Reservada Sierra del Divisor, que colinda con su comunidad y reserva.

Desarrollar una visión compartida entre los diferentes actores involucrados en la protección del área.

Existen intereses para fomentar el uso sostenible de recursos naturales para garantizar el bienestar de las poblaciones locales. Recomendamos una serie de diálogos abiertos para desarrollar un plan integrado para categorizar y implementar un sistema de protección y gestión del área. Podemos hacerlo vinculando los intereses de conservación, el uso sostenible del medioambiente y la necesidad de garantizar los derechos de los pueblos indígenas.

Para lograr esta visión compartida, se recomienda mantener un diálogo fluido entre todas las organizaciones y pobladores locales para compartir sus ideas e integrarlas en la implementación de un área protegida. También se sugiere continuar con los procesos de consulta y diálogo con las poblaciones locales, ya que si bien éstas expresaron sus perspectivas de cuidado a largo plazo durante el inventario social. Éste fue de carácter "rápido" y aún quedan algunas poblaciones a ser visitadas.

Corregir sobreposiciones.

En los casos donde existe "sobreposición" de áreas entre aliados, se recomienda dar el reconocimiento correspondiente y replantear los límites, como en los siguientes casos (Figs. 2A, 10C, 10D):

- La Reserva Territorial Isconahua con la Comunidad Nativa San Mateo
- La Zona Reservada Sierra del Divisor con los centros poblados del río Callería
- La propuesta de Reserva Territorial Yavarí-Tapiche con la propuesta extensión de la C.N. Matsés
- La Zona Reservada Sierra del Divisor con la propuesta de ampliación de la C.N. Matsés

Reconocer fortalezas socioculturales de forma positiva.

Revalorar las perspectivas de visión a largo plazo de los pobladores locales con relación al compromiso de cuidar el área, para asegurar el bienestar de sus generaciones futuras. El proceso de transmisión de conocimientos de técnicas productivas y valores culturales a los jóvenes, que se realiza principalmente mediante el desarrollo de prácticas en los poblados de la región, deberá ser reconocido explícitamente como una fortaleza y se deberá fomentar su continuidad.

SITUACIÓN JURÍDICA DE LAS RESERVAS TERRITORIALES A FAVOR DE PUEBLOS INDÍGENAS AISLADOS EN EL PERÚ

Autor: César Gamboa Balbín

Introducción

La protección legal de los derechos colectivos de los pueblos indígenas en aislamiento voluntario ha sido desordenada e incompleta. Durante toda su vida republicana, el Estado Peruano no ha mostrado un interés por estos grupos humanos de la Amazonía peruana. Sin embargo, con el desarrollo de actividades económicas de extracción de recursos naturales en la selva peruana en la segunda mitad del siglo XX, el Estado optó por una legislación que crea áreas conocidas como Reservas Territoriales para proteger a estas poblaciones indígenas aisladas de posibles agresiones o amenazas realizadas por actores sociales y económicos que interactúan en la selva (como son los colonos, las empresas mineras o petroleras, concesionarios forestales o madereros ilegales, cocaleros, narcotraficantes u otros actores sociales). Sin embargo, esta legislación tiene varios defectos. En este capitulo presentamos un panorama general de la actual situación jurídica de las Reservas Territoriales.

Protección internacional a los pueblos indígenas en aislamiento voluntario

Muchos intentos por impulsar una normatividad especial que proteja a los pueblos indígenas a nivel mundial, y específicamente en el ámbito Latinoamericano se han frustrado desde hace dos décadas. Aún se encuentran en proceso de revisión los proyectos de declaración de reconocimiento de derechos de los pueblos indígenas, tanto en el seno de las Naciones Unidas (ONU) así como en la Organización de los Estados Americanos (OEA). Mientras tanto, el Convenio N° 169—el Convenio Sobre Pueblos Indígenas y Tribales—adoptado por la Organización Internacional de Trabajo (OIT), sirve como la única norma que protege los derechos de los pueblos indígenas "aislados," como se conoce en el ámbito mundial a aquellos pueblos en aislamiento voluntario y en contacto inicial.

Estos intentos lograron que se reunieran en Belém, Brasil, en noviembre de 2005, organizaciones indígenas, organizaciones de la sociedad civil americana y organismos de cooperación, así como agencias y expertos de conservación, en el "Primer Encuentro Internacional sobre Pueblos Indígenas Aislados de la Amazonía y del Gran Chaco" para tratar el tema de la protección y defensa de sus derechos. Entre las organizaciones nacionales, estuvieron Asociación Interétnica de Desarrollo de la Selva Peruana (AIDESEP, la única organización indígena en el evento), la Defensoría del Pueblo, el Instituto del Bien Común (IBC), Asociación Peruana para la Conservación de la Naturaleza (APECO), WWF Perú y Derecho, Ambiente y Recursos Naturales (DAR).

Este evento organizado por la Coordinación General de Indios Aislados de la FUNAI con la organización no gubernamental Centro de Trabajo

Tabla 3. Diagnostico general de la situación jurídica de pueblos indígenas aislados (Gamboa 2006).

Países	Situación jurídica	Situación actual	Propuestas
Bolivia	No existe	Indefensión	No existen
Brasil	Zonas de Protección	Indefensión (gobiernos estaduales y madereros ilegales)	Ley de 1973
Colombia	Zonas de Protección en parques nacionales	Indefensión (violencia política)	Zonas de Protección en parques nacionales
Ecuador	Decreto Ejecutivo	Indefensión (política hidrocarburos)	Zonas de Protección en parques nacionales
Perú	Reservas Territoriales	Indefensión (política económica en Amazonía)	Propuesta de Régimen Especial de Comisión Especial (D.S. N° 024-2005-PCM)
Paraguay	Propiedades compradas por organizaciones no gubernamentales	Indefensión cultural	No existe, sólo Reserva Biosfera del Chaco

Indigenista (CTI), obtuvo un diagnostico general, el cual indica el grave estado de vulnerabilidad en que se encuentran estos grupos culturales en toda la Amazonía peruana y en la zona del Chaco (Tabla 3).

Las organizaciones presentes vieron la necesidad de constituir una red internacional de información y monitoreo para la protección de estos pueblos. Es así como se creó la "Alianza Internacional para la Protección de los Pueblos Indígenas Aislados," cuya secretaria quedó encargada a la OIT Brasil. A través de la Declaración de Belém sobre Pueblos Indígenas Aislados (11 de noviembre de 2005), se exhortó a los estados de la región Amazónica y del Chaco a tomar medidas eficaces de protección para estos pueblos aislados. En el Perú, la Alianza coordinó el envío de cartas al congreso para impulsar el proyecto de ley que contiene la constitución del Régimen de Protección Especial de Pueblos Indígenas en Aislamiento Voluntario y en Contacto Inicial (anteproyecto remitido por el Presidente del Consejo de Ministros Carlos Ferrero mediante Carta de 26 de abril de 2005 a la Comisión de Amazonía del Congreso).

Normatividad tuitiva actual

Las normas que regulan los derechos colectivos de los grupos culturales en aislamiento voluntario en la Amazonía peruana—definidos en la legislación nacional peruana como pueblos indígenas, grupos etnolingüísticos, poblaciones indígenas y otros—son las siguientes:

- El artículo 89 de la Constitución Política de 1993

- El artículo 14—incisos 1, 2 y 3—del Convenio N° 169 sobre Pueblos Indígenas y Tribales en Países Independientes, adoptado en Ginebra, el 27 de junio de 1989

- La Segunda Disposición Transitoria del Decreto Ley N° 22175, Ley de Comunidades Nativas y de Desarrollo Agrario en las Regiones de Selva y Ceja de Selva

- Los artículos 4, 5, 6, 9 y 10 del Decreto Supremo N° 003-79-AA, Reglamento de la Ley de Comunidades Nativas y de Desarrollo Agrario de las Regiones de Selva y Ceja de Selva, mediante los cuales se encarga a las Direcciones Regionales Agrarias la demarcación del territorio de las Comunidades Nativas

Al lado de estas principales normas, existen algunos dispositivos internacionales en (1) la Declaración Universal de los Derechos Humanos, (2) los Pactos Internacionales de Derechos Civiles y Políticos y Derechos Económicos, Sociales y Culturales de 1996, (3) la Convención Internacional sobre la Eliminación de todas las Formas de Discriminación Racial, y (4) la Convención Americana de Derechos Humanos. Estos dispositivos junto a los que están comprendidos dentro de la Constitución Política del Perú, se convierten en un soporte jurídico para la interpretación *pro juris hominun* a favor de los derechos de estos grupos culturales.

De acuerdo al Art. 10 del Decreto Ley N° 22175, por el cual el Estado garantiza la integridad de la propiedad de las Comunidades Nativas, levantará el catastro correspondiente y les otorgará títulos de propiedad, teniendo en consideración el carácter sedentario o nómade de éstas. En conjunto con los artículos 4, 5, y 6 del Reglamento de la Ley de Comunidades Nativas y de Desarrollo Agrario de las Regiones de Selva y Ceja de Selva, donde se establece medidas complementarias de protección de grupos culturales aislados y en contacto inicial, creándose de esta manera las "Reservas Territoriales" del Estado a favor de estos grupos indígenas.

Reservas Territoriales "indígenas" actuales

Así, de manera complementaria e interpretando las normas que le otorgan facultades de demarcación territorial, el Ministerio de Agricultura y las Direcciones Regionales Agrarias han protegido los territorios, y derechos conexos a éstos, de los grupos culturales en aislamiento voluntario y contacto inicial a través de las Reservas Territoriales, creadas por diversas normas desde 1990. En consecuencia, ha funcionado, por defecto, un sistema "mixto" de protección de los recursos naturales y de los derechos colectivos de estos pueblos indígenas. Pese a ello, actualmente ha sido

Tabla 4. Reservas Territoriales "indígenas" establecidas actualmente (Gamboa 2006).

Grupo cultural protegido	Norma de creación	Rango de la norma	Modificatoria de la norma de creación
Kugapakori, Nahua, Nanti y otros	Decreto Supremo N° 028-2003-AG, del 25/07/2003	Decreto Supremo	(1) Propósito de proteger el derecho de propiedad del pueblo indígena (ocupación de modo tradicional) para el aprovechamiento de los recursos naturales de la reserva (2) Aprovechamiento con fines de subsistencia de los recursos naturales en el área (3) Prohibición de asentamientos poblacionales (4) Prohibición de actividades económicas
Murunahua (grupo étnico)	Res. Directoral Regional N° 453-99-CTAR-UCAYALI-DRSA del 24/09/1999	Resolución de Dirección Regional Agraria	(1) Propósito de proteger el derecho de propiedad del pueblo indígena (ocupación de modo tradicional) para el aprovechamiento de los recursos naturales de la reserva (1997) (2) Se excluyen territorios que se superponían a una concesión forestal (1999)
Mashco-Piro (grupo etnolingüístico)	Res. Directoral Regional N° 190-97-CTARU/DRA de 01/04/1997	Resolución de Dirección Regional Agraria	Propósito de proteger el derecho de propiedad del pueblo indígena (ocupación de modo tradicional) para el aprovechamiento de los recursos naturales de la reserva
Iskonawa (Isconahua) (grupo étnico)	Res. Directoral Regional N° 201-98-CTARU/DGRA-OAJ-T de 11/06/1998	Resolución de Dirección Regional Agraria	Propósito de proteger el derecho de propiedad del pueblo indígena (ocupación de modo tradicional) para el aprovechamiento de los recursos naturales de la reserva
Grupos no precisados en Madre de Dios	Resolución Ministerial N° 427-2002-AG de 22/04/2002	Resolución Ministerial	Propósito de proteger el derecho de propiedad del pueblo indígena (ocupación de modo tradicional) para el aprovechamiento de los recursos naturales de la reserva

necesario comenzar a regular de manera coherente ambos campos de derechos humanos. En el caso de los pueblos indígenas en aislamiento voluntario, existe un sistema jurídico que agrupe políticas estatales, instituciones, normas, y procedimientos que protejan y hagan efectivo los intereses y los derechos colectivos de estos grupos culturales. En la actualidad existen cinco Reservas Territoriales "indígenas" incluidas bajo esta ciertas leyes (Tabla 4).

A excepción de la reserva territorial a favor de los "Kugapakori, Nahua, Nanti y otros"—elevada a Decreto Supremo debido a motivos políticos por la presencia del proyecto energético del Gas de Camisea—

no se ha producido una protección integral y especial a favor de los pueblos indígenas aislados en todo el territorio nacional.

En el marco institucional, la única norma que regulaba la necesidad de establecer medidas legislativas y administrativas para la protección de los derechos de estos grupos culturales es el Decreto Supremo N° 013-2001-PROMUDEH. Este decreto se encargaba a la Secretaria Técnica de Asuntos Indígenas (SETAI), del entonces Ministerio de la Mujer y del Desarrollo Humano, de velar y garantizar el respeto y promoción de los derechos de los pueblos indígenas en aislamiento voluntario y contacto inicial en todas las acciones que emprendan los sectores de (1) Agricultura; (2) Industria, Turismo, Integración y Negociaciones Comerciales Internacionales; (3) Energía y Minas; (4) Salud; (5) Educación; (6) Defensa; y (7) Pesquería, debiendo diseñar una política de intervención con el fin de garantizar sus derechos.

Con la creación de la Comisión Nacional de los Pueblos Andinos, Amazónicos y Afroperuanos (CONAPA)—adscrita a la Presidencia del Consejo de Ministros—la SETAI, que inicialmente actuó como Secretaría de la CONAPA, fue disuelta, y se creó la Secretaría Ejecutiva de la CONAPA, que asumió sus funciones. Con la desactivación de la CONAPA y el funcionamiento del Instituto Nacional de Desarrollo de los Pueblos Indígenas, Amazónicos y Afroperuano (INDEPA), es esta última institución la que debería asumir una posición institucional para la creación de este sistema de protección de dichos pueblos indígenas (Art. 13, Ley N° 28495 del 6 de abril del 2005).

Reconocimiento Oficial de Estado de Indefensión de los Pueblos Indígenas en Aislamiento Voluntario

La Defensoría del Pueblo del Perú publicó el Informe N° 101 (Resolución Defensorial N° 032-2005-DP) sobre "Pueblos Indígenas en Situación de Aislamiento Voluntario y Contacto Inicial," el cual menciona un estimado de 14 grupos étnicos en situación de vulnerabilidad (en cuanto a la vida, salud, propiedad y aprovechamiento de recursos naturales) por serias amenazas de concesiones de minería e hidrocarburos, concesionarios madereros, operadores turísticos, tala ilegal, narcotráfico y otros. Asimismo, el Informe señala las actividades económicas, principalmente la explotación de hidrocarburos, que causarían un impacto negativo en la existencia de estos pueblos indígenas aislados (Tabla 5).

El informe Defensorial No 101 incide en que pese al establecimiento de Reservas Territoriales a favor de los pueblos indígenas en aislamiento voluntario y

Tabla 5. Impacto por parte de actividades de explotación de hidrocarburos (Gamboa 2006).

Grupo cultural a protege	Lote/Principal operador/Estado
Kugapakori, Nahua y Kirineri	Lote 88/Pluspetrol, TGP, y Hunt Oil, Cusco/Licencia de Explotación Vigente
	Lote 57/Repsol, Cusco Ucayali/Licencia de Explotación Vigente
Arabela, Auca (Huaorani)	Lote 39/Repsol, Loreto/Licencia de Explotación Vigente
	Lote 67/Barret, Loreto/Licencia de Explotación Vigente
Murunahua	Lote 110/Petrobrás, Ucayali/Exploitation license
Pueblos indígenas aislados de Madre de Dios	Lote 113/Sapet/Licencia de Exploración Vigente

Tabla 6. Reservas territoriales creadas hasta la fecha (Gamboa 2006).

Grupo cultural protegido	Actividades que vulneran a los pueblos en aislamiento
Kugapakori, Nahua, Nanti y otros	Lote 88 del Proyecto Energético del Gas de Camisea
Murunahua (grupo étnico)	Concesionarios Madereros y madereros ilegales (exclusión del área por INRENA)
Mashco-Piro (grupo etnolingüístico)	Concesionarios Madereros y madereros ilegales
Iskonawa (Isconahua) (grupo étnico)	Concesionarios Madereros y madereros ilegales
Grupos no precisados en Madre de Dios	Concesionarios Madereros y madereros ilegales (exclusión del área por INRENA)

contacto inicial, éstas no han podido evitar que actividades económicas causen perjuicios a la vida, la salud e integridad física de estos pueblos, así como la vulneración de sus derechos territoriales, identidad cultural, etc., proponiendo la creación de régimen de protección especial a favor de los pueblos indígenas en aislamiento voluntario y en contacto inicial (Tabla 6).

El Régimen Especial de Protección

A partir del 2005, la preocupante situación de los pueblos indígenas en aislamiento voluntario y en contacto inicial, evidenciado por el proyecto de Gas de Camisea y los problemas sociales y económicos de la Amazonía Peruana, fueron factores relevantes para la conformación de una Comisión Especial conformada por los representantes de los Ministerios de Agricultura, Salud, Defensa, Relaciones Exteriores, Energía y Minas, Transportes y Comunicaciones, la Defensoría del Pueblo y el INDEPA (como presidente de la Comisión Especial), así como la participación de los representantes de los gremios campesinos y amazónicos de AIDESEP y la Confederación de Nacionalidades Amazónicas del Perú (CONAP). Por Decreto Supremo N° 024-2005-PCM se crea la Comisión que formulará el Anteproyecto de Ley para Protección de Pueblos Indígenas en Aislamiento Voluntario o Contacto Inicial.

Posteriormente, al terminar la elaboración del anteproyecto de ley, la Presidencia del Consejo de Ministros (mediante el oficio N° 078-2005-PCM) presentó la propuesta elaborada por la Comisión Especial del Consejo de Ministros ante la Comisión de Amazonía, Asuntos Indígenas y Afroperuanos del Congreso de la República.

Producto de un breve y simple análisis sobre los elementos del sistema de protección de los pueblos indígenas en aislamiento voluntario y en contacto inicial, la Comisión del Congreso (a través del Dictamen del Proyecto de Ley N° 13057) propone la "Ley Para la Protección de Pueblos Indígenas en Situación de Aislamiento Voluntario y Contacto Inicial," que limita y desequilibra el régimen especial de protección de estos pueblos presentado por la Comisión Especial. En ese sentido, existen dos propuestas de Ley radicalmente opuestas: un Anteproyecto de Ley sobre un Régimen Especial de Protección de Pueblos Indígenas en Aislamiento Voluntario y en Contacto Inicial, elaborada por la Comisión Especial del Poder Ejecutivo (D.S. N° 024-2005-PCM), y el Dictamen N° 13057 de Protección de Pueblos Indígenas en Aislamiento Voluntario y en Contacto Inicial.

Esta segunda propuesta desvirtuaba la propuesta del Régimen Especial porque eliminaba (1) el carácter transectorial de obligaciones del Estado; (2) la Institucionalidad del Régimen al no existir un ente rector; (3) los Procedimientos de Protección; y (4) la Propuesta de Carácter Transectorial de la protección.

A partir de la legislatura 2005-2006, iniciada en el mes de agosto, la nueva Comisión de Pueblos Andinoamazónicos, Afroperuanos, Ecología y Ambiente del Congreso de la República solicitó al Consejo Directivo el retorno del Dictamen N° 13057 para un mejor estudio por esta Comisión. Esto se debe a las comunicaciones de 4 y 5 de octubre de 2005 por parte de organizaciones indígenas (AIDESEP y CONAP) y organizaciones no gubernamentales (WWF, DAR, IBC, Shinai, Racimos), pidiendo se detenga el procedimiento legislativo del Dictamen N° 13057, versión que desvirtúa el anteproyecto de la Comisión Especial del Poder Ejecutivo de crear un Régimen Especial para una protección estricta a favor de los pueblos indígenas en aislamiento. Desafortunadamente, la agenda de la Comisión de Pueblos Andinoamazónicos, Afroperuanos, Ecología y Ambiente no dio la importancia debida a la discusión del dictamen sino hasta fines de noviembre, lo cual imposibilitó la aprobación de cualquier norma o ley a favor de estos pueblos en el año 2005. No fue sino hasta el 30 de noviembre del 2005 que los asesores de la Comisión presentaron a la Comisión fusionada de Pueblos Andinoamazónicos, Afroperuanos, Ecología y Ambiente, un predictamen sobre el régimen especial de protección de pueblos indígenas en aislamiento voluntario y contacto inicial. Este nuevo texto recorta la propuesta inicial de Régimen Especial de la Comisión del Poder Ejecutivo (creada por DS. N° 024-2005-

PCM); sin embargo, mantiene el carácter de intangibilidad de las Reservas Territoriales (p. ej., prohibición de asentamientos poblacionales distintos a la de estos pueblos; prohibición de actividades culturales; y prohibición explícita de "otorgar derechos que impliquen el otorgamiento de recursos naturales"). Entre las carencias de esta propuesta tenemos (1) la poca claridad en cuanto al régimen especial de protección, que lo convierte en transitorio cuando el carácter transitorio es la permanencia de las reservas hasta que estos grupos culturales entren en contacto voluntariamente con la sociedad nacional; (2) el establecimiento de manera compleja de dos procedimientos para proteger a estos pueblos (un procedimiento para probar su existencia y otro para crear una reserva territorial); y (3) que en los Decretos Supremos que establecen las reservas territoriales, deben señalarse los plazos de duración de la mencionada Reserva Territorial. Con ello, en caso de que se establezca un plazo arbitrario de cinco, diez o quince años, se flexibilizaría el criterio de protección estricta y posibilitaría en un futuro cercano el ingreso de actividades que vulneren los derechos de estos grupos culturales.

AIDESEP y otras organizaciones (WWF, IBC, DAR, Racimos, Shinai) establecieron estrategias de diversas índoles para incidir políticamente en los congresistas, tanto en la Comisión como en el pleno. La meta es de regular y armonizar las actividades económicas—desde economías extractivas hasta el aprovechamiento sostenible de recursos naturales—con los derechos humanos de los pueblos indígenas aislados. Existe una legislación internacional que protege a estos pueblos indígenas y podría acarrear al Estado peruano sanciones internacionales, como la ya señalada en la Sentencia de la Corte Interamericana de Awas Tigni vs. Nicaragua, la cual prohíbe a Nicaragua otorgar concesiones de recursos naturales hasta que reconozca el derecho de propiedad ancestral e histórico de las comunidades indígenas, a través de su defensa, protección, delimitación, y demarcación territorial previa.

Situación legislativa actual

Finalmente, el 13 de diciembre del 2005 la Comisión de Pueblos Andinoamazónicos, Afroperuanos, Ecología y Ambiente aprobó el Dictamen 13057 cuyo contenido recoge sustancialmente el Régimen de Protección Especial para Pueblos Indígenas en Aislamiento Voluntario y Contacto Inicial. Sin embargo habría un par de comentarios por hacer:

- Algunos de estos elementos son de la propuesta original de anteproyecto de la Comisión Especial del Poder Ejecutivo (creada por D.S. N° 024-2005-PCM), en la cual participaron instituciones del Estado (MINEN, MINSA, MRE, MINAG, INRENA) y organizaciones indígenas (AIDESEP y CONAP) y ciertamente esta versión es mucho mejor que la anterior (versión de 24 de junio del 2005). Entre algunos de los elementos rescatables del presente texto del Dictamen 13057 tenemos (1) el carácter Transectorial del Régimen; (2) obligaciones claras del Estado para con estos grupos culturales; y (3) el carácter de intangibilidad de las Reservas Territoriales (prohibición de establecer asentamientos poblacionales y de realizar actividades culturales y económicas).

- Entre los problemas que encontramos en este texto hemos identificado que (1) se ha eliminado la conjunción de establecer sanciones penales a los ingresos no autorizados a las reservas territoriales, situación que debilita las medidas de prevención y las medidas de protección de la propuesta de régimen de protección especial original. (2) Se ha establecido el plazo de duración de las reservas territoriales indígenas "de carácter renovable de manera indefinida tantas veces sea necesario," de manera que no se ha recogido el criterio intercultural de la duración de la reserva hasta que estos pueblos en aislamiento decidan contactarse. Finalmente, (3) no se ha recogido una disposición normativa que señale "que los derechos adquiridos de terceros o las actividades económicas que se estén desarrollando al momento de establecer una reserva territorial, se deberán adecuar a los fines y disposiciones del Régimen Especial de Protección, a esta ley y su reglamento."

Existen otros elementos que pueden interpretarse de manera perjudicial pero que se deben definir en el reglamento, como por ejemplo la intención de reducir reservas territoriales por la superposición de estas con derechos de terceros, concesiones forestales, u otros derechos de aprovechamiento; e incluso cuando la superposición se da con bosques de producción permanente y unidades de aprovechamiento que ni siquiera constituyen derechos sino que son parte del ordenamiento territorial. Debemos evitar ese peligro de reducir estas áreas de protección de estos grupos culturales.

El Dictamen 13057, aprobado por el Congreso en marzo del 2006, fue promulgada como la Ley N° 28736, entrando en vigencia el 19 de mayo del 2006, la cual crea el régimen transectorial especial de protección a favor de pueblos indígenas en aislamiento y en contacto inicial. Sin embargo, aún necesita ser modificado o, mediante reglamento, fortalecerlo para proveer protección estricta a las poblaciones indígenas en aislamiento. El grupo de organizaciones lideradas por AIDESEP, y compuesto por WWF, Shinai, Racimos, DAR e IBC, continúa desarrollando una propuesta de modificación de la ley y simultáneamente trabajando en la reglamentación de la misma con el fin de fortalecerla.

Comentarios finales

La finalidad de este régimen especial es aclarar esta dualidad del discurso legal a través del régimen especial: (1) reconocer derechos a estos pueblos y (2) protegerlos sinceramente de cualquier injerencia social, económica, cultural y política de avasallamiento como ocurrió antaño con los caucheros, Sendero Luminoso, las Fuerzas Armadas, los colonos o otras comunidades nativas.

La protección constitucional y legal de los derechos colectivos de los pueblos indígenas, y su ejercicio, debe estar en concordancia con el respeto de los derechos humanos, con lo dispuesto por la Constitución y según sea el caso, con la ley. A la par de crear un régimen especial de protección de los pueblos indígenas en situación de aislamiento voluntario y de elaborar una cláusula de concordancia constitucional que contenga un "bien jurídico constitucional," al cual respetar y vincular a nuestro sistema, este marco de protección debe buscar establecer un dialogo intercultural justo y claro entre una cultura societaria imperante y una cultura andina y amazónica que viene siendo dominada hace siglos. Quizás este régimen sea el comienzo de un nuevo comienzo de identidades fundadas en la noción que Mariategui denominó "peruanidad."

Ésta es una oportunidad que nos otorga la historia como sociedad nacional para valorar y celebrar las diversas culturas que enriquecen al Perú.

ENGLISH CONTENTS

(for Color Plates, see pages 23–38)

PARTICIPANTS

FIELD TEAM

Christian Albujar (*birds*)
Instituto de Investigación de Enfermedades Tropicales
Virology Program, U.S. Naval Medical Research
Center Detachment
Lima, Peru

Moisés Barbosa da Souza (*amphibians and reptiles*)
Universidade Federal do Acre
Rio Branco, Brazil

Nállarett Dávila Cardozo (*plants*)
Universidad Nacional de la Amazonía Peruana
Iquitos, Peru

Francisco Estremadoyro (*logistics*)
ProNaturaleza
Lima, Peru

Robin B. Foster (*plants*)
Environmental and Conservation Programs
The Field Museum, Chicago, IL, USA

Thomas Hayden (*journalist*)
U.S. News and World Report
Washington, DC, USA

Max H. Hidalgo (*fishes*)
Museo de Historia Natural
Universidad Nacional Mayor de San Marcos
Lima, Peru

Dario Hurtado (*transport logistics*)
Policía Nacional del Perú
Lima, Peru

Maria Luisa S. P. Jorge (*mammals*)
University of Illinois – Chicago
Chicago, IL, USA

Guillermo Knell (*amphibians and reptiles, field logistics*)
Environmental and Conservation Programs
The Field Museum, Chicago, IL, USA

Presila Maynas (*social assessment*)
Federación de Comunidades Nativas del Alto Ucayali
Pucallpa, Peru

Italo Mesones (*plants*)
Universidad Nacional de la Amazonía Peruana
Iquitos, Peru

Orlando Mori (*social assessment*)
Federación de Comunidades Nativas del Bajo Ucayali
Iquitos, Peru

Debra K. Moskovits (*coordinator*)
Environment, Culture, and Conservation
The Field Museum, Chicago, IL, USA

Andrea Nogués (*social assessment*)
Center for Cultural Understanding and Change
The Field Museum, Chicago, IL, USA

José F. Pezzi da Silva (*fishes*)
Pontifícia Universidade Católica do Rio Grande do Sul
Porto Alegre, Brazil

Renzo Piana (*social assessment*)
Instituto del Bien Común
Lima, Peru

Carlos Rivera (*amphibians and reptiles*)
Universidad Nacional de la Amazonía Peruana
Iquitos, Peru

José-Ignacio (Pepe) Rojas Moscoso (*field logistics, birds*)
Rainforest Expeditions
Tambopata, Peru

Thomas S. Schulenberg (*birds*)
Environmental and Conservation Programs
The Field Museum, Chicago, IL, USA

Jaime Semizo (*social assessment*)
Instituto del Bien Común
Lima, Peru

Robert Stallard (*geology*)
Smithsonian Tropical Research Institute
Panama City, Panama

Vera Lis Uliana Rodrigues (*plants*)
Universidade de São Paulo
São Paulo, Brazil

Raúl Vásquez (*social assessment*)
ProNaturaleza
Pucallpa, Peru

Claudia Vega (*logistics*)
The Nature Conservancy-Peru
Lima, Peru

Paúl M. Velazco (*mammals*)
Division of Mammals
The Field Museum, Chicago, IL, USA

Corine Vriesendorp (*plants*)
Environmental and Conservation Programs
The Field Museum, Chicago, IL, USA

COLLABORATORS

Asociación Interétnica de Desarrollo de la Selva Peruana (AIDESEP)
Lima, Peru

Centro de Datos para la Conservación (CDC)
Lima, Peru

Centro de Investigación y Manejo de Áreas Naturales (CIMA)
Lima, Peru

Derecho, Ambiente y Recursos Naturales (DAR)
Lima, Peru

Federación de Comunidades Nativas del Alto Ucayali (FECONAU)
Pucallpa, Peru

Federación de Comunidades Nativas del Bajo Ucayali (FECONBU)
Iquitos, Peru

Fuerza Aérea del Perú (FAP)
Lima, Peru

Gobierno Regional de Loreto (GOREL)
Iquitos, Peru

Gobierno Regional de Ucayali (GOREU)
Pucallpa, Peru

Instituto Nacional de Recursos Naturales (INRENA)
Lima, Peru

Policía Nacional del Perú (PNP)
Lima, Peru

Universidade Federal do Acre (UFAC)
Rio Branco, Brazil

Pontifícia Universidade Católica do Rio Grande do Sul (PUCRS)
Porto Alegre, Brazil

The Field Museum

The Field Museum is a collections-based research and educational institution devoted to natural and cultural diversity. Combining the fields of Anthropology, Botany, Geology, Zoology, and Conservation Biology, museum scientists research issues in evolution, environmental biology, and cultural anthropology. One division of the museum—Environment, Culture, and Conservation (ECCo)—through its two departments, Environmental and Conservation Programs (ECP) and the Center for Cultural Understanding and Change (CCUC), is dedicated to translating science into action that creates and supports lasting conservation of biological and cultural diversity. ECCo works closely with local communities to ensure their involvement in conservation through their existing cultural values and organizational strengths. With losses of natural diversity accelerating worldwide, ECCo's mission is to direct the museum's resources—scientific expertise, worldwide collections, innovative education programs—to the immediate needs of conservation at local, national, and international levels.

The Field Museum
1400 South Lake Shore Drive
Chicago, Illinois 60605-2496 U.S.A.
312.922.9410 tel
www.fieldmuseum.org

The Nature Conservancy – Peru

The Nature Conservancy is an international non-profit organization, founded in 1951. It is headquartered in the United States, but also works in more than 30 other countries around the world. The mission of The Nature Conservancy is to preserve the plants, animals and natural communities that represent the diversity of life on Earth by protecting the lands and waters they need to survive. The Nature Conservancy's vision is to conserve portfolios of functional conservation areas within and across ecoregions. In Peru, TNC has three main initiatives: Pacaya Samiria National Park, the forests of the Selva Central, as well as creating a protected area in the Sierra del Divisor region that is a sister conservation area to the Serra do Divisor National Park across the Brazilian border.

The Nature Conservancy – Peru
Av. Libertadores 744, San Isidro
Lima, Peru
51.1.222.8600 tel
51.1.221.6243 fax
www.nature.org/wherewework/southamerica/peru

ProNaturaleza – Fundación Peruana para la Conservación de la Naturaleza

ProNaturaleza—the Fundación Peruana para la Conservación de la Naturaleza is a non-profit organization, created in 1984 with the purpose of contributing to the conservation of the natural patrimony of Peru, with particular emphasis on its biodiversity, the promotion of sustainable development, and the betterment of the quality of life of the Peruvian people. In order to achieve these goals, ProNaturaleza executes projects, primarily in natural areas, along three principal lines: the protection of biological diversity, the sustainable use of the natural resources and the promotion of a culture of conservation in the national society.

ProNaturaleza – Fundación Peruana para la
Conservación de la Naturaleza
Av. Alberto del Campo 417
Lima 17, Peru
51.1.264.2736, 51.1.264.2759 tel
51.1.264.2753 fax
www.pronaturaleza.org

Insituto del Bien Común (IBC)

The Instituto del Bien Común is a Peruvian non-profit organization devoted to promoting the best use of shared resources. Sharing resources is the key to our common well-being today and in the future, as a people and as a country; to the well-being of the large number of Peruvians who live in rural areas, in forests and on the coasts; to the long-term health of the natural resources that sustain us; and to the sustainability and quality of urban life at all social levels. IBC is currently working on four projects: the Pro Pachitea project, which focuses on local management of fish and aquatic ecosystems; the Indigenous Community Mapping project, which aims to defend indigenous territories; and the Large Landscapes Management Program, which aims to the creation of a mosaic of sustainable use and protected areas in the Ampiyacu, Apayacu, Yaguas and Putumayo rivers. The mosaic will be constituted by the enlargement of communal lands, a system of regional conservation areas and a national protected area. We are also promoting the participation of indigenous organizations in the creation and categorization of the Zona Reservada Sierra del Divisor. The IBC recently completed the ACRI project, a study of how communities manage natural resources, and distributed the results in a number of publications.

Instituto del Bien Común
Av. Petit Thouars 4377
Miraflores, Lima 18, Peru
51.1.421.7579 tel
51.1.440.0006 tel
51.1.440.6688 fax
www.ibcperu.org

INSTITUTIONAL PROFILES

Organizacion Regional AIDESEP–Iquitos (ORAI)

The Regional Organization AIDESEP-Iquitos (ORAI) is registered publicly in Iquitos, Loreto. This institution consists of 13 indigenous federations, and represents 16 ethnic groups located along the Putumayo, Algodón, Ampiyacu, Amazonas, Nanay, Tigre, Corrientes, Marañón, Samiria, Ucayali, Yavarí and Tapiche Rivers in the Loreto region.

The mission of ORAI is to ensure communal rights, to protect indigenous lands, and to promote an autonomous economic development based on the values and traditional knowledge that characterize indigenous society. In addition, ORAI works on gender issues, developing activities that promote more balanced roles and motivate the participation of women in the communal organization. ORAI actively participates in land titling of native communities, as well as in working groups with governmental institutions and the civil society for the development and conservation of the natural resources in the Loreto region.

Organización Regional AIDESEP–Iquitos
Avenida del Ejercito 1718
Iquitos, Peru
51.65.265045 tel
51.65.265140 fax
orai2005@terra.com.pe

Organizacion Regional AIDESEP–Ucayali (ORAU)

The Organización Regional AIDESEP–Ucayali (ORAU) is registered publicly in Pucallpa, Peru. The institution brings together 12 indigenous federations representing 14 ethnic groups and includes 398 titled native communicites and 48 on the road to formal land titles. The majority of these communities are situated in the Ucayali, Pachitea, Yurúa and Purus watersheds, as well as the Gran Pajonal.

ORAU's mission is to promote the territorial rights of indigenous people, to strengthen bilingual intercultural education via the Atalaya pilot project, and—as part of the Universidad Nacional Indigena de la Amazonia Peruana—to protect indigenous health and value traditional medicine.

ORAU participates in developing community forest management plans, in managing the Reserva Comunal El Sira via the Eco Sira project, in managing the Reserva Territorial del Purus, and in representing indigenous interests in the working group for Zona Reservada Sierra del Divisor/Siná Jonibaon Manán.

Organización Regional AIDESEP–Ucayali
Jr. Aguarico 170
Pucallpa, Peru
51.61.573469 tel
orau_territorio@yahoo.es

Herbario Amazonense de la Universidad Nacional de la Amazonía Peruana

The Herbario Amazonense (AMAZ) is situated in Iquitos, Peru, and forms part of the Universidad Nacional de la Amazonía Peruana (UNAP). It was founded in 1972 as an educational and research institution focused on the flora of the Peruvian Amazon. In addition to housing collections from several countries, the bulk of the collections consists of specimens representing the Amazonian flora of Peru, considered one of the most diverse floras on the planet. These collections serve as a valuable resource for understanding the classification, distribution, phenology, and habitat preferences of ferns, gymnosperms, and angiosperms. Local and international students, docents, and researchers use these collections to learn, identify, teach, and study the flora. In this way the Herbario Amazonense contributes to the conservation of the diverse Amazonian flora.

Herbarium Amazonense (AMAZ)
Esquina Pevas con Nanay s/n
Iquitos, Peru
51.65.222649 tel
herbarium@dnet.com

Museo de Historia Natural de la Universidad Nacional Mayor de San Marcos

Founded in 1918, the Museo de Historia Natural is the principal source of information on the Peruvian flora and fauna. Its permanent exhibits are visited each year by 50,000 students, while its scientific collections—housing a million and a half plant, bird, mammal, fish, amphibian, reptile, fossil, and mineral specimens—are an invaluable resource for hundreds of Peruvian and foreign researchers. The museum's mission is to be a center of conservation, education and research on Peru's biodiversity. It highlights Peru's status as one of the most biologically diverse countries on the planet, and that its economic progress depends on the conservation and sustainable use of its natural riches. The museum is part of the Universidad Nacional Mayor de San Marcos, founded in 1551.

Museo de Historia Natural de la Universidad Nacional
Mayor de San Marcos
Avenida Arenales 1256
Lince, Lima 11, Peru
51.1.471.0117 tel
www.museohn.unmsm.edu.pe

ACKNOWLEDGMENTS

A rapid biological inventory is successful only with the support and energy of many collaborators and partners. We are grateful to everyone who made our work possible, and although we cannot acknowledge each and every individual, we sincerely appreciate the assistance that we received from all.

Members of our advance team—headed by Guillermo Knell, with the close collaboration of Italo Mesones and José-Ignacio "Pepe" Rojas—deserve enormous credit for their superb management of the complicated logistics of the inventory. They received invaluable support in Contamana, the initial staging point, from Wacho Aguirre of CIMA-Contamana. Other key assistance was provided by Carmen Bianchi and Antuanett Pacheco, of Kantu Tours; Max Rivera, of ProNaturaleza-Pucallpa; and the Hostal August in Contamana. Ruben Ruiz, of the Hotel Ruiz in Pucallpa, graciously accommodated our crew both before and after the field work, and provided perfect facilities for the preparation of our initial reports.

We continue to be deeply indebted to the Peruvian National Police for their indispensable support and assistance with helicopter transport. The intricate logistical details of our movements from site to site were overseen carefully, as always, by Commander Dario Hurtado. We also are grateful to Captain Jhony Herencia Calampa (pilot), Roger Conislla (mechanic), and Julio Sarango (supplier). Jaime Paredes Lopez helped coordinate our flights by small plane from Pucallpa to Contamana.

The advance team showed wonderful creativity and determination in entering this remote wilderness, identifying suitable terrain for fieldwork, and preparing heliports, comfortable field camps, and trail networks. The advance team at Ojo de Contaya, led by Italo Mesones, included Edgar Caimata Payahua, Luis Edilberto Chanchari Panduro, Juan Alberto Díaz Ocampo, Elmergildo Gómez Huaya, Samuel Paredes Tananta, Freddy Astolfo Pezo Cauper, Euclides Rodríguez Acho, Hector Rodríguez Mori, Albertano Saboya Romaina, and Moisés Tapayuri Urquia. Our camp on the banks of the Río Tapiche was established by Pepe Rojas, with Ambrosio Acho Mori, Manuel Ilande Cachique Dasilva, Jarbis Jay Flores Shuña, Jimy Angel Mori Amaringo, Elmo Enrique Ramírez Guerrero, Medardo Rodríguez Sanancino, Orlando Ruiz Trigoso, Fernando Valera Vela, Luis Fernando Vargas Tafur, and Limber Vásquez Mori. The advance team at Divisor was led by Guillermo Knell and also included Kherry Marden Barrantes Tuesta, Hernando Benjamin Cauper Magin, Santiago Dasouza Ríos, Hornero Miguel Díaz Ocampo, Wilmer Gómez Huaya, Ezequiel Meléndez Pinedo, Golber Missly Coral, Demetrio Rengifo Cordova, Josue Rengifo Córdova, and Romer Romaina Vásquez. Our cook, Betty Luzcita Ruiz Torres, kept us well fed at each of our camps.

The botanical team is grateful to Fabio Casado and to the Herbario Amazonense for providing a site for the drying and organizing of the field collections. We also are grateful to M. L. Kawasaki (The Field Museum) for assistance with identifications of Myrtaceae; and to the following colleagues from The Missouri Botanical Garden: T. Croat (Araceae), G. Davidse (Cyperaceae, Poaceae), R. Ortiz-Gentry (Menispermaceae), J. Ricketson (Myrsinaceae), C. Taylor (Rubiaceae), and H. van der Werff (Lauraceae).

The ichthyology team thanks Hernán Ortega for his review of their report, and to members of the advance team at each camp for their help with fish capture. For help in identifying specimens (especially of Loricariidae) we thank Roberto E. Reis and Pablo Lehmann.

The herpetology team acknowledges Dr. Alejandro Antonio Duarte Fonseca for comments on the report, and is grateful to Dr. Lily O. Rodríguez for indispensable help in Lima and for the invaluable loan of sound recording equipment. We also thank our field assistants: Moisés Tapayuri, Fernando Valera, Ambrosio Acho, and Golber Missly.

The ornithologists thank David Oren (The Nature Conservancy) and Bret Whitney for providing valuable information on the results of the inventories of the Parque Nacional da Serra do Divisor; Doug Stotz and Dan Lane for constructive comments on the report and for assistance in identifying sound recordings; and Bil Alverson for suggesting the field use of an iPod.

The mammal team is very grateful to Idea Wild for the donation of the two camera traps that were used during the inventory; to Carlos Peres and Mark Bowler for comments on the report; to the Department of Zoology (Bird Division) at The Field Museum for the loan of mist nets; and to our field assistants, Albertano Saboya, Fernando Valera, Demetrio Rengifo, and Josue Rengifo.

The social inventory team also received assistance from a considerable number of people during the course of their fieldwork. We would like to thank Javier Orlando Rodríguez Chávez, a forestry specialist from ProNaturaleza, who accompanied us during some of our surveys, and the following boat crews: Segundo Mozombite, Santiago Rojas Mendoza, and Álvaro Vásquez Flores. Robert Guimaraes and Gilmer Yuimachi (of ORAU) and Edwin Vásquez (of ORAI) facilitated our contacts with communities in the Divisor region. We also are grateful for the assistance and hospitality of the members of the communities that we visited, including Flores Rafael Fuchs Ruiz (the head of Comunidad Nativa San Mateo) and other members of this community (Rafael Fuchs Pérez, Melisa Emeli Fuchs Pérez, Jobita Ruiz López, Carlos Vásquez, and Walter Soria Sinarahua); Rita Silvano Sánchez, of C.N. Callería; Domingo Padilla and Nardita Reina Lomas, of Comunidad Campesina Bella Vista; the *Teniente Gobernador* of C.C. Nuevo Canelos; Hugo Andrés Vega Tarazona (the Teniente Gobernador) and other members of Caserío Vista Alegre (Francisco Ayzana Alanya, Winder Vela Pacaya, and Nilo Ruiz Vela); Sixto Vásquez Papa (Teniente Gobernador) and Magali Trejos Villanueva, of Caserío Guacamayo; Germán Mori Rojas, the head of the C.N. Patria Nueva; Jairo Rengifo Pinedo, *Agente Municipal* of the C.N. Limón Cocha; Guillermo Alvarado Acho (the leader), Pedro Pacaya Tamani (Teniente Gobernador), and Luis Acho Alvarado (Agente Municipal) of the C.N. Canchahuaya. We also thank Alaka Wali for her oversight of the social team process and for her comments on our report.

We thank Mark Bowler for the use of his photographs, Guillermo Knell for his superb video documentation of the inventory, and Nigel Pitman for allowing us to use his prose in "Why Sierra del Divisor?"

Tyana Wachter, Rob McMillan, and Brandy Pawlak assisted at every stage, from the initial organization before our departure to the inventory itself through the completion and dissemination of this report. Sergio Rabiela prepared the satellite images. Dan Brinkmeier, Kevin Havener, and Nathan Strait prepared beautiful maps and visual materials that were critical to communicating about our work. Lucia Ruiz helped us tremendously by editing the chapter on the legal situation of the territorial reserves. Brandy Pawlak, Tyana Wachter, and Doug Stotz, as always, were master copyeditors and proofreaders. We also had the assistance of a talented pool of translators: Patricia Álvarez, Malu S. P. Jorge, Pepe Rojas, Susan Fansler Donoghue, Tyana Wachter, Paúl M. Velazco, and Amanda Zidek-Vanega. Jim Costello and his staff at Costello Communications continue to display great skill (and patience) in overseeing the design and production of this report.

We are grateful to the Gordon and Betty Moore Foundation for the financial support of this inventory.

The goal of rapid biological and social inventories is to catalyze effective action for conservation in threatened regions of high biological diversity and uniqueness.

Approach

During rapid biological inventories, scientific teams focus primarily on groups of organisms that indicate habitat type and condition and that can be surveyed quickly and accurately. These inventories do not attempt to produce an exhaustive list of species or higher taxa. Rather, the rapid surveys 1) identify the important biological communities in the site or region of interest, and 2) determine whether these communities are of outstanding quality and significance in a regional or global context.

During social asset inventories, scientists and local communities collaborate to identify patterns of social organization and opportunities for capacity building. The teams use participant observation and semi-structured interviews to evaluate quickly the assets of these communities that can serve as points of engagement for long-term participation in conservation.

In-country scientists are central to the field teams. The experience of local experts is crucial for understanding areas with little or no history of scientific exploration. After the inventories, protection of natural communities and engagement of social networks rely on initiatives from host-country scientists and conservationists.

Once these rapid inventories have been completed (typically within a month), the teams relay the survey information to local and international decisionmakers who set priorities and guide conservation action in the host country.

Dates of fieldwork	6–24 August 2005
Region	Sierra del Divisor—known by its indigenous residents as *Siná Jonibaon Manán*, or "Land of the Brave People"—is a mountain range that rises up dramatically from the lowlands of central Amazonian Peru (Fig. 2A). This band of mountains runs roughly north to south and straddles the Peru–Brazil border. To the west of the Sierra del Divisor lies the Serranía de Contamana (Fig. 2A), which forms a narrow arc near the small town of Contamana. East of the Serranía de Contamana sits a remote, eye-shaped ring of ridges and valleys known as the Ojo de Contaya. Finally, to the south of the Sierra del Divisor, an isolated set of volcanic cones jut out of the lowlands (Figs. 1, 2A, 2B). Within central Amazonian Peru, the Sierra del Divisor is part of a series of low mountains that forms a broken chain extending from near the banks of the Río Ucayali eastward to the border with Brazil (Figs. 2A, 2B). The region lies mostly within the department of Loreto, but also stretches into the northernmost section of the department of Ucayali. Collectively, the entire complex of mountains—Sierra del Divisor, Serranía de Contamana, Ojo de Contaya, and the volcanic cones—is known as the Sierra del Divisor/Siná Jonibaon Manán Region. Zona Reservada Sierra del Divisor (which was established after our inventory) comprises this same region (Fig. 2A).
Biological Inventory Sites	The biological team surveyed three sites within Zona Reservada Sierra del Divisor (the "Zona Reservada," Figs. 3A, 3B). The first was near the center of the Ojo de Contaya complex (Ojo de Contaya, Fig. 3A). The second was along the upper Río Tapiche, in the lowlands adjacent to the Sierra del Divisor (Tapiche, Fig. 3B). The third was within the Sierra del Divisor itself, near the border with Brazil (Divisor, Fig. 3B).
Organisms Studied	Vascular plants, fishes, amphibians and reptiles, birds, medium to large mammals, and bats.
Social Inventory Sites	The social team visited 9 of the 20 communities situated in and around the Zona Reservada (Fig. 2A), in four different drainages: the Río Abujao (C.N. San Mateo), the Río Callería (C.N. Callería, C.N. Patria Nueva, Guacamayo, Vista Alegre), the Río Tapiche (C. N. Limon Cocha, Bella Vista), and the Río Ucayali (C. N. Canchahuaya, Canelos).
Social focus	Cultural and social assets, including organizational strengths, and resource use and management.

Highlights of biological results

One of the most remarkable features of the Zona Reservada is the high concentration of rare and range-restricted species. Several of these species are known only from this region and occur in restricted habitats (e.g., the stunted forests on tops of sandy ridges).

Our inventory documented:

01 A bird species (Figs. 7C, 7D) previously known only from one ridge in Brazil, adjacent to the Zona Reservada; our record during the inventory was the second anywhere and the first in Peru.

02 A large community of primates, including species globally threatened or not previously protected within the Peruvian park system (SINANPE) (Figs. 8A, 8D).

03 Refuges of plant and animal species threatened elsewhere in the Amazon with commercial overexploitation and extinction.

04 Several dozen species of plants, fishes, and amphibians potentially new to science, as detailed below.

The number of rare and endemic species in the region is spectacular, even though, compared to other sites in Amazonia, the species richness itself may not be extraordinary (Table 1). Below we highlight some of our most interesting findings, including the discovery of species not previously known to science or reported from Peru, important range extensions of poorly known species, and discovery of substantial populations of threatened species.

Table 1. Number of species registered and estimated in Zona Reservada Sierra del Divisor.

Inventory site	Vascular plants	Fishes	Amphibians and reptiles	Birds	Large mammals
Ojo de Contaya	500	20	29	149	23
Tapiche	750	94	40	327	31
Divisor	600	24	32	180	18
Total for inventory	over 1,000	109	109	365	38
Estimate for the Zona Reservada*	3,000–3,500	250–300	over 200	570	64

* We did not visit the sites in the region typical of Amazonian lowland forest, where expected numbers of species are high but expected endemism is low, but we include the richer Amazonian sites in our estimates of total species richness.

Vascular plants: We recorded nearly 1,000 species of the 2,000 predicted to occur in the central and eastern portions of the Sierra del Divisor Region. All sites we visited during the inventory were on sandy soils with low productivity.

When richer soils (present in areas north and south of the sites that we visited) are taken into account, we estimate a flora of 3,000–3,500 species for the region. At least ten species of plants encountered during the inventory are new to science, including several new trees. Among these are a miniature *Parkia* (Fabaceae) previously known only from photographs taken in Cordillera Azul, a national park in the Andean foothills ca. 675 km to the west. An abundant species in the stunted forests at Ojo de Contaya and Divisor appears to be a new species of *Pseudolmedia* or *Perebea* (Moraceae). In addition, two tree species in the Clusiaceae, a *Moronobea* and a *Calophyllum* (Fig. 4J), also potentially are new.

We found the majority of rare and/or new species in the stunted forests that dominate the ridge tops of the Ojo de Contaya and Divisor sites. We recorded reproductive individuals of several species of commercially valuable trees, such as *cedro* (*Cedrela* sp.) and *tornillo* (*Cedrelinga cateniformis*), that increasingly are threatened in other parts of Peru.

Fishes: We recorded 109 species of fishes during the inventory, and estimate that 250–300 species occur within the Zona Reservada. At least 14 species of fish found during the inventory are new to science or are new records for Peru. Fish species richness varied considerably from site to site. At the Tapiche camp (located on a major river and encompassing a variety of aquatic habitats), we recorded 94 species, whereas the low-productivity streams in Ojo de Contaya and Divisor harbored 20 and 24 species, respectively.

We recorded a variety of economically important fishes along the Tapiche, including fishes important for downstream human communities, such as *sábalos* (*Brycon* spp. and *Salminus*), *boquichico* (*Prochilodus nigricans*), *lisa* (*Leporinus friderici*), and *tigre zúngaro* (*Pseudoplatystoma tigrinum*, Fig. 5D), as well as ornamental fishes, such as glass fish (*Leptagoniates steindachneri*, Fig. 5B), *lisas* (*Abramites hypselonotus*), and a *Peckoltia* sp. (*carachama*, Fig. 5A).

Amphibians and reptiles: We recorded 109 species during the inventory, including 68 amphibians and 41 reptiles. Fourteen of these species (12% of the total number of species encountered) remain unidentified. Several of these probably are species new to science, including an unidentified species of *Eleutherodactylus* frog at the Divisor camp. Apart from a single species of salamander, all of the amphibians were frogs and toads. We registered 21 snakes, 17 lizards, 2 turtles, and 1 caiman. At least two species are new records for Peru: a frog, *Osteocephalus subtilis*, found at both Ojo de Contaya and Divisor, and a coral snake, *Micrurus albicinctus* (Fig. 6E), found at Tapiche that represents a new venomous snake species for Peru.

Birds: We recorded 365 bird species in the three inventory sites. We estimate that 570 bird species occur in the Zona Reservada, including the avifauna predicted to occur in sites with richer soils in the northern and southern portions of the region. We registered several rare and patchily distributed species associated with forests on sandy soils, such as Rufous Potoo (*Nyctibius bracteatus*, Fig. 7A) and Fiery Topaz (*Topaza pyra*).

Our most outstanding record was the Acre Antshrike (*Thamnophilus divisorius*, Figs. 7C, 7D), which we found in the stunted ridge-crests forests at Ojo de Contaya and Divisor. This species previously was known from a single ridge in Brazil; our inventory indicates that the bulk of its population occurs within Peru. Along the Tapiche we recorded various endangered and/or threatened species including Blue-headed Macaw (*Primolius couloni*) and large numbers of various tinamou species. We encountered game birds (guans, *Penelope*; and curassows, *Mitu*) at all of our three sites. We were surprised to register an Oilbird (*Steatornis caripensis*) at the Divisor camp. Unexpected in Amazonia because they roost and breed in caves, it seems likely that small colonies of Oilbird live in the caves of the Sierra del Divisor mountains.

Mammals: We recorded 38 species of medium and large mammals during the inventory, almost two-thirds of the 64 species we estimate for the entire region. Of these, 20 species are considered threatened by the IUCN, CITES, or INRENA. The majority are primates: we found 13 species of marmosets and monkeys, with 12 species present at a single site (Tapiche)—a remarkable species richness for primates in the western Amazon.

Among the primates, two species are especially rare and poorly known: Goeldi's marmoset (*Callimico goeldii*, Fig. 8D) and red uakari monkeys (*Cacajao calvus*, Fig. 8A). This is the first protected area in Peru in which both species occur.

We found sizeable populations of several widespread large monkeys that are commonly hunted, such as black spider monkey (*Ateles chamek*) and common woolly monkey (*Lagothrix poeppigii*). We also found two other species vulnerable to hunting: the giant armadillo (*Priodontes maximus*) and the South American tapir (*Tapirus terrestris*).

Human Communities and Highlights of Social Inventory: Voluntarily isolated Iskonawa live in the southeastern portion of the Divisor region, within the Reserva Territorial (R.T.) Isconahua[1], a 275,665-ha area established in 1998. Two additional Reservas Teritoriales[2] (Yavarí-Tapiche and Kapanawa) have been proposed, but not established, in the northern and western portions of the region (Fig. 10B).

Several temporary camps have been established for larger-scale resource extraction in the north (logging along the Río Tapiche, Fig. 9A) as well as in the south (timber and mining concessions overlapping with the R.T. Isconahua) (Fig. 9B). Otherwise, human presence within most of the Zona Reservada appears to be minimal, with a few temporary dwellings established along rivers for small-scale resource extraction (e.g., medicinal plants, hunting, and fishing).

At least 20 communities—including indigenous people, many of whom have been resident for generations, and more recently arrived colonists—live adjacent to the Zona Reservada (Fig. 2A). Members of these communities depend on subsistence agriculture and low-impact use of natural resources (Fig. 11A). Resource extraction is largely for household consumption, although in some communities there is a small amount of commerce based on forest products. These neighboring communities value their forest-based lifestyle, which they perceive as threatened by outsiders and by large-scale, commercial, extractive industries (Fig 9B). Several communities have organized themselves to promote local, sustainable practices of resource use.

Main threats	The main threats stem from large-scale extractive industries: logging, mining, and oil exploration (Fig 9B). Pervasive logging in Amazonia poses an enormous threat to populations of the most commercially valuable timber species, often leading to local extinctions. There are proposed logging concessions in the north that overlap with the Zona Reservada and with the proposed Reserva Territorial Yavarí-Tapiche. Illegal logging is active even in the heart of the Zona Reservada (Fig. 9B). In the west and south, mining and oil exploration proposals ring the borders of the Zona Reservada, and in several places overlap with the Reserva Territorial Isconahua.

Other threats come from over-exploitation of wildlife. Illegal, commercial fishing is a concern for communities living around the edges of the Zona Reservada, especially in the north and south. On the upper Río Tapiche, we encountered eight species of fishes that are an important part of the Amazonian fisheries, including

1 Peruvian indigenous organizations use the spelling "Iskonawa," but the official name of the territorial reserve is "Isconahua."

2 Territorial reserves are now known as *Reservas Indígenas* in Peru, per a new law concerning areas designated for voluntarily isolated indigenous peoples (Law N°. 28736, 2006; see chapter about the legal status of the territorial reserves).

| Main threats (continued) | scaly fishes such as *Brycon* spp. and *Salminus* (*sábalos*), *Prochilodus nigricans* (*boquichico*), *Leporinus friderici* (*lisa*), and large catfishes, such as *Pseudoplatystoma tigrinum* (*tigre zúngaro,* Fig. 5D). These species were relatively abundant. Many of them migrate seasonally to the headwaters to spawn. The Zona Reservada may prove to be crucial in the life cycle of these fish species, which are important to the livelihoods of human communities living downstream. Also on the Río Tapiche, we found populations of two species of Amazonian turtles, *Podocnemis unifilis* (*taricaya*) and *Geochelone denticulata*, that are eaten by local people. |

Birds that are hunted throughout Amazonia, such as curassows (*Mitu tuberosum*) and guans (*Penelope jacquacu*), were present at all three sites we sampled. Impressive quantities of tinamous were observed at Tapiche. We observed a small flock of Blue-headed Macaws (*Primolius couloni*) at the Tapiche camp. This species is almost entirely restricted to Peru, with a few sightings from immediately adjacent portions of Brazil and Bolivia, and was recently listed as endangered by BirdLife International.

We recorded 20 species of medium and large mammals that are considered threatened by IUCN, CITIES, or INRENA; 13 are primates. Some species are listed for their ecological rarity (Goeldi's monkey, *Callimico goeldii*, Fig. 8D; red uakari monkey, *Cacajao calvus,* Fig. 8A), and others because they experience heavy hunting pressure throughout Amazonia (e.g., South American tapir, *Tapirus terrestris*; giant armadillo, *Priodontes maximus*). We regularly encountered several monkey species that are hunted throughout their range and are among the first primate species to face local extinction (black spider monkey, *Ateles chamek*; and common woolly monkey, *Lagothrix poeppigii*).

| **Current status** | Upon leaving the field in August 2005, we immediately formed the Sierra del Divisor/Siná Jonibaon Manán Work Group. Composed of indigenous and conservation organizations dedicated to the region, the Work Group is focused on creating a united front of participating institutions to overcome the overwhelming threats to the region and to provide, as quickly as possible, strict and effective protection both to the indigenous groups in voluntary isolation and to the biological and geological treasures in the region. |

The consensus-building effort resulted in the joint indigenous-conservationist request for Zona Reservada Sierra de Divisor, which was established on 11 April 2006 (*Resolución Ministerial 0283-2006-AG*; 1.48 million hectares; Fig. 2A). Protected status was our most urgent recommendation as we left the field, given the magnitude and intensity of the threats to the region. This joint request for Zona Reservada came with the explicit understanding that the Work Group is committed to developing a strong, consensus recommendation for the final categorization of the Zona Reservada, to be presented and worked through with INRENA's official Categorization Committee (*Comisión de Categorización*).

Principal recommendations for protection and management

01 **Implement effective protection of Zona Reservada Sierra del Divisor.** Protection of the Zona Reservada is urgent. Accelerating fragmentation of the region by roads, mining, oil exploration, and development constitutes an irreversible threat (Fig. 9B). Immediate and effective protection is crucial for the survival of indigenous peoples living in voluntary isolation as well as for the unique biological and geological conservation targets in the region.

02 **Develop strong consensus for the final categorization and eventual zoning of Sierra del Divisor/Siná Jonibaon Manán.** The joint request from indigenous and conservation organizations to Peru's president, to grant immediate protection to Sierra del Divisor through the category of "Zona Reservada," came with the explicit understanding that Zona Reservada is a provisional category. The next step is for the Sierra del Divisor Work Group to analyze priority sites for indigenous and conservation groups and to develop suitable recommendations for the official Categorization Committee (Comisión de Categorización) established by INRENA.

The latest map of priorities, as discussed in the Work Group meeting of 5 December 2006 (Fig. 10C), leads us to the preliminary recommendation of a complex of protected areas composed of two Territorial Reserves neighboring a National Park (Fig 10D). Our guiding vision is full support from both indigenous and conservation organizations for the final categorization.

03 **Anchor the protection and management of the Sierra del Divisor/Siná Jonibaon Manán Region on a solid collaboration among indigenous federations, local villages, and conservation organizations.** All are crucial for successful protection of this threatened and unique landscape.

04 **Strengthen the legal mechanisms to offer solid protection to indigenous people living in voluntarily isolation.** Until recently, Reserva Territorial was the category assigned to lands with indigenous peoples living in voluntary isolation. However, the category lacked a strong legal backing (as is shown in Sierra del Divisor, where mining concessions were granted in the heart of the Reserva Territorial Isconahua). The Sierra del Divisor/Siná Jonibaon Manán Work Group joined others in pursuing a law that would protect voluntarily isolated indigenous peoples. The law, passed in 2006, still needs substantial modifications to afford

Principal recommendations
(continued)

adequate protection. Revising and strengthening this legal framework is a vital next step for the protection of uncontacted indigenous peoples throughout Peru.

05 **Rescind the mining concessions that overlap with the Reserva Territorial Isconahua.** The presence of mining activities directly contradicts the purpose of the Reserva Territorial, putting at risk the health and livelihood of indigenous people living in voluntary isolation (Fig. 9B).

06 **Adjust the borders of the Zona Reservada to exclude the villages along the Río Callería and in Orellana** (as shown in Fig. 2A, 10C). These communities should not be included within a protected area.

07 **Collaborate with local communities to develop locally based protection and management plans.** Communities bordering the Zona Reservada strongly support protection for the area and its resources.

08 **Establish areas of strict protection to protect the voluntarily isolated peoples.** In close collaboration with the indigenous organizations, assign the highest category of protection to the portions of the Zona Reservada where indigenous peoples are believed to live in isolation. If ever these indigenous peoples opt for contact with civilization, appropriate studies must be conducted to determine the actual size of the lands to be titled in their names.

09 **Involve the Matsés in the zoning, management, and stewardship of the northernmost section of the Zona Reservada (Fig. 2A, 10C, 10D).** This section of Amazonian lowlands is used by indigenous Matsés communities (Vriesendorp et al. 2006) and they are the natural stewards of these lands.

Long-term conservation benefits

01 The area's geological and climatic diversity are unique in Amazonia. The resulting high levels of biodiversity and endemism make Sierra del Divisor one of the highest conservation priorities in Peru.

02 The new Zona Reservada is contiguous with the 1.49-million-hectare Parque Nacional da Serra do Divisor and several other protected areas just across the border in Brazil, creating a binational conservation corridor that stretches from the Río Amazonas in the north to the Río Madre de Dios in the south. The western border of the Zona Reservada is nearly contiguous with the Parque Nacional Cordillera Azul, linking these isolated mountains to the main body of the Andes (Fig. 2B).

03 There currently are few people within the limits of the Zona Reservada. Careful categorization and zoning of the area, in cooperation with leaders of

indigenous organizations, will respect the territorial rights of indigenous peoples in voluntary isolation.

04 The area's scenic beauty and natural riches will be a major tourist attraction for Ucayali and Loreto. Special attractions include hot springs (where hundreds of macaws congregate for the mineral-rich water), volcanic massifs rising out of lowland forest, and 13 species of primates.

Why Sierra del Divisor?

Rocky towers rise like exclamation marks over the surrounding lowlands. A hot, sulfurous spring bubbles up from deep underground and the mist swarms with Scarlet Macaws attracted to minerals in the water. A great expanse of sandstone mesas and ridges, cut off from the rest of the world, stands unexplored in the endless Amazonian lowlands.

This is Sierra del Divisor, locally called Siná Jonibaon Manán, a complex of isolated mountains set like gems in Peru's Amazonian lowlands. Nowhere else in Amazonia is there comparable diversity of geology and climate. The jumble of ancient rock formations rising up in the midst of younger formations catch thunderstorms coming off the Amazonian plains. In the resulting mosaic of rain shadows, tall humid forests stand side by side with severely stunted shrublands. And many yet-to-be-described organisms, occurring here and nowhere else, live alongside the distinct flora and fauna that biologists already have registered.

Future alternatives for these forests are stark. Unless a unified, concerted group of people take effective action now, the loggers and miners working in and around the region will further invade and dissect its forests. This fragmentation will profoundly impoverish the unique plant and animal communities of the region, and catastrophically endanger its indigenous populations.

The new Zona Reservada creates a binational conservation expanse and an enormous conservation opportunity that is contiguous with a million-hectare conservation complex in Brazil (including the Parque Nacional da Serra do Divisor, Fig. 2A). Protection and successful stewardship of Sierra del Divisor will set an example of collaboration between two different constituencies—the conservation organizations and the indigenous communities—that will serve as a model to strengthen the protection of both the environment and traditional cultures in Peru.

Conservation of the Sierra del Divisor

CURRENT STATUS

The Sierra del Divisor/Siná Jonibaon Manán Region encompasses a jumble of overlapping proposals by conservation groups, indigenous peoples, and large-scale commercial enterprises. Immediately after we returned from the inventory in August 2005, we formed the Sierra del Divisor/Siná Jonibaon Manán Work Group to resolve several of these conflicting proposals and to build a strong consensus for effective protection of the area. Composed of the indigenous and conservation organizations dedicated to the region, members of the Work Group include the Organización Regional de AIDESEP–Iquitos (ORAI), Organización Regional de AIDESEP–Ucayali (ORAU), Asociación Interétnica de Desarrollo de la Selva Peruana (AIDESEP), The Nature Conservancy–Peru (TNC), Pronaturaleza, Instituto del Bien Común (IBC), Derecho, Ambiente y Recursos Naturales (DAR), Centro de Investigación y Manejo de Áreas Naturales (CIMA), Sociedad Peruana de Derechos Ambientales (SPDA), Centro para el Desarrollo del Indígena Amazónico (CEDIA), Centro de Datos para la Conservación (CDC), and The Field Museum.

After a constructive year of joint efforts, the central goals of the Work Group remain (1) joining forces of the participating institutions to surmount the relentless threats to the region (mining, oil, illegal logging, lack of legal backing for Reservas Territoriales) and (2) developing viable mechanisms, as quickly as possible, to provide strict protection for the indigenous groups in voluntary isolation and the biological and geological treasures in the region. The Work Group devoted itself to working simultaneously on building a strong consensus proposal for safeguarding Sierra del Divisor/Siná Jonibaon Manán while strengthening the legal status of Reserva Territorial. We formed working subgroups and continue to meet regularly.

Our joint effort succeeded in the consensus indigenous-conservationist request for Zona Reservada Sierra de Divisor, which was established on 11 April 2006 (*Resolución Ministerial 0283-2006-AG*; 1.48 million hectares; Fig. 2A). Protected status through a Zona Reservada was our most urgent recommendation given the magnitude and intensity of the threats to the region. The joint request for Zona Reservada—a provisional designation within the Peruvian national protected areas system (SINANPE)—came with the explicit understanding that the Work Group committed itself to building a consensus recommendation for the final categorization of the Zona Reservada, encompassing the indigenous and conservation visions, to be presented and worked through with INRENA's official Categorization Committee (*Comisión de Categorización*).

The Zona Reservada currently encompasses the Reserva Territorial ("R.T.") Isconahua (275,665 ha; Fig. 2A). The R.T. Isconahua was established to protect the rights and livelihoods of voluntarily isolated Iskonawa. Reserva Territorial is a designation outside the purview of SINANPE and is administered by national indigenous institutions (AIDESEP and INDEPA). There are two additional proposals for Reserva Territorial status in Sierra del Divisor: the proposed R.T. Kapanawa (504,448 ha) lies in the central and western parts of the Zona Reservada, while the proposed R.T. Yavarí-Tapiche (1,058,200 ha) partially overlaps the northern portion of the Zona Reservada.

The large-scale commercial enterprises in the region vary from proposed to established concessions. Some mining concessions, approved in 2004, are operational in the heart of the R.T. Isconahua. While none of the five oil concessions have yet been granted, all overlap partially with the Zona Reservada. Logging concessions in the north along the Tapiche drainage already are established and operational.

In December 2006, the Work Group requested that INRENA postpone its decision for final categorization of the Zona Reservada by four months to April 2007. The additional time will allow for crucial workshops in the region and gathering of data necessary for a consensus proposal for categorization. The recent joint map of conservation and indigenous priority areas, as discussed in the Work Group meeting of 5 December 2006, appears here as Figure 10C. The map does not yet include the priorities of ORAI and still needs additional input to reach full consensus.

CONSERVATION TARGETS

The following species, forest types, biological communities, and ecosystems are of particular conservation concern in Zona Reservada Sierra del Divisor. Some of the conservation targets are important because they are unique; rare, threatened, or vulnerable elsewhere in Peru; key resources for the local economy; or Amazonia; or fulfill crucial roles in the function of the ecosystem.

Biological Communities

- Vast stretches of intact forest that form a corridor in Peru with Parque Nacional Cordillera Azul to the west, the proposed Reserva Comunal Matsés to the north, and in Brazil with the Parque Nacional da Serra do Divisor to the east (Figs. 2A, 2B)

- Rare and diverse geological formations that occur nowhere else in Amazonia and include a series of sandstone ridges in the west (Serrania de Contamana, Ojo de Contaya) and east (Sierra del Divisor), and volcanic cones in the south (El Cono) (Figs. 2A, 2B)

- A glorious mosaic of soil types: rich, high-diversity soils in the north; poor-to-intermediate fertility soils that harbor endemics in the central portion of the area; and volcanic soils in the south

- Headwaters of the upper Río Tapiche, which are crucial for the migration and reproduction of fish species (including commercially important ones), and the headwaters of at least ten other rivers that originate in the region

- Streams that drain soils of poor-to-intermediate fertility and may represent important speciation centers for various fishes

- Stunted forests on poor soils occurring principally on hill crests (Figs. 3H, 3I)

Conservation Targets (continued)

	Vascular Plants	▪ Populations of timber species (such as *Cedrela* sp. and *Cedrelinga cateniformis*) that are logged at unsustainable levels elsewhere in Amazonia
		▪ Species endemic to habitats unique to the region, including several species new to science growing on sandstone ridges (*Parkia, Aparisthmium,* Fig. 4C)
	Fishes	▪ Species of *Hemigrammus, Hemibrycon, Knodus,* and *Trichomycterus* (Fig. 5E) that are present in remote streams and likely restricted to the region
		▪ Species of Cheirodontinae present in the Río Tapiche and principal tributaries, including *Ancistrus, Cetopsorhamdia* (Fig. 5C), *Crossoloricaria,* and *Nannoptopoma,* which are probably restricted to the region
		▪ Species of importance for fisheries that represent significant sources of protein for local human communities, such as *Pseudoplatystoma tigrinum* (Fig. 5D), *Brycon* spp., a *Salminus* sp., *Prochilodus nigricans,* and a *Leporinus* sp.
		▪ Ornamental species of Cichlidae, Gasteropelecidae, Loricariidae, Anostomidae, and Characidae with commercial value and susceptible to overharvesting
		▪ Unique fish communities in the aquatic environments of Ojo de Contaya
	Amphibians and Reptiles	▪ Species of economic value (turtles, tortoises, and caiman) that are threatened in other parts of their distributions
		▪ Rare species that represent new records for Peru (*Osteocephalus subtilis* and *Micrurus albicinctus,* Fig. 6E)
		▪ Amphibian communities that reproduce and develop in forest and stream environments (*Centrolene, Cochranella, Hyalinobatrachium, Colostethus, Dendrobates,* and *Eleutherodactylus*) (Figs. 6A, 6B, 6D)

Birds		• Acre Antshrike (*Thamnophilus divisorius,* Figs. 7C, 7D), a recently described species endemic to the region
		• Rare or poorly known bird species that are associated with white-sand or stunted forests, such as Rufous Potoo (*Nyctibius bracteatus,* Fig. 7A), Fiery Topaz (*Topaza pyra*), and Zimmer's Tody-Tyrant (*Hemitriccus minimus*)
		• Macaws, especially the Blue-headed Macaw *(Primolius couloni*), which is restricted to a small population living almost exclusively in Peru
		• Game birds (tinamous, cracids) that typically suffer from hunting pressure in other parts of Amazonia
Mammals		• A large and diverse primate community of 15 species (13 recorded during this inventory and an additional 2 known from previous inventories)
		• Two rare and patchily distributed monkeys, Goeldi's monkey (*Callimico goeldii*, Fig. 8D) and red uakari monkey (*Cacajao calvus*, Fig. 8A)
		• Healthy populations of heavily hunted large mammals, such as black spider monkey (*Ateles chamek*), common woolly monkey (*Lagothrix poeppigii*), and South American tapir (*Tapirus terrestris*)
		• Carnivores with large home ranges, such as jaguar (*Panthera onca*) and puma (*Puma concolor*)
Human Communities		• Extensive cultural knowledge of the environment
		• Lifestyles compatible with low-impact use of natural resources (Figs. 11A, 11D)
		• Strong local commitment to environmental protection and to sustainable use of natural resources (Fig. 11D)
		• Organizational capacity for the protection of natural resources

THREATS

The biological and cultural integrity of the region face serious and immediate threats, including:

Illegal logging

Logging poses a primary threat to timber species, and often a secondary threat to mammal and bird populations hunted by loggers. Illegal logging is evident in and around the Zona Reservada, occurring well within the heart of the Zona Reservada along the Río Tapiche (Figs. 9A, 9B). To the north, logging concessions overlap with the proposed Reserva Territorial Yavarí-Tapiche (Figs. 9A, 10B).

Mining and oil exploration

Impacts of mining and oil exploration are typically first observed in nearby streams and rivers and then cascade to fishes and the terrestrial fauna. Concessions for mining and for oil exploration overlap in the south with the Zona Reservada and Reserva Territorial Isconahua (Fig. 9B).

Unregulated commercial fishing

Commercial fishing operations can gravely impact fish populations. Freezer-equipped fishing boats allow commercial fishers to store large fish catches and can accelerate local extinctions of fish populations. Moreover, some fishermen use explosives or poisons—techniques that are indiscriminate in their effects and are damaging not only to fish populations, but also to other aquatic fauna and habitats. Unregulated commercial fishing ranks high among the concerns of communities living near the borders of the Zona Reservada.

RECOMMENDATIONS

Zona Reservada Sierra del Divisor is among the highest conservation priorities in Peru. Immediate threats to the biological and cultural values of the region generate the urgency for protection. The threats range from mining concessions to illegal logging; from plans for a major highway through the area, to additional mining and oil interests. Of our rapid inventories to date, this region demands the swiftest action.

Below we highlight a set of recommendations to secure effective conservation of the region before degradation and fragmentation transform the landscape.

Protection and Management

Designate protected status

01 **Develop strong consensus for the final categorization and eventual zoning of the Sierra del Divisor/Siná Jonibaon Manán Region.** The joint request from indigenous and conservation organizations to Peru's president, to grant immediate protection to Sierra del Divisor through the category of "Zona Reservada," came with the explicit understanding that Zona Reservada is a provisional category. The Sierra del Divisor Work Group committed itself unanimously to analyzing priorities for indigenous and conservation stakeholders as the base for building suitable recommendations to the official Categorization Committee (Comisión de Categorización) established by INRENA.

On 5 December 2006, the Work Group created the first joint map of conservation and indigenous priority areas within the Zona Reservada (Fig. 10C). Because ORAI was unable to participate in this meeting, (1) ORAI priorities do not yet figure on the map, and (2) the ORAI proposal for a Territorial Reserve still needs to be reconciled with on-the-ground reports provided by previously uncontacted Matsés. Despite the missing information from ORAI, the priority map led us to the preliminary recommendation of a complex of protected areas, composed of two Territorial Reserves and one National Park (Fig. 10D).

On 12 December 2006 the Work Group sent a joint letter to INRENA, supporting the request from the indigenous organizations (ORAI, ORAU, AIDESEP) for four additional months to gather crucial data. By April 2007 there should be a final recommendation for the categorization of Zona Reservada Sierra del Divisor that integrates the vision of an efficiently protected area addressing both indigenous and conservation priorities.

02 **Establish appropriate categorization and zoning to provide strict protection to all areas where indigenous peoples reportedly live in voluntary isolation (Figs. 10B, 10C).**

Protection
and Management
(continued)

03 **Establish appropriate zoning to ensure continued traditional use by the Matsés of the northeasternmost corner of the current Zona Reservada (Figs. 10C, 10D).**

04 **Redefine the limits of the protected area to exclude existing settlements (Figs. 10C, 10D).** Several small settlements exist inside Zona Reservada Sierra del Divisor, especially along the Río Callería. These settlements and the adjacent areas used by community members should be removed from the Zona Reservada. The limits of the already existing Reserva Territorial Isconahua also must be adjusted to eliminate the current overlap with the titled lands of the native community of San Mateo.

05 **Capitalize on the opportunities of the binational conservation corridor with the adjacent protected areas in Brazil.** By coordinating management of the Zona Reservada in Peru with the Parque Nacional da Serra do Divisor and several extractive indigenous reserves in Brazil, the protected lands would total more than 3 million hectares.

Ensure broad participation in conservation efforts

06 **Combine efforts of interested indigenous federations and conservation organizations to promote immediate protection and co-management for conservation of Zona Reservada Sierra del Divisor.** Both groups share concern for (a) the indigenous peoples living in voluntary isolation in the wilderness of the Zona Reservada, and (b) the biological and geological treasures in the region. Working together, the two constituencies must stress the importance of the region to the highest levels of government and secure effective protection of the region for eventual co-management.

07 **Act immediately with local residents and local and regional institutions to counter illegal activities.** Invasion of the region by commercial activities is rampant, yet neighboring communities openly express their desire to protect the area. Conservation and indigenous organizations concerned with the region should coordinate and mobilize local residents to patrol the region and to curb illegal activities. The locally based protection system should be discussed with the regional governments of Ucayali and Loreto, and with the appropriate unit of the national government (INRENA), and then implemented promptly.

08 **Establish strong partnership among conservation groups, indigenous federations (national, regional, and local), government agencies (protected areas and indigenous rights), and funding entities for efficient protection action in the region.** Only through tight partnerships and constant communication at all levels will it be possible to implement a long-term

plan to protect the area while maintaining and improving the quality of life of neighboring villages. Activities in the buffer zone of the Zona Reservada must attract ecologically compatible economic investments that reduce the income gap of local residents.

09 **Develop an effective system of co-management so that the entire unit is fully protected.** Although this will require a tremendous amount of work because there is no precedent in Peru, it is of paramount importance for the well-being of all cultural and biological values in the Zona Reservada and its surrounding buffer zone.

Resolve conflicts

10 **Secure legitimacy and solid legal backing for indigenous peoples in voluntary isolation.** Historically, *Reserva Territorial* was the category used in Peru to protect tracts of wilderness that shelter indigenous groups who chose to live without contact with western civilization. These lands, now termed *Reservas Indigenas*, should receive the strictest protection until the indigenous group, of its own accord, seeks contact. Without an explicit request for contact, the area must remain strictly protected (*zona intangible* in Peru) to safeguard the lives of peoples highly vulnerable to contact with common western diseases.

At present, the category of Reserva Indigena still lacks the appropriate definition and legal backing to secure strict conservation of the land and its peoples (see chapter about the legal status of territorial reserves). This lack of protection is markedly evident throughout the history of Reservas Territoriales in Peru. Not only do these areas receive no protective action, they are usually fragmented by government-approved roads, oil pipelines, and mining concessions, and they are mercilessly invaded by illegal loggers and miners. Without a powerful and effective mechanism in place to secure the Reservas Indigenas—with appropriate regulations, responsible entities, and adequate funding—the Sierra del Divisor/Siná Jonibaon Manán Region and its peoples will be exposed to severe dangers (Fig. 9B).

11 **Deactivate the mining concessions that have been granted inside Reserva Territorial Isconahua (Fig. 9B).** Immediate removal of these concessions is imperative for protection of the lives of the indigenous peoples in voluntary isolation and for the conservation of unique geological formations in Amazonia.

12 **Evaluate the proposed Reserva Territorial Yavarí-Tapiche and the proposed Reserva Territorial Kapanawa and accommodate the boundaries to protect voluntarily isolated indigenous peoples (Fig. 10B).**

RECOMMENDATIONS

**Protection
and Management**
(continued)

13 Resolve the status of the proposed logging concessions that overlap with the Reserva Territorial Yavarí-Tapiche proposed by AIDESEP (Figs. 9B, 10B). Clarification of the boundaries of the logging concessions and the proposed Reserva Territorial Yavarí-Tapiche should be a high priority after evaluation of the Reserva Territorial proposal. The overlap between these two proposals needs to be resolved to ensure definite, protected boundaries for Zona Reservada Sierra del Divisor and for noncontacted indigenous peoples.

Further inventory

01 Continue basic plant and animal inventories, focusing on other sites and other seasons. Survey aquatic habitats in the headwaters of rivers in the highlands of the Ojo de Contaya and the Sierra del Divisor, such as the Ríos Blanco, Zúngaro, Bunyuca, Callería, and Utuquinía. The ancient volcanic cones and the surrounding forests and streams in the southeastern portion of the Zona Reservada are a high priority for both aquatic and terrestrial inventories. We recommend inventories during other seasons of the year, particularly during the wet season (October–March) when amphibians are more active and easier to sample.

02 Map the large geological formations within the Zona Reservada. Our few water and soil samples from Ojo de Contaya and the Sierra del Divisor did not survey the full range of habitats within the region, nor did we survey the geological variability of the underlying rocks.

03 Search for the Acre Antshrike (*Thamnophilus divisorius*) at additional localities. We anticipate that this bird species, endemic to the Sierra del Divisor region, will be found in suitable habitat throughout the region. The habitat—stunted forests on ridge crests—is patchily distributed; it should be determined whether the antshrike occurs at all sites with sufficient habitat.

04 Continue surveys for bird specialists of white-sand habitats with nutrient-poor soils. We suspect that some of the rare and poorly known white-sand bird species, currently known from only one or a few localities each within the Zona Reservada, are more widespread. Inventories should focus on documenting the distribution and relative abundances of these species.

05 Search for bird species that nest at cliff faces, caves, and waterfalls of the Ojo de Contaya and Sierra del Divisor sites. We strongly suspect that Oilbird (*Steatornis caripensis*) and some swifts (Apodidae), otherwise known only from the Andean foothills west of the Río Ucayali, nest in similar habitats in the Sierra del Divisor region.

Research

01 **Evaluate the impact of fishing by local communities.** Determine which species of fishes are most commonly captured, the relative abundances of these species, and the locations of the most heavily fished waters. A baseline evaluation of the fish resources of the area will be critical for the long-term management of fish populations in rivers within the Zona Reservada.

02 **Research the reproductive biology of fishes in the Zona Reservada.** Confirm whether there are seasonal movements during periods of reproduction into the headwaters of rivers draining the mountain ranges in the region.

03 **Investigate the feasibility of developing aquaculture in the region with native fish species.** Aquaculture might provide a significant source of protein for communities in the area. Prime candidates for feasibility studies include fast-growing native species, such as *boquichicos* (*Prochilodus nigricans*), *sábalos* (*Brycon* spp. and *Salminus*), and cichlids. Explore the possibility that aquaculture could be used to restock populations of rare fish species, such as *arahuana* (*Osteoglossum bicirrhosum*).

04 **Document range limits of species and biogeographic barriers in the region.** Several species pairs of birds apparently replace one another within the Zona Reservada in the absence of any obvious geographic barrier (such as a large river) and with no apparent concordance of distributional limits between different pairs of species. The region offers a unique opportunity to investigate the roles of history and habitat heterogeneity in determining bird species distribution.

05 **Study small mammals and bats throughout the Zona Reservada.** The communities of small mammals and of bats in the region remain almost entirely unknown. A particularly interesting habitat for study would be the stunted forests on ridge crests, which may harbor habitat specialists.

06 **Investigate the presence at Ojo de Contaya of two apparently different forms of black spider monkey (*Ateles chamek*).** The two forms of *Ateles* differ only in the color of the bare facial skin (red vs white to blackish), as far as we could determine. We do not know the taxonomic status of these two forms; they may represent individual variation within a single species, or two different sympatric species.

07 **Investigate the habitat preferences of red uakari monkey (*Cacajao calvus*).** Our observation of this rare monkey on ridge crests or at sites far from *Mauritia* palm swamps was completely unexpected. We recommend

Research (continued)	determining whether this species is less closely associated with palm swamps than previously reported (or whether they migrate seasonally).
Monitoring (of conservation targets) **and survey** (of other species)	01 **Survey fish, and game (bird, mammal) populations.** Collect data on the identities and relative abundances of the most frequently fished or hunted species, and sites within the region where fish or game are most abundant. Such information will provide the baseline data on game populations and will allow for recommendations of potential no-hunting areas that could serve as source populations. 02 **Create a practical monitoring program that measures progress toward conservation goals established in a long-term management plan for the region.** 03 **Document illegal incursions into the area, via the established patrolling system** (see Recommendation 07, under Protection and management, above).

The Zona Reservada provides an enormous opportunity to protect a unique part of Amazonia, with all of its biological, cultural, and geological features intact. The Zona Reservada:

01 **Protects unique geological features.** Sierra del Divisor is geologically distinct from the rest of the Amazonian region and constitutes the only mountains in the Peruvian Amazon (Fig. 2B).

02 **Forms a binational conservation area,** directly adjacent to Brazil's Parque Nacional da Serra do Divisor (to the east) and close to Parque Nacional Cordillera Azul in Peru (to the west; Fig. 2A).

03 **Protects indigenous peoples living in voluntary isolation (Figs. 2A, 10B).**

04 **Shelters a biological community rich in globally endemic, rare, and threatened species of plants and animals,** including species of commercial value that are overexploited in other regions.

05 **Enables a partnership with residents of neighboring villages,** many of whom share a common vision of protecting the natural resources that sustain their livelihoods (Figs. 11B, 11E).

.

Technical Report

REGIONAL OVERVIEW AND INVENTORY SITES

Author: Robin B. Foster

Zona Reservada Sierra del Divisor ("the Zona Reservada"), 1.48 million hectares in size, includes the only mountain ranges in the Peruvian Amazon (Fig. 2B). Emerging from the Amazon plain, these low mountains extend from the Sierra del Divisor in the north; into Acre, Brazil to the east; and into Madre de Dios, Peru in the south. The mountains in the region are separated from the Andes by the Río Ucayali and lower Río Urubamba in the north and the lower Río Manu and Río Madre de Dios in the south, but are contiguous with the Andes in the region of the Fitzcarraldo Divide. We use "Sierra del Divisor/Siná Jonibaon Manán Region" to refer to both the series of low mountains (Serranias de Contamana, Ojo de Contaya, Sierra del Divisor, volcanic cones) and adjacent lowlands within the Zona Reservada.

The low mountains in the region are geologically distinct from most of the rest of the Amazon Plain and were raised by the same continental forces that lifted up the Andes. Erosion has exposed the older, underlying, Cretaceous strata, which in most of the Amazon Plain are covered by younger Tertiary and Quaternary sediments. In the highest elevations even older rock is exposed, poking its way up through the Cretaceous strata. An irregular rectangle of geological fault lines surrounds the Sierra del Divisor region. On the eastern (Sierra del Divisor) and western (Serrania de Contamana) margins these faults have created an upthrusted mountain wall with a steep outward face and a more gradual inner slope. In the north, the elliptic ring of low, outwardly sloping mountains forming the Ojo de Contaya appears to harbor within its borders a largely horizontal set of eroded strata.

The geology of the Divisor area resembles that of the base of the Andes to the west, where presumably the same or similar strata have been uplifted. But in the Andes the band of mostly Cretaceous rock is only a narrow strip along the lower elevations, whereas in the Divisor area such rock forms a broad expanse. In the Divisor area, the Cretaceous strata are diverse and overwhelmingly composed of quartz sandstones and other, looser, sand sediments. Even the broad expanses of old floodplain terraces in the center of the area consist of reworked sand sediments. At all of our sites white sandy soils dominated most of the ridges, slopes, and even the youngest floodplain, creating very acidic environments for plant growth.

There are occasional pockets and thin layers of richer strata that form clays, but they appear to be relatively unimportant on a landscape scale.

The greatest exception to the nutrient-poor conditions described above is the volcanic area on the southeast side of the Zona Reservada (Fig. 2A). In overflights of this area we observed a small but rugged mountain range that borders an apparently very deep fault. This area appears to be mostly or entirely igneous in origin and is roughly 4-5 million years old. These mountains are dense with volcanic cone and crater-shaped peaks with steep slopes. Some peaks are outliers, such as the isolated, symmetrical peak known as "El Cono" at the east end of the mountain range (Fig. 1). This peak is so conspicuous from a distance that it is recognizable on a clear day from the lower ridges of the Andes.

The vegetation covering this volcanic range appears distinct from the rest of the Divisor area, with little or no deciduousness during a dry year. On average tree crowns are fairly broad, but there are few if any emergents. The volcanic range may be the only such landscape feature in the entire Amazon Plain, and it remains unexplored by scientists.

SITES VISITED BY THE BIOLOGICAL TEAM

In October 2002 scientists from The Field Museum, ProNaturaleza, CIMA (Centro de Conservación, Investigación, y Manejo de Áreas Naturales), and INRENA (Instituto Nacional de Recursos Naturales) flew over most of the Zona Reservada, and videotaped the flight. We selected sites for the inventory based on a combination of the overflight video and examination of high-resolution satellite images of the region. We selected inventory sites by choosing areas that had not been visited previously and appeared to be the most interesting ecologically. One of our priority inventory sites, the area near El Cono in the southeast, was dropped from consideration because this area is within Reserva Territorial Isconahua, an area that protects indigenous Iskonawa* living in voluntary isolation.

From 6 to 24 August 2005, the inventory team made a ground survey of three sites. One was in the northern half of the Ojo de Contaya, one was in the floodplain and adjacent terraces of the upper Río Tapiche (that drains most of the northern Sierra del Divisor), and the last was in the heart of the largest section of the Sierra del Divisor itself (Figs. 3A, 3B). Below we describe these sites in more detail and include additional information from overflights (including what we saw as we flew in and out of each field site). The site names refer to the dominant geographic feature of each area.

Ojo de Contaya (07°06'57.5" S, 74°35'18.6" W, 250–400 m; 6–12 August 2005)

The first of our camps was in the central complex of steep, high hills of the northern part of the Ojo de Contaya, 53 km east of Contamana. The Ojo is so-named because of an eye-shaped ring of high hills (65 km long and 35 km wide) that surrounds a similarly shaped low depression. Both of these rings surround a central complex of high hills representing an "iris" and "pupil" on the satellite view image (Fig. 3A). Water drains out of the Ojo de Contaya in all directions of the compass through several large winding streams that work their way out of narrow gaps in the border ridges of the "eye" and into the surrounding ancient floodplain terraces. All of this water eventually reaches the Río Ucayali, either north or south of Contamana.

Our helipad was at the crest of a bald hill (*cerro pelado*) covered with a thicket of *Pteridium* ferns (such thickets are known locally as *shapumbales*) with scattered emergent snags of dead trees. This exposed hill, apparently created by fire following lightning strikes, is visible on current satellite images and is the only such clearing we observed in the region (Fig. 3D). We camped in the steep-sided valley below, where a flat bottomland starts to narrow into a steep-sided ravine. The drainage of this area is ultimately to the north, toward the upper Río Tapiche. We saw no evidence of present or past human activity in the area.

The 14.6 km of trails that were cut by the advance team crossed through all the habitats within a

---

* Spelling of the official name of the reserve differs from that used by the Iskonawa themselves.

ca. 5 km radius in all directions from the camp. Trails followed crest lines of three different ridge systems, as well as traversing steep slopes in reaching each crest. One trail transected five different secondary ridges and ravines. Two trails followed the course of streams and bottomland terraces for several kilometers.

Ridge crests

Most of the high ridges (up to at least 400 m) seen in the central region of the Ojo de Contaya were relatively flat on top, rarely displaying sharp peaks. The few steep landslides from these ridges expose horizontal bands of hard sandstone alternating with softer, mostly sandy layers. This suggests there has been a broad vertical uplift of the whole area, without the steeply angled upthrusts characteristic of the Andes, and even of the Serrania de Contamana just to the west. About half of these ridges are covered with short forest with an even canopy about 10 m high, and the rest covered with tall forest (to at least 30 m high). The short forest clearly is underlain by whitish, quartz-sand soils, and the tall forest seems to be underlain by a sandy clay. Both of these crest forests, as well as the stable slope forests, have a dense mat of roots on the surface under the leaf litter. The short forest is similar in appearance to the short "spongy" forest seen at higher elevations on quartzite substrate of the northern Cordillera Azul on the opposite side of the Río Ucayali (Foster et al. 2001), as well as in the Sierra del Divisor (see below).

Steep slopes

On the overflight, we saw an area in the southern part of the Ojo de Contaya where a group of landslides on steep slopes of the high hills simultaneously had stripped away 10%-20% of the vegetation, clearly the result of a localized earthquake. But other than this site, the slopes mostly are stable when bordering the broader bottomland and are covered with mature forest showing little sign of disturbance. The transition from short forest on the top slopes to tall forest is relatively abrupt. In a few places, rock walls of hard sandstone border the bottomland. In contrast, the slopes adjacent to the

narrow ravines are conspicuously dynamic with a high frequency of small "lateral slumps," i.e., landslides that carve out a section of the upper slope and deposit it down below. These slump deposits on the lower slopes reveal a diversity of substrates, ranging from red or yellowish clays to almost pure sand, and are covered with various combinations of pioneer plant species and regeneration of different ages. The small streams alternate between gently sloping areas within rock debris and steeper small cascades up to several meters high over hard sandstone layers.

Valley bottoms

The bottomland terraces are surprisingly flat and mostly range from 50 to 200 m across. The extent to which these terraces occasionally are flooded is not clear, but the inundation probably is temporary. The streams are fast-moving but highly meandering, and frequently form levees up to 5 m high and miniature oxbow lakes when a meander is cut off. The streamsides are mostly steep, sandy banks alternating with sandy beaches, and the clear-water stream bottoms (not tea colored as one might expect in such a sandy area) are conspicuously sandy with occasional "leaf packs" of compressed leaf litter and other organic material.

Tapiche (07°12'30.5" S, 73°56'04.1" W, 220–240 m; 12–18 August 2005)

Our second camp was approximately 73 km to the east of Ojo de Contaya and 145 km northeast of Pucallpa (Fig. 2A). Here we sampled the upper Río Tapiche near the base of the Sierra del Divisor, the largest floodplain in the region. We camped on a high terrace above the east side of the river and from there explored a system of approximately 25 km of freshly cut trails on both sides of the river. The trails traversed successional communities in active river meanders, older terraces, a large *Mauritia* palm swamp, and the lowest slopes of the Sierra del Divisor mountains.

Opposite our camp, adjacent to an oxbow lake on the west side of the river, there was an abandoned human campsite that we estimate was at least four years old. The extent of forest cutting around the camp was very limited and there were only scattered domesticated plants around the few, crumbling palm-thatch shelters. This suggests that the camp was a temporary stopover for people in transit up and down the river, rather than a year-round settlement.

River meander

During this relatively dry August the fast-moving, meandering river was 15–20 m wide and no more than 1–2 m deep, and the sandy bottom was readily visible through the clear water. At the curves there were often extensive white-sand beaches, but these are relatively stable judging from their narrow, truncated successional bands of vegetation. Thus, despite sharing many of the same successional plant species, these river meanders are not like the rapidly changing meanders of sediment-laden, white-water rivers. The major streams entering the river are like miniature versions of the river itself, though less meandering, and with a somewhat different set of successional species.

The rare oxbow lake near the campsite was a rapidly drying, stagnant pond, mostly surrounded by high, unflooded terrace, with a low levee separating it from the river. Oxbow lakes are more frequent lower on the Tapiche where the active floodplain is much broader. Only a narrow part of the floodplain of the upper Río Tapiche seems to flood, either infrequently or annually. The rest is composed of older, higher floodplain terraces that differ in their drainage characteristics.

Old floodplain terrace and aguajal

Unflooded and well-drained terraces are extensive in the floodplain and are covered mostly with unbroken, high-canopy forest of large-buttressed trees and an open understory. These terraces are becoming a vast plain of low hills as they erode into a network of small gullies less than 5 m below the plain of the terrace. The underlying soils of these terraces, although sandy, appear to have substantial clay content similar to that of the sandy, flooded forests closer to the river. Within the high-canopy forest our trail network traversed one area of several hectares of forest recovering from a large blowdown, presumably because of wind shear from a large downburst out of a passing severe thunderstorm. Other blowdowns are recognizable on the satellite image of the region but are relatively infrequent. Palm swamps, known as *aguajales* and dominated by the large *Mauritia flexuosa* (or *aguaje*) palms, are not frequent in this region. As seen from space, the aguajal on a high terrace close to our camp is one of the largest in the region. Aguajal formation presumably reflects a river-driven process that creates levees high enough to block drainage from shallow depressions in the floodplain. Aguajales appear to be temporary features of the landscape, lasting perhaps 1000 years (or much less), as erosion eats away at the blockage while sediment input from the outside raises the level of the soil. In this region aguajales seem most common below the base of the low mountain range of the Divisor, and at a smaller scale within the broader active floodplain downriver on the Río Tapiche.

We studied an aguajal that was about 2 km in diameter. The east side is adjacent to the mountain foothills and in that area is deeper, more difficult to walk through, and more dominated by *Mauritia* than on the west side. On the west side, where it is penetrated by several steep-sided gullies that drain down to the river, there is more terra firme to walk on between the hummocks at the base of each palm, and much greater diversity and abundance of other plants. Wet clay soils topped with a deep layer of organic material provide a striking contrast to the better-drained, sandy, high terraces and hill slopes that surround the swamp. Humidity near the aguajal appears to support many more trunk epiphytes than in any of the surrounding vegetation.

Upland hill slopes

To the east of our camp, the high terraces make a gradual transition to the Sierra del Divisor mountains. It is as if the terraces were tilted upwards along a gradual slope, becoming a flat but not horizontal surface. The soil is sandier and the trees are tall, as on the terraces below, but usually with smaller crowns, denser understory, and fewer lianas. Unlike the terraces below, drainage is not by shallow gullies but instead by steep and deep ravines cutting into the flat slopes.

Divisor (07°12'16.4" S, 73°52'58.3" W, 250–600 m; 18–24 August 2005)

Our third camp was 6 km east of the second, in the heart of the Sierra del Divisor mountains, ca. 10 km from the Brazilian border and 150 km northeast of Pucallpa (Fig. 2A). Toward the center of the mountains, the long, flat slopes and steep ravines of the foothills give way to a heterogeneous set of small mountain peaks, horizontal ridges, and broad valleys. The physiography has much in common with the Ojo de Contaya, but is set on a larger vertical scale with more extremes: more substrate heterogeneity and both much drier and wetter habitats. The 18 km of trails included three separate ridges and adjacent steep slopes, sandstone-walled canyons, and broad, sloping valley bottoms. The area shows no signs of human activity, and the presence of several large and valuable *cedro* trees (*Cedrela fissilis*) in the valley bottoms confirms that impression.

Ridge crests

Although our trails did not reach the highest peaks, our views from the ridges revealed that the highest elevations of the small mountains to our east (up to about 800 m) had moderately tall forest (at least 20 m tall), except on cliffs. Several roughly horizontal, flat-topped ridges emerged from these mountains (five ridges were visible near our camp) with distinctly stunted vegetation ranging from 10-m tall "spongy forest" to 2-m tall shrublands, some with open bare patches exposing white sand. These ridges were mixed with other ridges supporting a tall forest 30 m or more in height. The latter forest appeared to be underlain by a red, sandy-clay mixture, although the soil surface had a dense root cover. The ridges topped with shrubland mostly had cliffs on all sides, with an unusually porous sandstone near the ridge tops. This sandstone was

honeycombed with holes, giving the appearance of limestone but without the sharp edges, and yet seemed remarkably resistant to erosion. Other bands of the sandstone were seen among the rock walls in some of the canyons below. The porous nature of the sandstone suggests that water drainage may be rapid and excessive from the tops of these strata, leading to severe drought conditions when rainfall is infrequent, and increasing the possibility of occasional, lightning-caused fires. In both the rock walls of the canyons and the exposed strata on the ridge cliffs, this area displays an extraordinary range of substrates. Different kinds of sandstones predominate, but substrates range from layers of soft, loose sand to extremely hard quartzites, and include layers of rock-like clay and other materials.

Valley bottoms

Compared to the other camp areas, the bottoms of the valleys and canyons resembled cloud forest. The moss and leafy liverworts covering most tree trunk surfaces, the high density and diversity of trunk epiphytes, and the abundance of tree ferns added to this impression. Moreover, the depth of these valleys probably contributes to the high humidity. We might be overestimating the humidity gradient because it rained heavily a few times during our stay at this camp after our completely dry conditions up to that point. On the other hand, it seems likely that the Sierra del Divisor generates local rainfall because the mountain range is the first area of higher elevations hit by winds moving west across the entire length of the Amazon Basin.

The walled canyons and broader valleys here both have flat, active floodplains, but these are mostly much narrower (20-50 m) than those of the Contaya and more likely to be strewn with rocks at intervals. The broad valleys are mostly covered with gently sloping sediment from the valley sides, either alluvial fans or lateral slump debris mounds. These areas are not flooded and provide a very uneven landscape, although usually they are not very steep until halfway up the valley slopes.

GEOLOGY AND HYDROLOGY

Author: Robert F. Stallard

Conservation targets: Isolated uplifts of ancient rocks, a geological formation unique to Peru and a small part of neighboring Brazil and unprotected within the Peruvian national system of protected areas (SINANPE); a broad soil and stream fertility gradient represented at small and large spatial scales; a volcanic range in the southeast that is the only such landscape feature on the Amazon Plain

INTRODUCTION

This chapter provides a geological overview of the Sierra del Divisor region based on a literature review, close examinations of satellite imagery, and limited water samples from the inventory. The author has not visited this site, but has broad experience in other parts of South America, especially in the Amazon and Orinoco river basins (Stallard and Edmond 1981, 1983, 1987; Stallard 1985, 1988, 2006; Stallard et al. 1991). In this overview, the goal is to describe the series of faults and uplifts that define this landscape, and to provide an overview of the principal rock formations.

The biological inventory team visited a region that is marked by three significant uplifts: Contamana, Contaya, and Sierra del Divisor. The Contamana and Contaya arches trend east from the Ucayali Valley to the Sierra de Divisor (Sierra de Moa) (Appendix 1). The Sierra de Divisor is an uplift on a system of normal faults that has dropped on the east side relative to the west side, formed by the Tapiche Fault (Dumont 1993, 1996)/Moa-Jaquirana Inverse Fault (Latrubesse and Rancy 2000). The junction of these two faults is an important influence on the landscape, defining the headwaters of both the Río Yavarí and the Río Blanco. Two other faults run in parallel to this one. The first is a low ridge that defines the Bata Cruzeiro Inverse Fault (Latrubesse and Rancy 2000), which appears to connect to the Río Blanco valley to the north (Stallard 2006); the other occurs along the Río Juruá in Brazil (Latrubesse and Rancy 2000). The region may have been uplifted and faulted with the major uplift of the Andes (Dumont 1993; Hoorn et al. 1995; Campbell et

al. 2001). The Contamana and Contaya uplift was the site of one of the early oil fields in Peru, the Maquia Oil Field, which was developed in 1957 (Rigo de Righi and Bloomer 1975).

These three uplifts (Sierra del Divisor, Contamana, Contaya) involve mostly Cretaceous and younger rocks shed from several previous uplift cycles of the Andes. The oldest rock exposed at the center of the Contamana and Contaya Arches is the Middle Ordovician Contaya Formation, which consists of weakly metamorphosed black shales with intercalations of fine-grained sandstones and quartzites (SD in IGM 1977; Bellido 1969). The oldest rocks in the Peruvian part of the Sierra de Divisor are the Permian Mitu Group, a molasse formed of red, violet, and brown sandstones and conglomerates, with intercalations of fine-grained sandstones and quartzites (Pms-c in IGM 1977; Bellido 1969). Two major rock formations are missing from the Contamana Arch, Contaya Arch, and the Sierra del Divisor: (1) the carbonate sections found to the west, the Tarma and Copacabana Groups (Penn-Perm), and (2) the Upper Jurassic Sarayaquillo Formation (quartzites and arenites intercalated with siltstone and mudstone, chocolate, red, and pink), found to the west. The present Ucayali Valley flows along what was once the edge of the continent or a marginal sea in the Paleozoic. Presumably the lands on the east side of this margin were more elevated and the marine formations to the west were never deposited or if they were deposited, they were subsequently eroded. Stratigraphically above the Paleozoic cores of these uplifts is a long series of Cretaceous and younger sediments, dominated by continental silicate sediments but with a few marine silicate and marine limestone layers. The marine sediments would tend to form more nutrient-rich soils. Below I discuss each of the Cretaceous formations from oldest to youngest.

The oldest of these formations is the lower Cretaceous Oriente Formation. In the Contamana Region the Oriente Formation is about 1,700 m thick and is broken into six members: (1) Cushabatay (750 m, quartz arenites, with mudstones at the base that contain plant remains); (2) Aguanuya (155 m, sandstones and black to gray shales that contain plant remains); (3) Esperanza (140 m, shales and marine limestones); (4) Paco (75 m, sandstones intercalated with shales that have plant fossils); (5) Agua Caliente (500-600 m, strongly cross-bedded quartz arenites interbedded with shales that have plant fossils); and (6) Huaya (180 m, fine sandstones with layers of marine shales and mudstones). The quartzites are noted ridge-formers that have a characteristic appearance on the landscape (Ki in IGM 1977; Bellido 1969).

Above the lower Cretaceous Oriente Formation is the middle Cretaceous Chonta Formation, which has a gradational contact with the Oriente Formation. In the Contamana Region, it is 160 m thick and is composed of gray to black mudstones and shales, intercalated with cream-colored limestones (Kms in IGM 1977; Bellido 1969). The upper Cretaceous Azúcar sandstone lies gradationally on top of the Chonta Formation (Ks-c in IGM 1977, Bellido 1969). It is composed of white to yellowish fine- to coarse-grained sandstones with strong cross-bedding. There are intercalated conglomerates and shales. The uppermost layers are gray to black shales with a marine fauna.

The latest Cretaceous was marked by major mountain building to the west and extensive deposition of mostly continental sediments in the foreland basin to the west. First comes the lower Contamana Group, consisting of a thick section of red beds (known as *capas rojas*), which are continental sandstones and shales (KTi-c in IGM 1977; Bellido 1969). There are no marine layers in the Contamana Region. The Cretaceous to Tertiary transition is accompanied by a gradual color change from redder, silty to browner, sandy sediments (Ts-c in IGM 1977; Bellido 1969). The top of the Contamana Group is a regional unconformity (the Ucayali Unconformity). (A regional unconformity is a widespread gap in the sedimentary record marked by the non-deposition of new sediments and often the erosion of previously deposited sediments.) This unconformity is probably associated with a major phase of Andean uplift. To the north of the Contamana Region, the Ucayali Unconformity is preceded by the deposition of the fossiliferous Pevas formation, which includes lacustrine and brackish water sediments and represents areas of richer soils (Hoorn 1994, 1996; Hoorn et al. 1995; Stallard 2006).

Following the Ucayali Unconformity, during the Plio-Pleistocene the more southerly Ucayali Formation and the more northerly Iquitos Formation were deposited. Both are horizontally bedded sand and mud with finer interlayers of conglomerates. These two formations are typically 30-40 m thick (Qpl-c & Q-c in IGM 1977; Bellido 1969). K-Ar isotopic dating of volcanic ashes to the east and south of the Contamana region indicate the Plio-Pleistocene deposition was active between 9 My and 3.1 My ago, probably ending 2.5 My ago with a trans-Amazonian erosion surface that defines the upper terra firme levels (Klammer 1984; Campbell et al. 2001).

To the south of the Contaya Arch are the remnants of several small volcanoes (KT-I in IGM 1977). K-Ar dating indicates an age of between 4.4 to 5.4 My for these volcanoes (Stewart 1971) and the magma chemistry indicates eruption from a subduction zone descending to great depth, about 350 km (James 1978). Uplift of the Ucayali and Iquitos Formations may also have been affected by the subduction of the Nazca Ridge, which reduced the depth of the subduction zone to 100 km, and therefore, presumably passed under the Contaya region after the 4.4 to 5.4 My volcanism (see Stallard 2006). The subducting Nazca Ridge may have lifted the entire region, helping produce the Contamana and Contaya Arches. Presently the subducting Nazca Ridge is beneath the elevated Fitzcarraldo Divide, between the Ucayali Basin and the Madre de Dios Basin.

METHODS

At each site, members of the biological inventory team collected water and soil samples, trying to cover the gradient of soils and streams in the area. I assessed these samples in the laboratory for pH and for conductivity. I measured pH with an ISFET-ORION Model 610 Portable System with a solid-state Orion pHuture pH/Temperature Systems electrode. Conductivity was quantified with an Amber Science Model 2052 digital conductivity meter with a platinum conductivity dip cell. This conductivity meter has an exceptionally wide dynamic range, which permits the measurement of especially dilute waters. The relationship between these two measures (pH and the logarithm of conductivity) is a useful way to assess the surface geology, and places streams within a regional context (see Stallard 2006).

RESULTS

Water samples taken during the inventory (Table 2) are compared to those from sites in the Matsés region to the north (Stallard 2006) and to sites across the Amazon and Orinoco basins (Appendix 3). Samples from different regions tend to group into associations, which reflects the importance of regional geology in controlling the chemistry of the water (Stallard 1985, 2006). Several features should be noted. Two streams at Ojo de Contaya have blackwater pH-conductivity signatures (indicating abundant organic acids, but not necessarily black water). One stream at the Divisor site has a more dilute organic-acid signature. These three streams likely drain nutrient-depleted soils. Three samples, one from each site, fall on a trend that includes the Río Blanco, from the Matsés inventory to the north (Stallard 2006). This trend indicates a contribution of cations from less depleted soils or from bedrock with easily weathered silicate minerals.

DISCUSSION

All of the study sites are located in Cretaceous sediments. These sediments are quite varied and would be expected to produce a broad range of soils. Quartzites produce especially nutrient-poor, thin, sandy soils. Continental shales and sandstones (especially the red beds) would be expected to produce somewhat nutrient-poor soils, being composed of weathered materials. Marine sandstones and shales often produce richer, more fertile soils. In addition, dark shales, sediments with organic-rich and fossiliferous layers, and limestones and dolomites often are associated with nutrient-rich soils.

Streams ranged from nutrient-poor to intermediate nutrient concentrations at each site. The Ojo de Contaya site is located within the Oriente Formation, probably midway through the stratigraphic section. The water chemistry is consistent with nutrient-poor soils as might be formed on quartzites and weathered shales; however, the largest stream at Ojo de Contaya shows a slight influence of richer soils. In contrast the Río Tapiche appears to drain mostly nutrient-poor soils, presumably from the Sierra del Divisor. At the Divisor site, the largest stream is quite nutrient depleted, while a nearby stream with larger rocks shows an influence of richer soils.

None of these sites, however, shows any influence of widespread nutrient-rich soils such as were encountered in the Actiamë/Yaquerana site in the Matsés inventory. Since borders for protected areas

Table 2. Water samples from Zona Reservada Sierra del Divisor taken during the rapid biological inventory of 6-24 August 2005.

Sample	Locality	Site	pH	Conductivity
AM050001	Ojo de Contaya	Large stream	4.96	18.38
AM050002	Ojo de Contaya	Small stream	3.69	23.4
AM050003	Ojo de Contaya	Stream with hard rock bottom	4.11	8.76
AM050004	Tapiche	Río Tapiche	4.62	21.3
AM050005	Divisor	Stream with large rocks	5.24	20.5
AM050006	Divisor	Large stream	4.79	7.82

proposals recently have been redrawn, this rich-soil site now falls within the northern portion of Zona Reservada. In addition, several other stratigraphic units in the region should be weathering to nutrient-rich soils and solute-rich stream waters. The total area of these nutrient-rich sites may be small, but they should exist based on the underlying geology.

RECOMMENDATIONS

The large geologic variability of the Cretaceous rocks suggests that a wide variety of soils, stream compositions, and therefore habitats should exist in the Sierra del Divisor/Siná Jonibaon Manán Region. Based on the limited number of stream samples collected, the three study sites did not capture the full range of possible environments. Future work should endeavor to document such sites. The remnant volcanoes to the south of this region should have excellent soils with a broad spectrum of nutrients and might be an especially interesting site for future study.

FLORA AND VEGETATION

Participants/Authors: Corine Vriesendorp, Nállarett Dávila, Robin B. Foster, Italo Mesones, and Vera Lis Uliana

Conservation targets: Vegetation on the high hills (up to 650 m), a singular ecological entity within the Amazon basin occurring only in Peru and Brazil and unprotected within SINANPE; a refuge for timber species (e.g., *Cedrela fissilis* and *C. odorata*, Meliaceae; *Cedrelinga cateniformis*, Fabaceae) logged at unsustainable levels in other parts of Loreto, Peru, and Amazonia; stunted forests on poor soils occurring principally on hill crests; a vast stretch of intact forest that forms a corridor between Parque Nacional Cordillera Azul to the west, Parque Nacional da Serra do Divisor in Brazil in the east, and the proposed Reserva Comunal Matsés and the Comunidad Nativa Matsés in the north; a mosaic of soils of poor to intermediate fertility that harbor several poor-soil endemics; ten species potentially new to science

INTRODUCTION

Zona Reservada Sierra del Divisor is large (1,478,311 ha) and spans a wide range of habitat types. The landscape varies broadly from rich floodplain clays in the north to a central area of poor, sandy soils, and includes an area in the south with richer soils that may be volcanic in origin. To the north the area abuts the Comunidad Nativa Matsés and to the east it borders Brazil, forming an intact corridor with the Brazilian national park, Parque Nacional da Serra do Divisor. The western border loosely follows the Serranias de Contamana. The southern limit is dominated by several hill complexes and isolated cone-shaped peaks, and forms part of Reserva Territorial Isconahua, an area set aside for uncontacted indigenous people (Fig. 2A).

At least four expeditions have visited the northern, western, and southern parts of the area, although none had explored the central and eastern areas. Three Peruvian conservation organizations— ProNaturaleza, The Nature Conservancy–Peru, and the Centro de Datos para la Conservación—jointly organized biological inventories in 2000 (in the west, along the Serranias de Contamana); in 2001 (in the south, along the Río Abujao); in 2004 (in the west, from the Serranias de Contamana to the edge of the Ojo de Contaya); and in 2005 (in the southwest, along the Río Callería)(FPCN/CDC 2001, 2005, unpub. data) (Fig. 2A). Biological information for the northern part of the Zona Reservada comes from a 2004 inventory along the Río Yaquerana, directly south of the Comunidad Nativa Matsés (see results for the Actiamë site in Fine et al. 2006).

Our current inventory focused on the central and eastern portions of the Zona Reservada and included two large hill complexes: the Ojo de Contaya and the southernmost of the two series of large ridges that form the border, or *divisor*, with Brazil. Although the western edge of the Ojo de Contaya was explored in 2004, our inventory was the first visit by biologists to its center. Similarly, although there have been previous inventories of scattered visits to the Brazilian side of the Divisor ridge system, prior to our visit the biological communities on the Peruvian side were entirely unknown.

METHODS

During a rapid inventory the botanical team [5 x 50-m] characterizes the vegetation types and habitat diversity in an area, covering as much ground as possible. We focus on the most common and dominant elements of the flora while keeping an eye out for rare and/or new species. Our catalogue of the plant diversity in the area reflects collections of plant species in fruit or flower, sterile collections of interesting and/or unknown species, and unvouchered observations of widespread species in Amazonia. We made several quantitative measures of plant diversity, including a 5x50-m transect at the first site (Ojo de Contaya), a 100-stem transect at the third site (Divisor), and a survey of adult trees (see Canopy Trees, below).

In the field, R. Foster took approximately 1,400 photographs of plants. These photographs are being organized into a preliminary photographic guide to the plants of the region, and will be freely available at *http://fm2.fieldmuseum.org/plantguides/*.

All of the botanists contributed to the general collections and observations. In addition, two members of the group focused on particular plant families. I. Mesones documented diversity in the Burseraceae and V. Uliana surveyed a handful of herbaceous taxa, including Costaceae, Heliconiaceae, Marantaceae, and Zingiberaceae. At each site N. Dávila recorded the abundance of the largest trees (individuals > 40 cm in diameter at breast height) in different habitats, using a combination of binoculars and fallen leaves to identify individuals to species.

Plant specimens from the inventory are housed in the Herbario Amazonense (AMAZ) of the Universidad Nacional de la Amazonia Peruana in Iquitos, Peru. Duplicate specimens have been sent to the herbarium at the Universidad Nacional Mayor de San Marcos (USM) in Lima, Peru, and triplicate specimens to The Field Museum (F) in Chicago, USA. Several duplicates of herbaceous specimens have been donated to the Herbario da Universidade de São Paulo (ESA).

FLORISTIC RICHNESS AND COMPOSITION

During our 18 days in the field, we recorded ca. 1,000 species at the three inventory sites (Appendix 2). Other rapid inventories in lowland Amazonia have recorded 1,400-1,500 species in similar time frames using similar methods (along the Río Yavarí, Pitman et al. 2003; along the Apayacu, Ampiyacu, and Yaguas rivers, Vriesendorp et al. 2004; between the Yaquerana and Blanco rivers in the Matsés region, Fine et al. 2006). However, these inventories spanned a wider range of soil fertilities and included sites with much richer soils. In the Zona Reservada, the inventory sites were dominated by soils of poor to intermediate fertility, and consequently plant communities were less diverse.

Richer soils are found within other parts of the Zona Reservada, in the gentle hills in the north and in the complex of scattered hills and ridges in the south. We did not survey these areas, although we did fly over them (see Regional Overview and Inventory Sites, above). We estimate a regional flora of 3,000-3,500 species with the inclusion of these areas. Without the richer-soil areas, we estimate the sandier soils of the central and eastern portions support ca. 2,000 plant species.

Because of the generally low soil fertilities, many families had fewer species here than at most Amazonian sites. Some families, however, are most diverse on poorer soils, and we found Nyctaginaceae, Lecythidaceae, Combretaceae, Clusiaceae, and Euphorbiaceae to be surprisingly abundant and rich in species at the three inventory sites. In addition Rubiaceae, Fabaceae, Burseraceae, Meliaceae, and Sapotaceae were among the most abundant and species-rich families during the inventory, not unlike other Amazonian sites. No herbaceous family was especially diverse, although Marantaceae and Araceae were among the most species rich, and certainly the most dominant. Species richness of ferns and Myristicaceae was markedly low, even for poor-soil communities.

At the generic level, *Psychotria* (16 species), *Sloanea* (4), *Ladenbergia* (3), *Guarea* (12), *Tachigali* (10), *Ficus* (15), *Protium* (11), *Pourouma* (8), *Piper* (26), *Inga* (15), and *Neea* (11) were among the most species-rich genera. With the exception of *Sloanea*, *Tachigali*, and *Ladenbergia*, these genera usually include at least twice as many species in other parts of Amazonia. None of us, however, ever have visited any other site as diverse in *Tachigali* species.

VEGETATION TYPES AND HABITAT DIVERSITY

We surveyed three sites, beginning in the hills at the heart of the Ojo de Contaya and moving progressively eastward to sample a site 73 km distant along the Río Tapiche, and a site 79 km distant in the hills of one of the two Divisor ridges (see Regional Overview and Inventory Sites). Although the Tapiche and Divisor sites are a mere 6 km from one another and only differ in elevation by 30-100 m, we found no habitat overlap between these two sites. In contrast, almost all of the habitats between the Ojo de Contaya and Divisor sites are shared. Below we give a brief overview of each site and we describe the gross habitat types we visited, highlighting site-to-site variation wherever possible.

Ojo de Contaya (250–400 m, 6–12 August 2005)

The Ojo de Contaya is the westernmost site that we visited and lies in the middle of a complex of rounded hills. Below we describe some of the main habitat types at the Ojo de Contaya site in more detail, beginning with valleys and hill slopes, and continuing up to the hill crests. We also discuss one habitat that we have never seen elsewhere in Amazonia, an open area dominated almost exclusively by species of Melastomataceae.

Hill slopes and valleys

The vegetation on hill slopes is difficult to characterize because slopes were sometimes dominated by stunted, low-diversity vegetation, and sometimes supported taller forests with a richer plant community. In general slope vegetation was less species-rich than those in the valleys, and more species-rich than the stunted forests growing on the crests. Because of the overlap between slopes and valleys, we discuss them concurrently below, and highlight some of the taxa that were found only in the valleys.

Both valleys and slopes were overwhelmingly dominated by *Lepidocaryum tenue* (Arecaceae), known locally as *irapay*. This species can form dense stands and effectively reduce plant diversity in the understory. In addition to irapay, common understory plants included a fruiting *Trichilia* (Meliaceae) treelet, the shrub *Siparuna* cf. *guianensis* (Monimiaceae), *Mouriri* sp. (Memecylaceae), *Neoptychocarpus killipii* (Flacourtiaceae), and a *Roucheria* sp. (Hugoniaceae). A single species of *Ischnosiphon* (Marantaceae) formed large patches and dominated the herbaceous community. Trees often had termite nests in their branches or on their main stems. Although we observed few trunk climbers, the majority of trees supported one or two individuals of *Guzmania lingulata* (Bromeliaceae).

In the overstory, the most species-rich genera were *Sloanea* (Elaeocarpaceae), *Pourouma* (Cecropiaceae), *Tachigali* (Fabaceae s.l.), *Protium* (Burseraceae), and *Ladenbergia* (Rubiaceae). In more-disturbed areas we observed *Aparisthmium cordatum* (Euphorbiaceae) and *Jacaranda obtusifolia* (Bignoniaceae) growing together with *Nealchornea japurensis* (Euphorbiaceae). Remarkably, we did not observe any *Cecropia* (Cecropiaceae), a genus typical of disturbed areas on richer soils. Palms, although low in diversity, were abundant at this site, especially *Attalea microcarpa*, *Wettinia augusta*, *Oenocarpus bataua*, and *Iriartella stenocarpa*.

Few species were fruiting while we were in the field, and the understory was especially devoid of fruits. Genera in the Rubiaceae (e.g., *Psychotria*, *Notopleura*, *Palicourea*) and Melastomataceae (e.g., *Miconia*, *Clidemia*, *Tococa*, *Ossaea*) that typically make up the majority of fruiting treelets and shrubs were noticeably absent, species-poor, or uncommon here. One of the few fruiting species, the subcanopy tree *Rhigospira quadrangularis* (Apocynaceae), littered the forest floor with its large fallen fruits, and was a focal species for monkeys (see Mammals).

In wetter areas in the valleys, we found scattered or lone individuals of *Mauritia flexuosa* (Arecaceae), although these never formed the dense aggregations known as *aguajales* common in other parts of the Peruvian Amazon. Alongside the *Mauritia* we typically found three species of *Heliconia*, including *H. hirsuta* (Heliconiaceae), and a species of *Costus* (Costaceae) that looks like *C. scaber* but has a yellow flower and longer petioles. Along streams, we typically observed scattered Melastomataceae, dense clumps of herbaceous Marantaceae, *Aparisthmium cordatum*, an *Inga* sp. (Fabaceae s.l.), a *Solanum* sp. (Solanaceae), an occasional *Mauritia flexuosa*, and some *Cyathea* tree ferns. The few germinating seedlings we observed were growing principally in wetter areas. The majority of the seedlings had large seeds, including species of *Protium*, *Tachigali*, several Sapotaceae, and the palms *Iriartella stenocarpa* and *Euterpe precatoria*.

In these forests we found two rare, monocarpic species. *Froesia diffusa* (Quiianaceae) is rarely collected and has medium sized, presumably bird-dispersed fruits (see Pitman et al. 2003). *Froesia* was scattered throughout the landscape, was relatively common in the understory, and occurred at the Divisor inventory site as well. We found three individuals of another monocarpic rarity, *Spathelia* cf. *terminalioides* (Rutaceae), growing alongside the sandstone stream.

Hill crests

The highest hill on the landscape crested at ca. 400 m. On the hill crests we observed two types of forests, loosely correlated with the underlying soil types. Stunted, low-diversity forests (with canopies 5-15 m tall) grew on sandier soils, and taller, higher-diversity forests (with canopies 25-35 m tall) grew on soils with seemingly greater clay content. Generally, plants in the stunted forests tended to be wind dispersed, and plants in the taller forests on the hill crests, as well as in the lower slopes and valleys, were principally animal dispersed. We estimate that an overlap of only 5% exists between the plant communities in the stunted forests and plant communities elsewhere in the landscape.

In the stunted forest we found a community of approximately 40 plant species, typically dominated by a group of small trees including *Macrolobium microcalyx* (Fabaceae s.l.), a potentially new species of *Pseudolmedia* (Moraceae), *Tovomita* aff. *calophyllophylla* (Clusiaceae), and *Matayba* sp. (Sapindaceae). On some crests one of these dominants would be missing, replaced by a *Gnetum* sp. (Gnetaceae) or *Ferdinandusa* sp. (Rubiaceae). Lauraceae was the most diverse family, with five species, and there were three species of *Cybianthus* (Myrsinaceae). Ferns dominated the understory and often formed monodominant patches. The fern *Schizaea elegans*, for example, formed a dense cover as we approached one hill crest, and as we descended along the other side of the hill it was replaced by another fern, *Metaxya rostrata*.

In the tall, crest forest, *Micrandra spruceana* (Euphorbiaceae) was abundant in all size classes. These taller forests had an understory composition similar to that of the plant communities growing on the hill slopes and valleys, although because irapay did not form dense stands and crowd out other species, the understory community here was more diverse. Genera more typical of richer soils, such as *Inga*, *Guarea* (Meliaceae), and *Protium*, were more abundant in this tall forest, and we observed several individuals of *Protium nodulosum*, a clay specialist.

Melastomatal

At Ojo de Contaya we found open areas unlike any we have seen in Amazonia, almost entirely dominated by species in the Melastomataceae (Fig. 3C). In a survey of six of these habitats, the diversity of Melatomataceae ranged from 15-22 species and included *Miconia* spp., *Graffenrieda* sp., *Salpinga* sp., *Maieta guianensis*, *Ossaea boliviana*, *Tococa* sp., and *Miconia bubalina*.

These *melastomatales* superficially resemble the *supay chacras*, or "devil's gardens," that are abundant throughout lowland Amazonia. Supay chacras are open areas dominated by plants with ant mutalisms, almost always including *Cordia nodosa* (Boraginaceae) and *Duroia hirsuta* or *D. saccifera* (Rubiaceae). These typical species were absent from the melastomatales, although we did find *D. saccifera* and *C. nodosa* nearby in the forest understory, but without their usual ant inhabitants. Moreover, although several of the Melastomataceae (*Tococa*, *Maieta*) had ant associations, we found two melastomatales without any ant plants. These habitats remain a mystery; we do not understand how they are formed, nor how they are maintained.

Tapiche (220–240 m, 12–18 August 2005)

This was our only site along a large river. A typical floodplain flora grows along its banks, although this flora is not as rich as those of floodplain forests elsewhere in Peru (e.g., Madre de Dios) because the soils at this site are nutrient poor. The river is a vulnerable entry point into the area, and we observed evidence of timber extraction at this site (Fig. 9A, see Timber Species below).

Although no habitat overlap exists between the Ojo de Contaya and Tapiche sites, the sites share many plant species. Except for the stunted forest communities on the hill crests, the Ojo de Contaya flora is fully represented here. The Tapiche site is continuous with the slopes of the Divisor ridge (our third inventory site) and these two sites are intimately connected, as the streams that originate in the ridge system flow downhill and feed the aguajal.

Floodplain forest

The Río Tapiche is a dominant force structuring nearby plant communities. Although its influence is most obvious along the riverbanks, the river shapes the vegetation up to 40-50 m inland as well. Plant diversity at Tapiche was higher than at the Ojo de Contaya and Divisor sites, which almost entirely reflects the contribution of the floodplain species.

Closest to the river, we observed typical floodplain species, including *Ficus insipida* (Moraceae; ojé), *Acacia loretensis* (Fabaceae s.l.), *Cecropia membranacea* (Cecropiaceae), and *Tachigali* cf. *formicarum* (Fabaceae s.l.). A community of species associated with disturbances, all fast-growing and some heavily defended (with spines, ants, or urticating hairs) inhabits the river edge. This was a low-diversity assemblage, and included abundant populations of *Urera laciniata* (Urticaceae), *Triplaris* sp. (Polygonaceae), *Attalea butyracea* (Arecaceae), *Celtis schippii* (Ulmaceae), and *Jacaranda copaia* (Bignoniaceae). The diversity of Euphorbiaceae, especially in small trees, was remarkably high in these areas and included two species of *Alchornea*, *Acalypha diversifolia*, and a *Sapium* sp.

Farther from the river there were a series of terraces. On the lower terraces *Geonoma macrostachya* and *Chelyocarpus ulei* (Arecaceae) dominated the ground cover, with *Tachigali*, *Wettinia augusta*, and *Astrocaryum chambira* (Arecaceae) common in the overstory. Lianas in the Hippocrataceae were common here, and rich in species. We found an important domestic timber species, *Hura crepitans* (Euphorbiaceae), growing in patches on the lower terraces.

Plant diversity increased with distance from the river. On the higher terraces, the palms that were abundant on the lower terraces disappeared, and species of Marantaceae dominated along with juveniles of *Oenocarpus mapora* (Arecaceae). The high terraces supported a rich overstory that includes *Hevea guianensis* (Euphorbiaceae), *Protium nodulosum* (Burseraceae), *Dipteryx* (Fabaceae), and *Simarouba amara* (Simaroubaceae). In the understory we registered *Siparuna cuspidata*, *Heliconia velutina* (Heliconiaceae), *Geonoma camana* (Arecaceae), *Abarema* sp. (Fabaceae s.l.), *Memora cladotricha* (Bignoniaceae), and several *Pourouma* spp. (Cecropiaceae). We saw some species commonly found on the Manu floodplain, including *Carpotroche longifolia* (Flacourtiaceae), *Virola calophylla* (Myristicaceae), and large trees of *Ficus schultesii* (Moraceae). We often found the lilac flowers of *Petrea* (Verbenaceae) on the ground, highlighting the abundance of this liana in these areas.

There were some differences between the two sides of the river., For example, *Heliconia chartacea* was seen only on one side and not the other. Notably, no irapay (*Lepidocaryum tenue*) grows along the river edges or on the terraces, although once one began ascending the slopes towards the Divisor ridge this species again dominated the understory.

Mauritia palm swamp, or aguajal

The palm swamp at this site was expansive and dominated the landscape. Our trail around its borders was about 11 km long and we were able to survey both within and outside the aguajal. In addition to the characteristic *Mauritia flexuosa*, the palm swamp supported a few other species, including *Euterpe precatoria*, *Cespedesia* (Ochnaceae), *Siparuna*, a *Sterculia* (Sterculiaceae) with enormously long leaves, and several large trees, including a *Buchenavia* sp. (Combretaceae) and several *Ficus* spp. (Moraceae).

On the better-drained soils along the border of the aguajal, we documented a plant community with higher diversity. Here we commonly observed a *Trichilia* sp. (Meliaceae), *Naucleopsis ulei* (Moraceae), *Minquartia guianensis* (Olacaceae), at least three species of *Guarea* (Meliaceae), a big-leaved *Pouteria* sp. (Sapotaceae), and a *Parinari* sp. (Chrysobalanaceae). One of the more locally dominant species around the aguajal is *Cassia* cf. *spruceanum* (Fabaceae s.l.), which has white undersides on its leaflets. Additionally we observed two species of *Virola* (Myristicaceae), an *Inga* sp. (with four leaflets, yellow hairs, and a large rachis wing), a *Casearia* sp. (Flacourtiaceae), and a *Talisia* sp. (Sapindaceae). *Miconia tomentosa* (Melastomataceae), common at the Ojo de Contaya, was dominant here as well.

Along the streams that flow into the aguajal we observed two species of *Psychotria* (Rubiaceae), *P. caerulea* and *P.* cf. *deflexa*, as well as *Piper augustum* (Piperaceae), a *Besleria* sp. (Gesneriaceae) with orange axillary flowers, and a shrubby *Alchornea* sp. (Euphorbiaceae). The wet areas along the edge of the aguajal were covered in seedlings, including *Dicranostyles* (Convolvulaceae), *Protium*, *Pourouma*, several species of Menispermaceae, *Aparisthmium cordatum*, *Hymenea* (Fabaceae s.l.), and *Socratea exorrhiza*, *Oenocarpus mapora* and *Iriartea deltoidea* (Arecaceae).

Divisor (250–600 m, 18–24 August, 2005)

The Ojo de Contaya and Divisor sites are separated by only 80 km and they are notably similar in floristic composition and habitat diversity. This is especially remarkable given that these two habitats are separated by a continuous stretch of markedly dissimilar habitat: a lowland forest with gentle topography, and no raised hill formations like the ones in Ojo de Contaya and Divisor. The underlying rocks in the two areas appear to be the same, and there is similar small-scale variation in quartzite and sandstone substrates.

However there are several obvious differences between the two sites. Because of the higher hills in the Divisor ridge (up to ca. 800 m), and the prevailing winds from the Brazilian side, the Divisor ridges are much wetter and more humid than are those of the Ojo de Contaya. Moreover, the hills in this area are not rounded as are ridges of the Ojo de Contaya; the crests of the Divisor are longer and flatter. Also, at Divisor the tallest hill crests do not support stunted forests. Instead, the stunted forest appears to grow only on the tops of smaller hills.

We are unsure of the factors that shape and maintain the stunted forests. Our working hypothesis is that infrequent lightning strikes, perhaps every 500 years, burn the driest areas. Some support exists for this hypothesis because the well-drained hilltops with stunted forests, underlain by a porous sandstone layer, appear to be the driest areas in the landscape. Moreover, we found evidence of lightning strikes and burns on hill crests in both Divisor and Ojo de Contaya.

Below we describe the flora and habitat types of Divisor in more detail. In these descriptions we include a brief mention of the habitat between the Tapiche and Divisor inventory sites, as we explored a 10-km stretch during our walk from one camp to the other.

*Hill slopes and valleys
(including slope from Tapiche to Divisor)*

The slopes in this region are more steeply inclined than the rounded hills at Ojo de Contaya. At both sites the soils vary over similar, small spatial scales. Sediments are principally sandy, but in some areas soils can be a mixture of sand, red clays, and/or gray clays because of old landslides and lateral slumps. Some species may be responding to these localized soil conditions.

Our survey, however, focused mainly on the most common elements of the flora, as described below.

The understory often was dominated by irapay (*Lepidocaryum tenue*), although we found one area covered in *Ampelozizyphus* cf. *amazonicus* (Rhamnaceae). One of the most common species was *Tachigali vasquezii* (Fabaceae), and often upwards of ten individuals could be counted from a single vantage point. *Tachigali* species richness was higher at Divisor than any other site we have ever visited, principally on slopes and valleys. Other common species in the understory and subcanopy included *Capparis sola* (Capparidaceae), *Aparisthmium cordatum*, and several species of *Neea* (Nyctaginaceae).

Several genera of Rubiaceae were common here, including *Bathysa*, *Ferdinandusa*, and *Rustia*. In the understory, *Dieffenbachia* (Araceae) was among the common herbs, and *Didymocleana trunculata* was the most common fern. Several species formed near monodominant stands in the understory, including the explosively dehiscent *Raputia hirsuta* (Rutaceae) and the treelet *Nealchornea japurensis*.

A lower diversity assemblage grew along streams. It included abundant *Chrysochlamys ulei* (Clusiaceae) along with *Aparisthmium cordatum*, *Froesia diffusa*, juvenile *Micrandra spruceana*, *Pholidostachys synanthera* (Arecaceae), *Marila* sp. (Clusiaceae), *Tovomita weddelliana* (Clusiaceae), and one of the largest *Heliconia* in the world, *H. vellerigera*. Along one of the slopes we found *Podocarpus* cf. *oleifolius* (Podocarpaceae, Fig. 4B). (*Podocarpus* is a rare and "primitive" genus more commonly associated with montane sites.)

Diversity in slopes and valleys was moderate compared to other sites in lowland Amazonia. In a 100-stem transect of individuals 1-10 cm diameter at breast height (dbh) we recorded 65 species, compared to 88 species in areas close to the Colombian border south of the Putumayo river (Vriesendorp et al. 2004) and 80 species in areas north of the Zona Reservada along the Río Yavarí (Pitman et al. 2003). In Divisor, the most common species was represented by a *Rustia* sp. with

5 individuals, followed by *Tachigali* sp. (4), *Guarea* sp. (4), and *Iryanthera* sp. (4; Myristicaceae).

In the flatter, lower elevation areas in Divisor we observed substantial populations of timber species, including more than 20 individuals of *Cedrela fissilis* (Meliaceae) and several *Cedrelinga cateniformis* (Fabaceae; see Timber Species, below).

Hill crests

As in Ojo de Contaya, both tall forests and stunted forests grew on hill crests, with almost no species overlap between the two forest types. The stunted forests were more extensive in Divisor, but this may reflect the longer, bigger hill crests here compared to the smaller, rounder crests in Ojo de Contaya. Stunted forests were yet more stunted in Divisor as well, with 2-m tall canopies in some areas. About 80% of the stunted forest flora appears to be shared between the two sites, although the species unique to Divisor are some of the most exciting records of the inventory.

At least two of these species appear to be new to science, and include a dwarf *Parkia* also recorded at 1,500 m during the Cordillera Azul inventory (Foster et al. 2001) as well as an *Aparisthmium* with small leathery leaves (Fig. 4C). Other species only recorded at Divisor include a *Pagamea* sp. (Rubiaceae) and a *Bonnetia* sp. (Theaceae, Fig. 4I). One species known to be resistant to fire, *Roupala montana* (Proteaceae), was observed only here, and lends support to the notion that these are plant communities shaped by infrequent fires.

In contrast to the unique flora observed in the stunted forests, the taller forest shared species with valley and slope habitats, both here and in the Ojo de Contaya. Some of the more common species in the understory included *Neoptychocarpus killipii*, *Oenocarpus bataua* (Arecaceae), a *Caryocar* sp. (Caryocaraceae), several species of tree ferns, and *Tachigali* spp., as well as *Couepia* and *Licania* (Chrysobalanaceae). As in the tall forest in Ojo de Contaya, *Micrandra spruceana* dominated the overstory. One of the more exciting finds in the tall forests was a *Moronobea* tree (Clusiaceae) that is potentially new to science.

CANOPY TREES (Nállarett Dávila)

Although canopy trees represent only 30% of the flora in tropical forests (Phillips et al. 2003), they are an essential part of the forest structure and provide habitats for numerous other organisms. We sampled large overstory trees at all three inventory sites in our inventory of Zona Reservada Sierra del Divisor.

Depending on the breadth of the habitat, we established either 20 x 500-m or 10 x 1000-m transects and measured trees at least 40 cm in diameter at breast height (dbh). We established as many transects as possible at each site. We recorded 150 species of canopy trees. Fabaceae was the most species-rich family, as is true of most tropical forests (Gentry and Ortiz 1993; Terborgh and Andresen 1998). Below we summarize our results for each site and then briefly discuss the overlap in species composition among sites.

In the Ojo de Contaya we distinguished two main habitat types: hill crests, and hill slopes and valleys. Hill crests principally supported stunted vegetation with stems <40 cm dbh, and therefore we did not conduct any tree surveys. In the taller forest (canopy ca. 30 m tall) growing on the hill slopes and valleys, we registered approximately 90 species. *Cariniana decandra* (Lecythidaceae), *Licania micrantha* (Chrysobalanaceae), and *Qualea* sp. (Vochysiaceae) were the most common species, and all are typical of poor soils (Spichiger et al. 1996). The tall canopies tended to be closed, with few light gaps.

Floristic composition in the overstory changed radically in Tapiche, reflecting the river floodplain and the large palm swamp. Fewer species were recorded here; we registered only about 70 species, dominated by members of the Fabaceae, Euphorbiacae, and Moraceae. The most common species were *Alchornea triplinervia* (Euphorbiaceae), *Acacia loretensis* (Fabaceae s.l.) and *Ficus* sp. (Moraceae). Structurally the canopy was more open in the Tapiche site, favoring rapid tree growth, and we observed several majestic emergents along the river banks, including *Ficus* spp. (Moraceae) and *Hura crepitans* (Euphorbiaceae). In the aguajal we saw few canopy species because of the dominance of

Mauritia flexuosa. Around its borders, however, we observed *Huberodendron swietenioides* (Bombacaceae), *Cedrelinga cateniformis*, *Parkia* cf. *multijuga* (Fabaceae), *Brosimum rubescens* (Moraceae) and several species of Lauraceae.

Divisor was similar floristically to the Ojo de Contaya, with sandy and sandy-loam hills. Here we registered ca. 85 canopy tree species. Fabaceae and Euphorbiaceae were the most important families. Some areas, especially lower-lying ones, were dominated by *Huberodendron swietenioides* (Bombacaceae, Fig. 4E). Growing alongside *H. swietenioides* we commonly encountered *Tachigali* sp. (Fabaceae), *Ocotea* cf. *javitensis* (Lauraceae), and *Micrandra spruceana* (Euphorbiaceae), a characteristic species with large tabular buttresses. On higher slopes, *M. spruceana* became even more dominant and grew alongside *Brosimun rubescens* (Moraceae), *Macrolobium acaciifolium* (Fabaceae s.l.), and *Jacaranda copaia* (Bignoniaceae). Similar to the Ojo de Contaya, at this site there were hill crests covered with stunted vegetation that we could not survey for big trees.

We observed more trees flowering and fruiting at Tapiche and Ojo de Contaya than at Divisor. One notable fruiting species at Divisor was *Cedrela fissilis*, an important timber species (see Timber Species, below). A comparison of the three inventory sites reveals that Ojo de Contaya and Divisor are the most similar, sharing 60% of tree species, while Tapiche shares only 20% of its tree species with the two other sites.

BURSERACEAE (Italo Mesones)

Members of the Burseraceae were well represented in this inventory. We observed 29 species in four genera, with the bulk of the richness in the genus *Protium* (with 24 spp.). This represents an intermediate richness for *Protium*, and almost certainly reflects the relatively poor soils of the inventory sites. In comparison, Fine (2004) and Fine et al. (2005) registered 36 species of *Protium* in Allpahuayo-Mishana (near the city of Iquitos) across a greater fertility gradient, from rich soils of the Pevas Formation to poorer white-sand soils. Below we detail several of the more interesting records of Burseraceae in the Zona Reservada.

Although the area is dominated by poor soils, we found several clay specialists. In the Ojo de Contaya, we found areas where *Protium hebetatum* dominated the subcanopy, especially in the valley bottoms. This species prefers richer soils, but probably responds to the nutrients deposited in the valley bottoms, eroded downslope by rains. Similarly, areas at Tapiche and Divisor were dominated by *Protium nodulosum* in every size class, with some individuals reaching 30 cm dbh and standing 20 m tall. This species typically is found growing in soils with moderate to high fertility levels and substantial clay content. In the Zona Reservada, both *P. hebetatum* and *P. nodulosum* appear to be tolerating sandier conditions than they do normally.

A poor-soil specialist, *Protium heptaphyllum*, dominated several of the crest forests growing on sandy, well-drained soils. This species has been found growing in stunted habitats in other white-sand areas of Peru (Allpahuayo-Mishana, Jeberos, Río Morona, Tamshiyacu, Jenaro Herrera, and Río Blanco). Typically these habitats have high levels of endemism, with upwards of 50% of the species restricted to these poor-soil areas. Three other poor-soil specialists were found during the inventory: *P. calanense*, *P. paniculatum*, and *P. subserratum*.

Sites varied little in their levels of Burseraceae diversity, but a different suite of species was dominant at each site. For example, each of the inventory sites had one species of *Dacryodes* and one species of *Trattinnickia*. However, each site supported their own unique species within these genera, with no species overlap among sites. Similarly, different species of *Protium* dominated at each site, although several species occurred at more than one site, or at all three sites.

We found 15 species of Burseraceae at Ojo de Contaya, including 13 species of *Protium*. *Protium hebetatum* and *P. heptaphyllum* subsp. *ulei* were the most abundant. At Tapiche, we registered 14 species of Burseraceae, including 11 species of *Protium*, and 1 *Crepidospermum*. Here *Protium nodulosum*,

P. trifoliatum, and *P. amazonicum*, all specialists of moderate to richer soils, were most abundant. At Divisor, we registered the greatest diversity of Burseraceae (17 species), including 15 species of *Protium*. The most abundant species were *Protium nodulosum*, *P. heptaphyllum*, and *P. paniculatum*. These species cover a range of soil preferences from the poorest soils (*heptaphyllum*), to much richer ones (*nodulosum*), and some soils of intermediate richness (*paniculatum*).

HERBACEOUS TAXA (Vera Lis Uliana)

Overall, herbaceous diversity in the Zona Reservada was low. Plants in the order Zingiberales dominated the herbaceous taxa and were concentrated in humid environments close to waterways. Within the Zingiberales, the most species-rich family was Marantaceae (with 26 species), followed by Heliconiaceae (7), Costaceae (3), and Zingiberaceae (1). Below we describe the taxa that dominated the herb community at each inventory site, and discuss several rare and interesting herbaceous plants.

There was substantial overlap in Marantaceae among sites. The understory in Ojo de Contaya and areas outside of the palm swamp at Tapiche were dominated by the same *Ischnosiphon* sp. (Marantaceae). Within the palm swamp at Tapiche we observed two species of *Ischnosiphon*. The most abundant species was *I. arouma* and the other species remains unidentified. At Divisor we also observed *I. arouma* near streams, as well as two species of climbing *Ischnosiphon*, one an unidentified species and the other *I. killipii*. In drier areas at Ojo de Contaya and Divisor we found *Calathea micans* and *Monotagma* sp. closer to the hill crests. Only two species occurred at all three sites, *C. micans* and *C.* aff. *panamensis*.

In the Helicioniaceae, *Heliconia stricta* was rare, while *H. velutina* and *H. lasiorachis* were more common and found close to flooded sites. We found *H. vellegeria*, which is the largest *Heliconia* in the world (standing up to 4 m tall), only in Divisor.

All of the species in the Zingiberales can be cultivated as ornamentals, with *Calathea* and *Heliconia* the most commonly cultivated species. People living along rivers in Amazonia typically use the petiole and leaves of *I. arouma* for making baskets (Ribeiro et al. 1999), especially as this species grows along *Mauritia* palm swamps, which often are focal sites for hunting and gathering.

TIMBER SPECIES (Italo Mesones)

Although the Sierra del Divisor is a remote area, it suffers the same extractive pressures that threaten timber species throughout the Amazon. For more than 60 years, timber resources in the Peruvian Amazon have not been managed and are exploited in the Peruvian Amazon at an alarming and unmanaged rate. Networks of streams and rivers facilitate access to these timber populations. Because of intense extraction in the past, few timber species currently can be observed along waterways. This is especially true for species that are most important in domestic and international markets, such as *caoba* (*Swietenia macrophylla,* Meliaceae), *cedro* (*Cedrela odorata* and *C. fissilis,* Meliaceae), and *tornillo* (*Cedrelinga cateniformis,* Fabaceae).

As nearby timber sources are exhausted, loggers look for timber in more remote places, placing the long-term survival of timber species in danger. Moreover, people are switching to lesser timber species, such as *cumala* (*Virola* spp. and *Iryanthera* spp., Myristicaceae), *catahua* (*Hura crepitans,* Euphorbiaceae), *lupuna* (*Ceiba* spp., Bombacaceae), *moena* (*Ocotea* spp., *Nectandra* spp. and *Licaria* spp., Lauraceae), and *pashaco* (*Parkia* spp., Fabaceae). The switch to lesser-known timber species is occurring especially in those areas where little timber remains.

In this bleak context, our observations during the inventory were somewhat reassuring. We encountered reproductive populations of cedro, tornillo, *cachimbo caspi* (*Cariniana,* Lecythidaceae), moena, and others, especially in the Divisor headwaters. These areas currently are serving as refuges, where seeds can be produced and dispersed to other areas. Cedro and tornillo were the most abundant species, and are wind- and water-dispersed.

However, other observations during the inventory were more troubling. In the Tapiche area we found stumps of cedro, tornillo, and the medicinal plant *sangre de grado* (*Croton lechlerii,* Euphorbiaceae). These stumps appear to date to as long as 20 years ago. We saw no reproductive trees in Tapiche, only juveniles that may reflect pre-felling reproduction, or seeding into these areas from refuge populations.

Our observations underscore the importance of conserving the headwaters that originate in the Sierra del Divisor ridge complex. This protection would allow populations in heavily affected areas to recuperate, and would be an important step towards the long-term persistence of these timber species.

NEW SPECIES, RARITIES, AND RANGE EXTENSIONS

During the inventory we collected more than 500 fertile specimens. Currently we suspect that about ten species may be new to science. Below we briefly describe some of these, as well as several species that are rare or that represent substantial range extensions.

On the hill crests with stunted vegetation we found at least two species potentially new to science. The first is a fruiting specimen found only in the stunted forests at Divisor, a "bonsai" *Parkia* (Fabaceae s.l., Nállarett Dávila collection number ND1696), which also was seen but not collected at 1,500 m in the Cordillera Azul (Foster et al. 2001). Since our record in Sierra del Divisor is from only ca. 400 m, the two localities currently known for this species span an elevational gradient of more than 1,000 m. Also, only one widespread species of *Aparisthmium* (Euphorbiaceae) is known in the Neotropics, *A. cordatum.* However, we found individuals on the ridge crests in Divisor that appear to be a new species in this genus (ND1882, ND1884), with much smaller and more leathery leaves (Fig. 4C).

Two large trees in the Clusiaceae also appear to be new species. One, a *Moronobea* (ND1924), has a much smaller white flower than the other species known from this genus and was found growing in the taller crest forest in Divisor. Another, a *Calophyllum* (ND1569) found in the valleys at Ojo de Contaya, has smaller leaves compared to the well-known timber tree, *C. brasiliense*, and has green (not white) sap in its trunk and leaves (Fig. 4J).

Two species of *Calathea*, both found in Ojo de Contaya and Tapiche, probably are new to science. One has leaves that vary from green to a variegated dark- and light-green leaf, with a green inflorescence and white flowers (Vera Lis Uliana collection number VU1396, Fig. 4H). The other species has leaves with a metallic sheen to its undersides and is known from Acre in Brazil, but remains undescribed (VU1397).

At Ojo de Contaya we recorded three individuals of a rare monocarpic species, *Spathelia terminalioides* (Rutaceae, ND1984), growing alongside a stream, in an open area. This species is known from Cusco and Loreto in Peru, and was recorded during an inventory in Federico Roman, in Pando, Bolivia (Alverson et al. 2003). Another rare species was recorded in Divisor when we found an individual of *Podocarpus* cf. *oleifolius* (Fig. 4B, ND1985). Typically this genus is restricted to montane areas; this species does occur in the lowlands in other parts of Peru, however, but almost exclusively on white sands.

In Divisor, we found *Ficus acreana* (Moraceae, Fig. 4G) a species previously known only from Brazil and Ecuador. A species that we initially suspected to be new, a bipinnate legume, is *Stryphnodendron polystachyum* (Fabaceae). After reviewing our collections from previous inventories, it appears that this species is poorly known but widespread.

THREATS, OPPORTUNITIES, AND RECOMMENDATIONS

Currently, the greatest threats to the flora of Zona Reservada Sierra del Divisor are illegal timber extraction, oil exploration, and mining. During our four-day stay along the Río Tapiche, we observed several boats going upriver to scout timber (Fig. 9A). In addition, communities surveyed by the social

inventory team report that there are illegal loggers entering the protected area along most, if not all, of the principal waterways. Oil exploration and mining operations overlay the volcanic areas in the south. Overflights and geological maps of the area indicate that this area is one of the highest conservation priorities.

The Zona Reservada, with its high hills rising up from the Amazon basin, is unlike any other place in the world. In only three weeks in the field we found ca. ten plant species potentially new to science and explored habitats that we had never seen previously in Amazonia (e.g., melastomatales and acidic ridge tops with stunted forest). The headwater areas along the Brazilian border serve as a refuge for timber species overexploited in other parts of South America. Because of its biological singularity and its importance as a source area for timber species, we recommend immediate protection of the Zona Reservada.

Our inventory is the fifth in the Sierra del Divisor/Siná Jonibaon Manán Region, yet there is one obvious area that remains unexplored. If possible, and with the permission of local and national indigenous federations, we recommend that biologists visit the southern area that includes the volcanic cones.

FISHES

Participants/Authors: Max H. Hidalgo and José F. Pezzi Da Silva

Conservation targets: A unique fish community inhabiting aquatic environments in Ojo de Contaya; the upper Río Tapiche, which forms essential headwater areas for migration and reproduction of important commercial and subsistence species; *Hemigrammus, Hemibrycon, Knodus,* and *Trichomycterus* species (present in remote streams in Ojo de Contaya and in the hills of Divisor) that represent new records for Peru or possibly species new to science; species of Cheirodontinae present in the Río Tapiche and principal tributaries, including *Ancistrus, Cetopsorhamdia, Crossoloricaria,* and *Nannoptopoma* that are also new to science; ornamental species of Cichlidae, Gasteropelecidae, Loricariidae, Anostomidae, and Characidae in the Tapiche; important commercial and subsistence species that are significant sources of protein for native human communities inhabiting the area, such as *Pseudoplatystoma tigrinum, Brycon* spp., *Salminus, Prochilodus nigricans,* and *Leporinus*

INTRODUCTION

Zona Reservada Sierra del Divisor is located in eastern Peru between the east bank of the Río Ucayali and the Brazilian border, in the departments of Loreto and Ucayali. There are several drainage basins located in this area. The principal north-south basins include those of the Yaquerana, Tapiche, Buncuya, Callería, and Abujao rivers. When these and others rivers whose headwaters form in the Sierra del Divisor are taken into account, there are eleven river basins. Most drain towards the right (east) margin of the Río Ucayali. The Río Yaquerana, located in the extreme northeast corner of the Zona Reservada, is an exception; it drains into the Amazon, almost 400 km downriver from Sierra del Divisor, at Peru's easternmost point in Loreto.

Although the ichthyofauna of this vast region is now under study, significant gaps in our knowledge remain, especially for many of the tributaries of the Ucayali (Ortega and Vari 1986), including the majority of those in the Zona Reservada. Fowler (1945) completed one of the first compilations of the fish diversity of Peru, which listed approximately 500 continental species and noted which species are present in the Ucayali basin. Later, Ortega and Vari (1986) published the first annotated list of Peru's freshwater fish, bringing the total to 736 species. One conservative estimate of Peru's continental ichthyofauna diversity suggests that there could be more than 1,100 species (Ortega and Chang 1998), which places Peru among the ten most species-rich countries in the world with respect to ichthyofauna (Thomsen 1999).

Based on these estimates, the ichthyofauna of the Río Ucayali basin easily could surpass 600 species. This estimate is supported by studies conducted in some tributaries in areas adjacent to the Andes, such as the Pisqui and Pachitea basins (de Rham et al. 2001; Ortega et al. 2003), in areas around Pucallpa (Ortega et al. 1977), and the fish collection of the Museo de Historia Natural de la Universidad Nacional Mayor de San Marcos, Lima. Andean tributaries, such as the Pachitea, harbor more than 200 fish species (Ortega et al. 2003), and 171 species have been recorded at Pucallpa.

Within the Zona Reservada, some ichthyological inventories have been conducted in the most accessible regions of the Ucayali. In 2000, an expedition visited Aguas Calientes in Cerros de Contamana (FPCN/CDC 2001); in 2001, the Río Shesha (a tributary of Río Abujao) was studied (FPCN/CDC 2001); and most recently, the western side of Ojo de Contaya at the headwaters of Quebrada Maquía was explored (FPCN/CDC 2005). These studies report low to moderate fish diversity. The ichthyofauna from the following aquatic environments remains unknown: the sub-basins of the Buncuya, Zúngaro, Callería, and Utuquinía rivers, and the upper Abujao.

During this inventory in the Zona Reservada, we evaluated aquatic environments in three previously unexplored areas in the central portion of Ojo de Contaya and the headwaters of the Río Tapiche. Our primary objective was to determine the presence of fish species, populations, or communities that could be considered conservation targets to support the establishment of a protected area in Sierra del Divisor. In the three sites (Ojo de Contaya, Tapiche, and Divisor) we explored diverse aquatic environments, such as rivers, streams, *aguajales* (palm swamps), *tahuampas* (temporary pools in the forest interior), and lagoons. Our results reveal an interesting ichthyofauna of scientific, sociocultural, and economic value.

METHODS

During 15 days of fieldwork, we studied the greatest number and variety of aquatic habitats that we were able to access from our camps. A local guide accompanied us during each fishing excursion and we walked to each site. We sampled 28 stations, 5 to 13 per camp, and we noted the geographic coordinates of each sampling station and recorded basic characteristics of the aquatic environment being sampled. This information is summarized in Appendix 4.

Of the 28 sampled sites, 23 were lotic environments, either rivers or streams, and 5 were lentic, including two aguajales (at Ojo de Contaya and Tapiche), two lagoons (both at Tapiche), and one temporary flooded pool, or *tahuampa* (Ojo de Contaya). The lentic environments (aguajal and ponds) were largest at Tapiche, and the tahuampa found in Ojo de Contaya was small. Most habitats in the inventory were clearwater lotic environments; the aguajales, one pool and the tahuampa were blackwater. The oxbow lake at Tapiche was the only whitewater habitat.

We conducted mostly diurnal collections (between 08:00 and 15:00 hours), although we made one nocturnal collection in the Río Tapiche to try to trap species active at night. Water levels of the principal tributaries were low because it was the dry, or less rainy, season. This helped us sample all of the identified habitats and microhabitats more effectively. For example, the average depth of the Río Tapiche was 50 cm, allowing us to walk up to 1 km in the main channel to collect from this microhabitat. Back at the camps during the afternoons, we identified collected material.

We collected fish using 10 x 2.6-m and 5 x 1.2-m fine-meshed nets (of 5 and 2 mm, respectively). We used these repeatedly to sweep towards the bank or as traps after disturbing areas serving as refuges, such as places with fallen branches and leaves, rapids with rocky bottoms, and areas along the banks with roots. In major streams, lagoons, and the Río Tapiche, we used a 1.8 m cast-net with 12 mm mesh openings. In the aguajales and shallow, small streams we used a hand net (*calcal*) with a diameter of 40 cm, with a 75 cm bag and netting of 2 mm.

We also used hooks and lines in the Río Tapiche to catch larger fish, such as *tigre zúngaro* (Fig. 5D), *piraña*, and *sábalos*, which were identified and photographed. None of these were preserved as speci-mens. In some clearwater environments, we were able to make direct observations to determine the presence of a few, easily identifiable species without having to collect them. We also used a small sound amplifier to detect the electric fields of gymnotiform fish in environments such as aguajales or in streams with submerged vegetation where they seek refuge during the day because their habits are mostly nocturnal. We had success in some of our attempts to collect individual gymnotiformes after determining their presence in this way.

Collected samples were preserved immediately in a 10% formol solution for 24 hours. In each camp, we identified the species and then transferred them to cotton gauze soaked in 70% ethyl alcohol for transport to the Museo de Historia Natural, Lima, where they were added to the scientific collection of the Department of Ichthyology. In the field, we were unable to identify various groups to species level and provisionally sorted them to morphospecies. Further identifications for these morphospecies require additional laboratory study. This methodology has been applied in other rapid inventories, such as Yavarí and Ampiyacu (Ortega et al. 2003; Hidalgo and Olivera 2004).

RESULTS

Description of the aquatic habitats at each camp

Ojo de Contaya

From satellite images we determined that the streams in this site drain northeast towards the headwaters of the Río Buncuya, which eventually flow into the east bank of the Río Ucayali, downriver of Contamana. Aquatic habitats at this campsite correspond almost entirely to first, second, and third order streams and are covered by closed forest canopy, thereby having very little primary productivity. Other aquatic habitats present included one aguajal and a temporary flooded pool. Both were small blackwater habitats (less than 10 m in length) with muddy bottoms covered by organic material and fallen leaves.

We identified only one stream wider than 5 m. The other streams are characterized by clear water, an average width of 4 m wide, an average depth of 30 cm, and a maximum depth of 70 cm (only in the largest stream). Their velocities were slow to moderate, they had narrow banks, and almost all streams had sandy bottoms. Only one stream had a rocky bottom in a 200-m long section, with areas of rapids that reached 3 m in height. There was a large amount of allochthonous plant material, such as logs, branches, and leaves. This material provides both refuge and food for electric fish, small catfish, smaller characids, and many aquatic invertebrates.

This region is in a hilly area without any significant flooded areas, except for one tahuampa. These drainage systems are far from lowland areas where larger rivers such as the Buncuya and Tapiche are located. We sampled 13 stations at this camp.

Tapiche

This site is part of the headwaters of the Río Tapiche, which flow into the right bank of the Río Ucayali at the latitude of Requena. From this camp, we surveyed the Río Tapiche, two large streams on the right bank of the Tapiche, a large aguajal, one forest pool, and an oxbow lake still in contact with the river.

The most representative habitat in this site is the Río Tapiche, which is a medium-sized river with clear, transparent waters. It is approximately 35 m wide and shallow (50 cm average depth). Its sandy bottom has some piled, fallen, and submerged trunks and the banks vary from narrow, in straight sections, to broad at some bends where sandy beaches are found. The river-edge vegetation varies. Along some parts of the river's course, it barely covers the banks, while in others it stretches out over the river 3 m from the water's edge, creating microhabitats suitable for some fish species, such as *carachamas* and some Characiformes. The course of the Río Tapiche is meandering and forms oxbows that we also evaluated during this inventory.

The streams had clear, completely transparent water with almost no color, or just slightly green. Average stream width was 8 m. As at Tapiche, the streams had sandy bottoms and narrow banks with riparian vegetation covering part of the watercourse. The presence of fallen logs and leaves was more prevalent in these habitats, and only one stream close to the camp had sections of "rapids" close to hilly areas. These rapids had rocky bottoms where the force of the current was considerable, although the depth did not exceed 30 cm.

We also surveyed one aguajal. It was a swampy blackwater, with variable-sized pools 1-10 m wide and a considerable amount of vegetal debris. Its water was dark maroon (black) and transparency varied depending on depth, which did not exceed 40 cm. It did not have banks, or had only very reduced banks, and its muddy bottom contained a large amount of organic material. The ponds were more variable. One whitewater oxbow lake had been formed recently and almost maintained its contact with the river. A more mature forest surrounded the other pool, which was blackwater, older and farther from the river. Both ponds had very muddy bottoms, reached depths of 2 m, and harbored more fish than the aguajal. We sampled ten stations at this site.

Divisor

The site forms part of the Río Tapiche headwaters that originate in the hills above the right banks of the river, close to the border with Brazil. The area is hilly, and all of the creeks and small creeks identified at this site flow into the main stream, which passed by our camp.

The drainage system close to the camp corresponded to this largest (5-m wide) stream. All of the streams were clear water, with mostly sandy bottoms and some rocks, and fallen trunks and branches piled up in various areas. The slope of the watercourses was steepest at this camp, and small rapids formed. In some sections, vertical rocky and clay walls flanked the streams where relatively deeper pools formed (up to 70 cm deep) and we could observe schools of Characiformes. Unlike the camp at Ojo de Contaya, we did not observe any lentic environments, such as temporary pools or aguajales. We sampled five stations from this camp.

Species diversity and community structure

From our collections and observations (3,457 individual fish), we generated a preliminary list of 109 species representing 82 genera, 24 families, and 6 orders (Appendix 5). This diversity is relatively moderate for the Peruvian Amazon, e.g., when compared to other areas further north in Loreto where larger numbers of species have been recorded. However, when considering the types of habitats studied and previous studies conducted in the

Zona Reservada, the number of species is greater than we expected (see Discussion). Of the 109 species, almost 60 (56%) were not identified to the species level and require further study. One individual was only identified to the subfamily level (Cheirodontinae), and also requires more detailed review.

The most species-rich groups are fishes in the order Characiformes (fishes with scales, without fin bones), with 56 species, and the Siluriformes (catfish, fishes with barbels), with 33 species. Together these orders represent 81% of the total diversity registered during the inventory. This dominance is similar to that seen in other inventories, such as Yavarí (Ortega et al. 2003), Ampiyacu (Hidalgo and Olivera 2004), and for the Amazon region in general (Reis et al. 2003). Of the other four orders, the Perciformes (fishes with bones in unpaired fins, like cichlids) and Gymnotiformes (electric fishes) represented 15% (16 species) of the total ichthyofauna recorded in the Zona Reservada, and the orders Cyprinodontiformes (*rivúlidos*) and Synbranchiformes (*anguilas de pantano* or *atingas*) were represented by 4 species (4%).

The families Characidae and Loricariidae have the highest number of species in the neotropical region (Reis et al. 2003), and we observed their dominance during our inventory as well. Several of the probable new records for Peru or species new to science in the inventory area belong to these families (Appendix 5). At the family level, Characidae had the greatest number of species (40 species, or 37% of the total number of species), followed by the Loricariidae, with 14 (13%). Together, these two families represent half of the ichthyofauna recorded in the Zona Reservada during this inventory. Other families with significant presence included Cichlidae (8 species), Heptapteridae (6), and Crenuchidae and Gymnotidae (4 each). Acestrorhynchidae, Aspredinidae, Curimatidae, Gasteropelecidae, Parodontidae, Prochilodontidae, Pseudopimelodidae, Sternopygidae, and Synbranchidae were represented by one species each.

Community structure shows a large number of small to medium-sized species (adults measured between 5 and 15 cm long), represented by 68 species (64% of

the ichthyofauna recorded during the inventory). Primarily, these species are members of the Characidae (*Hemigrammus,* Cheirodontinae), Lebiasinidae (*Pyrrhulina*), and Crenuchidae (*Melanocharacidium, Microcharacidium*) within the Characiformes, and of the Heptapteridae (*Pariolius, Imparfinis,* and *Cetopsorhamdia*; Figs. 5C, 5F), Loricariidae (*Otocinclus, Ancistrus, Nannoptopoma, Peckoltia*), and Trichomycteridae (*Stegophilus, Trichomycterus*) within the Siluriformes (catfish). Small species of other groups, like Rivulidae and Cichlidae (*Apistogramma, Bujurquina*), also were present. Some adult Characidae species, like *Tyttocharax* and *Xenurobrycon,* were smaller than 2 cm and are an example of miniaturization that occurs in some species in Amazonia (Weitzman and Vari 1988).

Close to 25 species (22% of the total) correspond to groups whose adults can exceed 20 cm in length. In the Río Tapiche, we observed individuals of this size, such as *sábalos* (*Brycon* spp. and *Salminus*), *lisa* (*Leporinus friderici*), *boquichico* (*Prochilodus nigricans*), *huasaco* (*Hoplias malabaricus*), catfish-like *bocón* (*Ageneiosus*) and *cunchis* (*Pimelodus* spp.), and *añashua* (*Crenicichla*), a cichlid. The largest species we observed during the inventory was the *tigre zúngaro* (*Pseudoplatystoma tigrinum*), which can reach up to 1 m in length (Fig. 5D). Human communities use all of these species, which inhabit large rivers, such as the Río Tapiche and its major tributaries. Of these larger species only *Hoplias malabaricus* was recorded at Ojo de Contaya, and at Divisor we observed *Crenicichla.*

Site and habitat diversity

Ojo de Contaya

At this camp, we recorded 20 species belonging to 12 families and 6 orders. The richest orders were the Characiformes (9 species), Gymnotiformes (4), and Siluriformes (3). Two *Rivulus* species represented the Cyprinodontiformes, and Perciformes and Synbranchiformes each had one species. The fish community is poor in species, highly variable at the order level, and is notably distinct compared to communities in previous studies in the Zona Reservada.

Most (ca. 16) species were present in all streams at this camp, which demonstrates high community homogeneity. Other common species in this site were *Chrysobrycon*, *Ancistrus*, *Rivulus*, and *Pariolius*. The latter is a heptaperid catfish described from the Río Ampiyacu (north of the Amazon) and recorded in the Ampiyacu and Matsés inventories at low abundance and capture frequency. At Ojo de Contaya *Pariolius armillatus* was present in almost all streams and was found to be more abundant here than in previous inventories. It was the fourth-most abundant species for this site.

We found greater species diversity and abundance in the streams than in the lentic environments (tahuampa and agujal): we registered 19 species for the first and 8 species for the second habitat type. *Pyrrhulina* was found only in lentic environments, and was the second-most abundant species at this camp (129 individuals, 13% of the total number of individuals). A recent study of aguajales in Madre de Dios found a species of this genus to be the most frequently encountered fish in this habitat (Hidalgo, pers. obs.).

From this site, it is likely that three species from the genera *Hemibrycon*, *Hemigrammus*, and *Rivulus* are new records for Peru or are species new to science. Of these, *Hemigrammus* was the most common and abundant species for this site because it was present in every habitat (including the aguajal and tahuampa) and represented 50% of the total abundance of fish at this site (Appendix 5). This species has not been recorded during previous inventories conducted in the Zona Reservada, not even in the western area of Ojo de Contaya (FPCN/CDC 2005).

Tapiche

We recorded 94 species corresponding to 24 families and 6 orders at this site. Species richness was the greatest for the Characiformes, with 56 species (60%), followed by the Siluriformes, with 32 species (34%). Eight species were Gymnotiformes (9%), 7 were Perciformes (7%), and Cyprinodontiformes and Synbranchiformes had 1 species each. This site was the most diverse of all three camps surveyed in the inventory.

Diversity was highest in this site because we evaluated a greater variety of aquatic habitats and aquatic environments were larger in size when compared to similar habitat types at Ojo de Contaya and Divisor. The Río Tapiche is the most important habitat at this site, with 58 species, which is almost two thirds of the site's diversity. In addition, all of the commercially important species were registered here (ca. 8 species). The principal streams also harbored a moderate number of species (ca. 35), mostly small fishes and several commercially important ones, such as *sábalos de cola negra* (*Brycon melanopterus*) and *lisas*.

We identified 35 species in the ponds at Tapiche. The most abundant were *Serrapinnus piaba* and *Cichlasoma amazonarum*. In the whitewater oxbow in front of the camp, we recorded several species fished for human consumption, such as boquichicos, huasacos, and lisas, all living in healthy populations. We found relatively few species (9) in the blackwater pool, where small *Serrapinnus piaba* were dominant. The most abundant species in the aguajal were *Hemigrammus* sp. 3 and *Pyrrhulina* sp. 2, which were unique for this habitat.

We found eight species important to Amazonian fisheries, principally scaly fish, such as sábalos, boquichicos, and lisas, and large catfish like the tigre zúngaro (Appendix 5). We collected or observed these species in the Río Tapiche, in the oxbow in front of the camp, and in the lower portions of the major streams. Of these species, the sábalo cola negra was the most common; it was seen in the river and major streams in schools of ten or more individuals.

We expect that seven species registered in this site will be new to science, or at least new records for Peru. They belong to the genera *Hemibrycon*, *Ancistrus*, *Crossoloricaria*, *Cetopsorhamdia* (Fig. 5C), *Nannoptopoma*, *Hypoptopoma*, and *Otocinclus*. The small catfish *Cetopsorhamdia* and *Crossoloricaria* were found among submerged leaves in the streams and in the sandy bottom of the Río Tapiche, respectively.

Divisor

We recorded 24 species at this site corresponding to 9 families and 5 orders. The Characiformes were the most diverse, with 10 species, followed by the Siluriformes, with 7. We also recorded 3 rivulids, 2 electric fish, and 2 cichlids.

Only clearwater streams were observed at this site. The most frequently captured and most common species were *Hemibrycon*, *Knodus* sp. 2, *Melanocharacidium*, *Creagrutus*, and *Ancistrus*, all small-sized. Six species were unique to this site, including *Trichomycterus*, *Knodus* sp. 2, *Rhamdia quelen*, and a *Rhamdia* sp.

Fish diversity at Divisor is greater than that of Ojo de Contaya but shared more species in common with Tapiche (16 species, or 67% of this site's total). The most common species was *Knodus* sp. 2, present in all sampled sites, followed by *Melanocharacidium*, *Gymnotus*, and *Ancistrus* sp. 2, which were present in all but one of the sampled sites. At least three species registered at Divisor probably are new records for Peru or species new to science, including *Trichomycterus* sp. (Fig. 5E), *Knodus* sp. 2, and *Rhamdia* sp. (species that were not recorded at the other inventory sites).

Site comparisons

We found very few species shared among all three sites. There were only five, including *Chrysobrycon*, *Hemibrycon*, *Characidium* sp. 1, *Pariolius armillatus*, and *Rivulus* sp. 1. Their abundance varied greatly at each site. *Rivulus* sp. 1 was the only one of these common species also found in the aguajales; the other four species only were found in streams.

We noticed the greatest similarities between Tapiche and Divisor, which share the same drainage. We found that only 25% (6 of 24) of Divisor's species were not recorded downstream at Tapiche despite their proximity (ca. 5 km between the two). Likewise, we found that 35% (7 of 20) of the species registered at Ojo de Contaya were not encountered elsewhere, and this site was more similar to Tapiche (55%) than to Divisor (35%).

At the outset, we thought that the ichthyofauna of Ojo de Contaya and Divisor could be similar because the sites share similar water characteristics (Appendix 4) and hilly topographies. However, it appears that small, geographically separated hydrographic systems can contain different fish communities, reinforcing the hypothesis that each medium or small sub-basin could harbor a distinct fish fauna (Ortega and Vari 1986; Vari and Harold 1998; de Rham et al. 2001).

At the trophic level, the communities of the hilly areas of Ojo de Contaya and Divisor appear similar, both containing species adapted to live in unproductive waters that rely on allochthonous plant material originating from the nearby forest.

Interesting records

The fish community of Ojo de Contaya is unique and very different from what was registered in nearby areas. Even though a small number of species were present, we recorded all orders of fishes present in the inventory, which demonstrates outstanding diversity. We expected to find few species in these ecosystems but we registered six orders, as many as were recorded at Tapiche and even one more than at Divisor. Only two orders, Characiformes and Siluriformes, were recorded in the Serrania de Contamana, and only four on the western side of Ojo de Contaya (FPCN/CDC 2001 and 2005, respectively).

We estimate that at least 14 species (12% of the ichthyofauna) are potential new records for Peru or are species new to science (Appendix 5). Already, four have been confirmed as new to science according to the specialists consulted, including *Nannoptopoma*, *Otocinclus*, *Hypoptopoma*, and *Cetopsorhamdia* (Fig. 5C). The genus *Crossoloricaria* has two species in Peru, one in Madre de Dios and the other in central Ucayali, specifically from the Aguaytía and Pachitea drainages. Our specimen most resembles the species described from Madre de Dios. However, it appears that both known *Crossoloricaria* species are restricted to the original type locality and nearby areas. The species we recorded at Tapiche may represent a third (as yet undescribed) species, which could be the same suspected new species recorded in the Cordillera Azul (de Rham et al. 2001).

Another interesting find was the abundance of locally and regionally important fish, such as sábalos, boquichicos, and lisas, with relatively abundant populations for a medium-sized river and a headwater river. In addition, we recorded large catfish, such as tigre zúngaro, which is highly valued for its flavor. These species migrate towards the headwaters to spawn, especially the Characiformes, which form large schools known as *mijanos* in the Peruvian Amazon. During these mijanos, large quantities of fish can be caught and represent a source of essential protein for riparian inhabitants in the zone. We also observed species of ornamental value, such as glass fish (*Leptagoniates steindachneri*, Fig. 5B), lisas (*Abramites hypselonotus*), colored carachamas (such as *Peckoltia*, Fig. 5A), among other species that should be protected because of their uniqueness. According to fishery statistics in Loreto, various such species are extracted from Río Tapiche.

Pariolius armillatus was relatively abundant in Ojo de Contaya and rare in other inventories of lower areas, such as Ampiyacu (Hidalgo and Olivera 2004) and Matsés (Hidalgo and Velasquez 2006). According to Bockmann and Guazzelli (2003) the presence and abundance of catfish like *Pariolius* is an indicator of good water quality, and could be used as an efficient environmental indicator. In the three camps, we observed species of Heptapteridae primarily inhabiting the streams.

DISCUSSION

Fish diversity in Zona Reservada Sierra del Divisor is moderate (109 species). The number of species is relatively low compared with the diversity encountered in other regions recently inventoried north of the Zona Reservada, e.g., Yavarí (240 species) and Ampiyacu (207 species), and is much less diverse than estimates for the entire Ucayali Basin (more than 600 species). Nonetheless, we must consider that there are a large number of regional habitats that are not found in the area inventoried in the Zona Reservada. Many such habitats correspond to lower and flooded areas, such as in Yavarí, that favor greater species richness and fish abundance, and a greater number of lentic habitats, such as pools, and an increased number of blackwater habitats.

In the Cordillera Azul, probably the area most comparable to Sierra del Divisor, 93 fish species were recorded by de Rham et al. (2001) from 200 to 700 m altitude. Our results for Sierra del Divisor, during a similar amount of time as the survey in Cordillera Azul, surpass this value. Analyzing species composition, we find that there is a similarity in the presence of sábalos, tigre zúngaro, and several Characidae, but in the Zona Reservada several unique species that could be new to science stand out.

One aspect that caught our attention was that there are very few similarities between our results and those reported in previous inventories of the ichthyofauna within the Zona Reservada, which suggests apparent isolation of fish communities. The FPCN/CDC survey (2001) recorded 19 fish species from two orders (Characiformes and Siluriformes) in the aquatic environments of the Serrania de Contamana. In the sites most similar to the Serrania de Contamana, the Ojo de Contaya and Divisor, we found six and five orders, respectively.

The only genus found at both Ojo de Contaya and the Serrania de Contamana was a carachama (*Ancistrus*), and it is possible that there are different species at each site. Notably 60% of the species we recorded at Ojo de Contaya had not been recorded during the 2004 evaluations of the headwaters of the Pacaya and Maquía streams that emerge on the western slope of this geological formation.

We believe that species composition in small hydrographic systems, such as first order streams, could vary greatly even among streams that are geographically proximate if these streams belong to different watersheds. This concurs with hypotheses previously put forward (Vari 1998; Vari and Harold 1998). Mountainous areas, such as the Serrania de Contamana and Ojo de Contaya, can act as dispersal barriers for aquatic organisms that belong to different watersheds. This has been observed for species of *Astroblepus* and *Trichomycterus* in Andean regions, such as Megantoni (Hidalgo and Quispe 2005). Similarly Barthem et al. (2003) have shown that the ichthyofauna of major rivers and flooded areas can be similar, while the ichthyofauna of nearby streams can be substantially different.

Considering that the Zona Reservada includes the headwaters of approximately 11 rivers (the Yaquerana, Blanco, Tapiche, Buncuya, Zúngaro, Callería, Utuquinía, and Abujao, among others), it is likely that the drainage systems in the hills that contain first order streams harbor unknown ichthyofaunas specialized to these habitats, as we observed in the relatively low mountains of Ojo de Contaya. During an overflight of the southern part of the Zona Reservada, we observed higher hills (ca. 900 m), suggesting this area is an interesting one for future study. We estimate that between 250 and 300 species of fishes could exist within the Zona Reservada.

THREATS, OPPORTUNITIES, AND RECOMMENDATIONS

Threats

Deforestation by illegal timber extraction is a threat to aquatic communities. In headwater regions, such as the Ojo de Contaya and Tapiche basins, tierra firme forest and fish species are directly related. Here, primary production is much reduced in comparison with flooded areas located in the lowland portions of drainage basins. In aquatic systems with low primary production, the forests provide substantial food resources for fish species in diverse ways (for example, terrestrial invertebrates, fruits, seeds, trunks, and pollen). Species inhabiting these streams, such as the catfish (*Ancistrus*) or characids (*Hemibrycon, Creagrutus, Characidium, Apareiodon*), use these resources and have adapted to these conditions.

Removing bank vegetation causes erosion, sedimentation, and habitat (refuge) loss, and decreases the availability of food. Effects on habitat include changes in the hydrological regime, which could result in the drying up of bodies of water, especially in small streams that are used as routes to extract timber. These habitat changes lead to a loss of diversity and potentially even species extinctions, especially in species adapted to aquatic environments that rely almost exclusively on the forest for their food sources. According to Sabino and Castro (1990), in Mata Atlántica streams where riparian vegetation was reduced, the average number of native species went from about 20 to less than 9.

In addition to these effects from timber extraction, the riverbeds and major streambeds can be degraded if dams are built to facilitate timber removal. This creates a barrier for species movement, traps fish (making them more vulnerable to massive fishing), and also affects reproduction and recruitment.

Another threat is the use of non-selective fishing methods, e.g., poisons, dynamite, and drag nets with small mesh size, which indiscriminately kill all fishes in a population. Over the short term, this drastically reduces available stock, and over the medium and long term the fish resources—critical for local human communities—are depleted. According to the local people interviewed during the social inventory, the use of toxic substances, such as Tiodan, for fishing considerably has reduced populations of *arahuana* (*Osteoglossum bicirrhosum*). This species was not recorded during our inventory, but is present in the Zona Reservada in the Río Callería and the lower part of the Río Tapiche.

Large-scale commercial fishing during fish reproductive periods is another threat, especially for migrating species that become more vulnerable to fishing because they migrate before the rains, when water levels in many tributaries are at their lowest levels.

Recommendations

Protection and Management
The aquatic environments of the Zona Reservada provide fish resources for the communities living in these river basins, as evidenced by strong fishing pressure in the lower reaches closer to major rivers, such as the

Ucayali and Amazon. Except for the Parque Nacional Cordillera Azul, there is no other protected area similar to the Zona Reservada in Loreto.

Ojo de Contaya is a unique area with fish species that have little or no commercial value for consumption or as ornamentals, but have great scientific value. The protection granted to this area could be stricter than the rest of the hilly areas.

Protecting the headwaters has two main advantages. First, it helps avoid the disturbances caused by deforestation that alter waterways, thereby protecting the biological and hydrological conditions for those species that depend on forest resources. Second, conserving these habitats favors any migratory species that are present or that could be present, such as other large catfish (*zúngaro, dorado*) that may use these areas to spawn.

Local communities in the region should safeguard the Zona Reservada from unauthorized, non-local fishermen, who enter oxbow lakes and rivers and employ harmful and non-selective fishing methods. In addition, there should be controlled fishing during the times of year when the resources are most vulnerable (e.g., during migration). Local residents should participate in the final process of determining land-use classifications for the area because they are the principal stakeholders caring for the natural resources.

Research

More inventories are needed in the headwaters of other rivers with sources in Divisor, including the Blanco, Zúngaro, Bunyuca, Callería, and Utuquinía. The mountainous, southern portions of the area that reach higher altitudes should be studied as well.

Ecological research is need in the headwater areas to understand the migration dynamics and reproduction of fish species. Recent studies in Peru have begun to investigate where large catfish, such as dorado (*Brachyplatystoma rousseauxii*), spawn. Determining the presence of larva in these areas could provide indications about these processes (Goulding, pers. comm.).

We need to determine which species are most often captured in the area by fishing, which areas are the most important fishing zones, which fishing methods are used, and the relative abundance and use of the species (i.e., an evaluation of aquatic resources). This research would help to elucidate the area's fishing capacity and help guide environmental education programs about the negative medium- and long-term impacts of toxic substances used in fishing.

In areas with larger human populations, aquaculture activities could be encouraged (after feasibility studies were completed). These could serve as a source of animal protein during the rainy season and provide economic income from selling surplus fish. We must emphasize that these activities should be undertaken only using native, preferably fast-growing species that have low production costs, such as boquichicos, sábalos, and cichlids, among others. Species that are rare in the region, such as arahuana (*Osteoglossum bicirrhosum*), also could be raised and used to replenish wild populations.

AMPHIBIANS AND REPTILES

Authors / Participants: Moisés Barbosa de Souza and Carlos Fernando Rivera Gonzales

Conservation targets: Amphibian communities that reproduce and develop in forest and stream environments (*Centrolene, Cochranella, Hyalinobatrachium, Colostethus, Dendrobates,* and *Eleutherodactylus*); rare species that represent new records for Peru (*Osteocephalus subtilis, Micrurus albicinctus*); species of economic value threatened in other parts of their distributions (turtles, tortoises, and caiman)

INTRODUCTION

Herpetological studies have been conducted in the Peruvian Amazon over the past three decades. There are few sites, however, with comprehensive information about the composition of the amphibian and reptile communities (Crump 1974; Duellman 1978, 1990; Dixon and Soini 1986; Rodríguez and Cadle 1990;

Duellman and Salas 1991; Rodríguez 1992; Rodríguez and Duellman 1994; Duellman and Mendelson 1995; Lamar 1998).

There have been few long-term herpetological studies in the region. Our inventory was situated south of the Amazon and east of the Río Ucayali, within Zona Reservada Sierra del Divisor, which is part of a massif of low mountains that forms the Peru-Brazil border. Previous short-term inventories were conducted in the Serrania de Contamana in November 2000 (FPCN/CDC 2001); in the southwestern portions of the Ojo de Contaya in October 2004 (Rivera 2005); in the northern portion of the Zona Reservada in November 2004 (Gordo et al. 2006); along the upper Río Shesha, in the southeastern portion of the Zona Reservada in January 2001 (FPCN/CDC 2001); and in the southwestern portion of the Zona Reservada in July 2005 (Rivera, unpublished data). Additionally some herpetological surveys were conducted between 1990 and 2002 in the Parque Nacional da Serra do Divisor and the Alto Jurua Extractive Reserve area, in adjacent Acre, Brazil (Souza 1997, 2003).

METHODS

We sampled three sites in the Zona Reservada over 16 days. At each site we surveyed transects that covered as much heterogeneous habitat as possible (creeks, plains, ridge crests, etc.). Within these habitats we sampled as many microhabitats as possible, including the litter layer, decayed wood, foliage and branches of shrubs, tree buttresses, and bromeliads. Local guides assisted us throughout the inventory.

Our sampling effort varied between the three sites: six days at Ojo de Contaya, and five days each at Tapiche and Divisor. To search for reptiles and amphibians we hiked slowly, mainly at night, and continued the following day in the morning along the same transect. The distance we covered depended on the abundance of the species encountered, topography, and the type of vegetation. Each survey varied between 8 and 10 hours, totalling 280 observation hours. We relied on opportunistic observations and collections.

Frog vocalizations helped us to locate individuals and many of these were tape-recorded.

We used identification keys, field guides, and pictures to identify species. Most species were identified in the field, photographed and released. When field identification was not possible we collected a voucher specimen for further study. Collections were deposited in the Museo de Historia Natural de la Universidad Nacional Mayor de San Marcos, Lima.

RESULTS

We registered 109 species: 68 amphibians and 41 reptiles (Appendix 6). Two species, a frog and a snake, appear to be new records for Peru. We need to confirm identifications for 15 species of frogs: *Centrolene* (1 species), *Cochranella* (1), *Hyalinobatrachium* (2), *Colostethus* (3), *Epipedobates* (1), *Osteocephalus* (2), *Adenomera* (1), and *Eleutherodactylus* (4). Some of these, especially *Eleutherodactylus* sp. 4 (Fig. 6C), might be species new to science. Within the amphibians we recorded 67 species in the order Anura, represented by 6 families (Bufonidae, 4 species; Centrolenidae, 4; Dendrobatidae, 9; Hylidae, 25; Leptodactylidae, 23; and Microhylidae, 2), and one species in the order Caudata in the family Plethedontidae. Of the 41 reptile species, 21 belong to the suborder Squamata, representing five families of snakes: Aniliidae (1 species), Boidae (3), Colubridae (14), Elapidae (1), and Viperidae (2). Within the suborder Lacertilia we recorded 17 species belonging to six families: Gekkonidae (3), Gymnophthalmidae (7), Polychrotidae (3), Scincidae (1), Teiidae (2), and Tropiduridae (1). We recorded one species in the order Crocodylia (family Crocodylidae), and two families in the order Chelonia: Testudinidae (1) y Podocnemidae (1).

Ojo de Contaya

This site was located in the center of the geological massif known as the Ojo de Contaya, 53 km east of Contamana. The topography is hilly, with variable slopes and creeks draining in many directions. The lower parts of the valleys apparently flood seasonally.

At this site we recorded 43 species: 29 amphibians and 14 reptiles. Eleven species were encountered during the inventory only at Ojo de Contaya. Among these was *Bolitoglossa altamazonica*, the only salamander species we found during the inventory. Our record of the frog *Osteocephalus subtilis* (Hylidae) represents a western extension of its distribution. This species previously was known only in Brazil.

Tapiche

The second site we sampled was located on the upper Río Tapiche, 73 km east of Ojo de Contaya, near the base of the Sierra del Divisor. This area seems to represent the largest flooded area within the Zona Reservada. Sampled transects were situated on both banks of the Río Tapiche in various habitats, including river edges, creeks, old terraces, a palm swamp, and an oxbow lake. The diversity of these habitats was reflected in the number of species that we found. Of the 66 species we recorded at this site, 40 were amphibians and 26 reptiles. More than half of the species (36) registered in Tapiche were found only here.

One of our most remarkable findings was an individual of the venomous snake *Micrurus albicinctus* (Fig. 6E), which represents the first record for Peru and a significant extension of its known range to the west. This species previously was known only from the Brazilian states of Acre, Mato Grosso, Rondonia and Amazonas. *Dendrobates quinquevittatus,* a poorly known species in Peru, was found at this site in low densities and always associated with the presence of a species of bamboo, locally known as *marona*.

We recorded several species of economic importance at Tapiche. *Podocnemis unifilis* (known locally as *taricaya*) is one of the two species of turtles that we found here. It is considered a vulnerable species. Both its eggs and meat are highly prized by the region's inhabitants for subsistence and commercial uses. At Tapiche we found healthy populations of these species, which use the sandy beaches to lay their eggs. *Geochelone denticulata* (known locally as *motelo*), the other turtle species that we found at this site, also is of

economic importance in the area, and its eggs and meat are important for local people. We also recorded *Paleosuchus trigonatus* (dwarf caiman), another species of economic importance in the region.

Divisor

Our third camp was located 6 km east of Tapiche in the core of the Sierra del Divisor, close to Brazil. Physiographically, this site was similar to Ojo de Contaya, however there were some habitats here that were either drier or wetter habitats than at Ojo de Contaya, including the drier ridgetops and the more humid valleys along streams. The trail system connected the majority of the habitats at this site from the ridge crests to the valley bottoms, as well as the transitional zones in between.

Here we recorded 52 species: 32 amphibians and 20 reptiles. As at Tapiche, we found many of these species (22 out of 52, or 42%) only at this site during the inventory. We recorded *Osteocephalus subtilis* (a species also recorded in Ojo de Contaya), and a species of *Eleutherodactylus* potentially new to science (on the slopes near the ridge crests where there was an abundance of a terrestrial bromeliad, Fig. 6C). A species of *Bachia*, a lizard with reduced limbs and considered rare with few records in Peru, also was present here. *Dendrobates quinquevittatus*, another poorly known species, was abundant here and was found inside a bromeliad (*Guzmania lingulata*). At Tapiche we found the same species living in the stem internodes of a bamboo, suggesting that this frog may be responding to similar structural features in these different plant species.

DISCUSSION

We recorded 109 species of amphibians and reptiles during the inventory. We expect that with additional surveys, especially during the wet season and in the southern portions of Zona Reservada Sierra del Divisor, the regional herpetofauna will surpass 200 species. This reflects species recorded in previous inventories in the Zona Reservada, as well as inventories in neighboring

Acre, Brazil that have recorded 190 species: 125 amphibians, and 65 reptiles (Souza 1997, 2003).

Comparison among the inventory sites

We recorded the highest species richness of reptiles and amphibians at Tapiche (66 species), followed by Divisor (53) and Ojo de Contaya (43). The high diversity at Tapiche might be related to the greater habitat heterogeneity (palm swamps, várzea, tree fall gaps, oxbow lakes, river, primary and secondary forest) and its lower elevation compared to the other sites. At Tapiche we recorded amphibian species typical of open areas and lowlands in the Amazon, with a predominance of Hylidae, many species of which depend entirely on bodies of water for their reproduction. Ojo de Contaya and Divisor differ only slightly in the number of species, with a predominance of the Leptodactylidae.

Although Ojo de Contaya and Divisor share similar topographic and vegetation characteristics, only 13% of the species occurred at both sites. The difference may be attributed to the rainfall during the days we sampled at Divisor, causing some amphibians, especially among the Leptodactylidae, to enter a reproductive phase.

Differences in amphibian species richness among sites are related in part to reproductive behavior, which is considered an important factor in determining community structure. All of the most abundant species rely on the rainy season for their reproduction. For example, *Hyla boans* and a species of the *Bufo margaritifer* group breed at the edges of creeks and rivers; *Osteocephalus deridens*, *Dendrobates ventrimaculatus*, and *D. quinquevittatus* breed in water stored in bracts in the axils of plants, hollow bamboo internodes (*Chusquea* sp.), and in trees; *Colostethus* spp. breed in the humid ground litter; *Adenomera* spp. breed in small burrows built in the ground; and Centrolenidae lay their eggs on the leaves of vegetation overhanging edges of streams and rivers.

The most abundant lizard species were *Anolis fuscoauratus* at Ojo de Contaya and *Anolis trachyderma* at Tapiche.

OPPORTUNITIES, THREATS AND RECOMMENDATIONS

Logging, mining, and fishing with poisons present threats to the amphibian community within the Zona Reservada. We did not observe evidence of hunting of turtles and caimans, but the presence of loggers in the Río Tapiche headwaters could increase the hunting pressure on these species and decrease their population sizes through egg collection and hunting of adults.

Some amphibian species are eaten by local inhabitants, such as the *hualo* (*Leptodactylus pentadactylus*) and the *sapo regaton* (*Hyla boans*). Other species, such as dendrobatids and some hylids (e.g., *Phyllomedusa* spp.) have ornamental and biomedical value because of the biologically active components in their skin, including alkaloids, peptides, and proteins. Therefore populations of these species potentially are vulnerable to over-exploitation.

The Zona Reservada contains a unique assemblage of amphibians and reptiles and is a high conservation priority. We recommend additional inventories, especially during the wet season and in the southern portions of the Zona Reservada, as well as workshops with local communities to develop participatory management and sustainable harvesting practices for subsistence species.

BIRDS

Participants/Authors: Thomas S. Schulenberg, Christian Albujar, and José I. Rojas

Conservation targets: Acre Antshrike (*Thamnophilus divisorius*), a recently described species that is endemic to the Sierra del Divisor and the Contaya ridges; other bird species that are restricted to low-stature, ridge-crest forests, especially Zimmer's Tody-Tyrant (*Hemitriccus minimus*) and the white-sands population of Fuscous Flycatcher (*Cnemotriccus fuscatus duidae*); macaws, especially the Blue-headed Macaw (*Primolius couloni*), which has only a small global population and is nearly endemic to Peru; rare or poorly-known species in Peru, such as Rufous Potoo (*Nyctibius bracteatus*) and Fiery Topaz (*Topaza pyra*); game birds (tinamous, cracids) that typically suffer from hunting pressure in other parts of Amazonia

INTRODUCTION

The Sierra del Divisor is the commanding physical feature of the vast regions of central Peru that lie south of the Amazon and east of the lower and central Río Ucayali. Nonetheless the Divisor has remained almost unknown to biologists. This situation is surprising, both in light of the Divisor's prominence and because of its proximity to Pucallpa, a site well known for ornithological collections in the mid-twentieth century (Traylor 1958; O'Neill and Pearson 1974).

Zona Reservada Sierra del Divisor encompasses the Sierra del Divisor itself, which lies along the Peru/Brazil border; other uplifted areas closer to the Río Ucayali (the Serranias de Contamana and Contaya); the headwaters of the Río Yavarí to the north of the Divisor, which abuts the Comunidad Nativa Matsés; and another cluster of rounded hills south of the Divisor (Fig. 2A). Lane et al. (2003) and Stotz and Pequeño (2006) provide most of our current knowledge of the avifauna of the Río Yavarí. Actiamë, the southernmost site visited during the inventory of the Reserva Comunal Matsés, also lies within the northern limits of the Zona Reservada (see Stotz and Pequeño 2006). Small collections (at the Field Museum [FMNH]) were made at Cerro Azul, near Contamana, by J. Schunke in 1947, and in the Serranias de Contamana by Peter Hocking and associates in 1985 and 1986 (at FMNH and the Museo de Historia Natural de la Universidad Nacional Mayor de San Marcos [MUSM]). More recently ProNaturaleza (FPCN), The Nature Conservancy-Peru (TNC), and the Centro de Datos para la Conservación (CDC) sponsored a series of inventories in the Contamana region. The first of these (November 2000) visited Aguas Calientes and Cerro Chanchahuaya, east of Contamana, with Christian Albujar as the participating ornithologist (FPCN/CDC 2001; also MUSM). A second inventory, with José Álvarez A. as the ornithologist, penetrated deeper into the area, reaching the western margins of the Contaya ridges during October 2004 (Álvarez 2005). A third such inventory visited sites close to the Río Ucayali in the southwestern portion of the Zona Reservada during July 2005.

Farther to the south, John P. O'Neill led a joint expedition (Louisiana State University Museum of Natural Science [LSUMZ] and MUSM) up the Río Shesha, east of Pucallpa in northern Ucayali, in 1987. This was the first attempt to survey a site (Cerro Tahuayo) in the complex of rounded hills south of the Divisor. A brief additional visit to this region was made in January 2001, sponsored by ProNaturaleza, TNC, and CDC, again with the participation of C. Albujar (FPCN/CDC 2001, Fig. 2A).

The avifauna of the state of Acre, in western Brazil immediately adjacent to this part of Peru, also remained largely unknown until recent years. A series of rapid ecological evaluations were made in the Parque Nacional da Serra do Divisor during July 1996 (northern sectors of the park) and March 1997 (southern sectors), under the sponsorship of The Nature Conservancy, S.O.S. Amazônia, and the Instituto Brasileiro do Meio Ambiente e de Recursos Naturais Renováveis. Bret M. Whitney, David C. Oren, and Dionísio C. Pimentel Neto made up the ornithology team during these evaluations (Whitney et al. 1996, 1997).

The present inventory visited three sites during August 2005. The first of these was in the center of the Contaya uplift. The second and third sites visited were farther east, along the upper Río Tapiche and nearby in the ridges of the Sierra del Divisor (Figs. 3A, 3B).

METHODS

We conducted bird surveys along trail systems established at each camp. We left camp before or at dawn every day, and often did not return to the camp until mid- or late afternoon. When we returned to camp in early or mid-afternoon, we usually headed back to the field for a few hours in late afternoon. We rarely walked trails at night, and did so only at Tapiche. Each member of the team walked trails separately, to increase the number of independent observations. Each observer walked all trails at each camp, typically at least twice but less commonly a trail would be visited only once by each member of the team. The number of kilometers walked per day by each observer varied by camp. The total lengths of the trails at each camp were 14.6 km (Ojo de Contaya), ca. 25 km (Tapiche), and ca. 18 km (Divisor). Other members of the expedition, especially D. Moskovits, routinely reported their bird observations to us.

All observers carried portable sound recorders and directional microphones, to tape-record species and to use sound playback as a tool to visually confirm identifications. Most recordings will be deposited at the Macaulay Library, Cornell Laboratory of Ornithology, Ithaca, NY, USA.

Appendix 7 presents the relative abundance of each species by site. Our assessments of relative abundance are subjective but are based on the combined observations of all members of the team who were present at a site. We use four rankings to designate relative abundance. "Fairly common" signifies species that were encountered daily by one or more observers (when in proper habitat for that species). "Uncommon" species were noted several times at each site, but not daily. "Rare" denotes species that were found only twice. An "X" is used to note species that were detected only once per site.

RESULTS

Avifaunas at the sites surveyed

During the inventory we recorded 365 bird species (Appendix 7), a relatively low species richness for sites in the Peruvian Amazon. The number of species per site ranged from 149 (Ojo de Contaya) to 283 (Tapiche, although an additional 44 species were noted at Tapiche by Rojas in the 27 days before the arrival of the rest of the team). The moderate number of bird species likely reflects the relatively sandy, nutrient-poor soils at the study sites. Although species richness was not as high as at some other sites in Amazonia, we made a number of important discoveries of rare or poorly known species, most of which are associated with sandy or nutrient-poor soils.

Ojo de Contaya

The Ojo de Contaya camp is dominated by sandy soils and hilly topography. This was the site with the lowest species richness (149 species) of any locality visited during the inventory. In particular, we were impressed at the number of widespread and typically common forest birds of Amazonian Peru that were very scarce (aracaris, *Pteroglossus* sp.; Chestnut-tailed Antbird, *Myrmeciza hemimelaena*) or apparently absent (e.g., Ruddy Pigeon, *Patagioenas subvinacea*; Lemon-throated Barbet, *Eubucco richardsoni*; Buff-throated Woodcreeper, *Xiphorhynchus guttatus*; White-flanked Antwren, *Myrmotherula axillaris*; and Gray Antbird, *Cercomacra cinerascens*). Mixed-species flocks, especially of canopy species, were infrequent and usually were very simple in structure. For example, the basic understory antbird flock consisted of Saturnine Antshrike (*Thamnomanes saturninus*), Stipple-throated Antwren (*Myrmotherula haematonota*), and Long-winged Antwren (*Myrmotherula longipennis*) as regular members, and a small number of additional species as occasional members. Also particularly striking was a relative low diversity of ovenbird (Furnariidae) species. Other groups that were notably scarce or absent were parrots (other than Rose-fronted Parakeet, *Pyrrhura roseifrons*) and icterids (oropendolas, *Psarocolius* sp.; caciques, *Cacicus* sp.).

We believe that the low number of species at this site is attributable to the relatively poor soils. A number of forest bird species, previously unknown or rarely reported from Peru, recently have been demonstrated to be associated with such soils (Álvarez and Whitney 2003). We recorded one of these species, Yellow-throated Flycatcher (*Conopias parvus*), several times in the taller forests that are dominant at this site. *C. parvus* also was reported from the adjacent Contaya site in October 2004 (Álvarez 2005), from sites in both the upper (Stotz and Pequeño 2006) and lower (Lane et al. 2003) Río Yavarí, and from the northern sector of the Parque Nacional da Serra do Divisor in Acre (Whitney et al. 1996).

The most interesting bird species were found in small areas of low-stature forest on the crests of the three ridges accessible by the Ojo de Contaya trail system. At all three sites we found Zimmer's Tody-Tyrant, *Hemitriccus minimus*. This small flycatcher only recently was reported from Peru (Álvarez and Whitney 2003), although it appears to be widely, if patchily, distributed in forests on sandy soil.

The most exciting discovery at Ojo de Contaya—one of our greatest surprises of the entire inventory—was the presence of Acre Antshrike, *Thamnophilus divisorius* (Figs. 7C, 7D). This recently described species was discovered in 1996 on a single ridge in the northern sector of the Parque Nacional da Serra do Divisor (Whitney et al. 2004). We anticipated that we would encounter it during the inventory but thought that it might be restricted to the ridges on the border, on the Peruvian side of Sierra del Divisor contiguous with the Brazilian locality. It was an electrifying experience to locate this antshrike so far from the type locality and to extend the distribution of this rare and poorly known species nearly 100 km to the west. Its presence at the Contaya site is particularly important because this locality is separated from the Divisor site by a wide expanse of lowland forest, within which the antshrike does not occur. We found *T. divisorius* on two of the three ridge crests that we visited at Contaya that were dominated by low-stature forest, the specialized habitat of this species (Whitney et al. 2004; see also Flora and Vegetation, p. 161 and Figs. 3H, 3I). We do not know why we were unable to locate this species on the third ridge with what looked to be suitable habitat. However, the extent of low-stature forest on this ridge was less than at the two other sites and may not have been sufficiently extensive to support even a single antshrike pair. It also is interesting that terrestrial bromeliads were not an element of the sites where we found *T. divisorius* at Contaya, although bromeliads dominate in the understory at the type locality (Whitney et al. 2004).

Despite the relatively low species richness of birds at Ojo de Contaya, we encountered several swarms of army ants, which were attended by many of the species that would be expected in this part of Peru. The most notable exceptions were the absence, or scarcity, of larger ant-following birds (bare-eyes, *Phlegopsis* spp.). We also observed Yellow-shouldered Grosbeak (*Parkerthraustes humeralis*) in one of the

infrequently seen large canopy flocks. *P. humeralis* is a species that is widely distributed in Amazonia but typically is found only at low densities and may be absent from many sites. Our sighting from Ojo de Contaya is the only record in the immense area in Peru between the immediate south bank of the Amazon (Robbins et al. 1991), to the north, and the upper Río Shesha (J. P. O'Neill, pers. comm.), to the south. The expanse of this gap may reflect not only the relative scarcity of this species, but also the crude nature of our knowledge of bird distribution east of the Ucayali.

Spix's Guans (*Penelope jacquacu*) were seen regularly during our visit and we also had several records of Razor-billed Curassow (*Mitu tuberosum*).

Tapiche

This site, on the banks of the upper Río Tapiche, was the most species-rich of the three sites visited during the inventory. During the period that the full team was present at the site we recorded 283 species. An additional 44 species were noted by Rojas during the 27 days that he was present at this site as part of the advance team, for a combined total of 327 species.

Most of the common, widespread species of Amazonian forest that we did not find at Ojo de Contaya were present at Tapiche. Nonetheless, many expected species seemed to be lacking or to occur only at low densities, such as amazon parrots (*Amazona* spp.), aracaris (*Pteroglossus* spp.), and ovenbirds (Furnariidae). On the other hand, we were impressed by the large numbers of tinamous present at Tapiche, especially around the margins of the large *Mauritia* palm swamp (*aguajal*). We also regularly recorded *Penelope jacquacu* and Blue-throated Piping-Guans (*Pipile cumanensis*), and had several sightings of *Mitu tuberosum*.

The most outstanding observations from the Tapiche camp are records of two bird species that are very poorly known in Peru and that are primarily known from sites north of the Amazon. One of these is the Rufous Potoo (*Nyctibius bracteatus*, Fig. 7A), a nocturnal species with few records from Peru (Álvarez and Whitney 2003). Most of the Peruvian localities of

N. bracteatus are from sites with sandy or nutrient-poor soil (although there also are records from a few sites where the known avifauna demonstrates few or no affinities with other species known to be restricted to sandy soils). Although this species is known from sites south of the Amazon in Brazil, our record, as well as a record by Álvarez (2005) from the margins of the Contaya ridges in October 2004, are the first reports from Peru from anywhere south of the Amazon. This species may prove to be widespread (if uncommon or patchily distributed) throughout most of Amazonian Peru.

The other such species is Fiery Topaz (*Topaza pyra*), a spectacularly showy hummingbird that is widespread but uncommon in northern Peru and whose distribution largely is restricted to forests on sandy soils, particularly with associated black-water streams (Hu et al. 2000). In the early morning we periodically observed this species flycatching over the Río Tapiche or flying (also flycatching?) over forest streams. Until recently the only record from Peru south of the Amazon and east of the Río Ucayali was from the Reserva Comunal Tamshiyacu-Tahuayo (A. Begazo, pers. comm.). In addition to our records from Tapiche, this species was found 80 km to the west in the southwestern region of the Contaya ridges in October 2004 (Álvarez 2005), and also has been reported from the northern sectors of the Parque Nacional da Serra do Divisor (Whitney et al. 1996).

Other interesting range extensions were recorded at Tapiche. We heard Brazilian Tinamou (*Crypturellus strigulosus*) singing at dusk several times. Ours is the first record for this species in Peru between Jenaro Herrera (Álvarez 2002), on the lower Ucayali, and Lagarto (Zimmer 1938), on the upper Ucayali near the mouth of the Río Urubamba. This species also was found in the northern sector of the Parque Nacional da Serra do Divisor (Whitney et al. 1996). Our record, and the records from adjacent Acre, suggest that the birds at Jenaro Herrera do not represent an isolated population but rather that *C. strigulosus* will prove to be widely distributed in eastern Peru south of the Amazon, at least on well-drained upland (terra firme) terraces.

Another interesting record was of Black Bushbird (*Neoctantes niger*). This understory antbird, which usually is found only in low densities, previously was not reported from Peru between the lower Río Yavarí (Lane et al. 2003) and the Río Manu/upper Río Madre de Dios in southern Peru (Terborgh et al. 1984; FMNH). Thus our Tapiche record falls in the center of what had been a huge "hole" in the known Peruvian distribution of this species. There are records from a few sites in adjacent southern Acre (Whittaker and Oren 1999), however, suggesting that *Neoctantes* is more widespread in easternmost Peru than previously was realized. It may be that the Madre de Dios records, seemingly so isolated from other Peruvian localities, represent only the southern terminus of a chain of populations that extends south along the Peruvian/Brazilian border.

At Tapiche, we observed Point-tailed Palmcreeper (*Berlepschia rikeri*), an ovenbird that is restricted to aguajales. We regularly encountered this species in the large aguajal at Tapiche and also at least once along the Río Tapiche. Although we expected the presence of this species in the study area, this is the first record for Peru in the vast region between the lower Río Yavarí (Lane et al. 2003) and Madre de Dios (Karr et al. 1990). This is yet another indication of the extent to which our knowledge of bird distribution in central Amazonian Peru remains incomplete and fragmentary.

We also have a sighting from Tapiche of Bar-bellied Woodcreeper (*Hylexetastes stresemanni*). This site is within the known distribution of this species, but it generally is rare and has been reported from few localities in Peru. *H. stresemanni* also is known from nearby localities, such as Cerro Chanchahuaya (FPCN/CDC 2001) and the margins of the Contaya ridges (Álvarez 2005). Plain Softtail (*Thripophaga fusciceps*) was fairly common along edges of rivers and oxbow lakes. This uncommon ovenbird was almost unknown from northern Amazonian Peru until recently, but now has been found at several sites in this region of Peru and in adjacent Acre, and apparently is relatively widespread in this area (Whitney et al. 1996; Lane et al.

2003; Stotz and Pequeño 2006; A. Begazo pers. comm.; R. Ridgely pers. comm.).

We saw Emerald Toucanet (*Aulacorhynchus prasinus*) several times at this site. The status of this species in Amazonian Peru is not clear, but our records fill a small gap between records from the Río Shesha in northern Ucayali (J.P. O'Neill pers. comm.; LSUMZ, MUSM) and the upper Río Yavarí (Stotz and Pequeño 2006), suggesting that is it more widespread, if uncommon, in this part of Peru. As suggested by Stotz and Pequeño (2006), the same is probably true of adjacent Acre, although this species only recently was reported from Brazil for the first time (Whittaker and Oren 1999). Finally, we regularly saw Amazonian Parrotlet (*Nannopsittaca dachilleae*) in small numbers in disturbed forest at the edge of a cocha near the Río Tapiche. This species was expected in the region because it first was collected not far to the south along the Río Shesha (O'Neill et al. 1991). However, it is known from surprisingly few localities in Amazonian Peru, with most records from southeastern Peru. We expect that it will be found to be relatively widespread in east-central and southeastern Peru.

Prior to the arrival of the inventory team, Rojas had observations of two rare species of macaws. The most important of these was a small flock of Blue-headed Macaws (*Primolius couloni*) that regularly was seen along the Río Tapiche over a period of ten days. This species currently is regarded as endangered by BirdLife International. We believe that this ranking almost surely exaggerates the threat faced by this species. Nonetheless *P. couloni* is an uncommon species, never found in large numbers at any site, and is restricted mostly to central and southern Peru. Other sites where it has been reported include the Serranias de Contamana (P. Hocking, MUSM), the upper Río Shesha (J.P. O'Neill pers. comm.), and the northern sector of the Parque Nacional da Serra do Divisor in Acre (Whitney et al. 1996), suggesting that *P. couloni* is widely distributed within the Zona Reservada and the adjacent park in Brazil. Rojas also noted Scarlet Macaw (*Ara macao*) on a single occasion. *A. macao* has a wide distribution in neotropical rain forests, but in Peru it is the least common of the large macaws and is uncommon to rare outside of its current stronghold in southeastern Peru.

Divisor

Soils at this site were relatively sandy and the topography was very hilly. In many ways the avifauna at this site was intermediate in species abundance and composition between the first two sites visited. During the inventory we detected 180 bird species. Most of these were shared with the forest species of the Tapiche site, although there were some interesting differences. For example, the dominant forest pigeon at Tapiche was Ruddy Pigeon (*Patagioenas subvinacea*), with only small numbers of Plumbeous Pigeon (*P. plumbea*) noted daily. At Divisor, however, these relative abundances were reversed (note that *P. plumbea* was the only pigeon species recorded at Ojo de Contaya). Similarly, at Tapiche the Bluish-slate Antshrike (*Thamnomanes schistogynus*) was the most frequent "leader" species of understory mixed-species antbird flocks, whereas at both Ojo de Contaya and Divisor this species was missing entirely and was replaced by other species of *Thamnomanes*.

The most important and interesting bird communities at Divisor were, as expected, those of stunted or low-stature forests on ridge crests. Many (although not all) ridge crests at this site were covered, largely or entirely, with a very stunted forest (see the Flora and Vegetation chapter). A small set of species was restricted entirely, or almost so, to this habitat: Blackish Nightjar (*Caprimulgus nigrescens,* Fig. 7B), *Hemitriccus minimus*, and Fuscous Flycatcher (*Cnemotriccus fuscatus duidae*). *Caprimulgus nigrescens* in Peru primarily is found locally in the foothills of the Andes, but also is found patchily in Amazonian Peru (including Aguas Calientes near Contamana: MUSM), especially at sites that are on sandy soils. Although locally distributed in Amazonian Peru, *Hemitriccus minimus* was expected here after being found in similar (but taller) forest at Ojo de Contaya. This *Cnemotriccus* also is restricted to sandy soils and patchily distributed across Amazonia. Originally described as a subspecies of the widespread *Cnemotriccus fuscatus*, *C. f. duidae* overlaps geographically with other subspecies of *fuscatus* and differs in voice and in habitat preferences; no doubt it eventually will be recognized as a separate species (Hilty 2003; B. Whitney pers. comm.).

Thamnophilus divisorius (Figs. 7C, 7D) also was present at the margins of the most stunted forest, but had a clear preference for an adjacent, taller, ridge-top forest with a prominent bromeliad understory. This habitat apparently is similar to the type locality of this species in Acre, Brazil (Whitney et al. 2004). The antshrike was common on both ridges with this forest type that were accessible by trail, and we also heard it singing from adjacent ridges.

As at Tapiche, *Topaza pyra* was seen several times flying over streams in the forest in the early morning. One of the most remarkable records of the inventory was of an Oilbird (*Steatornis caripensis*) that flew over the stream at our field camp for two successive evenings, shortly after nightfall. *Steatornis* is patchily distributed in the Andes of Peru, where it roosts and breeds communally in relatively large caves. Records in Amazonia are very few (Whittaker et al. 2004). It has been supposed that such records are of individuals that wander far from Andean roost sites, given that the species is known to travel long distances (up to at least 150 km) when feeding (Roca 1994). We found no caves that we thought would be large enough to support an oilbird colony during our short visit, but we also could easily imagine, from the numerous rock walls perforated regularly with small cavities, that such caves might exist within the larger expanse of the Sierra del Divisor. J. P. O'Neill (pers. comm.) heard local guides on the Río Shesha mention that the hills there (in northern Ucayali) contained a "*cueva de lechuzas*," which might have referred to an oilbird cave. Our field assistants also mentioned caves with oilbirds a day's travel from Orellana, presumably somewhere in the northern portions of the Cordillera Azul, on the west bank of the Río Ucayali (and much closer to the Andes).

Another surprising record was of a single Red-rumped Cacique (*Cacicus haemorrhous*). We are aware of no records of this species from Peru south of the Amazon and east of the Río Ucayali, between the lower Río Yavarí and the upper Río Purús, nor is it known from Acre in adjacent Brazil.

Several times we noted but could not identify swifts flying over the Divisor area. These clearly were some species of relatively long, square-tailed species, larger than *Chaetura* spp. They may have been any one of several species of *Cypseloides*, or Chestnut-collared Swift (*Streptoprocne rutila*). We suspect that they were the latter species, but were unable to confirm this. *Streptoprocne rutila* is not known from Amazonia, and rarely is seen far from mountainous terrain where nesting sites, on shaded vertical rock faces near water, are located (Marín and Stiles 1992). We did not locate any active nesting sites of swifts in the Sierra del Divisor, but we can imagine that the still largely unexplored expanses of these ridges would harbor suitable nesting sites for *Cypseloides* and *Streptoprocne*.

Numbers of large cracids were relatively low at this site, but both *Penelope jacquacu* and *Mitu tuberosum* were present.

Migration

August, which falls during the austral winter, is a period of little migratory activity. We noted a few individual shorebirds (Solitary Sandpiper, *Tringa solitaria*; Spotted Sandpiper, *Actitis macularius*) that represent recently arrived migrants from North America. The majority of austral migrants to Amazonian Peru winter farther south, reaching no farther north than southern Ucayali or Madre de Dios, but at least eight species (Dark-billed Cuckoo, *Coccyzus melacoryphus*; Large Elaenia, *Elaenia spectabilis*; Small-billed Elaenia, *Elaenia parvirostris*; Vermilion Flycatcher, *Pyrocephalus rubinus*; Streaked Flycatcher, *Myiodynastes maculatus*; Swainson's Flycatcher, *Myiarchus swainsoni*; and Red-eyed Vireo, *Vireo olivaceus*) winter widely throughout Amazonian Peru. Most austral migrant species occupy open situations, such as river margins, which were restricted during our inventory at the Tapiche site. No austral migrants were noted in the stunted ridge-crest forests at Ojo de Contaya and Divisor, habitats that were much more open than the adjacent taller forests. We recorded only two austral migrant species (*Myiodynastes maculatus* and *Vireo olivaceus*). The one forest-based austral migrant noted during our survey, *Vireo olivaceus*, was notably scarce and was encountered only at Tapiche.

Reproduction

Rainfall in east-central Peru (where the Sierra del Divisor is located) is seasonal, with a noticeable dry period that peaks in June, July, and August. It might be expected that avian reproductive behavior would be similarly seasonal in this part of Peru, but seasonality of avian reproduction in Amazonian Peru has not been investigated in depth. The volume of bird song during the inventory was low (surprisingly low, in our experience, especially at Ojo de Contaya) and so we suspect that levels of breeding activity also were low. Nonetheless during the inventory we encountered active nests of several species: Yellow-browed Antbird (*Hypocnemis hypoxantha*) at Ojo de Contaya; Common Pauraque (*Nyctidromus albicollis*), Ocellated Poorwill (*Nyctiphrynus ocellatus*), Amazon Kingfisher (*Chloroceryle amazona*), Black-fronted Nunbird (*Monasa nigrifrons*), Swallow-wing (*Chelidoptera tenebrosa*), Scarlet-hooded Barbet (*Eubucco tucinkae*), Masked Tityra (*Tityra semifasciata*), White-banded Swallow (*Atticora fasciata*), Olive Oropendola (*Psarocolius bifasciatus*), and Yellow-rumped Cacique (*Cacicus cela*) at Tapiche; and *Caprimulgus nigrescens*, Black-throated Trogon (*Trogon rufus*), and *Myrmotherula haematonota* at Divisor. We saw dependent young of several species, including Banded Antbird (*Dichrozona cincta*; Tapiche), *Hypocnemis hypoxantha* (Ojo de Contaya), and Ringed Antpipit (*Corythopis torquatus*; Tapiche), as well as independent juveniles of White-necked Thrush (*Turdus albicollis*; Ojo de Contaya).

Additionally, at Tapiche we observed several species of parrots (Blue-and-yellow Macaw, *Ara ararauna*; White-bellied Parrot, *Pionites leucogaster*)

investigating holes in trees and saw a pair of *Pyrrhura roseifrons* copulating.

DISCUSSION

As mentioned above, species richness at the three sites visited was lower than we had anticipated for a site in Amazonia but perhaps not unusually so when the sandy soils are taken into account. Many more species would be expected at sites with richer soils, and indeed our most species-rich site (Tapiche) was on a river floodplain. We also know that the soils and associated avifauna are much richer in other portions of the Zona Reservada, such as in the northeastern quadrant in the upper Río Yavarí drainage (Stotz and Pequeño 2006) and in the southeastern quadrant in the upper Río Shesha drainage (J.P. O'Neill pers. comm.). Taking into account those two areas, the avifauna of the Serrania de Contamana, and the results of our inventory, approximately 465 bird species currently are reported from Zona Reservada Sierra del Divisor. We estimate that 570 bird species regularly occur in the area, indicating that bird species richness in the entire area is relatively high.

Comparison among sites

The Tapiche site, with 327 bird species observed during the inventory, clearly was much richer than were the two other sites. We assume that this difference primarily reflects the floodplain of the Río Tapiche and the 45 species associated with oxbow lakes and river-edge forests and beaches, habitats that were lacking at the two other sites. A more comparable basis for comparison to the Ojo de Contaya and Divisor sites would be 234 species, the number of forest birds observed at Tapiche during the period of the inventory (which still exceeds the number of species recorded at either of the two other sites).

Species richness at Ojo de Contaya (149) and at Divisor (180) was much more comparable. Seventeen species were shared between Tapiche and Divisor but were lacking at Ojo de Contaya (although some of these were relatively scarce at Divisor as well). Overall, Divisor was intermediate between the two other sites, both in species richness and in species composition.

Birds of white-sand forests

The presence of white-sand areas scattered across Amazonia has been known for many years but ornithologists have been slow to appreciate the importance of this habitat. In particular the presence of extensive areas of white-sand forests as far west as Peru only recently has been noticed. These forests support a suite of species previously unreported from Peru or considered to be rare there (Álvarez and Whitney 2003), as well as several species new to science (Whitney and Álvarez 1998, 2005; Álvarez and Whitney 2001; Isler et al. 2001). The majority of these birds, especially the recently described species, are restricted to unusual forest formations found on sites with soils that are even sandier than those at our study sites. "Classic" white-sand forests include *varillales* (forest of very short stature and low species-richness of plants, growing on almost pure sand) and *irapayales* (closed-canopy forest, often over weathered clays, with an understory dominated by *irapay* palms, *Lepidocaryum tenue*). True varillales were not present at the sites that we visited. The closest approximation to varillales was on the crests of many ridges at Ojo de Contaya and Divisor. Here we found a bird community that, while very small, was entirely restricted to a particular, patchily distributed habitat (*Caprimulgus nigrescens, Thamnophilus divisorius, Hemitriccus minimus,* and *Cnemotriccus fuscatus duidae*) (Figs. 7B, 7C, 7D) .

Another set of species is less restricted to pure white-sand forests, but nonetheless usually is associated with nutrient-poor, sandy, or well-drained soils. Several such species were encountered during the inventory (*Crypturellus strigulosus, Nyctibius bracteatus, Topaza pyra,* and *Conopias parvus*). Most of these (all but the *Crypturellus*) also were found in at locations southwest of our Ojo de Contaya site in October 2004 (Álvarez 2005), suggesting that these species are relatively widespread in sandy-soil forests in the Zona Reservada. Several other such species associated with sandy soils were not encountered during the rapid biological inventory. At least two of these (Brown-banded Puffbird, *Notharchus ordii*;

Cinnamon Tyrant, *Neopipo cinnamomea*) were found, however, in earlier surveys of the Divisor closer to Contamana (FPCN/CDC 2001; Álvarez 2005). Taken together, the results of all of the bird inventories in the Zona Reservada suggest that species that are associated with sandy or nutrient-poor soils are widespread in this area. That some of these species were not encountered in all parts of the region may reflect the fact that most such species are rare or uncommon, even where present, and easily can be missed during a short visit. We expect that further work in the Divisor would show that most if not all of these species are broadly distributed across the region.

Other interesting records from the Zona Reservada

Here we wish to call attention to some other unusual records of bird species known from Zona Reservada Sierra del Divisor, but that we did not encounter during our inventory. Red-winged Wood-Rail (*Aramides calopterus*) is a poorly known and apparently rare species reported from only a few scattered sites in Peru, many of which are located in foothills or hilly areas of Amazonia. One of these localities is Cerro Azul (Traylor 1958), east of Contamana, and so probably within the Zona Reservada. This species should be looked for elsewhere in the region.

Rufous-winged Antwren (*Herpsilochmus rufimarginatus*) is known locally from Amazonian Brazil, but in Andean countries largely is restricted to foothills. The presence of this species near Cerro Tahuayo on the Río Shesha (J.P. O'Neill pers. comm.) was unexpected and is the only record of this bird from Peru away from the Andes.

Elusive Antpitta (*Grallaria eludens*) is known at sites both to the north of the Zona Reservada, in the Río Yavarí drainage (Lane et al. 2003), and in the southeastern portion, in the Río Shesha drainage (Isler and Whitney 2002; J.P. O'Neill pers. comm.). This is a very poorly known, rare species whose entire distribution lies in easternmost Amazonian Peru and westernmost Brazil.

Black Phoebe (*Sayornis nigricans*) occurs near Aguas Calientes in the range of hills closest to Contamana (P. Hocking, specimen at MUSM; FPCN/CDC 2001). This species otherwise is restricted to the slopes of the Andes and to the higher outlying ridges, such as the Cordillera Azul and the Cerros del Sira. Aguas Calientes is the only Amazonian locality where *Sayornis nigricans* has been reported. We looked for this species along rocky streams in the Zona Reservada, but did not observe it.

Biogeographic considerations

It long has been known that there is turnover between related species across Amazonia, and that this faunal turnover often occurs across the opposite banks of major rivers (Wallace 1852). The Río Ucayali, especially the central and upper sections, separates the distributions of a number of sister species of birds. At the same time, a different pattern of faunal turnover occurs in central Peru in which sister species replace one another in a roughly north-south fashion, with no river acting as a barrier between them. This pattern is particularly pronounced east of the Río Ucayali (see Lane et al. 2003; Stotz and Pequeño 2006) but is part of a broader pattern of faunal replacement that for some species pairs also extends to the west bank of the Ucayali (see Haffer 1997). Surprisingly little is known about the details of faunal turnover in this region, especially east of the Río Ucayali. Our results are consistent with earlier observations and suggest that there does not seem to be any single area east of the Ucayali within which the majority of the species-pairs turnovers take place (in contrast to, say, the marked faunal turnover in small nonvolant mammals between the upper and lower Río Juruá in western Brazil; Patton et al. 2000). Furthermore, in at least some cases species-pair turnover is not abrupt (parapatric or narrowly sympatric distributions), as is the case with truly allopatric opposite-bank replacement, but instead occurs with some relatively broad level of sympatry between the two species. Further study will be required to determine the extent to which (or if) faunal turnover is mediated at the local level by subtle shifts in soil type and forest structure.

Straight-billed Hermit (Phaethornis bourcieri)/ Needle-billed Hermit (P. philippii)

P. bourcieri is widespread north of the Amazon and also occurs south of the Marañón. *P. philippii* occurs on the immediate south bank of the Amazon (Zimmer 1950; Robbins et al. 1991), in the Río Yavarí drainage (Lane et al. 2003; Stotz and Pequeño 2006) and is widespread in southeastern Peru. Thus it was a great surprise when *bourcieri* was found to be the only *Phaethornis* species present near Contamana (P. Hocking specimens, MUSM, FMNH) and in the upper Río Shesha (J.P. O'Neill pers. comm; LSUMZ, MUSM). Similarly, we found *bourcieri* to be common at all three of our sites, but did not observe *philippii* at all. Farther to the north, both species were reported near the mouth of the Río Ucayali at Jenaro Herrera (Wust et al. 1990). The two species apparently approach one another in the upper Ucayali drainage, with records of *philippii* from the east bank of the upper Ucayali (Zimmer 1950) and *bourcieri* present not far away on the lower Río Urubamba (M.J. Miller pers. comm., MUSM). We do not know whether the two species are broadly sympatric, but rarely syntopic, in east central Peru; or whether *bourcieri* occupies most of this region (at least in areas that drain into the Río Ucayali) with only limited contact with *philippii* along the lowermost and uppermost reaches of the Ucayali.

Rusty-breasted Nunlet (Nonnula rubecula)/ Fulvous-chinned Nunlet (N. sclateri)

N. rubecula occurs in eastern Peru on both banks of the Amazon (east of the Napo and Ucayali rivers), whereas *N. sclateri* is widespread but uncommon in southeastern Peru. We encountered *Nonnula* only at the Tapiche site, where all records were of *rubecula*. *N. sclateri* was reported by Álvarez (2005) ca. 30 km to the southwest of our Ojo de Contaya site, and earlier was found along the lower Río Ucayali at Jenaro Herrera (Álvarez pers. comm.); it also was found in the upper Río Shesha (J.P. O'Neill pers. comm.). These two species have not yet been found at the same site, but it is clear that the turnover from one species to the other is complicated and perhaps is affected at the local level by soil type or other factors.

Saturnine Antshrike (*Thamnomanes saturninus*)/ Dusky-throated Antshrike (*T. ardesiacus*)

T. ardesiacus is widespread in Amazonian Peru but is replaced in east-central Peru, south of the Amazon, by *T. saturninus*. *T. saturninus* has been collected near Contamana (P. Hocking specimens, MUSM, FMNH; FPCN/CDC 2001), was observed east of Contamana (Álvarez 2005), and also was the only species reported in the northern sector of the Parque Nacional da Serra do Divisor in Acre (Whitney et al. 1996). As expected from the records at this latitude to the east and the west of our sites, *T. saturninus* was fairly common at Ojo de Contaya. Members of this species pair were uncommon at Tapiche, and we did not carefully examine the few individuals that we encountered. We were greatly surprised to discover that *T. ardesiacus* was the common species at Divisor (although one of us, C. Albujar, also observed at least a few individuals that we believe were *saturninus*). The nearest specimen locality for *ardesiacus* is in the upper Río Shesha, in the southeast quadrant of the Zona Reservada (J.P. O'Neill pers. comm; LSUMZ, MUSM). The northward "intrusion" of *ardesiacus* to the Sierra del Divisor, into an area that lies between Contamana/Ojo de Contaya and the records in Acre, was completely unexpected. As with the case of the two species of *Nonnula*, this example demonstrates that the geography of turnover of sister species within this region can be complicated and is not simply a function of latitude.

In other instances, we typically encountered the more southerly member of a pair (e.g., Purus Jacamar, *Galbalcyrhynchus purusianus*, rather than White-eared Jacamar, *G. leucotis*; Semicollared Puffbird, *Malacoptila semicincta*, rather than Rufous-necked Puffbird, *M. rufa*; Scaly-backed Antbird, *Hylophylax poecilinota griseiventris*, not subspecies *gutturalis*). But in one instance, we found the more northerly representative of a species pair (Red-billed Ground-Cuckoo, *Neomorphus pucheranii*, not Rufous-vented Ground-Cuckoo, *N. geoffroyi*).

RECOMMENDATIONS

Threats and opportunities

Zona Reservada Sierra del Divisor represents an unparalled opportunity to protect the region's unique habitats and the rare species associated with them. The combined presence of (1) a bird species (Acre Antshrike, *Thamnophilus divisorius*) whose distribution is completely restricted to the Sierra del Divisor and the Ojo de Contaya, (2) a suite of rare species associated with specialized, stunted, ridge-crest forests, (3) a large complement of rare white-sand bird species, and (4) significant large-scale habitat heterogeneity and high species richness of birds, make the Zona Reservada a high priority for conservation. Because of the position of the Zona Reservada, which lies between Parque Nacional Cordillera de Azul (west of the Río Ucayali in Peru) and Parque Nacional da Serra do Divisor in Brazil, preservation of the Zona Reservada will enhance the value of both of these formally protected areas. Indeed, the majority of the highland areas of the Sierra del Divisor are found on the Peruvian side of the border, and so preservation of the Peruvian portion may be critical to the protection and management of the unique habitats and species found there.

At present, the human population density in the Zona Reservada is extremely low. The primary threat to birds is habitat destruction associated with extractive activities, such as logging, oil exploration or development, and mining, all of which already threaten the region. During the inventory we saw direct evidence of illegal logging (stumps, people traveling upriver to log; Fig. 9A) on the upper Río Tapiche, and this activity may be occurring elsewhere in the Zona Reservada as well. Logging is a direct threat to all forest species but has the greatest effects on species with specialized habitat requirements and/or patchy distributions. Perhaps most vulnerable is the Acre Antshrike (*Thamnophilus divisorius*), which is known only from the Sierra del Divisor and the Ojo de Contaya (i.e., nowhere else in the world) (Figs. 7C, 7D). Moreover, even within the Zona Reservada, the Acre Antshrike is restricted to a specialized, stunted forest found on the crests of some ridges. Other rare or poorly known species associated with these soils are found in the Zona Reservada, both on ridge crests (overlapping with the *Thamnophilus*), or in the taller forests in valley floors.

The destructive effects of large-scale resource extraction are compounded for some species by the hunting pressure that typically accompanies logging or mining camps. Cracids, tinamous, and other game birds were present throughout the area, and all are vulnerable to hunting.

Research

To our great surprise we encountered *Thamnophilus divisorius* not only in the Sierra del Divisor on the Peru/Brazil border, but also as far west as Ojo de Contaya, where previous inventories did not encounter it. Although we assume that it will prove to be widespread on ridge crests throughout the area, it should be searched for at additional sites (especially in the Contaya uplift). Additional effort also should be made to corroborate our suspicions that rare white-sand species (such as *Nyctibius bracteatus*, *Topaza pyra*, *Conopias parvus,* and others) are widespread in the region, and that species that we did not encounter (such as *Notharchus ordii* and *Neopipo cinnamomea*) also occur.

The bird life of the crests of round-topped, volcanic hills south of the Sierra del Divisor remains almost entirely unknown. Our impression from the air is that the tops of these hills are covered almost entirely in tall forest and that there is little or no sign of the stunted forest formations of the Sierra del Divisor and the Serranias de Contamana and Contaya farther north. Nonetheless these hills warrant further investigation.

Attempts also should be made, at any hilly site within the Zona Reservada, to search out suitable nesting or roosting sites for "Andean" cave- or waterfall-dwelling species, such as *Steatornis caripensis* and *Streptoprocne rutila*, which we suspect may have isolated populations there.

We repeatedly were surprised, when evaluating some of our observational records, at how little was known about the details of bird distribution in east-central Peru (the large area south of the Amazon and east of the Río Ucayali). Many additional inventories are needed in this region to give us a better understanding of distributional patterns. A series of north-south transects across the region could generate much useful information, not only on the general pattern of species distributions, but on the extent to which white-sand species are patchily (vs. uniformly) distributed in the Zona Reservada; on the geographic limits of white sands and nutrient-poor soils (and associated avifaunas) vs. richer soils (and more species rich avifaunas); on the patterns of replacement between sister species; and on the extent to which such replacement may be associated with subtle shifts in soil and forest composition.

MAMMALS

Participants/Authors: Maria Luisa S.P. Jorge and Paúl M. Velazco

Conservation targets: One of the most diverse primate communities in the Neotropics, with 15 species; red uakari monkey (*Cacajao calvus*) and Goeldi's monkey (*Callimico goeldii*), both of which have patchy distributions and are considered Near Threatened by the World Conservation Union (IUCN); common woolly monkey (*Lagothrix poeppigii*), black spider monkey (*Ateles chamek*), and South American tapir (*Tapirus terrestris*), abundant in the region but under serious hunting pressure elsewhere; species with large home ranges, such as jaguar (*Panthera onca*) and puma (*Puma concolor*), that are highly vulnerable to overhunting, and also listed as Near Threatened by the IUCN

INTRODUCTION

The Sierra del Divisor is a complex and unique geomorphologic formation situated in one of the most diverse Neotropical regions for mammals, the Western Amazon Basin (Voss and Emmons 1996). The area is expected to harbor mammal species with highly restricted geographical distributions, such as red uakari monkey (*Cacajao calvus*, Fig. 8A), Goeldi's monkey (*Callimico goeldii*, Fig. 8D), and pacarana (*Dinomys branickii*).

This mountain range forms a border between Peru and Brazil. On the Brazilian side, The Nature Conservancy and S.O.S. Amazônia conducted biological inventories in the northern and southern sectors of the Parque Nacional da Serra do Divisor and registered 32 species of medium to large mammals (Whitney et al. 1996, 1997; see Appendix 9). The list includes the three species mentioned above, confirming their presence in the region (and the importance of preserving them). The Peruvian side of the Sierra del Divisor is listed as a priority area for conservation by the Peruvian government (Rodríguez 1996), but is not yet protected. Four previous inventories were conducted within Zona Reservada Sierra del Divisor (Appendix 9): two in the Sierras de Contamana and Contaya, in the western portions of the Zona Reservada (FPCN/CDC 2001, 2005), one in the southeast, at Rio Abujao-Shesha (FPCN/CDC 2001), and one in the Reserva Comunal Matsés (Amanzo 2006), in the northern part of the Zona Reservada.

During the inventory, we evaluated the diversity of bats and medium-to-large mammals at three sites within the central portion of the Zona Reservada. In this chapter we present our results, discuss differences in diversity among the three sites, compare our results with those other inventories in the region, highlight the important species for conservation, and discuss research, management, and conservation opportunities.

METHODS

The inventory was conducted in the dry season, 6–24 August 2005 at three sites between 200 and 450 m. Information on globally threatened species was taken from IUCN (2004), and from CITES (2005). Information on the categorization by INRENA of threatened species was taken from INRENA (2004). We used rankings from the IUCN/SSC Chiroptera specialist group (Hutson et al. 2001) for bats.

Non-volant mammals

We registered medium and large mammals along established trails in all three sites (Ojo de Contaya, Tapiche, and Divisor). We used a combination of direct observation and indirect evidence, such as tracks and other signs of mammal activity (vocalizations, feeding remains, dens, scratches on trees), to sample along trails varying in length from 0.6 to 15 km. These trails crossed the majority of habitats in each site. We conducted both diurnal and nocturnal surveys. Our diurnal surveys typically began at 06:00. The time to complete a survey varied according to the length of the trail. Nocturnal surveys were usually from 19:00 to 21:00 hours. We walked slowly (ca. 1 km/hour), on separate trails, scanning the vegetation from the canopy down to the ground and recording the presence of terrestrial and arboreal mammals. When needed, we followed animals to confirm their identity and estimate group size. For each observation, we noted the species, time of day, number of individuals, type of activity at that moment (resting, foraging, walking, etc.), and vegetation type.

To detect the presence of mammal species that are more difficult to observe, we installed automatic cameras with infrared sensors along animal trails, on beaches along streams or rivers, and at clay licks. Three were Leaf River Scouting Cameras, Model C-1, and two were DC-200 Deer Cams. The camera traps were placed 50-70 cm above the ground and programmed to wait five minutes between shots.

We also included all observations made by other members of the inventory team and the advance trail-cutting team.

Using Emmons' (1997) mammal identification field guide, we interviewed Fernando Valera from the community of Canaan, our guide in the Tapiche camp, to obtain the Shipibo names for the mammals expected to occur in the area of the three camps.

Volant mammals (bats)

We evaluated the bat community during two days at each camp using five mist nets, each 12 by 2.6 m. Mist nets were placed in various habitats (e.g., primary forest, secondary forest, riverine forest, over streams and other bodies of water) and potentially preferred microsites (e.g., below fruiting trees, forest clearings, across trails, or near roosts). We also looked for roosting bats in fallen and hollow trees, armadillo burrows, and under leaves, as suggested by Simmons and Voss (1998) as an effective complementary method to record bat species.

We opened mist nets at dusk (about 18:30), checked them every 30 minutes, and closed the nets at 23:00 hours. Each time a bat was caught, we noted the time of day and habitat, identified the bat to species, and determined the sex and reproductive status. We released each bat after all data were recorded. For each site, we calculated capture effort and success using the number of nights and net hours.

RESULTS

Non-volant mammals

We walked 237 km during the inventory and recorded 38 species of medium to large mammals, which is 60% of the 64 species expected for the region (Appendix 8). Among those, 4 were marsupials, 3 xenarthrans, 13 primates, 7 carnivores, 5 ungulates, and 6 rodents.

Ojo de Contaya

We covered 61 km in five days (6-11 August 2005) and recorded 23 species of medium to large mammals, including 2 marsupials, 2 xenarthrans, 6 primates, 5 carnivores, 4 ungulates, and 4 rodents (Appendix 8).

Black spider monkeys (*Ateles chamek*) and brown capuchin monkeys (*Cebus apella*) were the most frequently detected species in the area, seen or heard by several people every day along independent trails. Encounters with monk saki monkey (*Pithecia monachus*) were also fairly common (5 of the 6 days of inventory in two different valleys). Common woolly monkeys (*Lagothrix poeppigii*) were seen only on two different days at nearby places, and therefore seemed to be less common than the species mentioned above. White-fronted capuchin monkeys (*Cebus albifrons*) were rare, with only a single observation made by the advance trail-cutting team. No small primates were recorded at this site.

Most unexpectedly, we observed a group of *Cacajao calvus* (approximately 15 individuals) on the top of a ridge. Previous studies associate the presence of *Cacajao* with permanently or seasonally flooded forest, especially palm swamps (known as *aguajales*; Barnett and Brandon-Jones 1997). Based on satellite images of the region, we estimate that the nearest aguajal was approximately 15 km away from the site of our record. *C. calvus* may migrate seasonally between flooded and high forest following patterns of fruit production (Mark Bowler, pers. comm.), and perhaps our observation reflects this type of local migration.

This record also may suggest that *Cacajao calvus* exploits resources from ridgetops more than other primates observed in the area. All encounters of *Ateles chamek*, *Lagothrix poeppigii*, and *Pithecia monachus* were near the valleys. *Cebus apella* was the only other primate that we observed both in valleys and on hilltops.

Other common mammals at the Ojo de Contaya were South American tapir (*Tapirus terrestris*), paca (*Cuniculus paca*, Fig. 8C), red brocket deer (*Mazama americana*, Fig. 8B), nine-banded long-nosed armadillo (*Dasypus novemcinctus*), southern Amazon red squirrel (*Sciurus spadiceus*), and Amazon dwarf squirrel (*Microsciurus flaviventer*), all of which we detected several times, but only in the valleys.

All other species reported for this site were recorded only once each. Such a pattern of rarity is expected and does not necessarily translate to truly low abundances. Some species are rarely observed due to their cryptic behavior (e.g., sloths) or nocturnal activity (e.g., marsupials).

Nevertheless, three species stand out as unusually rare or absent. Collared peccary (*Pecari tajacu*) was recorded only once, by a member of the advance team. And we did not encounter black agouti (*Dasyprocta fuliginosa*) and red howler monkey (*Alouatta seniculus*). These results reflect their absence or extreme rarity in the area because these animals are detected easily when present and are widespread and locally common where they occur (M.L.S.P. Jorge pers. obs.). For peccaries and agoutis, two factors could explain such patterns: a paucity of hard nuts, and difficulty of terrestrial mobility within the area, due to the hilly topography. For *Alouatta*, the best explanation might be the scarcity of soft leaves in plants that grow on nutrient-poor soils.

Tapiche

We covered 111 km in five days (12-17 August 2005) and recorded 31 species of medium to large mammals, including 1 marsupial, 3 xenarthrans, 12 primates, 5 carnivores, 5 ungulates, and 5 rodents (Appendix 8).

The most remarkable result for this site was the detection of 12 species of primates, an extremely high number of species for a single site in Amazonia (Voss and Emmons 1996; Peres 1999). The most frequently seen species were *Cebus apella*, *Lagothrix poeppigii*, and *Pithecia monachus*. Interestingly, *Ateles chamek*, which was the most commonly primate observed at Ojo de Contaya, was recorded only once at Tapiche.

A large group of *Cacajao calvus* (approximately 30 individuals) was seen near the camp on the first day in a large *Mauritia flexuosa* aguajal, which is a poorly drained, swampy habitat preferred by this species (Barnett and Brandon-Jones 1997).

Our team encountered the poorly known *Callimico goeldii* (Fig. 8D) several times in a dense riverine forest with some bamboo. Here the marmoset was seen in groups of approximately four, sometimes in association with black-chested moustached tamarin (*Saguinus mystax*) and saddleback tamarin (*S. fuscicollis*). In those occasions, individuals of *Callimico* occupied the understory, whereas *Saguinus* occurred in the understory and middle canopy, as described previously by Christen (1999) and Porter (2004).

We observed and heard the coppery titi monkey (*Callicebus cupreus*) several times in mature forest, secondary forest (*Cecropia* sp.), and in riverine forest. We also saw a group of a four to six individuals of booted titi monkey (*C. caligatus*) in riverine forest close to the camp. The sympatry of two species this genus is expected (Hershkovitz 1988) and is reported for other sites of western Amazonia (Peres 1999).

We did not record either the white-fronted capuchin monkey (*Cebus albifrons*) or the common squirrel monkey (*Saimiri sciureus*) at this site. In fact, *Saimiri* was not recorded at all during the inventory.

Tapirus terrestris, *Pecari tajacu*, and white-lipped peccary (*Tayassu pecari*) were the most abundant terrestrial mammals in the site, with several sightings by almost all members of the inventory, and numerous signs of their presence in all the habitat types. *Cuniculus paca* and *Mazama americana* also were recorded in several occasions by direct observation, scats, tracks, and photographs (Figs. 8B, 8C). Finally, we observed numerous dens of *Dasypus novemcinctus* along all the trails, in mature and secondary forest.

As at the Ojo de Contaya site, at Tapiche we also had only single encounters with each of the other species reported in the Appendix 8. Among those, we observed an individual of Neotropical river otter (*Lontra longicaudis*) near the Río Tapiche and additional tracks of this species at another stream that may correspond to a different individual.

Divisor

We covered 65 km in five days (19-23 August 2005). We recorded 18 species of medium to large mammals, including 1 marsupial, 2 xenarthrans, 5 primates, 3 carnivores, 3 ungulates, and 4 rodents (Appendix 8).

Lagothrix poeppigii (6 15 individuals), *Cebus apella*, *Tapirus terrestris*, and *Cuniculus paca* were the most common mammals in this site, with several signs of their presence in almost all habitats.

One unexpected record of this site was that of a small group of *Saguinus fuscicollis* (two adults and one juvenile), which was the only species of small monkey recorded. The absence of *Pithecia monachus* and rarity of *Ateles chamek* also was unusual.

Other remarkable species that were recorded only once each are the puma (*Puma concolor*), of which we found a set of tracks, one jaguar (*Panthera onca*) that was seen near the camp by the advance team, and a juvenile male of southern tamandua (*Tamandua tetradactyla*) that we saw 2.5 m above the ground in mature forest. This individual was completely brown with a black collar.

Volant mammals (bats)

We captured 80 bats belonging to 4 families, 18 genera, and 26 species (Appendix 10). Sixteen species were recorded at Ojo de Contaya, 12 at Tapiche, and 10 at Divisor. Bat species recorded during this inventory represent 16.4% of the 158 bat species known from Peru (Hice et al. 2004). The success rate was 0.43 individuals per net-night at the three camps. Ojo de Contaya (35 captures) had a success rate of 0.7 individuals per net-night, versus Tapiche and Divisor each with 0.3 individuals per net-night (15 captures). Such low success rates probably reflect a decrease in bat captures because of the full moon at Tapiche and Divisor.

Phyllostomidae was the most diverse family, with 23 species within 15 genera, and the subfamilies Carolliinae (genus *Carollia*) and Stenodermatinae (genus *Artibeus*) were the most abundant groups.

Abundance among genera differed slightly among the sites. *Carollia* and *Artibeus* accounted for 60% of the captures at Ojo de Contaya, whereas the same genera accounted for 40% at Tapiche and 60% at Divisor. These values may reflect a habitat similarity between Ojo de Contaya and Divisor. Both were very hilly and at higher altitudes, in contrast with Tapiche, which had flatter topography and was closer to a larger river. Nonetheless, caution is needed for such correlation due to the small number of days sampled and the effect of the full moon, especially at Tapiche.

Finally, at Divisor a colony of approximately 15 individuals of *Saccopteryx bilineata* was found in a cave near a stream. This species was not record by mist netting at any of the three sites.

DISCUSSION

Sixty percent of the 64 expected species of medium to large mammals were recorded during our inventory. Our sampling methods were especially efficient in detecting diurnal animals, those that live in groups, and animals that leave some indirect evidence of their presence. Therefore, we are confident of the abundance estimates for primates, ungulates, armadillos, and large or diurnal rodents (paca, agouti, acouchy, and squirrels).

For primates, we registered 80% of the expected species (13 of 16), although not all species were recorded in all sampled sites. Furthermore, we not only observed large primates in large groups (more than 15 individuals), but also at high frequency, highlighting the importance of the Zona Reservada in conserving the Amazonian primate community.

Pygmy marmoset (*Callithrix pygmaea*), *Saimiri sciureus*, and Emperor tamarin (*Saguinus imperator*) were three primate species that we did not encounter during our inventory. The first two species were recorded in previous inventories in the Zona Reservada (Appendix 9). *Callithrix pygmaea* inhabits alluvial forests and dense secondary vegetation with abundant lianas and vines (Aquino and Encarnacion 1994). The reasons for our failure to record this species are not clear. The Tapiche site had riverine vegetation that seemed to be a good habitat for *C. pygmaea,* but this species is known to have a patchy distribution (Emmons and Feer 1997). *Saimiri sciureus* inhabits most types of tropical forest, including wet and dry forest, continuous and secondary forest, mangrove swamps, riparian habitat, and forest fragments (Baldwin and Baldwin 1971), and its apparent absence is also difficult to explain. It may reflect seasonal migration (Trolle 2003).

For *Saguinus imperator*, the most probable explanation is that our sites are north of its geographic range. In Peru, this species occurs in Madre de Díos, which is south of our inventoried areas. In the Brazilian portion of the Divisor, *S. imperator* was only recorded in the southern part of the national park, which is also south of our sites.

All five expected ungulates (*Tapirus terrestris, Tayassu pecari, Pecari tajacu, Mazama americana* and *M. gouazoubira*) and the two ungulate-like rodents (*Cuniculus paca, Dasyprocta fuliginosa*) were recorded during the inventory, although in different abundances within and among sites. We did not record *Dinomys branickii*, probably due to the absence of bamboo forest, its preferred habitat (C. Peres pers. comm.).

Among the recorded primates, *Cebus apella, Ateles chamek*, and *Lagothrix poeppigii* were abundant in all three sites. Among other groups, *Dasypus novemcinctus*, *Eira barbara*, *Pecari tajacu*, *Mazama americana*, *Tapirus terrestris*, and *Cuniculus paca* also were common in the three sites.

The least represented group in our inventory was the Carnivora, of which we recorded only 40% of the expected species (7 of 18). Most carnivores are solitary, with cryptic behavior and low population densities, and therefore are difficult to detect. Our results most likely underestimate the number of carnivore species for the region.

Comparisons among the three inventory sites

Tapiche was the site with the highest species richness. There, we encountered 31 species of medium to large mammals, of which 11 were not found at the other sites (Appendix 8). Such a pattern was expected because Tapiche had the greatest diversity of habitats, with riverine forest, a large palm swamp, and mature forest. Therefore, distinct habitat specialists were recorded at this site. For example, most small primates (*Callimico goeldii*, *Saguinus mystax*, *Aotus* sp., *Callicebus caligatus*, and *C. cupreus*) are associated with riverine forest, and were only recorded at Tapiche. *Tayassu pecari* is highly dependent on the presence of ample water resources (Mayer and Wetzel 1987), as are capybara (*Hydrochaeris hydrochaeris*; Mones and Ojasti 1986), and they were only found at Tapiche. The giant armadillo (*Priodontes maximus*), *Alouatta seniculus*, and the South American coati (*Nasua nasua*) also were only recorded at Tapiche, perhaps due to their preference for disturbed habitats. Finally, there was a higher abundance at this site of large terrestrial herbivores, including *Tapirus terrestris*, *Pecari tajacu*, *Mazama americana*, and *Cuniculus paca*, which almost certainly reflects the presence of the large *Mauritia* swamp in the area.

Ojo de Contaya and Divisor had considerably lower species richness compared to Tapiche (23 and 18, respectively). This may reflect that within the Zona Reservada, habitat type was more important than proximity in defining similarities in species number and composition.

Both Ojo de Contaya and Divisor had hilly topography and a dominance of sandy soils. We encountered very few mammals on the top of the hills, except *Cebus apella* (a few times at Ojo de Contaya), *Cacajao calvus* (once at Ojo de Contaya), and *Saguinus fuscicollis* (once at Divisor). Valleys at both sites harbored populations of large arboreal and terrestrial herbivores and frugivores, but no small primates.

We registered four species only at Ojo de Contaya: water opossum (*Chironectes minimus*), southern two-toed sloth (*Choloepus didactylus*), ocelot (*Leopardus pardalis*), and Bolivian squirrel (*Sciurus ignitus*); and one at Divisor (*Puma concolor*). Nevertheless, all these species are difficult to observe, so their apparent absence at the other sites may simply be a sampling artifact.

Comparisons with other inventories in the Zona Reservada

We compared species richness and composition from this inventory with inventories of three other sites within the Zona Reservada: reports from the Sierra de Contamana and Río Abujao-Shesha (FPCN/CDC 2001, 2005), and the Actiamë site from the rapid biological inventory of the Reserva Comunal Matsés (Amanzo 2006). We also compared our study with inventories reported from the Parque Nacional da Serra do Divisor, Brazil (Whitney et al. 1996, 1997; see Appendix 9 here).

Four different sites were evaluated in the Sierra de Contamana and Río Abujao-Shesha inventory. Thirty-five species were recorded, 24 of which were shared with our sites (including 10 species of primates). Nine species were recorded only at our sites, including *Choloepus didactylus*, *Callimico goeldii*, *Callicebus cupreus*, *C. caligatus*, *Nasua nasua*, and *Puma concolor*. Species that were recorded only at the Sierra de Contamana sites were the giant anteater (*Myrmecophaga tridactyla*), *Callithrix pygmaea*, *Saimiri sciureus*, the neotropical pygmy squirrel (*Sciurillus pusillus*), the northern Amazon red squirrel (*Sciurus igniventris*), and the green acouchy (*Myoprocta pratti*).

The most diverse areas for primate species in Peru are the Río Gálvez drainage basin (Fleck and Harder 2000) and the Reserva Comunal Tamshiyacu-Tahuayo (Puertas and Bodmer 1993), both with 14 species. In this inventory we recorded 13 primate species. If we add *Callithrix pygmaea* and *Saimiri sciureus*, both of which were recorded in the Serrania de Contamana, we would reach 15 species and the Zona Reservada would become the region in Peru with the greatest diversity of primates.

An impressively high number (35 mammal species) was recorded in four days at Actiamë (Amanzo 2006). Such high species richness likely reflects the great availability of edible fruits, combined with the presence of different habitats at this site. This number is very similar to the 31 species that we recorded at Tapiche, which was our site that probably was most similar to Actiamë. Particularly outstanding at Actiamë was the higher diversity of xenarthran species (eight species vs. four at our sites). For the other mammal groups, richness was fairly similar in Actiamë and our sites.

Finally, two mammal species were recorded at the Parque Nacional da Serra do Divisor in Brazil, but not during any of the surveys in the Zona Reservada: *Dinomys branickii* and *Saguinus imperator*. As mentioned previously in this report, we suspect that *Dinomys* was not recorded at our sites due to the absence of its most suitable habitat, bamboo forests (C. Peres pers. comm.). And the presence of *Saguinus imperator* at Parque Nacional da Serra do Divisor is probably due to the location of the Brazilian park, which is consistent with the more southerly locations of records of *S. imperator* from Peru.

THREATS, OPPORTUNITIES AND RECOMMENDATIONS

Principal threats

Within Zona Reservada Sierra del Divisor there are distinct threats for medium to large mammals. Large mammals (terrestrial herbivores, primates, and top predators) are heavily threatened by hunting. We did not find any evidence of hunting pressure at our three inventory sites, probably because of their location far from any human settlement. Nevertheless, the inventories at Serranía de Contamana and Río Abujao-Shesha, closer to the borders of the Zona Reservada, showed clear evidence of hunting pressure (e.g., absence of *Ateles chamek*). These results highlight the importance of preserving a vast, continuous region so as to preserve substantial populations of game species, which are threatened closer to human settlements.

For smaller mammal species, the principal threat is habitat loss. Four of the 13 species of primates reported in our inventory (*Callimico goeldii, Saguinus mystax, Callicebus caligatus,* and *C. cupreus*) were found only in the riverine forest near the Río Tapiche. Therefore, the loss of such habitat probably would cause the local extinction of those species. Due to their proximity to larger rivers, riverine forests will probably be the first habitats to be removed or degraded if the region is not protected from human occupation, emphasizing the importance of strictly protecting a mosaic of habitat types.

For *Callimico goeldii* the threat is even more serious because this species has a very restricted geographic distribution. *Cacajao calvus* also has a very restricted geographic distribution, and is primarily associated with palm swamps near larger rivers. The removal or degradation of these habitats would be extremely detrimental for the survival of both of these rare habitat specialists.

Conservation opportunities

Medium and large mammals

We recorded a large number of species considered threatened at national and international levels (Appendix 8). Of the 64 expected species, 20 are categorized as threatened on IUCN's Red List (2004), 30 are protected by the Convention on International Trade in Endangered Species of Wild Flora and Fauna (CITES 2005), and 12 are categorized as threatened on the national list for Peru (INRENA 2004).

The poorly known *Callimico goeldii* and *Cacajao calvus* are listed as Near Threatened (IUCN 2004), Vulnerable according to INRENA (2004), and are in the Appendix I of CITES (CITES 2005). *Callimico goeldii* is one of the least studied South American primates because its cryptic nature and low density make it difficult to observe (Porter et al. 2001).

Cacajao calvus ucayalii (the subspecies endemic to Peru and western Brazil) is limited to the right banks of the Amazon and Ucayali rivers in northeastern Peru and western Brazil (Hershkovitz 1987; Barnett and Brandon-Jones 1997). *Cacajao calvus* is threatened across its range but to date none of the areas where its presence has been reported is under government protection in Peru.

Large monkeys, such as *Ateles chamek* and *Lagothrix poeppigii*, are considered as Vulnerable and Near Threatened, respectively, by INRENA (2004) and are part of the Appendix II of CITES (2005).

Priodontes maximus is widely distributed throughout the Amazon (Emmons and Feer 1997), but listed as Endangered by IUCN (2004) and is very threatened by hunting.

Tapirus terrestris is considered Vulnerable by both the IUCN (2004) and INRENA (2004), and is listed in Appendix II of CITES (2005) because its populations have been seriously reduced by overhunting (and in some places already have suffered local extinction). Tapir populations, rare elsewhere in Peru, were very common at the three inventory sites.

Large carnivores, such as jaguars (*Panthera onca)* and pumas (*Puma concolor*), are listed as Near Threatened by IUCN (2004) and INRENA (2004), and in the Appendix I and II, respectively, by CITES (2005). Both species were recorded during the inventory, and because of their large home ranges, they are seriously threatened by habitat loss and hunting in other parts of Amazonia.

Bats

Four of the bat species recorded during the inventory (*Artibeus obscurus*, *Platyrrhinus infuscus*, *Sturnira magna*, and *Vampyressa bidens*; Appendix 10) are listed as at Lower Risk (Near Threatened) by the IUCN/SSC Chiroptera specialist group (Hutson et al. 2001).

Recommendations

Protection and management

We recommend that Zona Reservada Sierra del Divisor receive strict protection, especially the areas containing well-preserved riverine forests, palm swamps, and mature lowland forests. This would sustain large populations of most of the medium to large mammals and the preferred habitats for small primates and the threatened species *Callimico goeldii* and *Cacajao calvus*. Hilly areas also should be fully protected because they almost certainly sustain populations of large mammals in valleys. Hilltops, although not so important for large mammal species richness, may harbor small specialist mammals.

We also recommend the creation of a plan to properly manage the populations of preferred game species, such as *Ateles chamek*, *Lagothrix poeppigii*, and *Tapirus terrestris*. Such a plan should be developed in agreement with the local native and local colonist communities. Strictly protected areas, where hunting is prohibited, should be established adjacent to buffer areas where light hunting could be allowed.

Research

We need to map the areas of high abundances of game species and manage their populations. We still know almost nothing about the communities of bats and small terrestrial mammals in the region. In particular we recommend small-mammal surveys in the ridge crests of the region, where there are specific microhabitats that are known to be associated with range-restricted species of other vertebrate groups (e.g., the Acre Antshrike, *Thamnophilus divisorius*). Other interesting observations that invite further research are (1) the presence of two variations of *Ateles chamek* at Ojo de Contaya, one with a red face and the other with a white to blackish face. (We recommend additional research to determine whether these represent are natural variations within the same species or two sympatric congeneric species.); and (2) the presence of *Cacajao calvus* in hilltops, away from any lowland forest. Such an observation may represent an extension of the habitats used by the species, underscoring our limited knowledge about its habitat use and movements. Accurately determining the factors underlying their presence in such an unexpected place would help to structure guidelines for proper conservation and management.

SOCIOCULTURAL ASSETS FOR CONSERVATION

Participants/Authors: Andrea Nogués, Presila Maynas, Orlando Mori, Mario Pariona, Renzo Piana, Jaime Semizo, and Raúl Vásquez

Conservation targets: The Isconahua Territorial Reserve; diversified farm plots to develop subsistence-based economies; secondary-forest cover for rotating agricultural crops; water sources for fishing for family consumption; forests with commercial timber species appropriate for sustainable management

Assets for conservation: Traditional practices and local knowledge that are compatible with biological and cultural conservation; strong organizational capacity and interest in managing a protected area and natural resources; strong commitment to the area and awareness of the value of natural resources; positive attitudes and willingness to consider the future of the region

INTRODUCTION

Prior to the rapid biological inventory, both Reserva Territorial Isconahua* and a proposal to establish Reserva Territorial Yavarí-Tapiche existed within Zona Reservada Sierra del Divisor (Fig. 10B). Various biological and socio-economic studies conducted in this region contributed to the proposal for a protected area. These studies also facilitated anthropological reconnaissance of the Iskonawa* reserve and the Yavarí-Tapiche reserve (Mayuruna ethnic group). The most recent of these (2004) is the "Socio-economic Study of the Area of Influence of the Proposed Zona Reservada Sierra del Divisor," developed by ProNaturaleza (northern portion) and Center for Amazonian Research-Ucayali National University (southern portion).

Around Zona Reservada Sierra del Divisor there are approximately 20 communities and settlements in which diverse ethnic groups live along the Ucayali, Abujao, Callería, Utiquinía, and Tapiche rivers (Fig. 2A).

METHODS

Our principal objective was to identify the sociocultural assets of local communities and settlements in Zona Reservada Sierra del Divisor. From 2 to 22 August 2005, we visited 9 of 20 communities and settlements around the Zona Reservada (Appendix 11). We could not visit the remaining populations because of limited river access.

In these communities and settlements, we conducted informal and formal meetings with the full participation of community residents and local leaders. In the formal meetings, we explained the purpose of the rapid inventory to residents and recorded local opinions about the creation, management, and control of the protected area. The formal meetings also gave us a preliminary understanding of sociocultural assets and use and care of biodiversity. We collected data in the communities and settlements using participatory techniques, in addition to workshops and semi-structured interviews.

We systematically observed everyday life of the population; held informal conversations with community leaders and key figures; led focus groups; participated in community meetings; developed resource use maps; observed forest integrity in areas of hunting, timber, and non-timber forest product extraction; informally visited homes and agricultural plots; and participated in *faenas* (collectively organized, community projects). All of this information helped us gain a more complete understanding of the socio-cultural assets in the communities and settlements closest to the Zona Reservada.

RESULTS

We identified a set of local patterns of natural resource use, organizational capacities, positive attitudes toward the care and protection of the area, cultural values (supported by leadership and consensus in the social organization), and strong attachment to place and the

---

* Spelling of the official name of the reserve differs from that used by the Iskonawa themselves.

environment. These local sociocultural assets and practices provide an opportunity to overcome threats and contribute to biodiversity conservation.

Assets

Sustainable use of the natural resources

Knowledge of and techniques for resource use, based on management and low levels of extraction, exist in all of the communities and settlements near the Zona Reservada (Appendix 12). These aspects of the regional population represent significant assets because they challenge quality-of-life definitions that typically are aligned with "development" and "economic growth" and destructive to natural resources (Daly and Cobb 1989; Daly 1996).

In general, the inhabitants along the Zona Reservada use natural resources in a manner compatible with conservation. The extraction of forest products is implemented at the level of the household because these activities are conducted principally for household consumption and basic necessities. The low-impact extraction of forest resources uses manual techniques and small-scale technologies, permitting the regeneration of natural resources (Fig. 11A).

We identified several assets in the Comunidad Nativa (C.N.) Callería, an exemplary indigenous community belonging to the Shipibo-Conibo ethnic group. During conversations with residents, an important topic was the use and management of natural resources. Although located near the confluence with the Río Callería, a tributary of the Río Ucayali close to regional markets, the residents of this community rely primarily on subsistence-based production and extraction and sell their products only to purchase necessary items for healthcare and their children's education. Agricultural production is practiced at the household level, and crops include many varieties of banana, manioc, corn, legumes, fruit trees, and medicinal plants.

Because they are located in a floodplain, residents periodically hunt northwest from the Chachibai indigenous settlement (which consists of

Iskonawa populations) and in forests within the El Roble forestry concession. There, hunters find deer (*Mazama* spp.), collared peccary (*Pecari tajacu*), paca (*Cuniculus paca*), saki monkey (*Pithecia monachus*), woolly monkey (*Lagothrix poeppigii*), and game birds.

Fishing for household consumption represents a key activity that is practiced daily in the Río Callería and oxbow lakes (Fig. 11D). The most harvested species include *palometa* (*Mylossoma duriventre*), *sardina* (*Triportheus* sp.), and *lisa* (*Leporinis friderici*) during the low water levels, and *carachama* (Loricariidae), *acarahuazú* (*Astronotus ocellatus*), *cahuara*, *sardina*, and *paña* (piranha, Characidae) during the rest of the year. To ensure the sustainability of this activity, members of the community have created a "Fishing Committee" (Comité de Pesca), formed in 2000 with the support of the Asociación para la Investigación y el Desarrollo Integral (AIDER) and the Fondo de Desarrollo Indígena, which manages a *paiche* (*Arapaima gigas*) farm to repopulate the lakes. The long-term objective of the Fishing Committee is to obtain a concession for the management of this species. Lago Chashuya, which is sufficiently large to support a management plan for the farming of paiche, has been selected. Residents have plans to perform joint management with the Pantoja community (originally from the Cocama ethnic group). They also plan to eventually repopulate other species, such as *gamitana* (*Colossoma macropomum*), *arawana* (*Osteoglossum bicirrhosum*), *doncella* (*Pseudoplatystoma fasciatum*), and *paco* (*Piaractus brachypomus*).

The C.N. Callería has been developing a timber project on 2,528 ha of forest managed by the Comité de Manejo Forestal. This committee includes 24 people and is administered by a president, vice president, treasurer, chief of operations, supervisor of silvicultural treatments, and various others. Timber extraction will occur over a 20-year cutting cycle, and cutting will occur annually in areas that range from 120 to 140 ha. At the same time, the members of the committee feel it is important to give added value to the lumber they produce, e.g., constructing furniture. They also plan to produce charcoal from the branches of the harvested trees, so as to more efficiently use woody biomass. The presence of outsiders who extract forest products affects the natural resources of the area and has led to various forms of community vigilance. Residents repeatedly express the need to care for the area for the future, given the presence of this strong and persistent threat in the area. The goals of residents in the C.N. Callería—to take care of and manage natural resources—have been backed by specific actions to protect the area from outsiders who practice unsustainable extractive activities. For example, the Comité de Pesca contains a sub-committee focused on vigilance that controls and monitors local access to the area being fished. It has built a control post on the Río Callería to monitor access and use of resources in the area, particularly commercial fishing activities (Fig. 11C). Unfortunately, this system is not always respected by outsiders who pass through the area, probably because the community members do not have government backing.

There exists a great deal of human capacity in the C.N. Callería to collaborate in the protection and care of the Zona Reservada. Residents have demonstrated their interest in conducting, through their own initiative, sustainable use and care of the resources of the area. They also demonstrate the organizational capacity to participate in efforts to control resources. Interestingly, during one conversation with a women's group that forms part of the Comité de Artesanias in the C.N. Callería, they supported the creation of a protected area, and they also recognized the need to maintain a gender balance in the care of natural resources. Two women commented that, "Women also can be park guards," and that, "In the Sira there is a woman park guard, and we can do it, too."

We identified similar assets, particularly relating to resource use, in the other communities and settlements we visited. For example, diversified agriculture is implemented according to labor availability in the community and is used primarily for family consumption. In more densely settled areas, crop diversification is prevalent. Such is the case in the C.N. Patria Nueva, where residents plant manioc, corn,

beans, rice, banana, fruits, and a variety of vegetables in their farm plots. In Bellavista, subsistence agriculture is one of the primary activities of the residents, who cultivate manioc, banana, corn, beans, and other fruits, such as mango, lemon, pineapple, and watermelon, for household consumption.

In Guacamayo, which is less densely settled, agricultural production for household consumption is more limited. They cultivate corn, rice, banana, and manioc, as does the C.N. San Mateo, where residents plant manioc, banana, corn, beans, avocado, and a small nursery of cotton.

The majority of the settlements around the Zona Reservada carry out a wide range of extractive activities, including hunting, fishing, and the extraction of timber and non-timber forest products. In some cases, the techniques used are sustainable and low impact because they support household consumption. In other instances, the extraction can be considered sustainable because of the low-impact technologies utilized. A notable example of an extractive activity founded on sustainable management of non-timber resources is practiced in Guacamayo, where residents dedicate the majority of their time to the extraction and refinement of woven thatch known locally as *crisnejas*, which is made from a palm (*Lepidocaryum tenue*) called *irapay* (Fig. 11A). The thatch is sold in Pucallpa and represents the principal income-generating activity in this community. The technique used to manage the irapay palm consists of harvesting mature leaves and leaving the *cogollo* (terminal apex) intact with at least two or three fronds, permitting a rotation cycle every five years per plant.

In Bellavista, residents practice extractive activities in the majority of the tributaries of the Río Tapiche. Residents have extensive knowledge of the forest and the location of diverse species. They harvest low-density timber of high economic value in the local market, such as *cedro* (*Cedrela* sp.), *caoba* (*Swietenia macrophylla*), *cumala* (*Virola*, *Iryanthera*), *lupuna* (*Ceiba*), *catahua* (*Hura crepitans*), and *copaiba* (*Copaifera reticulata*). Chainsaws are used to fell and buck the logs, which then are manually skidded to the river for transport. This use of forest products is considered low impact, with minimal disturbance and with natural regeneration of forest products. Harvesting is practiced only among trees with acceptable diameters by commercial standards. Small-diameter trees are left standing, guaranteeing the natural regeneration of trees and seed dispersal. Heavy machinery is not permitted in timber extraction.

In Canelos, residents hunt forest game very infrequently, primarily to celebrate the Christmas holiday, weddings, and the community's anniversary. In these cases, the majority of species harvested include *majás* (*Cuniculus paca*), deer, collared peccary, and various monkeys.

Strong desire to care for natural resources

Threats to the Zona Reservada affect not only biodiversity but also local residents and isolated indigenous groups. During conversations with members of the communities and settlements the majority expressed a great desire to protect their natural resources and control the access of outsiders who seek to extract forest products.

Fish are fundamental in local diets. In all of the communities and settlements we visited, fishing was primarily for household consumption. However, commercial fishing by outsiders is forcing local communities to organize, manage, and protect their fish and water resources.

Residents of the C.N. San Mateo, for example, indicated that resources abundant during their parents' generation have become scarce. They reflected that it is important to maintain species diversity, as well as diversify crops in their agricultural plots and gardens. This desire led them to introduce some plants, such as *sangre de grado* (*Croton lechleri*) and the *aguaje* palm (*Mauritia flexuosa*), into the community.

Currently, forestry concessions exist. These are managed by loggers and border the territory of the C.N. San Mateo. In addition, illegal loggers toil inside and around the community. Faced with these threats, the community is vulnerable because it has few members to help monitor and protect its territory, and

also is too isolated to solicit support and file complaints to government authorities. For these reasons, residents expressed a willingness to collaborate in the care and protection of their natural resources. Current residents of San Mateo, despite threats they have received from loggers and the continual penetration of miners and other outsiders into their territory, feel compelled to stay in the area because it is integral to their livelihoods: the forest provides them with sufficient goods for household consumption and guarantees a good quality of life.

Residents of Vista Alegre, Guacamayo, C.N. Patria Nueva, and C.N. Callería possess positive attitudes with regard to the creation of a protected area in the region and want to take better care of their aquatic resources. They are concerned about the use of a pesticide (known as Tiodan) for commercial fishing, and about the opening of forest from the headwaters of the Río Callería to the headwaters of the Río Tapiche for the extraction of high-value timber (caoba and cedro), as this would bisect the Zona Reservada and part of Reserva Territorial Isconahua. For these reasons, residents consider the creation of a protected area a legal instrument that will reduce territorial encroachment by loggers and commercial fishing with pesticides.

On the Río Tapiche, residents belonging to the C.N. Limón Cocha expressed fear that their children will not have natural resources in the future because remaining resources are substantially depleted. For this reason, safeguarding the remaining forest is extremely important. When informed about the proposal for the Zona Reservada, they agreed with the idea of creating a protected area and expressed their desire to participate in its monitoring and management.

These local perspectives for conservation of natural resources in the Zona Reservada reflect an asset that was found in all areas visited by our team. Initiatives derived from these conservation-friendly perspectives should be incorporated into strategies and mechanisms for the protection of biodiversity in the area.

Effective community organization

Local social organizations that effectively carry out activities for the well-being of the community and the family are a great asset for the implementation of a system to protect biological and cultural diversity. Various examples of organizational assets were apparent during our fieldwork. In general, these confirm that the communal use of natural resources can contribute in important ways to the conservation and sustainable management of natural resources. Kinship, in the majority of the cases, forms an important base upon which to consolidate these collective practices.

Collective community labor, known as *minga*, is the principal form in which community members in the region organize and carry out agricultural and communal activities. Mingas engage in community work (such as cleaning and maintaining the soccer field), and also are organized for the benefit of multiple families (tending agricultural plots and crops, building homes, etc). The mingas generally last an entire day and include 15 to 25 people. Men and women of various ages participate, and it is the responsibility of the minga organizers to provide food and drink for all participants. These group efforts strength-en social and kin-based networks within the community.

In various communities, there exist mechanisms that guarantee the democratic participation of residents. For those who do not contribute to communal activities, local authorities enforce informal sanctions, which encourage greater participation and the acceptance of duties. When an authority figure is consistently absent, or results are not evident during the period during which an authority is in charge, the community changes the authority or proceeds to restructure community jurisdiction.

One example of collective, organized work is the harvesting of natural resources in Guacamayo, where men, women, and children work together to weave irapay palm leaves into thatch. During the morning, the men harvest the fronds while the children are at school; and in the afternoon, all family members weave the fronds into thatch (Fig. 11A). The thatch is sold by way of an intermediary (generally a relative) in exchange for basic household items from Pucallpa (kerosene, salt, oil, soap).

In the C.N. Callería, different committees were formed with the intention of carrying out sustainable forest management of natural resources. These committees are dedicated to the management of forest and fisheries, and the creation of handicrafts.

To make handicrafts, women primarily rely on raw forest goods. However, additional resources are required to make ceramics, such as lacquer and white and black soils that are imported from neighboring native communities, including Tupac Amaru (from the upper Río Ucayali) and Nuevo Edén (from the Río Pisqui). These intercommunity relations, based on kinship and collective organization, constitute an important asset because they demonstrate great capacity for communication and coordination despite geographic distance.

Other kinship ties strengthen the conduct of community organizations. Diverse forms of local organization exist, including those of citizens, community authorities, and key groups (committees, clubs, work commissions, etc.) created to carry out specific tasks (management of forest, fish, irapay, etc.).

The majority of communities and settlements we visited are organized politically and officially, implementing decision-making by way of community assemblies and applying sanctions to those who do not participate adequately. Less formal, but effective, means of consolidating community efforts also are employed, e.g., in Guacamayo where few residents (only 12 families) are able to make decisions without the need of holding a formal meeting.

On the other hand, the C.N. Callería is consolidated by means of a formal system. The population is particularly organized because of a strong political organization that has community support. The authorities set priorities for the interests of the community and coordinate important issues such as cleaning the streets and *linderos* (paths that community members clear in the forest to delineate the limits of a given territory), organizing mingas (for home construction, tending to the soccer field and schools), among other activities. Every

Saturday approximately 90 residents dedicate part of their time to community work. This group contains able-bodied people (young people and adults with physical strength and skills), and "retirees" (older adults and elderly people for whom participation is optional).

We observed another interesting example of a group created by women to respond to a specific necessity in the C.N. Limón Cocha, where the mothers' club (Club de Madres) was recently reconstituted to teach the Kapanawa native language to the children in coordination with the primary school.

All of these effective methods of communal organization represent the diversity of local capacity that could contribute to the protection of the area. Not only do the official authorities work toward the well-being of the community and of the family, but informal organizations and groups have been created specifically to protect natural resources and to develop activities for the well-being of the community. Throughout these various organizations, kinship bonds play important roles.

Many of the indigenous communities and settlements have a presence in the area that traces back for up to five generations. An important sense of identity and attachment to place has been transmitted to younger generations, who in turn express interest in caring for forest resources so that future generations may use them. Also, some recent settlers express a desire to remain where they have settled and live from forest resources. In conclusion, small settlements and communities use natural resources, primarily for local consumption, commerce, and subsistence. In some cases, efforts are in place to repopulate fish, manage different forest resources, and develop strategies to control access to natural resources.

THREATS AND RECOMMENDATIONS

Extractive interests motivated by regional, national, and international markets threaten Zona Reservada Sierra del Divisor, particularly the region's biological diversity and the voluntarily isolated indigenous communities living within its boundaries. To counter these threats, we offer the following recommendations:

Develop participatory mechanisms for the protection and management of the area.

Social and cultural assets we identified during the rapid social inventory should form the basis for local participation in the protection of the Zona Reservada. Mechanisms for protecting the area should be incorporated into the numerous social organizations that already exist in the local communities and settlements. These organizations include local authorities and other organized groups that carry out management and oversee the use of fish, forest, and agricultural resources. All of these local capacities should be enlisted for the care of the protected area.

Involve the Comunidad Nativa Matsés.

The C.N. Matsés lies to the north of Zona Reservada Sierra del Divisor, and the Matsés traditionally use the areas within the northern reaches of the Zona Reservada, along the Brazilian border. We recommend that the Matsés be explicitly incorporated into the management and care of the northern part of the Zona Reservada.

Develop a shared vision among diverse parties involved in the protection of the area.

There exists local interest in developing the sustainable use of natural resources for the well-being of local communities. We recommend a series of meetings among actors who share the same vision of protecting the area, so as to outline a plan to define and implement a management plan for the area. We can accomplish this by linking conservation interests, sustainable use of natural resources, and guarantees of the rights of indigenous people.

To achieve this shared vision, we recommend an open dialogue among all local organizations and residents to share their ideas and integrate them into the implementation of a protected area. A process of consultation and dialogue should continue with the local residents who were eager to share their interest in caring for the region over the long term. Our inventory was rapid and there are still additional communities and residents that should be visited and included.

Correct boundaries of overlapping protected areas and indigenous territories.

In the cases where overlaps exist between protected areas and indigenous territories, we recommend reviewing and modifying boundaries, as in the following cases (Figs. 2A, 10C, 10D):

- Reserva Territorial Isconahua overlap with the C.N. San Mateo

- Zona Reservada Sierra del Divisor overlap with settlements along the Río Callería

- The proposed Reserva Territorial Yavarí-Tapiche overlap with the proposed extension of the C.N. Matsés

- Zona Reservada Sierra del Divisor overlap with the proposed extension of the C.N. Matsés

Recognize important sociocultural assets.

Local residents have a long-term vision of commitment to protect the area and secure the well-being of future generations. Transmission of knowledge, local technologies, and cultural values to younger generations in the Sierra del Divisor region should be recognized explicitly as an asset, and fostered in the future.

LEGAL STATUS OF TERRITORIAL RESERVES FOR THE PROTECTION OF ISOLATED INDIGENOUS PEOPLES IN PERU

Author: César Gamboa Balbín

Introduction

Legal protection of the rights of voluntarily isolated indigenous peoples has been disorganized and incomplete in Peru. Throughout its history as a republic, Peru has shown little interest in these Amazonian peoples. Yet with the development of economic activities, including the extraction of natural resources from the Peruvian Amazon in the second half of the twentieth century, the government enacted legislation creating areas known as

Reservas Territoriales (Territorial Reserves). These reserves were meant to protect the isolated indigenous populations from threats or aggression by incoming settlers, oil and mining companies, legal and illegal loggers, coca growers, and drug traffickers. The legislation has several flaws, however. In this chapter, we present a general overview of the current legal status of the Reservas Territoriales.

International protection of voluntarily isolated indigenous peoples

For two decades, efforts to enact special protections for indigenous peoples worldwide, and in Latin America in particular, have failed. Currently, draft declarations recognizing the rights of indigenous groups are being reviewed by the United Nations as well as by the Organization of American States (OAS). Meanwhile, Convention 169—the Convention on Indigenous and Tribal Peoples in Independent Countries—adopted by the International Labour Organization (ILO), serves as the only law that protects the rights of "isolated" indigenous peoples, as peoples in voluntary isolation or in first contact are known to the outside world.

A meeting in Belém, Brazil, in November 2005, the Primer Encuentro Internacional sobre Pueblos Indígenas Aislados de la Amazonía y del Gran Chaco—with indigenous organizations, social service organizations, conservation agencies, and other experts—focused on the protection and defense of the rights of isolated indigenous peoples. Participating Peruvian organizations included the Asociación Interétnica de Desarrollo de la Selva Peruana (AIDESEP, Peru's indian affairs agency, the only indigenous organization at the event), Defensoría del Pueblo, Instituto del Bien Común (IBC), Asociación Peruana para la Conservación de la Naturaleza (APECO), WWF-Peru, and Derecho, Ambiente y Recursos Naturales (DAR).

This event, organized by the Coordinación General de Indios Aislados de la FUNAI (A Fundação Nacional do Índio) and the NGO Centro de Trabajo Indigenista (CTI), produced a general analysis of the critically vulnerable status of voluntarily isolated indigenous peoples throughout the Peruvian Amazon and the Chaco (Table 3).

Table 3. Analysis of the legal status of isolated indigenous groups (Gamboa 2006).

Country	Legal status	Actual status	Legal Proposals
Bolivia	None	Vulnerable	None
Brazil	Protected Areas	Vulnerable (state governments and illegal loggers)	Statute of 1973
Colombia	Protected Zones in national parks	Vulnerable (political violence)	Protected Zones in national parks
Ecuador	Executive Decree	Vulnerable (oil politics)	Protected Zones in national parks
Peru	Territorial Reserves	Vulnerable (economic politics in Amazonia)	Proposal for Special Regulations from the Comisión Especial (D.S. 024-2005-PCM)
Paraguay	Properties bought by NGOs	Culturally vulnerable	None except the Chaco Biosphere Reserve

Participating organizations recognized the need to form an international information and monitoring network to protect voluntarily isolated peoples. The Alianza Internacional para la Protección de los Pueblos Indígenas Aislados was created, with its administrative office assigned to the Brazilian ILO. In the Declaración de Belém sobre Pueblos Indígenas Aislados (11 November 2005), countries of the Amazon and Chaco regions were urged to take steps to protect voluntarily isolated peoples. In Peru, the Alianza coordinated a letter-writing campaign to the Peruvian congress to encourage adoption of the proposed bill containing the "Regulations for Special Protection of Voluntary Isolated and First-contact Indigenous Peoples" (draft bill submitted by Prime Minister Carlos Ferrero, through the letter of April 26, 2005, to the Comisión de Amazonía del Congreso).

Current protective regulations

The laws that regulate the collective rights of voluntarily isolated peoples in the Peruvian Amazon—defined in Peru's national legislation as indigenous peoples, ethnolinguistic groups, indigenous populations, and others—are the following:

- Article 89 of the Constitución Política de 1993

- Article 14—Clauses 1, 2, and 3—of the Convention N° 169 on Indigenous and Tribal Peoples in Independent Countries, adopted in Geneva on 27 June 1989 by the International Labour Organization (ILO)

- The Second Transitory Phase of Law N° 22175, Ley de Comunidades Nativas y de Desarrollo Agrario en las Regiones de Selva y Ceja de Selva ("Native Communities and Agrarian Development of Forest Regions and their Borders")

- Articles 4, 5, 6, 9, and 10 of the Supreme Decree N° 003-79-AA, Reglamento de la Ley de Comunidades Nativas y de Desarrollo Agrario de las Regiones de Selva y Ceja de Selva, through which the Direcciones Regionales Agrarias (Regional Agrarian Directorates) oversee the delineation of Native Communities' territories.

Along with these main regulations are international mechanisms in (1) the Universal Human Rights Declaration; (2) the 1996 "International Pacts on Civil and Political Rights and Economic, Social, and Cultural Rights" (Pactos Internacionales de Derechos Civiles y Políticos y Derechos Económicos, Sociales y Culturales); (3) the International Convention on the Elimination of All Forms of Racial Discrimination; and (4) the American Convention on Human Rights. Together with the laws in the political constitution of Peru, these regulations offer legal support for the *pro juris hominun* interpretation in favor of the rights of isolated indigenous peoples.

According to Article 10 of Law 22175 (Decreto Ley N° 22175), the government guarantees the territorial integrity of native communities (*Comunidades Nativas*) and will register property values and grant land titles, taking into account the communities' sedentary or nomadic natures. Articles 4, 5, and 6 of the Reglamento de la Ley de Comunidades Nativas y de Desarrollo Agrario de las Regiones de Selva y Ceja de Selva establish complementary protective regulations for isolated and first-contact cultural groups, thereby creating national Reservas Territoriales for the protection of these indigenous groups.

Current "indigenous" territorial reserves

Working together in interpreting the regulations that grant authority for demarcating territories, Peru's Ministry of Agriculture and the Regional Agrarian Directorates have set up lands and corresponding rights for voluntarily isolated indigenous peoples through Reservas Territoriales that were created by various regulations since 1990. The resulting "mixed" system combines protection of natural resources and the collective rights of isolated indigenous peoples. The need for a coherent, strong system to protect human rights is fully evident today. And that need for a coherent legal system is urgent to coordinate state and national policies, institutions, regulations, and

Table 4. Currently established "indigenous" Reservas Territoriales in Peru (Gamboa 2006).

Protected cultural group	Enacting regulation	Level of regulation	Modification of the enacting regulation
Kugapakori, Nahua, Nanti, and others	Decreto Supremo 028-2003-AG, of 7/25/2003	Supreme Decree	(1) Proposal to protection of the property rights of the indigenous peoples (with traditional occupations) to use the natural resources in the reserve (2) Rights of use of the area's natural resources for subsistence (3) Prohibition of colonist settlements (4) Prohibition of economic activities
Murunahua (ethnic group)	Resolución Directoral Regional 453-99-CTAR-UCAYALI-DRSA, of 9/24/1999	Resolution of the Regional Agrarian Directorate	(1) Proposal to protect the property rights of the indigenous people (with traditional occupations) to use the natural resources in the reserve (1997) (2) Exclusion of forestry concessions (1999)
Mashco-Piro (ethnolinguistic group)	Resolución Directoral Regional 190-97-CTARU/DRA, of 4/1/1997	Resolution of the Regional Agrarian Directorate	Proposal to protect the property rights of the indigenous people (with traditional occupations) to use the natural resources in the reserve
Iskonawa (Isconahua) (ethnic group)	Resolución Directoral Regional 201-98-CTARU/DGRA-OAJ-T, of 6/11/1998	Resolution of the Regional Agrarian Directorate	Proposal to protect the property rights of the indigenous people (with traditional occupations) to use the natural resources in the reserve
Groups not specified in Madre de Dios	Resolución Ministerial 427-2002-AG, of 4/22/2002	Ministry Resolution	Proposal to protect the property rights of the indigenous people (with traditional occupations) to use the natural resources in the reserve

procedures that protect and enforce the interests and collective rights of isolated indigenous peoples. Five "indigenous" territorial reserves exist in Peru, under various laws (Table 4).

With the exception of the Reserva Territorial for the "Kugapakori, Nahua, Nanti, and others"—which was elevated to the level of "Supreme Decree" because of political motives related to the Camisea Gas energy project—there has been no fundamental protection specifically for the benefit of isolated indigenous peoples created anywhere in Peru. The only measure regulating the need to establish legislative and administrative procedures to protect the rights of isolated indigenous peoples was Supreme Decree 013-2001-PROMUDEH. This decree charged the Secretaria Técnica de Asuntos Indígenas (SETAI, "Technical Office of Indigenous Affairs"), of the then-Ministerio de la Mujer y del Desarrollo Humano ("Ministry of Women and Human Development"), with overseeing and ensuring respect toward, and rights of, voluntarily isolated and first-contact indigenous peoples in all actions undertaken by the Departments of (1) agriculture; (2) industry, tourism, and international commercial negotiations; (3) energy and mines; (4) health; (5) education; (6) defense; and (7) fisheries. SETAI was also responsible for outlining a policy of intervention to guarantee the rights of these indigenous peoples.

With the creation of the Comisión Nacional de los Pueblos Andinos, Amazónicos y Afroperuanos (CONAPA)—assigned to the Presidencia del Consejo de Ministros—SETAI, which initially oversaw CONAPA, was dissolved and its functions were assumed by the Executive Secretary of CONAPA. Subsequently CONAPA was deactivated and now the Instituto Nacional de Desarrollo de los Pueblos Indígenas, Amazónicos y Afroperuano (INDEPA) assumes the job of creating a system of protection for the isolated indigenous peoples (Art. 13, Law 28495 of 6 April 2005).

Official state recognition of the vulnerability of voluntarily isolated indigenous peoples

The Defensoría ("Defense Council") del Pueblo del Perú published Report 101 (Resolución Defensorial N° 032-2005-DP), entitled Pueblos Indígenas en Situación de Aislamiento Voluntario y Contacto Inicial. The reports mentions an estimated 14 ethnic groups in vulnerable situations (with regard to life, health, property, and use of natural resources). Principal threats come from mining and oil operations, legal and illegal logging, tourism, drug trafficking, and others. The report also identified economic activities—in particular oil exploitation—that will have a serious negative impact on these isolated indigenous peoples (Table 5).

Report 101 determined that, despite the establishment of Reservas Territoriales, economic activities continued unimpeded, having a negative effect on the life, health, and physical integrity of the indigenous peoples, as well as destroying their territorial

Table 5. Impact of oil exploitation activities (Gamboa 2006).

Cultural group	Lot/Principal operator/Status
Kugapakori, Nahua, and Kirineri	Lot 88/Pluspetrol, TGP, and Hunt Oil, Cusco/Exploitation license active; and Lot 57/Repsol, Cusco Ucayali/Exploitation license active
Arabela, Auca (Huaorani)	Lot 39/Repsol, Loreto/Exploitation license active; and Lot 67/Barret, Loreto/Exploitation license active
Murunahua	Lot 110/Petrobrás, Ucayali/Exploitation license
Isolated indigenous peoples of Madre de Dios	Lot 113/Sapet/Exploitation license active

Table 6. Territorial Reserves Created to Date (Gamboa 2006).

Cultural group	Activities harming isolated indigenous groups
Kugapakori, Nahua, Nanti, and others	Lot 88 of Gas de Camisea's Proyecto Energético
Murunahua (ethnic group)	Logging concessions and illegal logging (exclusion of the area by INRENA)
Mashco-Piro (ethnolinguistic group)	Logging concessions and illegal logging
Iskonawa (Isconahua) (ethnic group)	Logging concessions and illegal logging
Groups not identified in Madre de Dios	Logging concessions and illegal logging (exclusion of the area by INRENA)

rights, cultural identities, and natural resources. The report proposed the creation of special regulation to give genuine and full protection for voluntarily isolated indigenous peoples (Table 6).

"Special Protection" regulations

As of 2005, the vulnerable status of voluntarily isolated and first-contact indigenous peoples, brought to public attention through the Camisea Gas project and the social and economic problems of the Peruvian Amazon, resulted in the confirmation of a special commission formed by representatives of the Ministries of agriculture, health, defense, foreign relations, energy and mines, transportation, and communication, as well as "The Defense Council of the People" (la Defensoría del Pueblo), with INDEPA as president of the commission. Also participating were representatives of the farm-labor and Amazon associations, AIDESEP and the Confederación de Nacionalidades Amazónicas del Perú (CONAP). The commission was created by Supreme Decree 024-2005-PCM, which formulated a "Draft Bill for the Protection of Voluntarily Isolated or First-Contact Indigenous Peoples."

Subsequently, the presidency of the Council of Ministers (Consejo de Ministros), through communication 078-2005-PCM, presented the proposal developed by the "Comisión Especial del Consejo de Ministros to the Comisión de Amazonía, Asuntos Indígenas y Afroperuanos" of the Peruvian Congress.

The Congressional Commission (through the Decision of Bill 13057) proposed the "Law for the Protection of Voluntarily Isolated and First-Contact Indigenous Peoples," which modifies and limits the special-protection regulations for these groups presented by the Special Commission. The two proposals for laws were radically different: a "Draft Bill on Special Regulations for the Protection of Voluntarily Isolated and First-Contact Indigenous Peoples" developed by the Comisión Especial del Poder Ejecutivo (Supreme Decree 024-2005-PCM), and Decision 13057, the "Law for the Protection of Voluntarily Isolated and First-Contact Indigenous Peoples." The second proposal weakens the first because it eliminates (1) the transectorial obligations of the government; (2) the institutionality of the regulations (through the lack of a named director); (3) the "Procedures of Protection," and (4) the "Proposal of Transectorial Protection."

In 2005, the new Comisión de Pueblos Andinoamazónicos, Afroperuanos, Ecología y Ambiente del Congreso de la República petitioned the Consejo Directivo ("Managing Council") to withdraw Decision 13057 for further study by that Commission. A communication on October 4 and 5 of 2005 from indigenous organizations (AIDESEP and CONAP) and NGOs (WWF, DAR, IBC, Shinai, Racimos), requesting that the legislative process of Decision 13057 be detained, was successful. Unfortunately, the Comisión de Pueblos Andinoamazónicos, Afroperuanos, Ecología y

Ambiente del Congreso de la República did not discuss this decision until the end of November, making approval of any regulation or law benefiting these groups in the year 2005 impossible. Not until 30 November 2005 did Commission advisors present the by-then merged Comisión de Pueblos Andinoamazónicos, Afroperuanos, Ecología y Ambiente with a pre-decision on these special regulations. The new text eliminated the initially proposed Special Regulations by the Comisión del Poder Ejecutivo (created by Supreme Decree 024-2005-PCM); however, it retains the inviolable character of the Reservas Territoriales (e.g., prohibiting settlements other than those of the isolated groups and explicitly prohibiting "the granting of rights that would imply the surrendering of natural resources"). The shortcomings of this proposal include (1) the lack of clarity on the issue of special regulations of protection, which are made transitory until these isolated peoples enter into voluntary contact with mainstream society; (2) the establishment of two complex procedures to protect these peoples (one to prove their existence and another to create a territorial reserve); and (3) the setting of time limits for the Reservas Territoriales, to be stated in the Supreme Decrees that create the Reserves. With arbitrary limits of five, ten, or fifteen years for strict protection, the intrusion of activities harmful to the rights of these isolated peoples becomes possible in the near future.

AIDESEP and other organizations (WWF, IBC, DAR, Racimos, Shinai) developed diverse strategies to speak with and educate members of the Peruvian Congress, both in the Commission and in the full Congress. The goal is to regulate economic activities—from extractive economies to the sustainable exploitation of natural resources—that would infringe on the human rights of the isolated indigenous peoples. International legislation that protects these indigenous peoples could impose international sanctions on Peru, such as those indicated in the ruling of the Interamerican Court in Awas Tigni vs. Nicaragua, which prohibits Nicaragua from granting natural resource concessions without recognizing the ancestral and historic property rights of indigenous communities.

Current legislative status

On 13 December 2005, the Comisión de Pueblos Andinoamazónicos, Afroperuanos, Ecología y Ambiente finally approved Decision 13057, which substantially kept intact the "Special Regulations for the Protection of Voluntarily Isolated and First-Contact Indigenous Peoples." However, we make two observations below:

- Some elements of the legislation are from the original proposed draft bill of the Comisión Especial del Poder Ejecutivo (created by Supreme Decree 024-2005-PCM), in which national institutions (the ministries of energy and mines, health, external relations, and agriculture—MINEN, MINSA, MRE, MINAG, INRENA) and indigenous organizations (AIDESEP and CONAP) participated. This version is certainly better than the previous one (of 24 June 2005). Among the recovered elements are (1) the transectorial nature of the regulations; (2) the clear obligation of the government toward the isolated indigenous peoples; and (3) the inviolable character of the territorial reserves (with prohibition against the establishment of colonist settlements and economic activities).

- Among the problems in the text is (1) the elimination of the injunction to penalize unauthorized incursions into the territorial reserves. This elimination weakens the preventive and protective measures of the original regulations. (2) Time limits have been established for the indigenous territorial reserves, "renewable indefinitely as often as necessary." However, the intercultural criterion that the reserves be maintained until the isolated groups decide to initiate contact has not been retained, (3) nor has the regulatory decree indicating "that rights acquired by third parties or economic activities in progress at the time a territorial reserve is established must conform to the objectives and resolutions of the Régimen Especial de Protección, to this law, and to its rules."

Other elements in this version are dangerous, for example, the intention to reduce Reservas Territoriales because of their overlap with the rights of third parties, logging grants, or other exploitation rights; even in cases of overlap with "permanent production forests" that represent a type of "economic-ecologic zoning" but not an exploitation right. We must prevent the reduction of areas of protection for these cultural groups.

The Decision 13057 was approved by the full Congress in March 2006. It was promulgated as Law 28736, which entered into force on 19 May 2006. This law created the "special transectorial regulations to protect voluntary isolated and first-contact indigenous peoples." However, it still needs to be modified, or, through regulations, made to be stronger to provide strict protection for isolated indigenous peoples. The group led by AIDESEP and composed by WWF, Shinai, Racimos, DAR, and IBC continue to work on a proposal of modification of the law while simultaneously working on regulations that would strengthen the current law.

Final comments

The objective of these special regulations is to clarify the duality of the legal discourse: (1) to recognize the full rights of isolated indigenous peoples and (2) to protect them effectively from any social, economic, cultural, or political interference that would harm them, as has occurred multiple times in the past, with the rubber-tappers, Shining Path (Sendero Luminoso), Armed Forces, settlers, or even other native communities. We should emphasize that constitutional and legal protection of the rights of indigenous peoples, and the exercising of these rights, must be in accordance with respect for human rights, as dictated by the Constitution and, where appropriate, by law. While it is important to create special regulations for the protection of voluntarily isolated indigenous peoples and to work out a clause of constitutional agreement that contains a "legal, constitutional benefit" that respects our legal system, it is just as critical that this framework of protection seek to establish an utterly fair and straightforward intercultural dialogue between the socially dominant culture and the Andean or Amazonian one, which has been dominated for centuries. Perhaps these regulations will give a new start to identities based on the notion that Mariategui designated "Peruvianness" (peruanidad).

This is an opportunity that history has granted us as a national society to value and celebrate the diverse cultures that enrich Peru.

Apéndices/Appendices

GEOLOGÍA / GEOLOGY

CARACTERÍSTICAS GEOLÓGICAS EN LA ZONA DEL ESTUDIO/ GEOLOGICAL FEATURES IN THE STUDY AREA

Imagen de radar del oriente de Perú en que destacamos unas fallas geológicas y dos llanos activamente hundiéndose. Estos llanos son regiones extremadamente planos donde sedimentos están siendo depositados por los ríos grandes que drenan los Andes. La topografía fuera de los llanos está marcada por varias fallas (Dumont 1993, 1996; Latrubesse y Rancy 2000; Stallard 2006). Dos juegos de fallas son especialmente importante para este estudio: la Falla Tapiche/Falla Inversa Moa-Jaquirana (Dumont 1993; Latrubesse y Rancy 2000); y la Falla Río Blanco/Falla Inversa Bata Cruzeiro (Latrubesse y Rancy 2000; Stallard 2006). Las fallas transcurrentes podrían estar relacionadas con fallas reactivadas en el Escudo Brasileño (cf. Dumont 1993; Latrubesse y Rancy 2000). Los conos volcánicos de lava alcalina provienen de hace 4.3 a 4.9 millones de años. Esa clase de lava es generada por una placa hundiéndose de una manera muy empinada comparada con la subducción superficial típica de hoy en día (Stewart 1971; James 1978). El cambio de subducción profunda a subducción superficial debajo de los conos volcánicos hubiera cambiado de hace 3 a 4 millones de años atrás, cuando pasaba la placa Nazca por debajo de la región de Sierra del Divisor./Radar image of eastern Peru on which geological faults and two actively subsiding foreland basins are shown. The latter are extremely flat regions in which sediments are being deposited by the larger rivers that drain the Andes. Topography outside of the subsiding areas is demarcated by various faults (Dumont 1993, 1996; Latrubesse and Rancy 2000; Stallard 2006). Two sets of faults are of special interest in this study: the Tapiche Fault/Moa-Jaquirana Inverse Fault (Dumont 1993; Latrubesse and Rancy 2000); and the Río Blanco Fault/Bata Cruzeiro Inverse Fault (Latrubesse and Rancy 2000; Stallard 2006). Transcurrent faults may relate to reactivated faults in the Brazilian shield (cf. Dumont 1993; Latrubesse and Rancy 2000). The small group of volcanoes with alkalic lavas date from 4.3 to 4.9 million years ago. Such lavas are generated by a steeply dipping slab rather than the shallow-slab subduction seen today (Stewart 1971; James 1978). The change from steep to shallow subduction under the volcanoes would have been about 3 to 4 million years ago, with the passage of the Nazca Ridge under the Sierra del Divisor region.

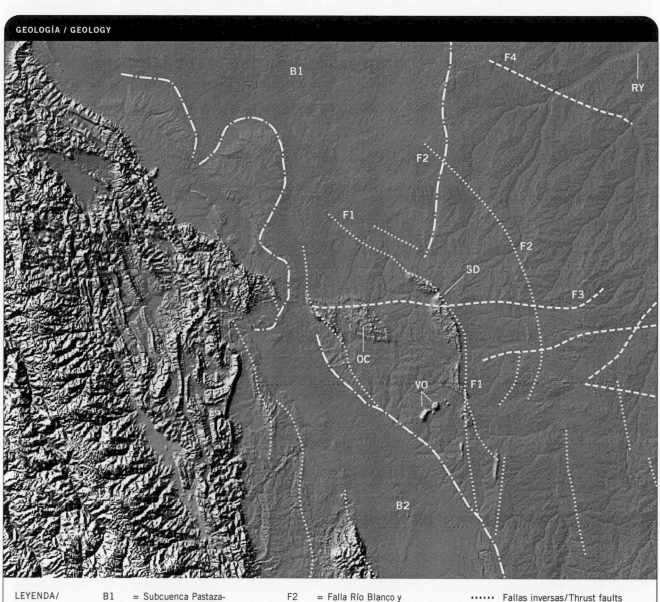

GEOLOGÍA / GEOLOGY

LEYENDA/ LEGEND				
B1	= Subcuenca Pastaza-Marañón/Subbasin Pastaza-Marañón	F2	= Falla Río Blanco y Falla Bata Cruzeiro Inverse/Río Blanco Fault and Bata Cruzeiro Inverse Fault	······ Fallas inversas/Thrust faults
B2	= Subcuenca Ucayali / Subbasin Ucayali			--- Fallas transcurrentes inferidas/ Inferred transcurrent faults
F1	= Falla Tapiche y Falla Moa-Jaquirana Inverse/ Tapiche Fault and Moa-Jaquirana Inverse Fault	F3, F4	= Fallas transcurrentes/ Transcurrent faults	—·— Fallas que delimitan cuencas/ Basin-bounding faults
		OC	= Ojo de Contaya	
		RY	= Río Yavarí	
		SD	= Sierra del Divisor	
		VO	= Volcanes/Volcanoes	

**Plantas Vasculares/
Vascular Plants**

Especies de plantas vasculares registradas en tres sitios en la Zona Reservada Sierra del Divisor, Perú, durante el inventario biológico rápido entre el 6 y 24 de agosto del 2005. Compilación por R. Foster y N. Dávila. Miembros del equipo botánico: R. Foster, N. Dávila, I. Mesones, V. L. Uliana y C. Vriesendorp. La información presentada aquí se irá actualizando y estará disponible en la página Web en *www.fieldmuseum.org/rbi*.

PLANTAS VASCULARES / VASCULAR PLANTS					
Nombre científico/ Scientific name	Forma de vida/Habit	Localidades visitadas/ Sites visited			Fuente/ Source
		Ojo de Contaya	Tapiche	Divisor	
Acanthaceae					
Aphelandra aurantiaca	H/S	–	X	–	VU 1424
Hygrophila guianensis	H	–	X	–	P
Justicia appendiculata	S	–	X	–	P
Justicia chloanantha	H/S	–	X	–	P, VU 1420
Justicia viridiflavescens cf.	H	–	–	X	P, ND 1972
Justicia (5 unidentified spp.)	H	X	X	X	P, ND
Pachystachys spicata	H/S	–	X	–	P, ND 1818
Pulchranthus adenostachyus	H	–	X	–	VU 1417
Ruellia brevifolia	H	X	X	–	P, VU 1347, ND 1693
Ruellia (1 unidentified sp.)	H	–	X	–	P, ND 1734
Sanchezia ovata	S	–	X	–	P, ND 1801
Streblacanthus cordatus	H/S	X	–	–	P, ND 1512
Amaranthaceae					
Chamissoa altissima	V	–	X	–	ND 1753
Anacardiaceae					
Anacardium giganteum	T	X	–	X	RF
Tapirira guianensis	T	X	X	X	ND 1544
Annonaceae					
Annona hypoglauca	T/S	–	X	–	RF
Annona (1 unidentified sp.)	T	–	X	–	P
Cremastosperma cauliflorum cf.	T	–	X	–	ND 1958
Cremastosperma pendulum cf.	T	–	X	–	P, ND 1814
Duguetia hadrantha cf.	T	–	X	–	P, ND 1599
Duguetia spixiana	T	–	X	X	P, ND 1797
Guatteria calophylla	T	X	–	–	P, ND 1637
Guatteria guentheri cf.	T	–	X	–	P, ND 1775
Guatteria megalophylla	T	X	–	X	P, ND 1697
Guatteria paraensis cf.	T	X	–	–	ND 1552
Guatteria (1 unidentified sp.)	T	–	–	X	P
Oxandra mediocris	T	–	X	–	RF
Oxandra xylopioides	T	X	–	–	RF
Rollinia pittieri cf.	T	–	X	–	RF
Rollinia (1 unidentified sp.)	T	–	–	X	ND 1876
Trigynea duckei	T	–	X	–	P
Unonopsis veneficiorum cf.	T	X	–	–	ND 1701
Unonopsis (1 unidentified sp.)	T	X	–	–	ND 1511
Xylopia amazonica cf.	T	X	–	–	P, ND 1679

Species of vascular plants recorded at three sites in the Zona Reservada Sierra del Divisor, Peru during the rapid biological inventory from 6 to 24 August 2005. Compiled by R. Foster and N. Dávila. Rapid biological inventory botany team members: R. Foster, N. Dávila, I. Mesones, V. L. Uliana, and C. Vriesendorp. Updated information will be posted at *www.fieldmuseum.org/rbi*.

PLANTAS VASCULARES / VASCULAR PLANTS

Nombre científico/ Scientific name	Forma de vida/Habit	Localidades visitadas/ Sites visited			Fuente/ Source
		Ojo de Contaya	Tapiche	Divisor	
Xylopia parviflora	T	–	X	–	RF
Xylopia (2 unidentified spp.)	T	X	–	X	ND 1753/1955
Apocynaceae					
Aspidosperma (1 unidentified sp.)	T	X	–	–	RF
Couma macrocarpa	T	X	–	X	P, ND 1622/1926
Himatanthus sucuuba	T	–	X	X	P
Odontadenia (1 unidentified sp.)	V	–	–	X	P
Rauvolfia sprucei	T	X	–	–	P, ND 1633/1710
Rhigospira quadrangularis	T	X	–	X	P, ND 1624
Tabernaemontana coriacea	S	X	–	–	P, ND 1582/1601/1642
Tabernaemontana macrocalyx	S	–	–	X	P, ND 1898/1956
Tabernaemontana undulata	S	–	X	–	ND 1744
(1 unidentified sp.)	V	X	–	–	ND 1554
Aquifoliaceae					
Ilex nayana	T	X	–	–	ND 1529
Araceae					
Anthurium apaporanum	E	–	–	X	P, VU 1495
Anthurium breviscapum	E	–	X	–	RF
Anthurium clavigerum	E	–	X	X	RF
Anthurium eminens	E	X	X	X	RF
Anthurium gracile	E	X	–	–	RF
Anthurium kunthii cf.	E	X	–	–	RF
Anthurium (3 unidentified spp.)	E	–	X	X	P
Dieffenbachia (2 unidentified spp.)	H	–	X	X	P, VU 1458
Dracontium (1 unidentified sp.)	H	–	–	X	P
Monstera expiliata cf.	E	–	X	–	P, VU 1429
Monstera (1 unidentified sp.)	E	–	X	–	P
Philodendron asplundii cf.	E	–	–	X	P, VU 1434
Philodendron ernestii	E	–	X	X	RF
Philodendron fragrantissimum	E	–	–	X	RF
Philodendron herthae	E	–	X	–	P, VU 1428

LEYENDA/ LEGEND

Forma de Vida/Habit
E = Epífita/Epiphyte
H = Hierba terrestre/ Terrestrial herb
S = Arbusto/Shrub
T = Árbol/Tree
V = Trepadora/Climber

Fuente/Source
ND = Colecciones de Nállarett Dávila/ Nállarett Dávila collections
P = Foto/Photograph
IM = Observaciones de campo de Italo Mesones/Italo Mesones field identifications

RF = Identificaciones en el campo por Robin Foster/Identifications in the field by Robin Foster
VU = Colecciones de Vera Lis Uliana/ Vera Lis Uliana collections

PLANTAS VASCULARES / VASCULAR PLANTS					
Nombre científico/ Scientific name	**Forma de vida/Habit**	**Localidades visitadas/ Sites visited**			**Fuente/ Source**
		Ojo de Contaya	Tapiche	Divisor	
Philodendron panduriforme	E	–	–	X	RF
Philodendron tripartitum	E	X	–	X	RF
Philodendron wittianum	E	–	X	–	RF
Philodendron (2 unidentified spp.)	E	X	X	–	P
Rhodospatha latifolia	E	–	–	X	VU 1398
Spathiphyllum (2 unidentified spp.)	H	–	X	X	P, VU 1456
Urospatha sagittifolia	H	–	X	–	P
Xanthosoma pubescens	H	–	–	X	P
Xanthosoma viviparum	H	–	X	X	VU 1479
Xanthosoma (1 unidentified sp.)	H/E	X	–	X	RF
Araliaceae					
Dendropanax (1 unidentified sp.)	T/S	–	–	X	ND 1779
Schefflera megacarpa	T	X	–	–	RF
Schefflera morototoni	T	–	X	–	RF
Schefflera (1 unidentified sp.)	E	–	–	X	P, ND 1875
Arecaceae					
Astrocaryum chambira	T	–	X	X	P
Astrocaryum murumuru	T	–	X	–	RF
Attalea butyracea	T	–	X	–	RF
Attalea insignis cf.	S	–	–	X	RF
Bactris maraja	S	X	–	–	RF
Bactris simplicifrons	S	–	–	X	RF
Bactris (5 unidentified spp.)	S	X	X	X	P
Chamaedorea pinnatifrons	S	–	X	X	RF
Chamaedorea (1 unidentified sp.)	S	–	X	–	P
Chelyocarpus ulei	T/S	–	X	–	RF
Desmoncus giganteus	V	–	–	X	RF
Desmoncus mitis	V	X	–	X	P
Desmoncus orthacanthos	V	X	–	–	RF
Euterpe catinga cf.	T	X	–	X	P
Euterpe precatoria	T	–	X	X	RF
Geonoma aspidiifolia	S	–	X	–	RF
Geonoma camana	H	–	X	X	P
Geonoma deversa	S	–	–	X	RF
Geonoma macrostachys	H	X	X	X	P
Geonoma maxima	S	X	X	X	P, ND 1584
Geonoma stricta	S	X	–	X	ND 1713
Geonoma triglochin	S	–	X	–	RF

PLANTAS VASCULARES / VASCULAR PLANTS

Nombre científico/ Scientific name	Forma de vida/Habit	Localidades visitadas/ Sites visited			Fuente/ Source
		Ojo de Contaya	Tapiche	Divisor	
Geonoma (1 unidentified sp.)	S	–	X	–	P
Hyospathe elegans	S	X	X	X	RF
Iriartea deltoidea	T	X	X	X	P
Iriartella stenocarpa	S	X	X	X	RF
Lepidocaryum tenue	S	X	X	X	RF
Mauritia flexuosa	T	X	X	–	RF
Oenocarpus bataua	T	X	X	X	P
Oenocarpus mapora	T	X	–	X	RF
Pholidostachys synanthera	S	–	X	X	P
Socratea exorrhiza	T	X	X	X	P
Socratea salazarii	T	X	–	–	IM
Syagrus smithii	T	X	–	X	P
Wettinia augusta	T	X	X	X	P
Asclepiadaceae					
(2 unidentified spp.)	V	X	X	–	P, ND 1683
Asteraceae					
Clibadium (1 unidentified sp.)	S	X	–	–	P, ND 1515
Mikania hookeriana	V	X	–	–	P, ND 1621
Mikania mathewsii	V	–	X	–	P, ND 1728
Mikania (2 unidentified spp.)	V	–	X	X	P, ND 1866
Vernonanthura patens	S	–	X	–	RF
Vernonia (1 unidentified sp.)	V	–	X	–	P
Begoniaceae					
Begonia glabra	V	X	X	–	VU 1351
Begonia rossmanniae	V	–	X	X	P, VU 1449, ND 1986
Bignoniaceae					
Anemopaegma (1 unidentified sp.)	V	–	–	X	P
Callichlamys latifolia	V	–	X	X	P, ND 1921
Jacaranda copaia	T	X	X	–	RF
Jacaranda glabra	T	–	X	–	RF
Jacaranda obtusifolia	T	X	X	X	RF

LEYENDA/ LEGEND

Forma de Vida/Habit

E = Epífita/Epiphyte

H = Hierba terrestre/ Terrestrial herb

S = Arbusto/Shrub

T = Árbol/Tree

V = Trepadora/Climber

Fuente/Source

ND = Colecciones de Nállarett Dávila/ Nállarett Dávila collections

P = Foto/Photograph

IM = Observaciones de campo de Italo Mesones/Italo Mesones field identifications

RF = Identificaciones en el campo por Robin Foster/Identifications in the field by Robin Foster

VU = Colecciones de Vera Lis Uliana/ Vera Lis Uliana collections

PLANTAS VASCULARES / VASCULAR PLANTS					
Nombre científico/ Scientific name	**Forma de vida/Habit**	**Localidades visitadas/ Sites visited**			**Fuente/ Source**
		Ojo de Contaya	Tapiche	Divisor	
Memora cladotricha	T	X	X	–	P, ND 1716
Memora (1 unidentified sp.)	V	–	X	–	P
Pyrostegia dichotoma	V	X	–	X	P, ND 1692
Tabebuia serratifolia	T	–	X	–	RF
(8 unidentified spp.)	V	X	–	X	P, ND
Bixaceae					
Cochlospermum orinocense	T	–	X	–	RF
Bombacaceae					
Cavanillesia umbellata	T	–	X	–	RF
Ceiba insignis	T	–	X	–	RF
Ceiba pentandra	T	–	X	–	P
Ceiba samauma	T	–	X	–	P
Huberodendron swietenioides	T	X	X	X	P, ND 1868
Matisia bicolor	T	–	X	–	RF
Matisia cordata	T	–	X	–	RF
Matisia malacocalyx	T	X	X	–	RF
Matisia (2 unidentified spp.)	T	–	X	–	P
Ochroma pyramidale	T	X	X	–	RF
Patinoa (1 unidentified sp.)	T	–	X	–	P
Quararibea wittii	T	–	X	–	ND 1835
Boraginaceae					
Cordia nodosa	T	X	X	X	ND 1587
Cordia ucayaliensis	T	–	X	X	ND 1764/1962
Cordia (1 unidentified sp.)	T	–	X	–	P
Bromeliaceae					
Aechmea angustifolia	E	–	X	–	P, VU 1423
Aechmea longifolia	E	–	X	–	RF
Aechmea streptocalycoides cf.	E	–	–	X	P, VU 1474
Billbergia (1 unidentified sp.)	E	–	X	–	VU 1415/1443
Bromelia (1 unidentified sp.)	H	X	–	–	P
Fosterella schidosperma	E/H	–	X	–	P, VU 1433
Guzmania lingulata	E	X	–	X	P
Guzmania vittata	E	–	X	X	P
Guzmania (2 unidentified spp.)	E	X	X	–	P, VU 1436
Pepinia fimbriato-bracteata	H	–	X	–	P
Pitcairnia (2 unidentified spp.)	E/H	–	–	X	RF
Vriesia chrysostachya	H	–	–	X	P, VU 1507

PLANTAS VASCULARES / VASCULAR PLANTS					
Nombre científico/ **Scientific name**	**Forma de** **vida/Habit**	**Localidades visitadas/** **Sites visited**			**Fuente/** **Source**
		Ojo de Contaya	Tapiche	Divisor	
Burmanniaceae					
(1 unidentified sp.)	H	X	–	–	P, VU 1507
Burseraceae					
Crepidospermum goudotianum	T	–	X	–	RF
Dacryodes (2 unidentified spp.)	–	–	–	–	IM
Protium altsonii	T	X	–	–	P
Protium amazonicum	–	–	–	–	IM
Protium calanense	–	–	–	–	IM
Protium hobotatum	T	X	–	X	P
Protium heptaphyllum	T	X	–	X	P, ND 1559
Protium heptaphyllum subsp. *ulei*	–	–	–	–	IM
Protium nodulosum	T	–	X	X	P
Protium paniculatum	T	X	–	–	P
Protium subserratum	T	–	X	–	RF
Protium trifoliatum	–	–	–	–	IM
Protium (14 unidentified spp.)	T	X	X	X	P, IM
Trattinnickia glaziovii	T	–	X	–	P
Trattinnickia (1 unidentified spp.)	–	–	–	–	IM
Cactaceae					
Disocactus amazonicus	E	–	X	–	VU 1427
Campanulaceae					
Centropogon solanifolius	H/S	–	–	X	P
Capparidaceae					
Capparis detonsa subsp. *schunkei*	T	–	X	–	ND 1909
Capparis sola	S	X	X	X	RF
Caricaceae					
Jacaratia digitata	T	–	X	–	RF
Caryocaraceae					
Anthodiscus klugii cf.	T	–	–	X	RF
Caryocar (2 unidentified spp.)	T	X	–	X	P

LEYENDA/
LEGEND

Forma de Vida/Habit

E = Epífita/Epiphyte

H = Hierba terrestre/
Terrestrial herb

S = Arbusto/Shrub

T = Árbol/Tree

V = Trepadora/Climber

Fuente/Source

ND = Colecciones de Nállarett Dávila/
Nállarett Dávila collections

P = Foto/Photograph

IM = Observaciones de campo de
Italo Mesones/Italo Mesones
field identifications

RF = Identificaciones en el campo
por Robin Foster/Identifications
in the field by Robin Foster

VU = Colecciones de Vera Lis Uliana/
Vera Lis Uliana collections

PLANTAS VASCULARES / VASCULAR PLANTS					
Nombre científico/ Scientific name	Forma de vida/Habit	Localidades visitadas/ Sites visited			Fuente/ Source
		Ojo de Contaya	Tapiche	Divisor	
Cecropiaceae					
Cecropia membranacea	T	–	X	–	RF
Cecropia sciadophylla	T	X	–	X	P
Cecropia (4 unidentified spp.)	T	X	X	X	P
Coussapoa trinervia	T/E	–	X	–	RF
Pourouma cecropiifolia	T	–	X	X	RF
Pourouma guianensis	T	–	X	X	P, ND 1772
Pourouma minor	T	–	–	X	RF
Pourouma (5 unidentified spp.)	T	X	X	X	P
Celastraceae					
Goupia glabra	T	X	–	–	RF
Chrysobalanaceae					
Couepia amaraliae	T	–	–	X	P, ND 1981/1999
Couepia bracteosa	T	X	–	–	P, ND 1546/1636
Hirtella racemosa	T	–	X	–	RF
Hirtella (2 unidentified spp.)	T	X	X	X	P
Licania harlingii cf.	T	–	X	–	RF
Licania (2 unidentified spp.)	T	X	–	X	P
Parinari klugii	T	–	X	–	RF
Clusiaceae					
Calophyllum brasiliense	T	–	–	X	RF
Calophyllum sp. nov.	T	X	–	X	P, ND 1569/1926
Chrysochlamys ulei	T	–	X	X	RF
Chrysochlamys (1 unidentified sp.)	T	X	–	–	P
Clusia hammeliana	E/V	–	X	X	RF
Clusia insignis cf.	E/V	–	–	X	P, ND 1974
Clusia (4 unidentified spp.)	E/V	X	X	X	P, ND
Clusiella axillaris	E	–	–	X	P, ND 1943
Garcinia madruno	T	–	–	X	RF
Marila laxiflora	T	X	X	X	RF
Moronobea (1 unidentified sp.)	T	–	–	X	P, ND 1924
Symphonia globulifera	T	X	X	–	RF
Tovomita calophyllophylla	T	X	–	–	P, ND 1540/1549/1699
Tovomita krukovii	T	–	–	X	P, ND 1947
Tovomita weddelliana	T	X	–	X	RF
Tovomita (1 unidentified sp.)	T	X	–	X	P, ND 1523
Vismia floribunda	S/T	–	–	X	P, ND 1948
Vismia glabra	S	X	–	–	P, ND 1634

PLANTAS VASCULARES / VASCULAR PLANTS					
Nombre científico/ **Scientific name**	**Forma de** **vida/Habit**	**Localidades visitadas/** **Sites visited**			**Fuente/** **Source**
		Ojo de Contaya	Tapiche	Divisor	
Vismia macrophylla	T	–	X	–	RF
Vismia (1 unidentified sp.)	T	–	–	X	P, ND 1969
Combretaceae					
Buchenavia parvifolia	T	–	X	X	P
Buchenavia tetraphylla	T	–	–	X	P
Buchenavia (3 unidentified sp.)	T	X	–	X	P
Combretum fruticosum cf.	T	–	X	–	RF
Combretum (1 unidentified sp.)	T	–	–	X	P
Terminalia oblonga	T	–	X	–	RF
Commelinaceae					
Commelina zanonia	H	–	X	–	RF
Plowmanianthus (1 unidentified sp.)	H	X	X	X	P, VU 1506
Connaraceae					
Connarus (1 unidentified sp.)	T/V	–	X	–	ND 1741
Convolvulaceae					
Dicranostyles sericea	V	–	–	X	P, ND 1973
Dicranostyles (1 unidentified sp.)	V	–	–	X	P
Ipomoea (1 unidentified sp.)	V	–	X	–	P
Costaceae					
Costus scaber	H	–	X	–	RF
Costus (3 unidentified spp.)	H	X	–	X	VU 1342
Cucurbitaceae					
Fevillea cordifolia	V	–	X	–	RF
Fevillea (1 unidentified sp.)	V	–	X	–	P
Gurania coccinea	V	X	X	–	P, ND 1623
Gurania (2 unidentified spp.)	V	–	X	–	P
Cycadaceae s.l.					
Zamia (2 unidentified spp.)	H	X	X	X	P
Cyclanthaceae					
Asplundia (3 unidentified spp.)	E/H	X	–	X	VU 1381
Cyclanthus bipartitus	H	X	X	X	RF

LEYENDA/
LEGEND

Forma de Vida/Habit
E = Epífita/Epiphyte
H = Hierba terrestre/
      Terrestrial herb
S = Arbusto/Shrub
T = Árbol/Tree
V = Trepadora/Climber

Fuente/Source
ND = Colecciones de Nállarett Dávila/
        Nállarett Dávila collections
P = Foto/Photograph
IM = Observaciones de campo de
        Italo Mesones/Italo Mesones
        field identifications

RF = Identificaciones en el campo
        por Robin Foster/Identifications
        in the field by Robin Foster

VU = Colecciones de Vera Lis Uliana/
        Vera Lis Uliana collections

PLANTAS VASCULARES / VASCULAR PLANTS					
Nombre científico/ Scientific name	Forma de vida/Habit	Localidades visitadas/ Sites visited			Fuente/ Source
		Ojo de Contaya	Tapiche	Divisor	
Dicranopygium stenophyllum	H	–	X	X	P, VU 1490
Thoracocarpus bissectus	V/E	–	X	–	RF
Cyperaceae					
Calyptrocarya glomerulata	H	X	–	–	P, VU 1418
Cyperus (1 unidentified sp.)	H	X	–	–	P
Diplasia karataefolia	H	X	X	–	VU 1365
Scleria secans	H	X	–	–	RF
(2 unidentified spp.)	H	X	–	X	P
Dichapetalaceae					
Dichapetalum (1 unidentified sp.)	V	–	–	X	P
Tapura amazonica	T	X	X	–	P, ND 1798
Tapura peruviana	T	–	X	–	RF
Dioscoreaceae					
Dioscorea (2 unidentified spp.)	V	X	–	X	P
Elaeocarpaceae					
Sloanea robusta	T	–	–	X	P, ND 1919
Sloanea rufa cf.	T	–	–	X	P, ND 1957
Sloanea (2 unidentified spp.)	T	X	–	–	P
Erythroxylaceae					
Erythroxylum (2 unidentified spp.)	S	X	X	–	P, ND 1808
Euphorbiaceae					
Acalypha diversifolia	S	–	X	–	RF
Acalypha mapirensis	S	–	X	–	RF
Alchornea discolor	T	X	–	–	P, ND 1629/1881
Alchornea glandulosa	T	–	X	–	P, ND 1739
Alchornea latifolia	T	–	X	–	RF
Alchornea triplinervia	T	–	–	X	RF
Aparisthmium cordatum	T	X	X	X	P, ND 1914
Aparisthmium sp. nov.	S	–	–	X	P, ND 1882/1884
Croton lechlerii	T	–	X	–	RF
Croton (1 unidentified sp.)	T	X	–	–	P
Hevea guianensis	T	X	–	–	ND 1915
Hieronyma alchorneoides	T	–	X	–	RF
Hura crepitans	T	–	X	–	RF
Mabea pulcherrima	V	–	X	X	P, ND 1773
Mabea speciosa	T	–	–	X	P, ND 1970
Mabea (1 unidentified sp.)	T	X	–	–	–
Maprounea guianensis	S/T	X	X	X	P

PLANTAS VASCULARES / VASCULAR PLANTS					
Nombre científico/ Scientific name	**Forma de vida/Habit**	**Localidades visitadas/ Sites visited**			**Fuente/ Source**
		Ojo de Contaya	Tapiche	Divisor	
Micrandra spruceana	T	X	–	X	P
Nealchornea yapurensis	T	X	X	X	RF
Omphalea diandra	V	X	X	–	RF
Pausandra trianae	T	X	X	X	P, ND 1688
Plukenetia polyadenia cf.	V	–	–	X	P
Sapium marmieri	T	–	X	–	RF
Senefeldera inclinata	T	X	X	X	P, ND 1863
Fabaceae (Caesalpinioideae)					
Bauhinia guianensis	V	X	–	X	RF
Bauhinia tarapotensis	S	–	X	–	P, ND 1917
Bauhinia (2 unidentified spp.)	V	X	–	X	P
Cassia spruceana	T	–	X	–	P, ND 1809
Dialium guianense	T	–	X	–	RF
Hymenaea palustris	T	X	–	–	RF
Macrolobium gracile	T	–	X	–	ND 1983
Macrolobium microcalyx	T	X	–	X	P, ND 1533/1881
Macrolobium (3 unidentified spp.)	T	X	X	X	P, ND 2001
Schizolobium parahyba	T	–	X	X	RF
Senna herzogii	V	–	X	–	P, ND 1770
Senna multijuga	T	–	X	–	RF
Senna silvestris	T	–	X	–	RF
Tachigali formicarum	T	–	X	X	P, ND 1966
Tachigali vasquezii	T	–	–	X	RF
Tachigali (8 unidentified spp.)	T	X	X	X	P, ND
Fabaceae (Mimosoideae)					
Abarema adenophora	T	–	–	X	ND 1928
Abarema laeta	S	–	X	X	P, ND 1878/1930
Abarema (1 unidentified sp.)	T	X	–	–	P
Acacia loretensis	T	–	X	–	P
Cedrelinga cateniformis	T	X	–	X	RF
Enterolobium schomburgkii	T	X	X	–	P

LEYENDA/
LEGEND

Forma de Vida/Habit

E = Epífita/Epiphyte

H = Hierba terrestre/
Terrestrial herb

S = Arbusto/Shrub

T = Árbol/Tree

V = Trepadora/Climber

Fuente/Source

ND = Colecciones de Nállarett Dávila/
Nállarett Dávila collections

P = Foto/Photograph

IM = Observaciones de campo de
Italo Mesones/Italo Mesones
field identifications

RF = Identificaciones en el campo
por Robin Foster/Identifications
in the field by Robin Foster

VU = Colecciones de Vera Lis Uliana/
Vera Lis Uliana collections

PLANTAS VASCULARES / VASCULAR PLANTS					
Nombre científico/ Scientific name	Forma de vida/Habit	Localidades visitadas/ Sites visited			Fuente/ Source
		Ojo de Contaya	Tapiche	Divisor	
Inga acuminata	T	–	X	X	P
Inga auristellae	T	–	X	X	RF
Inga brachyrhachis	T	–	X	–	P, ND 1893
Inga ciliata	T	–	X	–	RF
Inga cordatoalatum	T	–	–	X	RF
Inga oerstediana	T	X	–	–	RF
Inga stipulacea	T	–	X	–	RF
Inga tarapotensis cf.	T	–	–	X	P
Inga thibaudiana	T	–	X	X	ND 1776
Inga (6 unidentified spp.)	T	X	–	X	P, ND
Marmaroxylon basijugum	T	X	X	X	P
Mimosa (1 unidentified sp.)	V	–	X	–	P
Parkia multijuga cf.	T	–	X	–	RF
Parkia sp. nov.	T/S	–	–	X	ND 1996
Piptadenia anolidurus	V	–	X	–	RF
Piptadenia (1 unidentified sp.)	V	–	X	X	P
Stryphnodendron polystachyum	T	–	–	X	P, ND 1985
Stryphnodendron (1 unidentified sp.)	T	X	X	–	RF
Zygia racemosa	T	–	–	X	P, ND 1932
Zygia (1 unidentified sp.)	T	–	X	–	RF
Fabaceae (Papilionoideae)					
Andira (1 unidentified sp.)	T	–	X	–	P
Clitoria (1 unidentified sp.)	V	–	–	X	RF
Dioclea virgata	V	–	X	–	P, ND 1830
Dipteryx micrantha	T	–	X	–	RF
Dipteryx (1 unidentified sp.)	T	X	–	X	P
Dussia (1 unidentified sp.)	T	–	X	–	RF
Erythrina poeppigiana	T	–	X	–	P
Erythrina ulei	T	–	X	–	RF
Hymenolobium heterocarpum	T	–	X	X	P
Machaerium arboreum	V	–	X	X	RF
Ormosia coarctata cf.	T	X	–	–	P, ND 1638a/1710
Ormosia nobilis cf.	T	–	–	X	ND 1911
Ormosia (1 unidentified sp.)	T	–	X	–	ND 1785a
Platymiscium stipulare	T	–	X	–	P
Swartzia arborescens	T	–	X	X	RF
Swartzia (1 unidentified sp.)	T	X	–	–	P
Vatairea (2 unidentified spp.)	T	X	–	X	P

PLANTAS VASCULARES / VASCULAR PLANTS					
Nombre científico/ Scientific name	Forma de vida/Habit	Localidades visitadas/ Sites visited			Fuente/ Source
		Ojo de Contaya	Tapiche	Divisor	
(3 unidentified spp.)	T/V	X	X	X	P
Flacourtiaceae					
Banara guianensis	S	–	X	–	RF
Carpotroche longifolia	S	X	X	–	RF
Casearia commersoniana cf.	T	X	–	–	P, ND 1589
Casearia (2 unidentified spp.)	T	X	–	X	ND 1542
Hasseltia floribunda	T	–	X	–	RF
Lacistema aggregatum	T/S	–	X	X	RF
Lacistema (1 unidentified sp.)	T/S	–	X	–	RF
Laetia procera	T	X	X	–	RF
Lozania klugii cf.	T	X	–	–	RF
Lunania parviflora	T/S	–	X	–	P, ND 1758
Mayna odorata	S	–	X	–	ND 1792
Neoptychocarpus killipii	S	X	X	X	ND 1887
Ryania speciosa	S	X	–	X	ND 1602
Ryania (1 unidentified sp.)	S	X	–	–	ND 1543
Tetrathylacium macrophyllum	T	X	–	X	RF
Xylosma (1 unidentified sp.)	T	–	X	–	P
Gentianaceae					
Potalia coronata	S	X	–	–	P
Tachia occidentalis	S	X	–	–	P, ND 1563
Tachia parviflora	S	–	–	X	ND 1889
Gesneriaceae					
Besleria aggregata	H	–	X	–	P
Besleria flavovirens	S	–	X	X	P
Besleria pauciflora	S	X	–	–	P, ND 1519
Besleria racemosa	H	–	–	X	P, ND 1936
Besleria sp. nov.	H	–	–	X	P, ND 1896
Codonanthe uleana	E	–	–	X	VU 1343
Columnea (1 unidentified sp.)	E	–	X	X	P
Drymonia semicordata	E	X	–	–	P, ND 1695

LEYENDA/LEGEND

Forma de Vida/Habit
E = Epífita/Epiphyte
H = Hierba terrestre/ Terrestrial herb
S = Arbusto/Shrub
T = Árbol/Tree
V = Trepadora/Climber

Fuente/Source
ND = Colecciones de Nállarett Dávila/ Nállarett Dávila collections
P = Foto/Photograph
IM = Observaciones de campo de Italo Mesones/Italo Mesones field identifications

RF = Identificaciones en el campo por Robin Foster/Identifications in the field by Robin Foster
VU = Colecciones de Vera Lis Uliana/ Vera Lis Uliana collections

PLANTAS VASCULARES / VASCULAR PLANTS					
Nombre científico/ Scientific name	**Forma de vida/Habit**	**Localidades visitadas/ Sites visited**			**Fuente/ Source**
		Ojo de Contaya	Tapiche	Divisor	
Episcia reptans	H	X	–	–	P
Nautilocalyx whitei	H	–	–	X	VU 1505
Phinaea (1 unidentified sp.)	H	–	–	X	P
(1 unidentified sp.)	E/H	–	–	X	P
Gnetaceae					
Gnetum nodiflorum	V	X	–	–	P, ND 1616
Haemodoraceae					
Xiphidium caeruleum	H	–	X	–	RF
Heliconiaceae					
Heliconia chartacea	H	–	X	–	P, VU 1450
Heliconia hirsuta	H	X	X	–	P, VU 1341/1448
Heliconia lasiorachis	H	X	–	X	P, VU 1375
Heliconia metallica	H	–	X	–	RF
Heliconia stricta	H	X	X	–	P
Heliconia vellerigera	H	–	–	X	RF
Heliconia velutina	H	–	X	X	P, VU 1426
Hippocrateaceae					
Hippocratea volubilis	V	–	–	X	RF
Peritassa (1 unidentified sp.)	V	–	X	–	P, ND 1783
Salacia (2 unidentified spp.)	V	–	X	X	P
(2 unidentified spp.)	V	X	X	–	P
Hugoniaceae					
Hebepetalum humiriifolium	T	X	–	–	ND 1681
Roucheria punctata	T	X	–	X	RF
Icacinaceae					
Calatola costricensis	T	–	X	–	P
Dendrobangia boliviana	T	–	–	X	P, ND 1933
Discophora guianensis	T	X	–	X	RF
Leretia cordata	V	–	X	–	RF
Lauraceae					
Aniba (1 unidentified sp.)	T	X	–	–	ND 1614
Endlicheria directonervia	T	X	–	–	ND 1636
Endlicheria dysodantha	S	–	X	–	P, ND 1742
Endlicheria robusta	T	X	–	–	P, ND 1706
Endlicheria sprucei	T/S	X	–	X	P, ND 1593/1643/1953
Endlicheria (1 unidentified sp.)	T	–	–	X	RF
Licaria (2 unidentified spp.)	T	X	X	–	P, ND 1607
Ocotea aciphylla cf.	T	X	–	–	ND 1545

PLANTAS VASCULARES / VASCULAR PLANTS					
Nombre científico/ Scientific name	**Forma de vida/Habit**	**Localidades visitadas/ Sites visited**			**Fuente/ Source**
		Ojo de Contaya	Tapiche	Divisor	
Ocotea javitensis	T	X	X	X	RF
Ocotea oblonga	T	X	–	–	RF
Ocotea rhynchophylla	T	X	–	X	P, ND 1941
Persea (2 unidentified spp.)	T	X	–	–	P, ND 1531
Pleurothyrium insigne	T	X	–	–	P, ND 1640
Pleurothyrium (1 unidentified sp.)	T	–	X	X	P, ND 1793
Sextonia (1 unidentified sp.)	T	X	–	–	P, ND 1836
(7 unidentified spp.)	T	X	X	X	P, ND
Lecythidaceae					
Cariniana decandra	T	X	–	–	RF
Couratari guianensis	T	X	–	X	RF
Couroupita guianensis	T	X	–	–	RF
Eschweilera (3 unidentified spp.)	T	X	X	X	P, ND 1900
Grias (1 unidentified sp.)	T	–	–	X	RF
Loganiaceae					
Strychnos toxifera cf.	V	–	X	–	RF
Strychnos (3 unidentified spp.)	V	X	–	X	ND 1704
Loranthaceae					
Phoradendron (1 unidentified sp.)	E	–	–	X	P, VU 1482
Psittacanthus truncatus	E	X	–	–	P, ND 1594/1699
Malpighiaceae					
Banisteriopsis mathiasiae	V	–	–	X	P, ND 1989
Hiraea (1 unidentified sp.)	V	X	–	–	P
(3 unidentified spp.)	V	–	–	X	P
Malvaceae					
Hibiscus peruvianus	S	–	X	–	P, ND 1832
Malvaviscus (1 unidentified sp.)	V	–	X	–	P, ND 1785
Marantaceae					
Calathea altissima	H	X	–	–	VU 1382/1466
Calathea loeseneri	H	–	X	–	RF
Calathea mansonis cf.	H	X	–	–	P, VU 1366

LEYENDA/
LEGEND

Forma de Vida/Habit

E = Epífita/Epiphyte

H = Hierba terrestre/
Terrestrial herb

S = Arbusto/Shrub

T = Árbol/Tree

V = Trepadora/Climber

Fuente/Source

ND = Colecciones de Nállarett Dávila/
Nállarett Dávila collections

P = Foto/Photograph

IM = Observaciones de campo de
Italo Mesones/Italo Mesones
field identifications

RF = Identificaciones en el campo
por Robin Foster/Identifications
in the field by Robin Foster

VU = Colecciones de Vera Lis Uliana/
Vera Lis Uliana collections

PLANTAS VASCULARES / VASCULAR PLANTS					
Nombre científico/ Scientific name	Forma de vida/Habit	Localidades visitadas/ Sites visited			Fuente/ Source
		Ojo de Contaya	Tapiche	Divisor	
Calathea micans	H	X	X	X	VU 1391
Calathea pachystachya	H	–	–	X	VU 1494
Calathea panamensis	H	X	X	X	VU 1357/1395
Calathea ulotricha	H	–	X	–	P, VU 1437
Calathea umbrosa cf.	H	–	–	X	P, VU 1500a
Calathea variegata	H	–	X	–	P, VU 1431
Calathea sp. nov.	H	X	–	–	P, VU 1396
Calathea sp. nov.	H	X	X	–	VU 1354/1397
Calathea (2 unidentified spp.)	H	X	–	X	P, VU
Ischnosiphon arouma	H/S	X	X	X	VU 1353
Ischnosiphon gracilis cf.	H	–	X	–	VU 1414
Ischnosiphon killipii cf.	V	X	–	X	P, VU 1345
Ischnosiphon lasiocoleus cf.	H	X	X	X	P, VU 1355
Ischnosiphon obliquus	H/S	X	X	–	P, VU 1430
Ischnosiphon puberulus	V	X	–	–	P, VU 1348
Ischnosiphon (3 unidentified sp.)	V	X	X	X	VU 1496, VU
Monotagma angustissimum	H	–	–	X	P, VU 1481
Monotagma laxum	H	–	–	X	P, VU 1383/1477
Monotagma nutans	H	X	–	–	P, VU 1340
Monotagma (2 unidentified spp.)	H	X	–	X	P, VU
Stromanthe stromanthoides	H	–	X	–	VU 1416
Marcgraviaceae					
Marcgravia (1 unidentified sp.)	V	X	–	–	P, ND 1604/1689
Melastomataceae					
Aciotis (3 unidentified spp.)	H	–	X	–	P, VU
Adelobotrys (1 unidentified sp.)	V	X	–	X	P, ND 1630
Bellucia pentamera	T	–	X	X	RF
Blakea bracteata	E	–	–	X	P
Clidemia allardii	S	–	–	X	P, ND 1939
Clidemia dimorphica	S	–	X	–	RF
Clidemia epiphytica cf.	V	X	–	–	P
Clidemia septuplinervia	S	–	X	–	RF
Clidemia (2 unidentified spp.)	S	–	–	X	P
Graffenreida limbata cf.	T	–	–	X	P
Leandra (4 unidentified spp.)	S	X	X	X	P, VU, ND
Loreya umbellata	T	X	–	X	P, ND 1574
Loreya (1 unidentified sp.)	T	X	–	–	RF
Maieta guianensis	S	X	X	X	VU 1394

PLANTAS VASCULARES / VASCULAR PLANTS					
Nombre científico/ Scientific name	Forma de vida/Habit	Localidades visitadas/ Sites visited			Fuente/ Source
		Ojo de Contaya	Tapiche	Divisor	
Maieta poeppigii	S	X	–	X	P, VU 1363
Miconia biglandulosa	S/T	X	–	–	ND 1635
Miconia bubalina	T/S	X	–	X	P
Miconia calvescens	S/T	–	X	–	P, ND 1756
Miconia chrysophylla	T/S	X	–	–	P, ND 1590
Miconia grandifolia	T	–	X	–	RF
Miconia lanata cf.	S	–	X	–	P, ND 1735
Miconia prasina	S	X	–	–	RF
Miconia pterocaulon	S	X	–	–	P, ND 1722
Miconia rugosa cf.	S	–	–	X	P, ND 1954
Miconia splendens cf.	T	X	–	–	ND 1684
Miconia tomentosa	T/S	X	X	X	RF
Miconia trinervia	T	–	X	X	P, ND 1963
Miconia (17 unidentified spp.)	T/S	X	X	X	P, ND
Monolaena primulaeflora	H/E	X	X	X	P
Ossaea boliviensis	S	X	X	X	P, VU 1346, ND 1700/ 1782a/1913
Ossaea (2 unidentified spp.)	S	X	–	X	P, ND
Salpinga secunda	H	X	–	–	P, VU 1360, ND 1626
Tibouchina ochypetala	S/T	–	–	X	P, ND 1885
Tococa caquetana	S	–	X	–	RF
Tococa guianensis	S	X	–	X	RF
Tococa sp. nov.	S	X	–	–	P, ND 1618/1641/1724
Tococa (3 unidentified spp.)	S	–	X	X	P, ND
Meliaceae					
Cabralea cangerana	T	–	X	–	RF
Cedrela fissilis	T	–	–	X	RF
Guarea cinnamomea	T	X	–	–	P, ND 1712
Guarea guentheri	T	–	X	–	RF
Guarea kunthiana	T	–	X	–	RF
Guarea macrophylla	T	–	X	–	P

LEYENDA/
LEGEND

Forma de Vida/Habit

E = Epífita/Epiphyte
H = Hierba terrestre/
    Terrestrial herb
S = Arbusto/Shrub
T = Árbol/Tree
V = Trepadora/Climber

Fuente/Source

ND = Colecciones de Nállarett Dávila/
     Nállarett Dávila collections
P = Foto/Photograph
IM = Observaciones de campo de
     Italo Mesones/Italo Mesones
     field identifications

RF = Identificaciones en el campo
     por Robin Foster/Identifications
     in the field by Robin Foster
VU = Colecciones de Vera Lis Uliana/
     Vera Lis Uliana collections

PLANTAS VASCULARES / VASCULAR PLANTS					
Nombre científico/ Scientific name	Forma de vida/Habit	Localidades visitadas/ Sites visited			Fuente/ Source
		Ojo de Contaya	Tapiche	Divisor	
Guarea pterorhachis	T	–	X	–	RF
Guarea silvatica	T	–	X	X	P, ND 1782/1884
Guarea (6 unidentified spp.)	T	–	X	X	P, ND
Trichilia pallida	T	–	X	–	RF
Trichilia cf. *septentrionalis*–1	T	–	X	–	RF
Trichilia cf. *septentrionalis*–2	S	X	–	X	P, ND 1560
Trichilia solitudinus	T	–	X	–	RF
Trichilia (1 unidentified sp.)	T	–	X	–	P
Memecylaceae					
Mouriri myrtilloides	T/S	–	X	–	P
Mouriri (1 unidentified sp.)	T	X	–	–	P, ND 1627
Votomita pubescens cf.	T/S	X	X	–	P, ND 1611
Menispermaceae					
Abuta grandifolia 1	S	X	–	X	RF
Abuta grandifolia 2	S	–	X	–	ND 1874
Abuta imene	V	–	–	X	ND 1931
Abuta rufescens	V	X	–	X	P
Abuta sandwithiana	V	X	–	–	ND 1617
Curarea tecunarum	V	X	–	–	RF
Disciphania (1 unidentified sp.)	V	–	–	X	RF
Odontocarya magnifolia	V	X	–	–	P, ND 1577
Telitoxicum (1 unidentified sp.)	V	X	X	X	P
(1 unidentified sp.)	V	X	–	–	P
Monimiaceae					
Mollinedia killipi	T	–	X	X	RF
Mollinedia (1 unidentified sp.)	T	X	–	X	P, ND 1608
Siparuna cervicornis cf.	T	–	X	–	ND 1750
Siparuna cuspidata cf.	T	X	X	–	RF
Siparuna decipiens	T	–	X	–	RF
Siparuna (1 unidentified sp.)	T/S	–	X	–	P
Moraceae					
Brosimum alicastrum	T	–	X	–	RF
Brosimum rubescens	T	X	X	X	RF, ND
Castilla ulei	T	–	X	X	RF
Ficus acreana	T/E	–	X	–	P, ND
Ficus albert-smithii	T	–	–	X	RF
Ficus americana subsp. *guianensis*	T/E	–	–	X	P, ND 1946
Ficus caballina	T/E	–	X	–	RF

PLANTAS VASCULARES / VASCULAR PLANTS

Nombre científico/ Scientific name	Forma de vida/Habit	Localidades visitadas/ Sites visited			Fuente/ Source
		Ojo de Contaya	Tapiche	Divisor	
Ficus hebetifolia	T	X	–	–	P, ND 1591
Ficus insipida	T	–	X	–	RF
Ficus maxima	T	X	–	–	RF
Ficus nymphaeifolia	T/E	–	X	X	RF
Ficus paraensis	E	–	X	X	RF
Ficus piresiana	T	–	X	–	P
Ficus popenoei	T/E	–	X	–	RF
Ficus schultesii	T/E	X	X	–	RF
Ficus trigona aff.	T/E	–	X	–	RF
Ficus yoponensis	T	–	X	–	P
Ficus ypsilophlebia	T	–	X	–	RF
Maquira calophylla cf.	T	X	–	–	P
Naucleopsis glabra	T	–	X	–	P, ND 1702
Naucleopsis krukovii cf.	T	–	X	–	P
Naucleopsis ulei	T	–	X	X	RF
Perebea guianensis subsp. *guianensis*	T	X	X	X	P, ND 1696/1538
Pseudolmedia laevigata	T	–	X	–	RF
Pseudolmedia laevigata forma nov.?	S	–	–	X	P, ND 1547/1886
Pseudolmedia laevis	T	X	X	–	RF
Pseudolmedia macrophylla	T	X	–	X	P
Sorocea muriculata	T/S	–	X	–	P, ND 1824
Sorocea pileata cf.	T	–	X	X	P
Sorocea pubivena 1	T/S	X	–	–	RF
Sorocea pubivena 2	T/S	–	X	–	RF
Sorocea steinbachii	T/S	–	X	–	ND 1711
Myristicaceae					
Composneura sprucei	T	X	–	X	ND 1703
Iryanthera elliptica cf.	T	X	–	–	P, ND 1606
Iryanthera juruensis	T	–	X	–	ND 1767
Iryanthera lancifolia	T	X	–	–	P, ND 1592
Iryanthera macrophylla cf.	T	X	–	X	P, ND 1940/1707

LEYENDA/ LEGEND

Forma de Vida/Habit
E = Epífita/Epiphyte
H = Hierba terrestre/ Terrestrial herb
S = Arbusto/Shrub
T = Árbol/Tree
V = Trepadora/Climber

Fuente/Source
ND = Colecciones de Nállarett Dávila/ Nállarett Dávila collections
P = Foto/Photograph
IM = Observaciones de campo de Italo Mesones/Italo Mesones field identifications

RF = Identificaciones en el campo por Robin Foster/Identifications in the field by Robin Foster
VU = Colecciones de Vera Lis Uliana/ Vera Lis Uliana collections

PLANTAS VASCULARES / VASCULAR PLANTS					
Nombre científico/ Scientific name	Forma de vida/Habit	Localidades visitadas/ Sites visited			Fuente/ Source
		Ojo de Contaya	Tapiche	Divisor	
Iryanthera tessmannii	T	X	–	–	ND 1522
Iryanthera (1 unidentified sp.)	T	–	–	X	RF
Otoba parvifolia	T	–	–	X	RF
Virola calophylla	T	–	X	X	ND 1689
Virola elongata	T	X	–	–	ND 1687
Virola mollissima cf.	T	–	X	X	P
Virola sebifera	T	–	X	X	ND 1826
Virola (1 unidentified sp.)	T	–	X	X	P
Myrsinaceae					
Cybianthus flavovirens	S/T	–	–	X	P, ND 1908
Cybianthus fulvopulverulentus	S	–	–	X	P, ND 1968
Cybianthus penduliflorus	S	X	–	–	P, ND 1632
Cybianthus peruvianus	S	X	–	X	P, ND 1620/1980
Cybianthus poeppigii	S	X	X	–	P, ND 1761/1950
Cybianthus spicatus	S/T	X	–	X	P, ND 1556/1727
Cybianthus (2 unidentified spp.)	S/T	X	–	X	P, ND
Myrsine (1 unidentified sp.)	S/T	X	–	–	ND 1536
Parathesis (1 unidentified sp.)	S	X	–	–	ND 1568
Myrtaceae					
Calyptranthes bipennis	S	X	X	–	RF
Calyptrantes cuspidata cf.	S	X	–	–	P
Calptranthes maxima cf.	S	X	–	–	P
Calyptranthes sessilis	S	–	X	–	P, ND 1755
Calyptranthes (1 unidentified sp.)	S	X	–	–	P
Eugenia conduplicata cf.	T	–	X	–	P
Eugenia multirimosa cf.	S/T	–	–	X	P
Myrcia bracteata	S/T	X	–	–	P
Myrcia minutiflora cf.	T	–	–	X	P, ND 1895/1899
Myrcia sylvatica	T	–	–	X	P, ND 1879/1930
Nyctaginaceae					
Guapira (1 unidentified sp.)	T	–	–	X	P, ND 1905
Neea longipedunculata cf.	S	–	X	–	P, ND 1745
Neea macrophylla cf.	S	X	–	–	ND 1537
Neea parviflora cf.	S	X	–	–	ND 1535
Neea (8 unidentified spp.)	S	X	X	X	P, ND
Ochnaceae					
Cespedesia spathulata	T	X	X	X	RF
Ouratea semiserrata cf.	S	X	–	X	P, ND 1550/1978

PLANTAS VASCULARES / VASCULAR PLANTS

Nombre científico/ Scientific name	Forma de vida/Habit	Localidades visitadas/ Sites visited			Fuente/ Source
		Ojo de Contaya	Tapiche	Divisor	
Sauvagesia erecta	H	–	–	X	P
Olacaceae					
Dulacia candida	S	X	X	–	RF
Heisteria acuminata cf.	T	–	X	–	ND 1771
Heisteria scandens	V	–	–	X	RF
Minquartia guianensis	T	X	–	X	RF
Oleaceae					
Chionanthus (1 unidentified sp.)	T	X	–	–	P
Onagraceae					
Ludwigia latifolia	H	–	X	–	P
Orchidaceae					
Dichaea (1 unidentified sp.)	E	X	–	X	P, VU 1406
Erythrodes s.l. (1 unidentified sp.)	H	–	X	–	P, VU 1425
Maxillaria (3 unidentified spp.)	E	X	–	X	P, VU
Oncidium (1 unidentified sp.)	E	X	–	–	P, VU 1373
Palmorchis (1 unidentified sp.)	H	–	X	–	VU 1452
Pleurothallis (1 unidentified sp.)	E	X	–	–	VU 1372
(4 unidentified spp.)	E	X	–	X	P, VU
Passifloraceae					
Dilkea (1 unidentified sp.)	S/V	–	–	X	P, ND 1892
Passiflora cauliflora	V	–	X	–	P, ND 1751
Passiflora coccinea	V	–	X	X	P, ND 1738
Passiflora (1 unidentified sp.)	V	X	–	–	P
Phytolaccaceae					
Phytolacca rivinoides	H	–	X	–	RF
Picramniaceae					
Picramnia latifolia	S	X	X	X	P, ND 1855
Piperaceae					
Peperomia alata cf.	E	X	–	–	ND 1720
Peperomia macrostachya	E	X	–	X	P
Peperomia serpens	V/E	–	X	X	RF

LEYENDA/ LEGEND

Forma de Vida/Habit
E = Epífita/Epiphyte
H = Hierba terrestre/ Terrestrial herb
S = Arbusto/Shrub
T = Árbol/Tree
V = Trepadora/Climber

Fuente/Source
ND = Colecciones de Nállarett Dávila/ Nállarett Dávila collections
P = Foto/Photograph
IM = Observaciones de campo de Italo Mesones/Italo Mesones field identifications

RF = Identificaciones en el campo por Robin Foster/Identifications in the field by Robin Foster
VU = Colecciones de Vera Lis Uliana/ Vera Lis Uliana collections

PLANTAS VASCULARES / VASCULAR PLANTS					
Nombre científico/ Scientific name	Forma de vida/Habit	Localidades visitadas/ Sites visited			Fuente/ Source
		Ojo de Contaya	Tapiche	Divisor	
Peperomia (3 unidentified spp.)	E/H	–	X	X	P
Piper adenandrum cf.	S	–	X	–	P, ND 1763
Piper aequale cf.	S	X	–	–	P, ND 1514
Piper anonifolium cf.	S	X	–	–	P, ND 1719
Piper arboreum	S	–	X	X	ND 1746
Piper augustum	S	–	X	X	ND 1781a
Piper brasiliense cf.	S	X	X	–	P, ND 1580/1800
Piper costatum	S	–	–	X	RF
Piper crassinervium	S	–	X	–	P
Piper divaricatum cf.	S	–	X	–	P, ND 1733
Piper laevigatum	S	–	X	X	RF
Piper macrotrichum cf.	S	X	–	–	ND 1576/1694/1890
Piper mituense	S	X	–	–	P
Piper obliquum	S	–	X	X	P, ND 1578
Piper tridentipilum cf.	S	–	–	X	ND 1952
Piper (12 unidentified spp.)	S/V	X	X	X	P, ND, VU
Poaceae					
Elytrostachys cf. (1 unidentified sp.)	H	–	–	X	P
Ichnanthus pallens	H	X	X	–	P, VU 1412/1387
Merostachys sp. nov.	V/S	–	X	X	P, ND 1805
Lasiacis ligulata	H/V	–	X	–	P, VU 1419
Olyra (2 unidentified spp.)	H	X	–	X	P
Orthoclada laxa	H	X	–	X	VU 1376/1488
Pariana (1 unidentified sp.)	H	–	–	X	P, VU 1480
Pharus latifolius	H	–	X	–	RF
Podocarpaceae					
Podocarpus oleifolius	H	–	–	X	P, ND
Polygonaceae					
Coccoloba mollis	T	–	X	–	RF
Coccoloba (2 unidentified spp.)	V/T	X	–	X	P
Triplaris americana	T	–	X	–	RF
Triplaris poeppigiana	T	–	X	–	RF
Proteaceae					
Euplassa (1 unidentified sp.)	T	–	X	–	P, ND 1731
Roupala montana	T	–	–	X	RF
Quiinaceae					
Froesia diffusa	T	X	X	X	P, ND 1628
Lacunaria (1 unidentified sp.)	T	X	X	–	P, ND 1715

PLANTAS VASCULARES / VASCULAR PLANTS					
Nombre científico/ Scientific name	Forma de vida/Habit	Localidades visitadas/ Sites visited			Fuente/ Source
		Ojo de Contaya	Tapiche	Divisor	
Quiina paraensis	T	X	–	X	P
Quiina (3 unidentified spp.)	T	X	X	X	P, ND
Rapateaceae					
Rapatea paludosa	H	X	–	X	P, VU 1364
Rhamnaceae					
Ampelozizyphus amazonicus	V	–	X	X	RF
Gouania lupuloides	V	–	X	–	P
Rhizophoraceae					
Sterigmapetalum obovatum	T	X	–	X	P, ND 1538/1726
Rubiaceae					
Amaioua (1 unidentified sp.)	T	–	–	X	ND 1910
Amphidasya colombiana	H/S	–	–	X	RF
Bathysa peruviana	T	X	X	X	P, ND 1729/1780
Bertiera guianensis	S	–	–	X	RF
Botryarrhena pendula	T	X	–	–	P, ND 1610
Calycophyllum megistocaulum	T	–	X	–	RF
Calycophyllum spruceanum	T	–	X	–	P
Capirona decorticans	T	X	X	–	RF
Chomelia (1 unidentified sp.)	V	–	–	X	RF
Duroia hirsuta	T/S	–	X	X	RF
Duroia saccifera	T	X	–	–	P
Elaeagia karstenii cf.	T	X	–	–	P, ND 1603
Faramea multiflora	S	X	X	–	P, ND 1825
Faramea (1 unidentified sp.)	S	X	–	–	P, ND 1558/1575
Ferdinandusa guianiae cf.	T	X	–	X	P, ND 1567/1586/1880
Geophila (1 unidentified sp.)	H	–	X	–	RF
Ladenbergia muzonensis	T	X	–	X	P, ND 1520/1916
Ladenbergia (2 unidentified spp.)	T	X	–	X	P, ND
Notopleura scarlatina cf.	S	–	–	X	P
Pagamea (1 unidentified sp.)	S/T	X	–	X	P, ND 1945
Palicourea bracteosa	S	X	–	–	P, ND 1570

LEYENDA/ LEGEND

Forma de Vida/Habit
E = Epífita/Epiphyte
H = Hierba terrestre/ Terrestrial herb
S = Arbusto/Shrub
T = Árbol/Tree
V = Trepadora/Climber

Fuente/Source
ND = Colecciones de Nállarett Dávila/ Nállarett Dávila collections
P = Foto/Photograph
IM = Observaciones de campo de Italo Mesones/Italo Mesones field identifications

RF = Identificaciones en el campo por Robin Foster/Identifications in the field by Robin Foster
VU = Colecciones de Vera Lis Uliana/ Vera Lis Uliana collections

PLANTAS VASCULARES / VASCULAR PLANTS					
Nombre científico/ **Scientific name**	**Forma de** **vida/Habit**	**Localidades visitadas/** **Sites visited**			**Fuente/** **Source**
		Ojo de Contaya	Tapiche	Divisor	
Palicourea corymbifera	S	X	X	X	P, ND 1565/1595
Palicourea grandiflora	S	X	–	–	ND 1526
Palicourea guianensis	S	–	X	–	P, ND 1732
Palicourea longistipulata	S	–	–	X	P, ND 1902
Palicourea nigricans cf.	S	X	–	–	P
Palicourea punicea	S	X	X	–	P, ND 1718
Palicourea (1 unidentified sp.)	T	–	–	X	RF
Pentagonia (1 unidentified sp.)	S	–	X	–	P, ND 1795
Psychotria boliviana	S	–	–	X	P, ND 1975
Psychotria borucana	S	X	–	–	P, ND 1897
Psychotria caerulea	S	–	X	–	RF
Psychotria compta cf.	S	–	X	–	P
Psychotria cuatracasasii aff.	S	X	–	–	P, ND 1638
Psychotria klugii	S	–	–	X	ND 1976a
Psychotria oinchrophylla	S	–	–	X	P, ND 1888/1903
Psychotria ownbeyi	S	–	–	X	P, ND 1992
Psychotria platypoda	S	–	–	X	P, ND 1976
Psychotria poeppigiana	S	X	X	X	ND 1894
Psychotria prunifolia	S	–	–	X	ND 1964
Psychotria remota	S	–	X	–	ND 1743
Psychotria stenostachya	S	–	–	X	RF
Psychotria venulosa cf.	S	–	X	–	P
Psychotria viridis	S	–	X	–	ND 1787
Psychotria (1 unidentified sp.)	S	–	–	X	P
Randia armata cf.	S	X	–	–	P, ND 1781
Remijia firmula aff.	T/S	–	–	X	P, ND 1625/1906/1912/ 1979/1998
Rudgea woronovii	S	–	–	X	P, ND 1987
Rudgea (2 unidentified spp.)	S	X	–	–	P, ND
Rustia schunkeana	T	–	–	X	P, ND 1877
Sabicea villosa	V	–	X	–	RF
Stachyococcus adinanthus	T	–	X	–	RF
Uncaria tomentosa	V	–	X	–	RF
Rutaceae					
Hortia vandelliana	T	X	–	–	ND 1685
Raputia hirsuta	T/S	–	–	X	P, ND 1942
Spathelia terminalioides	T	X	–	–	P
Zanthoxylum ekmanii	T	–	X	–	RF

PLANTAS VASCULARES / VASCULAR PLANTS					
Nombre científico/ Scientific name	**Forma de vida/Habit**	**Localidades visitadas/ Sites visited**			**Fuente/ Source**
		Ojo de Contaya	Tapiche	Divisor	
Sabiaceae					
Meliosma (2 unidentified spp.)	T	X	–	X	P
Ophiocaryum (1 unidentified sp.)	T	X	X	X	P, ND 1585
Sapindaceae					
Allophylus (1 unidentified sp.)	T	–	–	X	RF
Cupania cinerea	T	–	X	–	RF
Matayba inelegans	T/S	X	–	X	P, ND 1551/1912
Matayba purgans	T/S	X	–	–	P, ND 1516/1705
Matayba (1 unidentified sp.)	T/S	X	–	–	P, ND 1625
Paullinia acutangula	V	–	X	–	P, ND 1736
Paullinia bracteosa	V	–	X	–	RF
Paullinia hispida	V	–	X	–	P, ND 1759
Paullinia pachycarpa	V	–	X	X	P
Paullinia (4 unidentified spp.)	V	X	X	X	P
Serjania (1 unidentified sp.)	V	–	X	–	P
Talisia (2 unidentified spp.)	T/S	–	X	–	P
Sapotaceae					
Chrysophyllum prieurii	T	X	–	–	P, ND 1596
Chrysophyllum (1 unidentified sp.)	T	–	X	–	RF
Micropholis (3 unidentified spp.)	T	–	–	X	RF
Pouteria torta	T	–	–	X	ND 1944
Pouteria (4 unidentified spp.)	T	X	–	X	P, ND
Sarcaulus brasiliensis	T	–	X	–	RF
Scrophulariaceae					
Lindernia crustacea	H	–	X	–	P
Simaroubaceae					
Simaba (1 unidentified sp.)	T	–	X	–	P, ND 1768/1794
Simarouba amara	T	X	X	X	RF
Smilacaceae					
Smilax (1 unidentified sp.)	V	–	–	X	RF

LEYENDA/
LEGEND

Forma de Vida/Habit

E = Epífita/Epiphyte

H = Hierba terrestre/
Terrestrial herb

S = Arbusto/Shrub

T = Árbol/Tree

V = Trepadora/Climber

Fuente/Source

ND = Colecciones de Nállarett Dávila/
Nállarett Dávila collections

P = Foto/Photograph

IM = Observaciones de campo de
Italo Mesones/Italo Mesones
field identifications

RF = Identificaciones en el campo
por Robin Foster/Identifications
in the field by Robin Foster

VU = Colecciones de Vera Lis Uliana/
Vera Lis Uliana collections

PLANTAS VASCULARES / VASCULAR PLANTS					
Nombre científico/ **Scientific name**	**Forma de** **vida/Habit**	**Localidades visitadas/** **Sites visited**			**Fuente/** **Source**
		Ojo de Contaya	Tapiche	Divisor	
Solanaceae					
Cestrum megalophyllum	S	X	X	–	RF
Markea coccinea	E	–	X	–	P, ND 1747
Solanum anceps cf.	S	X	–	–	P, ND 1581
Solanum anisophyllum cf.	S	X	–	–	P, ND 1517
Solanum barbeyanum	V	–	X	–	RF
Solanum grandiflorum	T	–	X	X	P
Solanum lepidotum cf.	S	–	–	X	RF
Solanum occultum	S	–	X	–	P, ND 1754
Solanum pedemontanum	V	–	X	–	RF
Sterculiaceae					
Byttneria aculeata	V	–	X	–	RF
Herrania (1 unidentified sp.)	S	–	X	–	P, ND 1737
Pterygota amazonica	T	–	X	–	RF
Sterculia apetala	T	–	X	–	RF
Sterculia tessmannii cf.	T	–	X	–	P
Sterculia (2 unidentified spp.)	T	X	–	X	RF
Theobroma cacao	T	–	X	–	RF
Theobroma speciosum	T	–	X	–	RF
Theobroma subincanum	T	X	X	X	ND 1588/1749/1890
Theaceae					
Bonnetia paniculata	T/S	–	–	X	P, ND 1907
Freziera (1 unidentified sp.)	T	–	–	X	RF
Theophastaceae					
Clavija (1 unidentified sp.)	S	–	X	–	P
Tiliaceae					
Apeiba membranacea	T	X	X	–	RF
Ulmaceae					
Celtis iguanaea	V	X	X	–	RF
Celtis schippii	T	–	X	–	RF
Trema micrantha	T/S	–	X	–	RF
Urticaceae					
Urera laciniata	S	–	X	–	RF
Verbenaceae					
Aegiphila (1 unidentified sp.)	S	–	–	X	RF
Lantana camara	S	–	X	–	RF
Petrea (1 unidentified sp.)	V	–	X	–	P
Stachytarpheta cayennensis	H	–	X	–	RF

PLANTAS VASCULARES / VASCULAR PLANTS

Nombre científico/ Scientific name	Forma de vida/Habit	Localidades visitadas/ Sites visited			Fuente/ Source
		Ojo de Contaya	Tapiche	Divisor	
Vitex triflora	T	–	X	–	P, ND 1784
Vitex (1 unidentified sp.)	T	–	–	X	RF
Violaceae					
Leonia cymosa	T/S	–	X	–	P, ND 1748
Leonia glycycarpa	T	X	X	–	RF
Rinorea flavescens	S/T	X	–	–	P, ND 1609
Rinorea lindeniana	S	–	–	X	ND 1961
Rinorea pubiflora	S/T	–	X	–	P
Rinorea racemosa	T	–	X	X	RF
Rinorea viridifolia	S	–	X	X	ND 1799
(1 unidentified sp.)	S	–	X	–	P
Vitaceae					
Cissus rhombifolia	V	–	X	–	RF
Vochysiaceae					
Qualea (2 unidentified spp.)	T	X	–	–	P
Vochysia braceliniae	T	–	X	–	P
Zingiberaceae					
Renealmia (2 unidentified spp.)	H	X	–	X	P, VU
PTERIDOPHYTA					
Adiantum (1 unidentified sp.)	H	X	–	–	VU 1370
Alsophila cuspidata	S	–	–	X	P, ND 1993
Asplenium angustum	E	X	–	–	P, VU 1359
Asplenium hallii	H	–	X	–	P
Asplenium juglandifolium	E/H	X	–	–	P
Blechnum asplenioides	E	–	–	X	P, VU 1492
Bolbitis lindigii	E	–	X	–	P
Campyloneurum phyllitidis	E	–	–	X	VU 1495a
Campyloneurum repens	E	–	X	–	VU 1435
Cnemidaria (1 unidentified sp.)	H/S	–	X	–	P
Cochlidium serrulatum	E	X	–	–	P, VU 1411
Cyathea amazonica cf.	S	X	–	–	P, ND 1579

LEYENDA/
LEGEND

Forma de Vida/Habit

E = Epífita/Epiphyte

H = Hierba terrestre/ Terrestrial herb

S = Arbusto/Shrub

T = Árbol/Tree

V = Trepadora/Climber

Fuente/Source

ND = Colecciones de Nállarett Dávila/ Nállarett Dávila collections

P = Foto/Photograph

IM = Observaciones de campo de Italo Mesones/Italo Mesones field identifications

RF = Identificaciones en el campo por Robin Foster/Identifications in the field by Robin Foster

VU = Colecciones de Vera Lis Uliana/ Vera Lis Uliana collections

| PLANTAS VASCULARES / VASCULAR PLANTS | | | | | |
| Nombre científico/
Scientific name | Forma de
vida/Habit | Localidades visitadas/
Sites visited | | | Fuente/
Source |
		Ojo de Contaya	Tapiche	Divisor	
Cyathea aterrima	S	–	–	X	P, ND 1994
Cyathea (4 unidentified spp.)	S	X	X	X	P, ND
Cyclodium meniscioides	H	X	–	–	P, VU 1352
Danaea nodosa	H	–	X	–	RF
Danaea (1 unidentified sp.)	H	X	–	X	P, VU 1400
Dicranoglossum (1 unidentified sp.)	E	–	–	X	RF
Dicranopteris pectinata	V	X	–	X	RF
Didymochlaena truncatula	H	–	X	X	RF
Diplazium lechleri	H	X	–	X	P, VU 1392
Elaphoglossum (2 unidentified spp.)	E	X	–	X	P
Hecistopteris pumila	E	–	–	X	P
Hymenophyllum polyanthos	E	X	–	–	P
Lindsaea lancea var. *falcata*	H	X	–	X	P, VU 1388
Lindsaea (2 unidentified spp.)	H	X	–	X	P, VU 1399
Lomariopsis japurensis	E	X	X	X	P
Lycopodiella cernua	H	–	–	X	P, VU 1472
Metaxya rostrata	H	X	X	X	VU 1362
Microgramma baldwinii	E	X	–	–	P, VU 1368
Microgramma bifrons	E	–	–	X	P
Microgramma fuscopunctata	E	X	–	–	RF
Microgramma megalophylla	E	X	–	–	RF
Microgramma thurnii	E	–	–	X	P
Microgramma (1 unidentified sp.)	E	–	–	X	RF
Nephrolepis biserrata	E	–	X	–	P
Pityrogramma calomelanos	H	–	X	–	RF
Polybotrya pubens	E	–	–	X	P
Pteridium arachnoideum	H/V	X	–	–	P
Saccoloma (1 unidentified sp.)	H	X	–	–	P, VU 1405
Salpichlaena volubilis	V	–	X	X	RF
Schizaea elegans	H	X	–	X	RF
Schizaea pennula	H	–	–	X	P, VU 1475
Selaginella conduplicata	H	X	–	X	P
Selaginella exaltata	H	–	X	X	RF
Selaginella lechleri	H	X	–	X	P, VU 1402
Selaginella (1 unidentified sp.)	H	–	–	X	RF
Serpocaulon (1 unidentified sp.)	E	X	–	X	P, VU 1493
Sticherus tomentosus	V	–	–	X	RF
Sticherus (1 unidentified sp.)	V	X	–	X	P

PLANTAS VASCULARES / VASCULAR PLANTS					
Nombre científico/ Scientific name	**Forma de vida/Habit**	**Localidades visitadas/ Sites visited**			**Fuente/ Source**
		Ojo de Contaya	Tapiche	Divisor	
Tectaria incisa	H	X	–	–	P
Tectaria (2 unidentified sp.)	H	–	–	X	RF
Thelypteris arborescens	H	–	–	X	VU 1473
Thelypteris (1 unidentified sp.)	H	–	–	X	RF
Trichomanes ankersii	E	–	–	X	RF
Trichomanes botryoides	H	–	X	–	P
Trichomanes cristatum	H	X	–	X	P, VU 1390
Trichomanes diversifrons	H	X	–	X	P
Trichomanes elegans	H	X	X	X	RF
Trichomanes pinnatum	H	–	X	X	P
Trichomanes (1 unidentified sp.)	H/E	X	–	–	P
(1 unidentified sp.)	H	–	–	X	VU 1471

LEYENDA/
LEGEND

Forma de Vida/Habit
E = Epífita/Epiphyte
H = Hierba terrestre/
Terrestrial herb
S = Arbusto/Shrub
T = Árbol/Tree
V = Trepadora/Climber

Fuente/Source
ND = Colecciones de Nállarett Dávila/
Nállarett Dávila collections
P = Foto/Photograph
IM = Observaciones de campo de
Italo Mesones/Italo Mesones
field identifications

RF = Identificaciones en el campo
por Robin Foster/Identifications
in the field by Robin Foster
VU = Colecciones de Vera Lis Uliana/
Vera Lis Uliana collections

HIDROLOGÍA / HYDROLOGY

Las medidas de pH y conductividad, en micro-Siemens por cm. Los símbolos negros representan muestras colectadas durante este estudio, mientras que los símbolos grises corresponden a las muestras colectadas en otros sitios a lo largo de las cuencas del Amazonas y el Orinoco. Notar que las quebradas de cada sitio tienden a agruparse. La gráfica fue compilado por R.F. Stallard (ver el capítulo de Geología e Hidrología de este informe)./Measurements of pH and conductivity, in micro-Siemens per cm. The black symbols represent samples collected during this study, while the outlined symbols correspond to samples collected elsewhere across the Amazon and Orinoco basins. Note that streams from each site tend to group together. The graph was compiled by R.F. Stallard (see Geology and Hydrology chapter of this report).

ph (-log aH+)

Conductividad/Conductivity (µS)

Ácidos puros/
Pure acids

Aguas negras/
Blackwaters

LEYENDA/ LEGEND		
★	Ojo de Contaya	◖ Divisor del Gálvez/ Gálves Divide
■	Tapiche	☆ Medio Gálvez/ Middle Gálvez
✖	Divisor	⊗ Río Gálvez
✛	Amazon & Orinoco	▽ Río Blanco
△	Andes	▷ Medio Yaquerana/ Middle Yaquerana
◇	Olla tectonica/Tectonic basin	⬡ Río Yaquerana
○	Meteorización profunda/ Deep weathering	
□	Escudos/Shields	

Resúmen de las características de las estaciones de muestreo de peces durante el inventario biológico rápido entre 6 y 24 de agosto del 2005 en la Zona Reservada Sierra del Divisor, Perú. Compilado por M. Hidalgo y J. Pezzi./Summary characteristics of the fish sampling stations during the rapid biological inventory from 6 to 24 August 2005 in the Zona Reservada Sierra del Divisor, Peru. Compiled by M. Hidalgo and J. Pezzi.

ESTACIONES DE MUESTREO DE PECES/FISH SAMPLING STATIONS

	Ojo de Contaya	Tapiche	Divisor
Número de estaciones/ Number of stations	13	10	5
Fechas/Dates	6 al 11 agosto 2005/ 6 to 11 August 2005	13 al 17 agosto 2005/ 13 to 17 August 2005	19 al 23 agosto 2005/ 19 to 23 August 2005
Ambientes/ Environments	dominancia de lóticos/ mostly lotic (11)	dominancia de lóticos/ mostly lotic (7)	todos lóticos/ all lotic
Agua/Water	dominancia de aguas claras/ mostly clear water (11)	dominancia de aguas claras/ mostly clear water (8)	todas de aguas claras/ all clear water
Ancho/Width (m)	1–5	2–35	1–5
Superficie total de muestreo/Total surface area sampled (m^2)	~2500	~4500	~2000
Profundidad/Depth (m)	0.2–0.7	0.3–1.5	0.2–0.7
Corriente/Current	lenta a moderada/ slow to moderate	muy lenta a moderada/ very slow to moderate	lenta a fuerte/ slow to strong
Color	ligeramente verdoso a té claro/light green to light tea	verdoso, marrón claro y té claro/green, light brown, and light tea	incoloro a ligeramente verdoso/colorless to light green
Transparencia/ Transparency (cm)	total	50–total	total
Substrato/Substrate	arena/sand	arena y fango/ sand and mud	arena y roca/ sand and rock
Orilla/Bank	estrecha a nula/ narrow to none	estrecha a amplia/ narrow to wide	muy estrecha/ very narrow
Vegetación/Vegetation	bosque primario/ primary forest	bosque primario, aguajal/ primary forest, *Mauritia* palm swamp	bosque primario/ primary forest
Temperatura promedio del agua/Average water temperature (°C)	22–24	23–26	22–23

Ictiofauna registrada en tres sitios en la Zona Reservada Sierra del Divisor, Perú, durante el inventario biológico rápido entre 6 y 24 de agosto del 2005. La lista es basada en el trabajo de campo de M. Hidalgo y J. Pezzi.

PECES / FISHES

Nombre científico / Scientific name	Nombres común / Common names	Abundancia en los sitios visitados / Abundance at the sites visited		
		Ojo de Contaya	Tapiche	Divisor
CHARACIFORMES				
Acestrorhynchidae				
001 *Acestrorhynchus* sp.	pejezorro	–	1	–
Anostomidae				
002 *Abramites hypselonotus*	lisa	–	4	–
003 *Leporinus friderici*	lisa	–	3	–
Characidae				
004 *Acestrocephalus boehlkei*	dentón	–	4	1
005 *Aphyocharax* sp.	mojarita	–	82	–
006 *Astyanax bimaculatus*	mojara	–	204	5
007 *Astyanax fasciatus*	mojara	–	1	–
008 *Astyanax maximus*	mojara	–	1	–
009 *Brycon cephalus*	sábalo cola roja	–	2	–
010 *Brycon melanopterus*	sábalo cola negra	–	24	–
011 *Charax tectifer*	dentón	–	1	–
012 Cheirodontinae sp.	mojarita	–	24	–
013 *Chrysobrycon* sp.	mojarita	76	15	4
014 *Creagrutus* sp. 1	mojarita	2	38	–
015 *Creagrutus* sp. 2	mojarita	2	–	–
016 *Creagrutus* sp. 3	dentón	–	31	–
017 *Creagrutus* sp. 4	mojarita	–	–	22
018 *Ctenobrycon hauxwellianus*	mojarita	–	51	–
019 *Cynopotamus amazonus*	dentón	–	1	1
020 *Gephyrocharax* sp.	mojarita	–	13	–
021 *Gymnocorymbus thayeri*	mojarita	–	22	–
022 *Hemibrycon* sp.	mojarita	38	6	69
023 *Hemigrammus* sp. 1	mojarita	509	–	–
024 *Hemigrammus* sp. 2	mojarita	49	–	–
025 *Hemigrammus* sp. 3	mojarita	–	155	–
026 *Knodus* sp. 1	mojarita	–	394	–
027 *Knodus* sp. 2	mojarita	–	–	36
028 *Leptagoniates steindachneri*	mojarita, pez vidrio	–	6	–
029 *Moenkhausia dichroura* 1	mojarita	–	42	–
030 *Moenkhausia dichroura* 2	mojarita	–	81	–
031 *Moenkhausia oligolepis*	mojarita	–	30	2
032 *Odontostilbe* sp.	mojarita	–	6	–

Fishes recorded at three sites during the rapid biological inventory from 6 to 24 August 2005 in the Zona Reservada Sierra del Divisor, Peru. The list is based on field work by M. Hidalgo and J. Pezzi.

LEYENDA/LEGEND

Tipo de registro/Type of record

col = colectado/collected

obs = observado/observed

**Uso actual o potencial/
Current or potential uses**

C = Consumo comercial/
Commercial consumption

N = No conocido/Unknown

O = Ornamental

S = Consumo de subsistencia/
Subsistence consumption

Hábitat/Habitat

A = Aguajal/*Mauritia* palm swamp

L = Cocha o laguna/
Oxbow lake or lagoon

P = Poza temporal en el bosque/
Temporary forest pool

Q = Quebrada/Stream

R = Río/River

b = Agua blanca/White water

c = Agua clara/Clear water

n = Agua negra/Black water

	Probables nuevos registros y/o nuevas especies/Probable new species or new records	Tipo de registro/ Type of record	Uso actual o potencial/Current or potential uses	Hábitat/ Habitat
001	–	obs	S	Rc
002	–	col	O, S	Rc
003	–	col	C, S	Rc, Qc, Lb
004	–	col	S	Rc, Qc
005	–	col	O	Rc, Lb, Qc
006	–	col	S	Rc, Qc
007	–	col	S	Qc
008	–	col	S	Qc
009	–	obs	C, S	
010	–	obs	C, S	
011	–	col	S	Qc
012	X	col	N	Ln, Lb
013	–	col	N	Rc, Qc
014	–	col	N	Rc, Qc
015	–	col	N	Qc
016	–	col	S	Rc, Qc
017	–	col	N	Qc
018	–	col	O	Ln, Lb
019	–	col	S	Rc, Qc
020	–	col	N	Lb
021	–	col	O	Ln, Lb
022	X	col	S	Qc
023	X	col	N	Qc, An, Pn
024	–	col	O	Qc, An, Pn
025	–	col	O	An
026	–	col	N	Rc, Qc, Lb
027	X	col	N	Qc
028	–	col	O	Rc, Qc
029	–	col	O	Rc, Qc
030	–	col	O	Rc, Qc, Lb
031	–	col	O	Qc, Lb
032	–	col	N	Lb

PECES / FISHES				
Nombre científico / Scientific name	Nombres común / Common names	Abundancia en los sitios visitados / Abundance at the sites visited		
		Ojo de Contaya	Tapiche	Divisor
033 *Paragoniates alburnus*	mojarita	–	18	–
034 *Phenacogaster* sp. 1	mojara	–	4	–
035 *Phenacogaster* sp. 2	mojara	–	5	–
036 *Pygocentrus nattereri*	piraña	–	1	–
037 *Salminus* sp.	sábalo macho	–	1	–
038 *Serrapinnus piaba*	mojarita	–	300	–
039 *Serrasalmus rhombeus*	piraña	–	3	–
040 *Tetragonopterus argenteus*	mojara	–	10	–
041 *Triportheus angulatus*	sardina	–	18	–
042 *Tyttocharax madeirae*	mojarita	–	4	–
043 *Xenurobrycon* sp.	mojarita	–	10	–
Crenuchidae				
044 *Characidium* sp. 1	mojarita	8	18	13
045 *Characidium* sp. 2	mojarita	–	1	–
046 *Melanocharacidium* sp.	mojarita	–	8	26
047 *Microcharacidium* sp.	mojarita	–	2	–
Curimatidae				
048 *Steindachnerina guentheri*	chiochio	–	7	–
Erythrinidae				
049 *Erythrinus erythrinus*	shuyo	–	6	–
050 *Hoplerythrinus unitaeniatus*	shuyo	–	1	–
051 *Hoplias malabaricus*	huasaco	4	7	–
Gasteropelecidae				
052 *Thoracocharax stellatus*	pechito	–	19	–
Lebiasinidae				
053 *Pyrrhulina* sp. 1	lisita	129	–	–
054 *Pyrrhulina* sp. 2	lisita	–	133	–
Parodontidae				
055 *Apareiodon* sp.	lisa	–	4	–
Prochilodontidae				
056 *Prochilodus nigricans*	boquichico	–	6	–
GYMNOTIFORMES				
Apteronotidae				
057 *Apteronotus* sp.	macana	–	6	1
058 *Sternarchorhamphus muelleri*	macana	–	3	–
059 *Sternarchorhynchus* sp.	macana	–	5	–

LEYENDA/LEGEND

Tipo de registro/Type of record

col = colectado/collected

obs = observado/observed

**Uso actual o potencial/
Current or potential uses**

C = Consumo comercial/
Commercial consumption

N = No conocido/Unknown

O = Ornamental

S = Consumo de subsistencia/
Subsistence consumption

Hábitat/Habitat

A = Aguajal/*Mauritia* palm swamp

L = Cocha o laguna/
Oxbow lake or lagoon

P = Poza temporal en el bosque/
Temporary forest pool

Q = Quebrada/Stream

R = Río/River

b = Agua blanca/White water

c = Agua clara/Clear water

n = Agua negra/Black water

Probables nuevos registros y/o nuevas especies/Probable new species or new records	Tipo de registro/ Type of record	Uso actual o potencial/Current or potential uses	Hábitat/ Habitat
033 –	col	S	Rc
034 –	col	N	Rc, Lb
035 –	col	N	Lb
036 –	obs	C, S	Rc
037 –	obs	C, S	Rc
038 –	col	N	Lb, Lc
039 –	obs	C, S	Rc, Lb
040 –	col	C, S	Rc, Qc
041 –	col	C, S	Rc, Lb
042 –	col	N	Rc, Qc
043 –	col	N	Rc, Qc
044	col	N	Rc, Qc
045 –	col	N	Qc
046 –	col	N	Qc
047 –	col	N	Rc, Qc
048 –	col	S	Qc, Lc
049 –	col	C, S	An
050 –	col	C, S	An
051 –	col	C, S	Qc, An, Pn
052 –	col	O	Rc, Lb
053 –	col	O	Pn, An
054 –	col	O	Ln, An
055 –	col	N	Rc, Qc
056 –	obs	C, S	Rc, Qc, Lb
057 –	col	O	Rc, Qc
058 –	col	O	Rc
059 –	col	O	Rc, Qc

PECES / FISHES

Nombre científico / Scientific name	Nombres común/ Common names	Abundancia en los sitios visitados/ Abundance at the sites visited		
		Ojo de Contaya	Tapiche	Divisor
Gymnotidae				
060 *Electrophorus electricus*	anguila eléctrica	–	1	–
061 *Gymnotus carapo*	macana	1	9	–
062 *Gymnotus* cf. *yavari*	macana	1	–	–
063 *Gymnotus* sp.	macana	9	–	8
Sternopygidae				
064 *Sternopygus* cf. *macrurus*	macana	4	7	–
SILURIFORMES				
Aspredinidae				
065 *Bunocephalus* sp.	sapocunchi, banjoo	–	1	–
Auchenipteridae				
066 *Ageneiosus* sp.	bocon	–	1	–
067 *Tatia perugiae*	–	–	13	–
Callichthyidae				
068 *Lepthoplosternum altamazonicum*	shirui	–	7	–
069 *Megalechis* sp.	shirui	–	1	–
Cetopsidae				
070 *Cetopsis* cf. *montana*	canero	–	1	–
071 *Denticetopsis* cf. *seducta*	canero	11	8	–
Heptapteridae				
072 *Cetopsorhamdia* sp.	bagre	–	14	–
073 *Imparfinis* sp.	bagre	–	4	–
074 *Pariolius armillatus*	bagre	60	2	6
075 *Pimelodella* sp.	cunchi	–	1	–
076 *Rhamdia quelen*	cunchi	–	–	1
077 *Rhamdia* sp.	cunchi	–	–	2
Loricariidae				
078 *Ancistrus* sp. 1	carachama	34	–	–
079 *Ancistrus* sp. 2	carachama	–	14	21
080 *Crossoloricaria* sp.	carachama, shitari	–	1	–
081 *Farlowella* sp.	carachama	–	19	–
082 *Hypoptopoma* sp.	carachama	–	18	–
083 *Hypostomus* sp. 1	carachama	–	7	1
084 *Hypostomus* sp. 2	carachama	–	17	–
085 *Hypostomus* sp. 3	carachama	–	1	–
086 *Lasiancistrus* sp.	carachama	–	2	–

Probables nuevos registros y/o nuevas especies/Probable new species or new records	Tipo de registro/ Type of record	Uso actual o potencial/Current or potential uses	Hábitat/ Habitat
060 –	obs	N	Ln
061 –	col	N	Qc, An
062 –	col	N	Qc
063 –	col	N	Qc, An
064 –	col	N	Qc, Rc
065 –	col	N	Qc
066 –	obs	C, S	Rc
067 –	col	O	Qc
068 –	col	O	An
069 –	col	O	An
070 –	col	N	Rc
071 –	col	N	Qc
072 X	col	N	Qc
073 –	col	N	Rc
074 –	col	N	Qc
075 –	col	S	Rc
076 –	col	S	Qc
077 X	col	N	Qc
078 –	col	N	Qc
079 X	col	N	Qc, Rc
080 X	col	N	Rc
081 –	col	O	Qc, Rc
082 X	col	N	Qc, Rc
083 –	col	N	Qc, Rc
084 –	col	N	Qc, Rc
085 –	col	S	Rc
086 –	col	N	Rc

Tipo de registro/Type of record

col = colectado/collected

obs = observado/observed

Uso actual o potencial/ Current or potential uses

C = Consumo comercial/ Commercial consumption

N = No conocido/Unknown

O = Ornamental

S = Consumo de subsistencia/ Subsistence consumption

Hábitat/Habitat

A = Aguajal/*Mauritia* palm swamp

L = Cocha o laguna/ Oxbow lake or lagoon

P = Poza temporal en el bosque/ Temporary forest pool

Q = Quebrada/Stream

R = Río/River

b = Agua blanca/White water

c = Agua clara/Clear water

n = Agua negra/Black water

PECES / FISHES

Nombre científico / Scientific name	Nombres común/ Common names	Abundancia en los sitios visitados/ Abundance at the sites visited		
		Ojo de Contaya	Tapiche	Divisor
087 Loricariichthys sp.	carachama, shitari	–	6	–
088 Nannoptopoma sp.	carachama	–	11	–
089 Otocinclus sp.	carachama	–	21	–
090 Peckoltia sp.	carachama	–	1	–
091 Rineloricaria lanceolata	carachama, shitari	–	27	2
Pimelodidae				
092 Pimelodus maculatus	cunchi	–	1	–
093 Pimelodus ornatus	cunchi	–	2	–
094 Pseudoplatystoma tigrinum	tigre zúngaro	–	2	–
Pseudopimelodidae				
095 Batrochoglanis raninus	bagre	–	1	–
Trichomycteridae				
096 Stegophilus sp.	canero	–	2	–
097 Trichomycterus sp.	canero	–	–	2
CYPRINODONTIFORMES				
Rivulidae				
098 Rivulus sp. 1	rivulido	33	1	1
099 Rivulus sp. 2	rivulido	27	–	13
100 Rivulus sp. 3	rivulido	–	–	13
SYNBRANCHIFORMES				
Synbranchidae				
101 Synbranchus sp.	atinga	2	1	–
PERCIFORMES				
Cichlidae				
102 Apistogramma sp. 1	bujurqui	–	20	–
103 Apistogramma sp. 2	bujurqui	–	6	–
104 Bujurquina cf. apoparuana	bujurqui	–	5	1
105 Bujurquina sp.	bujurqui	–	12	–
106 Cichlasoma amazonarum	bujurqui	–	65	–
107 Crenicichla sp.	añashua	–	4	2
108 Heros sp.	bujurqui	–	7	–
109 Laetacara flavilabris	bujurqui	19	–	–
Número de especies/Total number of species		**20**	**94**	**24**
Número de individuos/Total number of individuals		**1018**	**2186**	**253**

	Probables nuevos registros y/o nuevas especies/Probable new species or new records	Tipo de registro/ Type of record	Uso actual o potencial/Current or potential uses	Hábitat/ Habitat
087	–	col	S	Lb
088	X	col	O	Rc
089	X	col	O	Qc, Rc
090	–	col	O	Rc
091	–	col	O	Qc, Rc
092	–	obs	O, C, S	Rc
093	–	obs	O, C, S	Rc, Qc
094	–	obs	C, S	Rc
095	–	col	N	Qc
096	–	col	N	Rc
097	X	col	N	Qc
098	X	col	O	Qc, An
099	–	col	O	Qc, An
100	X	col	O	Qc
101	–	col	N	Qc
102	–	col	O	Ln, An
103	–	col	O	Lb
104	–	col	O	Qc
105	–	col	O	Qc, Lb
106	–	col	O, S	Ln, Lb
107	–	col	O, S	Qc, Lb
108	–	col	O, S	Qc, Rc
109	–	col	O	Pn
14				

Apéndice/Appendix 6

Anfibios y Reptiles/
Amphibians and Reptiles

Anfibios y reptiles observados en tres sitios durante el inventario biológico rápido entre 6 y 24 de agosto del 2005 en la Zona Reservada Sierra del Divisor, Perú. La lista esta basada en el trabajo de campo de M. Barbosa de Souza y C. Rivera.

ANFIBIOS Y REPTILES / AMPHIBIANS AND REPTILES

Nombre científico/Scientific name	Registros/Records			Hábitat/Habitat	Actividad/Activity
	Ojo de Contaya	Tapiche	Divisor		
AMPHIBIA (67)					
ANURA (66)					
Bufonidae (4)					
Bufo guttatus	–	V	A, V	T (su)	N
Bufo margaritifer	A, V	A, V	A, V	T (su, ho)	D, N
Bufo marinus	–	A, V	–	T (su)	N
Dendrophryniscus minutus	–	V	–	T (ho)	D
Centrolenidae (4)					
Centrolene sp.	–	–	A, V	V (va)	N
Cochranella sp.	A, V	–	–	V (va)	N
Hyalinobatrachium sp. 1	–	A, V	–	V (va)	N
Hyalinobatrachium sp. 2	–	A, V	–	V (va)	N
Dendrobatidae (9)					
Allobates femoralis	–	A	A	T (su, ho)	D
Colostethus sp. 1	A, V	–	–	T (ho)	D
Colostethus sp. 2	–	A, V	A, V	T (ho)	D
Colostethus sp. 3	–	–	A, V	T (ho)	D
Dendrobates quinquevittatus	–	A, V	A, V	T (ho, vh)	D
Dendrobates ventrimaculatus	A, V	–	–	T (ho, vh)	D
Epipedobates hahneli	–	V	–	T (ho)	D
Epipedobates cf. *pictus*	–	–	V	T (ho)	D
Epipedobates trivittatus	–	A, V	–	T (ho)	D
Hylidae (25)					
Hemiphractus helioi	–	–	V	V (vh)	N
Hyla boans	A, V	A, V	A, V	V (va, ar)	N
Hyla brevifrons	–	A, V	–	V (va)	N
Hyla calcarata	–	A, V	–	V (va)	N
Hyla fasciata	–	A, V	–	V (va)	N
Hyla geographica	A, V	A, V	–	V (va)	N
Hyla granosa	A	A	–	V (va)	N
Hyla lanciformis	A, V	A, V	A	V (va)	N
Hyla leucophyllata	–	A, V	–	V (va)	N
Hyla microderma	–	–	A, V	V (vh, va, ar)	N
Hyla parviceps	–	V	–	V (va)	N
Hyla sarayacuensis	–	A, V	–	V (vh)	N
Hyla timbeba	–	A	–	V (vh)	N
Osteocephalus cabrerai	V	–	A, V	V (va)	N
Osteocephalus deridens	A, V	A, V	A, V	V (va, ar)	N
Osteocephalus planiceps	V	–	–	V (va, ar)	N

Amphibians and reptiles observed at three sites during the rapid biological inventory
from 6 to 24 August 2005 in the Zona Reservada Sierra del Divisor, Peru. The list is based
on fieldwork by M. Barbosa de Souza and C. Rivera.

ANFIBIOS Y REPTILES / AMPHIBIANS AND REPTILES

Nombre científico/Scientific name	Registros/Records			Hábitat/Habitat	Actividad/Activity
	Ojo de Contaya	Tapiche	Divisor		
Osteocephalus subtilis *	V	–	A, V	V (vh, va)	N
Osteocephalus taurinus	A	–	–	V (va, ar)	N
Osteocephalus sp. (huesos blancos)	–	–	V	V (vh, va)	N
Phyllomedusa bicolor	A, V	A, V	–	V (va, ar)	N
Phyllomedusa palliata	A	A	–	V (vh, va)	N
Phyllomedusa vaillanti	–	A, V	–	V (vh, va)	N
Scinax cruentommus	–	V	–	V (vh, va)	N
Scinax funereus	–	–	V	V (vh, va)	N
Scinax garbei	A, V	A, V	–	V (vh)	N
Leptodactylidae (23)					
Adenomera andreae	–	–	A, V	T (ho)	D, N
Adenomera hylaedactyla	A, V	A, V	A, V	T (ho)	D, N
Adenomera sp.	–	–	A, V	T (ho)	D, N
Eleutherodactylus acuminatus	A	–	–	V (vh, va)	N
Eleutherodactylus altamazonicus	–	–	V	T (ho), V (vh, va)	N
Eleutherodactylus buccinator	V	–	–	T (ho), V (vh, va)	N
Eleutherodactylus carvalhoi	V	V	–	V (va)	N
Eleutherodactylus conspicillatus	V	V	A, V	T (ho), V (vh, va)	D, N
Eleutherodactylus diadematus	V	–	V	T (ho), V (va)	N
Eleutherodactylus fenestratus	–	A	–	T (ho), V (vh, va)	N
Eleutherodactylus ockendeni	V	V	V	T (ho), V (vh, va)	D, N
Eleutherodactylus sp. (aff. lacrimosus)	A	–	–	V (va)	N
Eleutherodactylus sp. 2	V	–	–	V (vh)	N
Eleutherodactylus sp. 3	V	–	–	V (vh)	N
Eleutherodactylus sp. 4	–	–	V	V (vh)	N
Ischnocnema quixensis	A, V	A, V	A, V	T (su)	N

LEYENDA/LEGEND

* = Posibles nuevos registros para el Perú/Potentially new records for Peru

Registros/Records
A = Escuchado en el campo/Heard in the field
V = Observación en el campo/Field observation

Hábitat/Habitat
A = Aquático/Aquatic
S = Semiaquático/Semiaquatic
T = Terrestre/Terrestrial
V = Vegetación/Vegetation
ar = Vegetación arbórea >5 m de alto/Arboreal vegetation >5 m tall
fo = Fosorial/Fossorial
ho = Hojarasca/Leaf litter
ma = Margen acuática/Water edge

su = Suelo/Ground
ta = Tronco de árboles/Tree trunks
va = Vegetación arbustiva entre 1.6 y 5.0 m/Shrubby vegetation between 1.6 and 5.0 m
vh = Vegetación herbácea <1.5 m/Herbaceous vegetation <1.5 m

Actividad/Activity
D = Diurno/Diurnal
N = Nocturno/Nocturnal

ANFIBIOS Y REPTILES / AMPHIBIANS AND REPTILES					
Nombre científico/Scientific name	Registros/Records			Hábitat/Habitat	Actividad/Activity
	Ojo de Contaya	Tapiche	Divisor		
Leptodactylus pentadactylus	–	A, V	A	T (su, ma)	D, N
Leptodactylus petersii	V	A, V	A, V	T (su, ma)	N
Leptodactylus rhodomystax	–	–	A	T (su, ho)	D, N
Leptodactylus rhodonotus	–	–	A	T (su, ma)	N
Leptodactylus wagneri	–	–	V	T (su, ma)	N
Phyllonastes myrmecoides	–	V	V	T (ho)	N
Physalaemus petersi	–	A, V	–	T (su, ho, ma)	N
Microhylidae (2)					
Hamptophryne boliviana	–	A, V	–	T (su, ho)	N
Syncope antenori	–	V	–	T (ho)	N
CAUDATA (1)					
Plethodontidae (1)					
Bolitoglossa altamazonica	V	–	–	V (vh)	N
REPTILIA (41)					
SQUAMATA (38)					
LACERTILIA (SAURIA) (17)					
Gekkonidae (3)					
Gonatodes hasemani	–	V	–	V (ta)	D
Gonatodes humeralis	–	V	–	V (ta)	D
Thecadactylus rapicaudus	–	V	–	V (ta)	N
Gymnophthalmidae (7)					
Alopoglossus angulatus	–	V	V	T (ho)	D
Alopoglossus atriventris	V	–	–	T (ho)	D
Bachia sp.	–	–	V	T (su, ho)	D
Cercosaura ocellata baslleri	V	V	V	T (ho)	D
Neusticurus ecpleopus	V	–	V	T (ma)	D
Prionodactylus argulus	–	–	V	T (ho)	D
Prionodactylus oshaughnessyi	–	V	–	T (ho)	D
Polychrotidae (3)					
Anolis fuscoauratus	V	V	V	V (ta)	D
Anolis punctatus	–	V	–	V (ta)	D
Anolis trachyderma	–	V	V	V (ho, ta)	D
Scincidae (1)					
Mabuya sp.	–	V	–	T (su, ho)	D
Teiidae (2)					
Kentropyx pelviceps	V	V	V	T (su, ho)	D
Tupinambis teguixin	–	V	–	T (su)	D
Tropiduridae (1)					
Tropidurus umbra	V	V	V	V (ta)	D

ANFIBIOS Y REPTILES / AMPHIBIANS AND REPTILES					
Nombre científico/Scientific name	Registros/Records			Hábitat/Habitat	Activitidad/Activity
	Ojo de Contaya	Tapiche	Divisor		
SERPENTES (OPHIDIA) (21)					
Aniliidae (1)					
Anilius scytale	V	–	–	T (fo, su)	N
Boidae (3)					
Corallus caninus	–	–	V	V (va)	N
Corallus hortulanus	V	–	–	V (va)	N
Epicrates cenchria	–	V	–	T (su), V (va)	D
Colubridae (14)					
Chironius exoletus (carinatus)	–	V	–	T (su), V (vh, va)	D
Chironius fuscus	–	V	–	T (su), V (vh, va)	D
Chironius scurrulus	V	V	–	T (su), V (vh, va)	D
Clelia clelia	–	–	V	T (su), V (vh, va)	D, N
Drepanoides anomalus	–	–	V	T (su)	D
Drymobius rombifer	–	V	–	T (su), V (vh)	D
Drymoluber dichrous	V	–	V	T (su), V (vh)	D
Helicops hagmanni	V	–	–	S	N
Helicops yacu	–	–	V	S	N
Leptodeira annulata	–	V	–	V (va)	N
Pseustes sulphureus	–	–	V	T (su)	D
Tripanurgos compressus	V	V	–	T (su)	N
Xenodon severus	V	V	V	T (su)	D
Xenoxybelis argenteus	–	–	V	V (va)	N
Elapidae (1)					
Micrurus albicinctus *	–	V	–	T (su)	N
Viperidae (2)					
Bothriopsis taeniata	–	–	V	T (su)	N
Bothrops atrox	V	V	–	T (su)	N

LEYENDA/LEGEND

* = Posibles nuevos registros para el Perú/Potentially new records for Peru

Registros/Records
A = Escuchado en el campo/Heard in the field
V = Observación en el campo/Field observation

Hábitat/Habitat
A = Aquático/Aquatic
S = Semiaquático/Semiaquatic
T = Terrestre/Terrestrial
V = Vegetación/Vegetation
ar = Vegetación arbórea >5 m de alto/Arboreal vegetation >5 m tall
fo = Fosorial/Fossorial
ho = Hojarasca/Leaf litter
ma = Margen acuática/Water edge

su = Suelo/Ground
ta = Tronco de árboles/Tree trunks
va = Vegetación arbustiva entre 1.6 y 5.0 m/Shrubby vegetation between 1.6 and 5.0 m
vh = Vegetación herbácea <1.5 m/Herbaceous vegetation <1.5 m

Actividad/Activity
D = Diurno/Diurnal
N = Nocturno/Nocturnal

ANFIBIOS Y REPTILES / AMPHIBIANS AND REPTILES					
Nombre científico/Scientific name	**Registros/Records**			**Hábitat/Habitat**	**Activitidad/Activity**
	Ojo de Contaya	Tapiche	Divisor		
CROCODYLIA (1)					
Crocodylidae (1)					
Paleosuchus trigonatus	–	V	V	A	N
CHELONIA (TESTUDINES) (2)					
CRYPTODIRA					
Testudinidae (1)					
Geochelone denticulata	–	V	V	T (su)	D
PLEURODIRA					
Podocnemidae (1)					
Podocnemis unifilis	–	V	–	A	D
Numero de especies por sitio/ **Number of species per site**	43	66	52		

(Total de 109 especies en el inventario/Total of 109 species in the inventory)

Aves observados en tres sitios en la Zona Reservada Sierra del Divisor, Perú, durante el inventario biológico rápido entre 6 y 24 de agosto del 2005. La lista está basada en el trabajo de campo de C. Albujar, J. I. Rojas y T. Schulenberg.

AVES / BIRDS

Nombre científico/ Scientific name	Abundancia en los sitios visitados/ Abundance at the sites visited			Hábitat/ Habitat
	Ojo de Contaya	Tapiche	Divisor	
Tinamidae (8)				
Tinamus tao	–	X*	–	?
Tinamus major	F	F	–	tf
Tinamus guttatus	U	F	F	tf
Crypturellus cinereus	–	F	–	rf, a
Crypturellus undulatus	–	F	–	rf
Crypturellus strigulosus	–	R	–	tf
Crypturellus variegatus	F	R*	–	tf
Crypturellus bartletti	–	X	–	tt
Cracidae (4)				
Ortalis guttata	–	F	–	rf
Penelope jacquacu	F	F	U	tf
Pipile cumanensis	–	U	–	rt
Mitu tuberosum	R	U	X	tf
Odontophoridae (1)				
Odontophorus stellatus	U	U	U	tf
Ardeidae (3)				
Tigrisoma lineatum	–	U	X	a, co, q
Butorides striata	–	X*	–	r
Ardea cocoi	–	X*	–	r
Threskiornithidae (1)				
Mesembrinibis cayennensis	–	U	–	a, rf
Cathartidae (3)				
Cathartes melambrotus	X	U	–	o
Coragyps atratus	X	U	–	o
Sarcoramphus papa	X	X	–	o
Accipitridae (9)				
Elanoides forficatus	X	U*	U	o
Harpagus bidentatus	–	X	–	a
Ictinia plumbea	–	U	–	rf
Geranospiza caerulescens	–	X*	–	rf
Buteogallus urubitinga	–	X*	–	rf
Buteo magnirostris	–	F	–	rf
Spizastur melanoleucus	–	X*	–	?
Spizaetus tyrannus	–	X*	–	?
Spizaetus ornatus	U	U	U	tf
Falconidae (7)				
Daptrius ater	–	U	–	rf

LEYENDA/LEGEND

Abundancia/Abundance

F = Común (diariamente en hábitat propio)/Common (daily in proper habitat)

U = Incomun (menos que diariamente)/Uncommon (less than daily)

R = Raro (un o dos registros)/ Rare (one or two records)

X = Un solo registro por sitio/ One record per site

* = Registrado solamente por el equipo de avanzada que hizo las trochas/Reported only by the advance trail-cutting team

Hábitat/Habitat

a = Aguajal/*Mauritia* palm swamp

co = Cocha/Oxbow lake

o = Aire/Overhead

q = Quebrada/Stream

r = Ríos y playas/ Rivers and beaches

rf = Orillas de ríos y cochas/ Edges of rivers and oxbow lakes

sf = Bosques enanos en las crestas/Stunted, ridge-crest forests

tf = Bosques de tierra firme/ Terra firme forests

Aves/Birds

Aves observados en tres sitios en la Zona Reservada Sierra del Divisor, Perú, durante el inventario biológico rápido entre 6 y 24 de agosto del 2005. La lista está basada en el trabajo de campo de C. Albujar, J. I. Rojas y T. Schulenberg.

AVES / BIRDS				
Nombre científico/ **Scientific name**	**Abundancia en los sitios visitados/** **Abundance at the sites visited**			**Hábitat/** **Habitat**
	Ojo de Contaya	Tapiche	Divisor	
Ibycter americanus	–	U	–	tf
Herpetotheres cachinnans	–	U*	–	?
Micrastur ruficollis	–	U	–	rf
Micrastur gilvicollis	U	–	–	tf
Micrastur mirandollei	–	X	X	tf
Falco rufigularis	–	R*	–	rf
Psophiidae (1)				
Psophia leucoptera	R	U	–	tf
Rallidae (2)				
Aramides cajanea	–	U	–	a
Anurolimnas castaneiceps	–	X*	–	?
Eurypygidae (1)				
Eurypyga helias	–	U	–	co
Jacanidae (1)				
Jacana jacana	–	R*	–	?
Scolopacidae (2)				
Tringa solitaria	–	R	–	co
Actitis macularius	–	X	–	q
Columbidae (4)				
Patagioenas plumbea	F	U	F	tf
Patagioenas subvinacea	–	F	U	tf
Leptotila rufaxilla	–	F	–	rf
Geotrygon montana	U	U	–	tf
Psittacidae (16)				
Ara ararauna	–	F	U	rf, a
Ara macao	–	R*	–	?
Ara chloropterus	F	U	R	rf, tf
Ara severus	–	U	–	rf
Orthopsittaca manilata	–	U	–	rf
Primolius couloni	–	F*	–	rf
Aratinga leucophthalma	U	U	U	tf, rf
Aratinga weddellii	–	F	–	rf
Pyrrhura roseifrons	F	F	F	tf
Brotogeris cyanoptera	–	X*	–	rf
Nannopsittaca dachilleae	–	U	–	rf
Touit huetii	R	X	–	tf
Pionites leucogaster	U	U	–	tf
Pionus menstruus	–	F	–	tf, rf

Birds observed at three sites during the rapid biological inventory from 6 to 24 August 2005 in the Zona Reservada Sierra del Divisor, Peru. The list is based on fieldwork by C. Albujar, J. I. Rojas, and T. Schulenberg.

AVES / BIRDS				
Nombre científico/ Scientific name	**Abundancia en los sitios visitados/ Abundance at the sites visited**			**Hábitat/ Habitat**
	Ojo de Contaya	Tapiche	Divisor	
Amazona amazonica	–	U*	–	?
Amazona farinosa	–	U*	–	?
Opisthocomidae (1)				
Opisthocomus hoazin	–	F	–	co
Cuculidae (5)				
Piaya cayana	–	U	–	rf
Piaya melanogaster	U	U	U	tf
Piaya minuta	–	U	–	co
Crotophaga ani	–	X	–	?
Neomorphus pucheranii	–	–	X	tf
Strigidae (6)				
Megascops choliba	–	U	–	rf
Megascops watsonii	F	F	F	tf
Pulsatrix perspicillata	–	X	–	?
Ciccaba virgata	–	–	X	tf
Glaucidium hardyi	U	–	–	tf
Glaucidium brasilianum	X	F	–	rf
Steatornithidae (1)				
Steatornis caripensis	–	–	X	tf
Nyctibiidae (3)				
Nyctibius grandis	–	F	–	rf
Nyctibius griseus	–	X	–	rf
Nyctibius bracteatus	–	X	–	tf
Caprimulgidae (3)				
Nyctidromus albicollis	–	F	–	rf
Nyctiphrynus ocellatus	X	U	–	tf
Caprimulgus nigrescens	–	–	F	sf
Apodidae (7)				
Cypseloides/Streptoprocne sp.	X	–	U	o
Streptoprocne zonaris	–	U	U	o
Chaetura cinereiventris	F	–	U	o
Chaetura egregia	X	–	–	o
Chaetura brachyura	U	F	F	o
Tachornis squamata	U	F	–	o
Panyptila cayennensis	–	–	U	o
Trochilidae (12)				
Glaucis hirsutus	–	U	–	rf
Threnetes leucurus	–	U	U	tf

LEYENDA/LEGEND

Abundancia/Abundance

F = Común (diariamente en hábitat propio)/Common (daily in proper habitat)

U = Incomun (menos que diariamente)/Uncommon (less than daily)

R = Raro (un o dos registros)/ Rare (one or two records)

X = Un solo registro por sitio/ One record per site

* = Registrado solamente por el equipo de avanzada que hizo las trochas/Reported only by the advance trail-cutting team

Hábitat/Habitat

a = Aguajal/*Mauritia* palm swamp

co = Cocha/Oxbow lake

o = Aire/Overhead

q = Quebrada/Stream

r = Ríos y playas/ Rivers and beaches

rf = Orillas de ríos y cochas/ Edges of rivers and oxbow lakes

sf = Bosques enanos en las crestas/Stunted, ridge-crest forests

tf = Bosques de tierra firme/ Terra firme forests

AVES / BIRDS				
Nombre científico/ **Scientific name**	**Abundancia en los sitios visitados/** **Abundance at the sites visited**			**Hábitat/** **Habitat**
	Ojo de Contaya	Tapiche	Divisor	
Phaethornis ruber	U	F	–	tf
Phaethornis hispidus	–	R*	–	?
Phaethornis bourcieri	F	F	F	tf
Phaethornis superciliosus	F	F	F	tf
Campylopterus largipennis	–	X	U	tf
Florisuga mellivora	F	R	X	tf
Topaza pyra	–	U	U	rf
Thalurania furcata	F	F	F	tf
Heliodoxa aurescens	–	R	–	tf
Heliomaster longirostris	–	R	–	rf
Trogonidae (7)				
Trogon viridis	F	F	F	tf
Trogon curucui	–	F	F	tf
Trogon violaceus	–	X*	U	tf
Trogon collaris	–	U	X	tf
Trogon rufus	U	R	U	tf
Trogon melanurus	F	U	U	tf
Pharomachrus pavoninus	R	R	U	tf
Alcedinidae (3)				
Chloroceryle amazona	–	F	–	r
Chloroceryle inda	–	U	–	a
Chloroceryle aenea	–	X	–	a
Momotidae (3)				
Electron platyrhynchum	–	F	F	tf
Baryphthengus martii	F	F	F	tf, rf
Momotus momota	–	X	–	rf
Galbulidae (6)				
Galbalcyrhynchus purusianus	–	F	–	rf
Brachygalba albogularis	–	F	–	rf
Galbula cyanicollis	F	F	F	tf
Galbula cyanescens	–	F	F	rf
Galbula dea	–	–	X	tf
Jacamerops aureus	U	U	–	tf
Bucconidae (9)				
Notharchus macrorhynchus	–	X*	–	tf
Bucco macrodactylus	–	X	–	tf
Bucco tamatia	–	X	–	a
Nystalus striolatus	–	R	U	tf

AVES / BIRDS				
Nombre científico/ Scientific name	**Abundancia en los sitios visitados/ Abundance at the sites visited**			**Hábitat/ Habitat**
	Ojo de Contaya	Tapiche	Divisor	
Malacoptila semicincta	U	–	U	tf
Nonnula rubecula	–	U	–	tf, rf
Monasa nigrifrons	–	F	–	rf
Monasa morphoeus	U	U	F	tf
Chelidoptera tenebrosa	–	F	–	rf, r
Capitonidae (3)				
Capito auratus	F	F	F	tf
Eubucco richardsoni	–	F	U	rf, tf
Eubucco tucinkae	–	U	–	rf
Ramphastidae (8)				
Aulacorhynchus prasinus	–	U	–	rf
Pteroglossus inscriptus	–	R*	–	?
Pteroglossus azara	–	U	–	?
Pteroglossus castanotis	R	R	–	tf
Pteroglossus beauharnaesii	–	R	–	?
Selenidera reinwardtii	F	F	F	tf
Ramphastos vitellinus	F	F	U	tf, rf
Ramphastos tucanus	F	F	F	tf, rf
Picidae (13)				
Picumnus aurifrons	R	U	X	tf, rf
Melanerpes cruentatus	F	F	X	tf, rf
Veniliornis affinis	–	U	U	tf
Piculus leucolaemus	–	X*	–	tf
Piculus flavigula	–	X	X	tf
Piculus chrysochloros	F	U	R	tf
Celeus grammicus	U	F	U	tf
Celeus elegans	R	U	–	tf
Celeus flavus	–	U	–	rf
Celeus spectabilis	–	U*	–	rf
Dryocopus lineatus	–	F	–	rf
Campephilus rubricollis	U	F	U	tf
Campephilus melanoleucos	–	F	–	rf
Dendrocolaptidae (15)				
Dendrocincla fuliginosa	U	U	U	tf
Deconychura longicauda	U	U	–	tf
Deconychura stictolaema	R	–	–	tf
Sittasomus griseicapillus	–	U	–	tf
Glyphorynchus spirurus	F	F	F	tf

LEYENDA/LEGEND

Abundancia/Abundance

F = Común (diariamente en hábitat propio)/Common (daily in proper habitat)

U = Incomun (menos que diariamente)/Uncommon (less than daily)

R = Raro (un o dos registros)/ Rare (one or two records)

X = Un solo registro por sitio/ One record per site

* = Registrado solamente por el equipo de avanzada que hizo las trochas/Reported only by the advance trail-cutting team

Hábitat/Habitat

a = Aguajal/*Mauritia* palm swamp

co = Cocha/Oxbow lake

o = Aire/Overhead

q = Quebrada/Stream

r = Ríos y playas/ Rivers and beaches

rf = Orillas de ríos y cochas/ Edges of rivers and oxbow lakes

sf = Bosques enanos en las crestas/Stunted, ridge-crest forests

tf = Bosques de tierra firme/ Terra firme forests

AVES / BIRDS				
Nombre científico/ Scientific name	**Abundancia en los sitios visitados/ Abundance at the sites visited**			**Hábitat/ Habitat**
	Ojo de Contaya	Tapiche	Divisor	
Nasica longirostris	–	U	–	a
Dendrexetastes rufigula	–	F	–	rf
Hylexetastes stresemanni	–	X	–	tf
Xiphocolaptes promeropirhynchus	–	X*	–	?
Dendrocolaptes certhia	R	U	U	tf
Dendrocolaptes picumnus	U	R	–	tf
Xiphorhynchus picus	–	R	–	rf
Xiphorhynchus elegans	F	F	F	tf
Xiphorhynchus guttatus	–	F	U	tf
Campylorhamphus trochilirostris	–	X	–	?
Furnariidae (17)				
Furnarius leucopus	–	U	–	r
Cranioleuca gutturata	–	X	X	tf
Thripophaga fusciceps	–	F	–	rf
Berlepschia rikeri	–	F	–	a
Ancistrops strigilatus	U	U	X	tf
Hyloctistes subulatus	F	U	F	tf, rf
Philydor ruficaudatum	U	U	X	tf
Philydor erythropterum	X	U	x	tf
Automolus ochrolaemus	–	F	F	rf, tf
Automolus infuscatus	F	F	U	tf
Automolus melanopezus	–	X*	–	?
Automolus rubiginosus	R	U	X	tf
Automolus rufipileatus	–	F	–	tf
Sclerurus rufigularis	R	R	U	tf
Xenops milleri	U	–	–	tf
Xenops tenuirostris	–	X	X	?
Xenops minutus	X	U	X	tf
Thamnophilidae (44)				
Cymbilaimus lineatus	F	U	F	tf
Frederickena unduligera	–	X	–	tf
Taraba major	–	F	–	rf
Thamnophilus aethiops	–	X*	–	?
Thamnophilus schistaceus	U	F	F	tf
Thamnophilus murinus	F	U	F	tf
Thamnophilus divisorius	F	–	F	sf
Neoctantes niger	–	X	–	rf
Thamnomanes ardesiacus	–	–	F	tf

AVES / BIRDS				
Nombre científico/ **Scientific name**	**Abundancia en los sitios visitados/** **Abundance at the sites visited**			**Hábitat/** **Habitat**
	Ojo de Contaya	Tapiche	Divisor	
Thamnomanes ardesiacus/saturninus	–	U	–	tf
Thamnomanes saturninus	F	–	U	tf
Thamnomanes schistogynus	–	F	–	tf, rf
Pygiptila stellaris	U	U	U	tf, rf
Myrmotherula leucophthalma	–	U	U	tf, rf
Myrmotherula haematonota	F	U	F	tf
Myrmotherula ornata	–	X*	X	?
Myrmotherula brachyura	F	F	F	tf
Myrmotherula ignota	R	X	–	tf
Myrmotherula sclateri	F	U	F	tf
Myrmotherula surinamensis	–	F	–	rf
Myrmotherula axillaris	–	F	–	tf, rf
Myrmotherula longipennis	F	F	F	tf
Myrmotherula iheringi	–	–	X	tf
Myrmotherula menetriesii	U	U	U	tf
Dichrozona cincta	–	R	–	tf
Microrhopias quixensis	–	R	–	rf
Tenenura humeralis	U	U	R	tf
Cercomacra cinerascens	–	F	F	tf
Cercomacra nigrescens	–	R	–	rf
Cercomacra serva	U	F	F	rf, tf
Myrmoborus leucophrys	–	F	–	rf
Myrmoborus myotherinus	F	U	F	tf
Hypocnemis cantator	–	F	R	rf, q
Hypocnemis hypoxantha	F	U	F	tf
Sclateria naevia	–	U	–	a
Percnostola schistacea	F	X	F	tf
Percnostola leucostigma	X	X	X	tf
Myrmeciza hemimelaena	X	F	F	tf
Myrmeciza fortis	U	F	F	tf, rf
Gymnopithys salvini	U	U	U	tf
Rhegmatorhina melanosticta	U	U	U	tf
Hylophylax naevius	–	R	–	tf
Hylophylax poecilinotus	F	U	R	tf
Phlegopsis nigromaculata	–	U	–	?
Phlegopsis erythroptera	–	X	–	tf
Formicariidae (3)				
Formicarius colma	U	X	–	tf

LEYENDA/LEGEND

Abundancia/Abundance

F = Común (diariamente en hábitat propio)/Common (daily in proper habitat)

U = Incomun (menos que diariamente)/Uncommon (less than daily)

R = Raro (un o dos registros)/ Rare (one or two records)

X = Un solo registro por sitio/ One record per site

* = Registrado solamente por el equipo de avanzada que hizo las trochas/Reported only by the advance trail-cutting team

Hábitat/Habitat

a = Aguajal/*Mauritia* palm swamp

co = Cocha/Oxbow lake

o = Aire/Overhead

q = Quebrada/Stream

r = Ríos y playas/ Rivers and beaches

rf = Orillas de ríos y cochas/ Edges of rivers and oxbow lakes

sf = Bosques enanos en las crestas/Stunted, ridge-crest forests

tf = Bosques de tierra firme/ Terra firme forests

AVES / BIRDS				
Nombre científico/ **Scientific name**	**Abundancia en los sitios visitados/** **Abundance at the sites visited**			**Hábitat/** **Habitat**
	Ojo de Contaya	Tapiche	Divisor	
Formicarius analis	–	F	–	rf
Myrmothera campanisona	–	U*	U	tf
Conopophagidae (1)				
Conopophaga aurita	U	X	R	tf
Rhinocryptidae (1)				
Liosceles thoracicus	F	X	X	tf
Tyrannidae (48)				
Tyrannulus elatus	F	U	–	rf, tf
Myiopagis gaimardii	F	F	F	tf
Myiopagis caniceps	F	U	U	tf
Ornithion inerme	–	U	U	tf
Corythopis torquatus	R	X	X	tf
Zimmerius gracilipes	F	U	U	tf
Mionectes oleagineus	F	U	F	tf
Leptopogon amaurocephalus	–	U	–	rf
Myiornis ecaudatus	F	R	–	tf
Lophotriccus vitiosus	X	F	F	tf
Hemitriccus griseipectus	U	F	–	tf
Hemitriccus iohannis	–	R	–	?
Hemitriccus minimus	F	X	F	sf
Poecilotriccus latirostris	–	U	–	rf
Todirostrum maculatum	–	F	–	rf
Todirostrum chrysocrotaphum	–	U	–	rf
Rhynchocyclus olivaceus	–	R	R	tf
Tolmomyias assimilis	R	U	–	tf
Tolmomyias poliocephalus	–	U	U	rf
Tolmomyias flaviventris	–	X*	–	rf
Platyrinchus platyrhynchos	–	X	X	tf
Onychorhynchus coronatus	–	–	U	tf
Myiobius barbatus	F	U	U	tf
Terenotriccus erythrurus	U	U	X	tf
Lathrotriccus euleri	F	U	F	tf
Cnemotriccus fuscatus duidae	–	–	F	sf
Ochthornis littoralis	–	F	–	r
Legatus leucophaius	–	F	X	rf
Myiozetetes similis	–	U	–	rf
Myiozetetes granadensis	–	U	–	rf
Myiozetetes luteiventris	U	–	R	tf

AVES / BIRDS				
Nombre científico/ **Scientific name**	**Abundancia en los sitios visitados/** **Abundance at the sites visited**			**Hábitat/** **Habitat**
	Ojo de Contaya	Tapiche	Divisor	
Pitangus sulphuratus	–	U	–	rf
Conopias parvus	U	–	–	tf
Myiodynastes maculatus	X	–	–	tf
Tyrannus melancholicus	–	F	–	rf
Rhytipterna simplex	F	U	F	tf
Sirystes sibilator	–	U*	–	?
Myiarchus ferox	–	F	–	rf
Ramphotrigon ruficauda	F	U	R	tf
Attila citriniventris	–	X	–	?
Attila bolivianus	–	X	–	tf
Attila spadiceus	U	U	R	tf
Pachyramphus castaneus	–	U*	–	?
Pachyramphus polychopterus	–	F	–	rf
Pachyramphus marginatus	–	X*	X	tf
Pachyramphus minor	–	U	X	tf
Tityra cayana	–	X*	–	?
Tityra semifasciata	–	U	–	rf
Cotingidae (7)				
Laniocera hypopyrra	U	U	X	tf
Iodopleura isabellae	–	–	R	tf
Cotinga maynana	–	U	–	rf
Cotinga cayana	X	X*	–	?
Lipaugus vociferans	F	F	F	tf
Gymnoderus foetidus	–	X*	–	?
Querula purpurata	U	U	F	tf
Pipridae (10)				
Schiffornis turdina	F	–	F	tf
Piprites chloris	U	U	F	tf
Tyranneutes stolzmanni	F	F	F	tf, rf
Machaeropterus regulus	–	F	X	tf
Machaeropterus pyrocephalus	–	U	–	tf
Lepidothrix coronata	–	F	U	tf
Manacus manacus	–	F	R	tf, rf
Chiroxiphia pareola	–	–	R	tf
Dixiphia pipra	F	–	F	tf
Pipra rubrocapilla	–	F	–	tf
Vireonidae (6)				
Cyclarhis gujanensis	–	X*	–	?

LEYENDA/LEGEND

Abundancia/Abundance

F = Común (diariamente en hábitat propio)/Common (daily in proper habitat)

U = Incomun (menos que diariamente)/Uncommon (less than daily)

R = Raro (un o dos registros)/ Rare (one or two records)

X = Un solo registro por sitio/ One record per site

* = Registrado solamente por el equipo de avanzada que hizo las trochas/Reported only by the advance trail-cutting team

Hábitat/Habitat

a = Aguajal/*Mauritia* palm swamp

co = Cocha/Oxbow lake

o = Aire/Overhead

q = Quebrada/Stream

r = Ríos y playas/ Rivers and beaches

rf = Orillas de ríos y cochas/ Edges of rivers and oxbow lakes

sf = Bosques enanos en las crestas/Stunted, ridge-crest forests

tf = Bosques de tierra firme/ Terra firme forests

AVES / BIRDS			
Nombre científico/ Scientific name	**Abundancia en los sitios visitados/ Abundance at the sites visited**		**Hábitat/ Habitat**
	Ojo de Contaya	Tapiche	Divisor	
Vireolanius leucotis	–	–	X	tf
Vireo olivaceus	–	X	–	tf
Hylophilus thoracicus	–	X	U	tf
Hylophilus hypoxanthus	F	F	F	tf
Hylophilus ochraceiceps	–	–	U	tf
Corvidae (1)				
Cyanocorax violaceus	–	F	–	rf
Hirundinidae (4)				
Progne tapera	–	U	–	r
Atticora fasciata	–	F	–	r
Neochelidon tibialis	X	–	U	tf
Stelgidopteryx ruficollis	–	F	–	r
Troglodytidae (4)				
Campylorhynchus turdinus	–	F	–	rf
Thryothorus genibarbis	–	F	U	rf, q
Microcerculus marginatus	F	F	F	tf
Donacobius atricapilla	–	U	–	co
Sylviidae (2)				
Ramphocaenus melanurus	–	F	F	tf
Polioptila plumbea	–	X*	–	?
Turdidae (2)				
Turdus lawrencii	U	F	U	tf
Turdus albicollis	R	R	X	tf
Thraupidae (26)				
Cissopis leverianus	–	F	–	rf
Lamprospiza melanoleuca	R	–	X	tf
Tachyphonus rufiventer	U	U	U	tf
Tachyphonus surinamus	U	U	F	tf
Tachyphonus luctuosus	–	X	–	?
Lanio versicolor	F	F	U	tf
Ramphocelus nigrogularis	–	U*	–	?
Ramphocelus carbo	–	F	–	rf
Thraupis episcopus	–	U	–	rf
Thraupis palmarum	–	F	X	a
Tangara mexicana	–	U	X	tf
Tangara chilensis	F	F	F	tf
Tangara schrankii	U	U	U	tf
Tangara xanthogastra	X	–	R	tf

AVES / BIRDS			
Nombre científico/ Scientific name	**Abundancia en los sitios visitados****/ Abundance at the sites visited******		**Hábitat/ Habitat**
	Ojo de Contaya	Tapiche	Divisor	
Tangara gyrola	–	X	U	tf
Tangara nigrocincta	X	–	X	tf
Tangara velia	–	R	X	tf
Tangara callophrys	X	–	–	tf
Tersina viridis	X	U	X	tf
Dacnis cayana	–	–	X	tf
Cyanerpes nitidus	U	X	U	tf
Cyanerpes caeruleus	F	X	U	tf
Cyanerpes cyaneus			X	tf
Chlorophanes spiza	U	U	?	tf
Hemithraupis flavicollis	U	X	U	tf
Habia rubica	X	–	U	tf
Emberizidae (1)				
Ammodramus aurifrons	–	U	–	r
Cardinalidae (4)				
Parkerthraustes humeralis	X	–	–	tf
Saltator grossus	–	F	F	tf, rf
Saltator maximus	–	F	U	tf
Cyanocompsa cyanoides	–	U	X	tf
Parulidae (1)				
Phaeothlypis fulvicauda	X	R	U	q
Icteridae (11)				
Psarocolius angustifrons	–	R*	–	?
Psarocolius decumanus	–	F	–	rf
Psarocolius bifasciatus	–	F	–	rf
Clypicterus oseryi	–	X*	–	?
Ocyalus latirostris	–	R	–	?
Cacicus solitarius	–	R	–	?
Cacicus cela	–	F	R	rf
Cacicus haemorrhous	–	–	X	tf
Icterus icterus	–	X*	–	?
Icterus cayanensis	–	U	U	tf
Molothrus oryzivorus	–	U*	–	?
Fringillidae (4)				
Euphonia laniirostris	–	X*	–	tf
Euphonia chrysopasta	–	U	–	rf
Euphonia xanthogaster	X	R	F	tf
Euphonia rufiventris	F	R	U	tf

LEYENDA/LEGEND

Abundancia/Abundance

F = Común (diariamente en
hábitat propio)/Common
(daily in proper habitat)

U = Incomun (menos que
diariamente)/Uncommon
(less than daily)

R = Raro (un o dos registros)/
Rare (one or two records)

X = Un solo registro por sitio/
One record per site

* = Registrado solamente por el
equipo de avanzada que hizo
las trochas/Reported only by
the advance trail-cutting team

** = Incluye 149 especies registrados
en Ojo de Contaya, 327 en
Tapiche, y 180 en Divisor, por
un total de 365 especies./
149 species registered at
Ojo de Contaya, 327 at Tapiche,
and 180 at Divisor, for a total
of 365 species.

Hábitat/Habitat

a = Aguajal/*Mauritia* palm swamp

co = Cocha/Oxbow lake

o = Aire/Overhead

q = Quebrada/Stream

r = Ríos y playas/
Rivers and beaches

rf = Orillas de ríos y cochas/
Edges of rivers and oxbow lakes

sf = Bosques enanos en
las crestas/Stunted,
ridge-crest forests

tf = Bosques de tierra firme/
Terra firme forests

Mamíferos Grandes/
Large Mammals

Mamíferos registrados y potencialmente presentes en tres sitios en la Zona Reservada Sierra del Divisor, Perú. La lista está basada en el trabajo de campo entre 6 y 24 de agosto del 2005 por M.L.S.P. Jorge, P. Velazco e asistentes locales. Los nombres en inglés siguen Emmons (1997), y los nombres en castellano y Shipibo son los utilizados por las comunidades locales.

MAMÍFEROS GRANDES / LARGE MAMMALS

Nombre científico/ Scientific name	Nombre Shipibo/ Shipibo name	Nombre en español/ Spanish name	Nombre en inglés/ English name	
DIDELPHIMORPHIA				
Didelphidae				
001 *Caluromys lanatus**	–	zorro	western woolly opossum	
002 *Chironectes minimus*	jenememasho	zorro de agua	water opossum	
003 *Didelphis marsupialis*	masho	zorro	common opossum	
004 *Metachirus nudicaudatus**	–	pericote	brown four-eyed opossum	
005 *Philander opossum**	–	zorro	common gray four-eyed opossum	
006 *Philander mcilhennyi*	–	zorro	McIlhenny's four-eyed opposum	
XENARTHRA				
Myrmecophagidae				
007 *Cyclopes didactylus**	naishaca	serafín	silky anteater	
008 *Myrmecophaga tridactyla**	shae	oso hormiguero	giant anteater	
009 *Tamandua tetradactyla*	bibi	shiui	southern tamandua	
Bradypodidae				
010 *Bradypus variegatus**	ponsón	pelejo	brown-throated three-toed sloth	
Megalonychidae				
011 *Choloepus didactylus*	joso ponsón	pelejo colorado	southern two-toed sloth	
Dasypodidae				
012 *Cabassous unicinctus**	–	trueno carachupa	southern naked-tailed armadillo	
013 *Dasypus kappleri**	masco yawis	carachupa	great long-nosed armadillo	
014 *Dasypus novemcinctus*	masco yawis	carachupa	nine-banded long-nosed armadillo	
015 *Priodontes maximus*	ani yawis	carachupa mama	giant armadillo	
PRIMATES				
Callitrichidae				
016 *Callimico goeldii*	huiso shipi	pichico negro	Goeldi's monkey	
017 *Callithrix pygmea**	jone shipi	leoncito	pygmy marmoset	
018 *Saguinus fuscicollis*	joshoepoya shipi	pichico	saddleback tamarin	
019 *Saguinus imperator**	joshoepoya shipi	pichico emperador	emperor tamarin	
020 *Saguinus mystax*	joshoepoya shipi	pichico barba blanca	black-chested mustached tamarin	
Cebidae				
021 *Cebus albifrons*	jososhino	machín blanco	white-fronted capuchin monkey	
022 *Cebus apella*	wisoshino	machín negro	brown capuchin monkey	
023 *Saimiri sciureus**	wasa	fraile	common squirrel monkey	
Aotidae				
024 *Aotus* sp.	riros	musmuqui	night monkey	
Pithecidae				
025 *Cacajao calvus*	jón wapo	huapo colorado	red uakari monkey	
026 *Callicebus caligatus*	rokaroka	tocón	booted titi monkey	

Mammals registered and potentially present in three inventory sites in the Zona Reservada Sierra del Divisor, Peru. The list is based on fieldwork from 6 to 24 August 2005 by M.L.S.P. Jorge, P. Velazco, and local assistants. English names follow Emmons (1997), and Spanish and Shipibo names are those used by local communities.

	Registros en los sitios/ Site records			IUCN	CITES	INRENA
	Ojo de Contaya	Tapiche	Divisor			
001	–	–	–	LR/nt	–	–
002	O	–	–	LR/nt		–
003	–	O	–	–		–
004	–	–	–	–		–
005	–	–	–	–	–	–
006	O	–	O	–	–	–
007	–	–	–	–	–	–
008	–	–	–	VU (A1cd)	II	vu
009	–	O	O	–	–	–
010	–	–	–	–	II	–
011	O	–	–	DD	–	–
012	–	–	–	–	–	–
013	–	–	–	–	–	–
014	H, M	M	M	–	–	–
015	–	M	–	EN (A1cd)	I	vu
016	–	O	–	NT	I	vu
017	–	–	–	–	II	–
018	–	O	O	–	II	–
019	–	–	–	–	II	–
020	–	O, V	–	–	II	–
021	O, V	–	O	–	II	–
022	O, V	O, V	O, V	–	II	–
023	–	–	–	–	II	–
024	–	O, V	–	–	II	–
025	O, V	O, V	–	NT	I	vu
026	–	O, V	–	–	II	–

LEYENDA/LEGEND

* = Esperado, pero no registrado/Expected, but not recorded

Registros/Records

O = Observación directa/ Direct observation

E = Excretas/Scats

H = Huellas/Tracks

V = Vocalizaciones/Calls

S = Senderos/Paths

A = Rastros de alimentación/ Food remains

M = Madrigueras/Den

R = Rasguños/Scratches

T = Trampas fotográficas/ Camera Traps

Categorías de la UICN/IUCN categories (*www.redlist.org*, 2004)

EN = En peligro/Endangered

VU = Vulnerable

LR/nt = Riesgo menor, no amenazada/ Low risk, not threatened

NT = Casi amenazada/ Near threatened

DD = Datos insuficientes/ Data deficient

Apéndices CITES/CITES Appendices (*www.cites.org*, 2004)

I = En vía de extinción/ Threatened with extinction

II = Vulnerables o potencialmente amenazadas/Vulnerable or potentially threatened

III = Reguladas/Regulated

Categorias INRENA/ INRENA categories (DS.034-2004-AG, 2004)

cr = En peligro crítico/ Critically endangered

en = En peligro/Endangered

vu = Vulnerable

nt = Casi Amenazado/ Near Threatened

MAMÍFEROS GRANDES / LARGE MAMMALS

	Nombre científico/ Scientific name	Nombre Shipibo/ Shipibo name	Nombre en español/ Spanish name	Nombre en inglés/ English name	
027	Callicebus cupreus	rokaroka	tocón	coppery titi monkey	
028	Pithecia monachus	wapo	huapo negro	monk saki monkey	
	Atelidae				
029	Ateles chamek	iso	maquisapa	black spider monkey	
030	Alouatta seniculus	roro	coto	red howler monkey	
031	Lagothrix poeppigii	isocoro	mono choro	common woolly monkey	
CARNIVORA					
	Canidae				
032	Atelocynus microtis*	wiso boca	perro de monte	short-eared dog	
033	Speothos venaticus*	boca	perro de monte	bush dog	
	Procyonidae				
034	Bassaricyon gabbii*	–	chosna	olingo	
035	Nasua nasua	shishi	achuni, coati	South American coati	
036	Potos flavus	chosna	chosna	kinkajou	
037	Procyon cancrivorus*	–	–	crab-eating raccoon	
	Mustelidae				
038	Eira barbara	boca	manco	tayra	
039	Galictis vittata*	–	sacha perro	great grison	
040	Lontra longicaudis	neino	nutria	neotropical river otter	
041	Mustela africana*	–	–	Amazon weasel	
042	Mustela frenata*	–	–	long-tailed weasel	
043	Pteronura brasiliensis*	bonsin	lobo de río	giant otter	
	Felidae				
044	Herpailurus yaguaroundi*	mishito	anushi puma	jaguarundi	
045	Leopardus pardalis	awapa	tigrillo	ocelot	
046	Leopardus wiedii*	awapa	huamburushu	margay	
047	Panthera onca	ino	otorongo	jaguar	
048	Puma concolor	jon ino	tigre colorado, puma	puma	
PERISSODACTYLA					
	Tapiridae				
049	Tapirus terrestris	awa	sachavaca	South American tapir	
ARTIODACTYLA					
	Tayassuidae				
050	Pecari tajacu	jono	sajino	collared peccary	
051	Tayassu pecari	yawa	huangana	white-lipped peccary	
	Cervidae				
052	Mazama americana	chasho	venado colorado	red brocket deer	

Registros en los sitios/ Site records			IUCN	CITES	INRENA
Ojo de Contaya	Tapiche	Divisor			
027 –	O, V	–	–	II	–
028 O, V	O, V	–	–	II	–
029 O, V	O, V	O	–	II	vu
030 –	O, V	–	–	II	nt
031 O, V	O, V	O, V	NT	II	nt
032 –	–	–	DD	–	–
033 –	–	–	VU (C2a[i])	I	–
034 –	–	–	LR/nt	–	–
035 –	O	–	–	–	–
036 O	O	–	–	–	–
037 –	–	–	–	–	–
038 H	O	O	–	–	–
039 –	–	–	–	–	–
040 H	O, H	–	DD	I	–
041 –	–	–	DD	–	–
042 –	–	–	–	–	–
043 –	–	–	EN (A3ce)	I	en
044 –	–	–	–	II	–
045 T, H	–	–	–	I	–
046 –	–	–	–	I	–
047 H, R	O, H	O, R	NT	I	nt
048 –	–	H	NT	II	nt
049 O, H, E	O, T, E, H	E, H	VU (A2cd +3cd+4cd)	II	vu
050 H	O, H	O, V, H	–	II	–
051 –	O, H	–	–	II	–
052 O, T, H	O, E, H	H	DD	–	–

LEYENDA/LEGEND

* = Esperado, pero no registrado/Expected, but not recorded

Registros/Records

O = Observación directa/ Direct observation

E = Excretas/Scats

H = Huellas/Tracks

V = Vocalizaciones/Calls

S = Senderos/Paths

A = Rastros de alimentación/ Food remains

M = Madrigueras/Den

R = Rasguños/Scratches

T = Trampas fotográficas/ Camera Traps

Categorías de la UICN/IUCN categories (*www.redlist.org*, 2004)

EN = En peligro/Endangered

VU = Vulnerable

LR/nt = Riesgo menor, no amenazada/ Low risk, not threatened

NT = Casi amenazada/ Near threatened

DD = Datos insuficientes/ Data deficient

Apéndices CITES/CITES Appendices (*www.cites.org*, 2004)

I = En vía de extinción/ Threatened with extinction

II = Vulnerables o potencialmente amenazadas/Vulnerable or potentially threatened

III = Reguladas/Regulated

Categorias INRENA/ INRENA categories (DS.034-2004-AG, 2004)

cr = En peligro crítico/ Critically endangered

en = En peligro/Endangered

vu = Vulnerable

nt = Casi Amenazado/ Near Threatened

MAMÍFEROS GRANDES / LARGE MAMMALS				
Nombre científico/ Scientific name	**Nombre Shipibo/ Shipibo name**	**Nombre en español/ Spanish name**	**Nombre en inglés/ English name**	
053 *Mazama gouazoubira*	coro chasho	venado gris	gray brocket deer	
RODENTIA				
Sciuridae				
054 *Microsciurus flaviventer*	shoya shipi	ardilla	Amazon dwarf squirrel	
055 *Sciurillus pusillus**	–	ardilla	neotropical pygmy squirrel	
056 *Sciurus ignitus*	capa	ardilla	Bolivian squirrel	
057 *Sciurus igniventris*	capa	huayhuashi	Northern Amazon red squirrel	
058 *Sciurus spadiceus*	capa	huayhuashi	Southern Amazon red squirrel	
Erethizontidae				
059 *Coendou prehensilis**	isa	cashacushillo	Brazilian porcupine	
Dinomyidae				
060 *Dinomys branickii**	jwinaya ano	–	pacarana	
Hydrochaeridae				
061 *Hydrochaeris hydrochaeris*	amén	ronsoco	capybara	
Cuniculidae				
062 *Cuniculus paca*	ani ano	majás, picuro	paca	
Dasyproctidae				
063 *Dasyprocta fuliginosa*	wiso ano	añuje	black agouti	
064 *Myoprocta pratti**	shanus	punchana	green acouchy	
Número de especies por sitio/ Number of species per site	–	–	–	

**Mamíferos Grandes/
Large Mammals**

	Registros en los sitios/ Site records			IUCN	CITES	INRENA
	Ojo de Contaya	Tapiche	Divisor			
053	R	O	–	DD	–	–
054	O	O	O	–	–	–
055	–	–	–	–	–	–
056	O	–	–	–	–	–
057	–	–	–	–	–	–
058	O	O	O	–	–	–
059	–	–	–	–	–	–
060	–	–	–	EN (A1cd)	–	en
061	–	H	–	–	–	–
062	O, V, H, M	O, T, M	O, H	–	–	–
063	–	O, V	O, V	–	–	–
064	–	–	–	–	–	–
	23	**31**	**18**	–	–	–

LEYENDA/LEGEND

* = Esperado, pero no registrado/Expected, but not recorded

Registros/Records

O = Observación directa/ Direct observation

E = Excretas/Scats

H = Huellas/Tracks

V = Vocalizaciones/Calls

S = Senderos/Paths

A = Rastros de alimentación/ Food remains

M = Madrigueras/Den

R = Rasguños/Scratches

T = Trampas fotográficas/ Camera Traps

Categorías de la UICN/IUCN categories
(*www.redlist.org*, 2004)

EN = En peligro/Endangered

VU = Vulnerable

LR/nt = Riesgo menor, no amenazada/ Low risk, not threatened

NT = Casi amenazada/ Near threatened

DD = Datos insuficientes/ Data deficient

Apéndices CITES/CITES Appendices
(*www.cites.org*, 2004)

I = En vía de extinción/ Threatened with extinction

II = Vulnerables o potencialmente amenazadas/Vulnerable or potentially threatened

III = Reguladas/Regulated

**Categorias INRENA/
INRENA categories**
(DS.034-2004-AG, 2004)

cr = En peligro crítico/ Critically endangered

en = En peligro/Endangered

vu = Vulnerable

nt = Casi Amenazado/ Near Threatened

**Inventarios Regionales
de Mamíferos/Regional
Mammal Inventories**

Una comparición de inventarios de mamíferos al nivel regional. Comparamos datos del inventario de la Zona Reservada Sierra del Divisor en Perú (6 al 24 de agosto 2005) con tres inventarios previos dentro de la misma Zona Reservada y dos inventarios de bosque contiguo en Brasil, en el Parque Nacional da Serra do Divisor. Compilado por M.L.S.P. Jorge y P. Velasco.

INVENTARIOS REGIONALES DE MAMÍFEROS / REGIONAL MAMMAL INVENTORIES

Nombre científico/ Scientific name	Zona Reservada Sierra del Divisor, Peru				Parque Nacional da Serra do Divisor, Brasil	
	Jorge & Velazco (este volumen/ this volume)	ProNaturaleza 2004	ProNaturaleza 2001	Amanzo 2006	Whitney et al. 1996	Whitney et al. 1997
DIDELPHIMORPHIA						
Didelphidae						
Caluromys lanatus	–	–	–	–	–	–
Chironectes minimus	X	–	–	–	–	–
Didelphis marsupialis	X	–	–	X	–	–
Metachirus nudicaudatus	–	–	–	–	–	–
Philander opossum	–	–	–	–	–	–
Philander mcilhennyi	X	–	–	–	–	–
XENARTHRA						
Myrmecophagidae						
Cyclopes didactylus	–	–	–	–	–	–
Myrmecophaga tridactyla	–	X	–	X	–	–
Tamandua tetradactyla	X	X	–	X	–	–
Bradypodidae						
Bradypus variegatus	–	–	–	X	–	X
Megalonychidae						
Choloepus didactylus	X	–	–	X	X	–
Dasypodidae						
Cabassous unicinctus	–	–	–	X	–	–
Dasypus kappleri	–	–	–	X	–	–
Dasypus novemcinctus	X	X	X	X	–	–
Priodontes maximus	X	X	X	X	–	–
PRIMATES						
Callitrichidae						
Callimico goeldii	X	–	–	–	X	–
Callithrix pygmea	–	–	X	–	–	–
Saguinus fuscicollis	X	X	X	X	X	X
Saguinus imperator	–	–	–	–	–	X
Saguinus mystax	X	X	–	X	X	X
Cebidae						
Cebus albifrons	X	X	X	X	X	–
Cebus apella	X	X	X	X	X	–
Saimiri sciureus	–	X	X	X	X	–
Aotidae						
Aotus sp.	X	X	X	X	X	X
Pithecidae						
Cacajao calvus	X	X	X	–	X	–

A comparison of regional mammal inventories. We compare data from this inventory of the Zona Reservada Sierra del Divisor, Peru (6 to 24 August 2005) to three previous inventories within the same Zona Reservada and two inventories from a contiguous forest in Brazil, in the Parque Nacional da Serra do Divisor. Compiled by M.L.S.P. Jorge and P. Velasco.

Inventarios Regionales de Mamíferos/Regional Mammal Inventories

INVENTARIOS REGIONALES DE MAMÍFEROS / REGIONAL MAMMAL INVENTORIES

Nombre científico/ Scientific name	Zona Reservada Sierra del Divisor, Peru				Parque Nacional da Serra do Divisor, Brasil	
	Jorge & Velazco (este volumen/ this volume)	ProNaturaleza 2004	ProNaturaleza 2001	Amanzo 2006	Whitney et al. 1996	Whitney et al. 1997
Callicebus caligatus	X	–	–	–	X	X
Callicebus cupreus	X	–	X	X	–	–
Pithecia monachus	X	X	X	X	X	–
Atelidae						
Ateles chamek	X	X	–	X	X	–
Alouatta seniculus	X	X	X	X	X	X
Lagothrix poeppigii	X	X	X	X	X	–
CARNIVORA						
Canidae						
Atelocynus microtis	–	–	–	–	–	–
Speothos venaticus	–	–	–	–	–	–
Procyonidae						
Bassaricyon gabbii	–	–	–	–	–	–
Nasua nasua	X	–	–	–	–	–
Potos flavus	X	–	X	X	–	–
Procyon cancrivorus	–	–	–	–	–	–
Mustelidae						
Eira barbara	X	X	X	X	X	X
Galictis vittata	–	–	–	–	–	–
Lontra longicaudis	X	–	X	–	X	X
Mustela africana	–	–	–	–	–	–
Mustela frenata	–	–	–	–	–	–
Pteronura brasiliensis	–	–	–	–	–	–
Felidae						
Herpailurus yaguaroundi	–	–	–	–	–	–
Leopardus pardalis	X	X	X	X	–	–
Leopardus wiedii	–	–	–	–	–	–
Panthera onca	X	X	X	X	X	X
Puma concolor	X	–	–	–	–	–
CETACEA						
Platanistidae						
Inia geoffrensis	–	–	–	X	–	X
Delphinidae						
Sotalia fluviatilis	–	–	–	–	–	–
PERISSODACTYLA						
Tapiridae						
Tapirus terrestris	X	X	X	X	X	X

INVENTARIOS REGIONALES DE MAMÍFEROS / REGIONAL MAMMAL INVENTORIES						
Nombre científico/ Scientific name	**Zona Reservada Sierra del Divisor, Peru**				**Parque Nacional da Serra do Divisor, Brasil**	
	Jorge & Velazco (este volumen/ this volume)	ProNaturaleza 2004	ProNaturaleza 2001	Amanzo 2006	Whitney et al. 1996	Whitney et al. 1997
ARTIODACTYLA						
Tayassuidae						
Pecari tajacu	X	X	X	X	–	X
Tayassu pecari	X	X	–	–	X	–
Cervidae						
Mazama americana	X	X	X	X	X	X
Mazama gouazoubira	X	X	–	X	–	–
RODENTIA						
Sciuridae						
Microsciurus flaviventer	X	–	X	X	X	X
Sciurillus pusillus	–	X	–	–	X	–
Sciurus ignitus	X	–	–	X	X	–
Sciurus igniventris	–	X	–	–	–	
Sciurus spadiceus	X	X	X	X	X	X
Erethizontidae						
Coendou prehensilis	–	–	–	–	–	–
Dinomyidae						
Dinomys branickii	–	–	–	–	X	–
Hydrochaeridae						
Hydrochaeris hydrochaeris	X	–	X	X	X	X
Cuniculidae						
Cuniculus paca	X	X	X	X	X	X
Dasyproctidae						
Dasyprocta fuliginosa	X	X	X	X	X	–
Myoprocta pratti	–	X	–	–	–	–
Número de especies/ Number of species	38	29	26	35	28	18
Número de sitios/Number of sites	3	3	2	1	6	6
Días muestreados/Days sampled	15	14	17	4	19	17

Especies de murciélagos registrados por M.L.S.P. Jorge y P. Velazco en tres sitios durante el inventario biologico rapido entre 6 y 24 de agosto del 2005 en la Zona Reservada Sierra del Divisor, Perú y su presencia en inventarios previos en la region.

Murciélagos/Bats

MURCIÉLAGOS / BATS						
Nombre científico/Scientific name	Abundancia en los sitios visitados/ Abundance at the sites visited			Inventarios previos/ Previous inventories		Estatus/ Status
	Ojo de Contaya	Tapiche	Divisor	ProNaturaleza 2001	ProNaturaleza 2004	
CHIROPTERA						
Emballonuridae						
Saccopteryx bilineata	–	–	15	X	–	LR:lc
Phyllostomidae						
Phyllostominae						
Chrotopterus auritus	–	–	1	–	–	LR:lc
Lonchorhina aurita	–	–	–	X	–	LR:lc
Lophostoma silvicolum	–	–	1	–	X	LR:lc
Macrophyllum macrophyllum	–	–	–	X	–	LR:lc
Micronycteris megalotis	–	–	–	X	–	LR:lc
Mimon crenulatum	–	–	–	X	–	LR:lc
Phyllostomus elongatus	1	–	–	X	X	LR:lc
Phyllostomus hastatus	1	–	–	–	–	LR:lc
Tonatia saurophila	–	–	1	–	–	LR:lc
Carolliinae						
Carollia brevicauda	8	2	2	X	X	LR:lc
Carollia castanea	2	–	1	–	–	LR:lc
Carollia perspicillata	7	–	1	X	X	LR:lc
Rhinophylla pumilio	1	1	2	–	X	LR:lc
Glossophaginae						
Glossophaga soricina	–	–	–	–	X	LR:lc
Stenodermatinae						
Artibeus lituratus	1	1	–	X	X	LR:lc
Artibeus obscurus	1	2	5	X	X	LR:nt
Artibeus planirostris	2	1	–	X	X	LR:lc
Chiroderma trinitatum	–	1	–	X	–	LR:lc
Dermanura anderseni	–	–	–	–	X	LR:lc
Dermanura cinerea	–	–	–	X	–	LR:lc
Dermanura glauca	2	–	–	–	–	LR:lc
Enchisthenes hartii	2	–	–	–	–	LR:lc
Mesophylla macconnelli	2	–	–	X	X	LR:lc
Platyrrhinus brachycephalus	–	1	–	–	–	LR:lc
Platyrrhinus helleri	–	2	–	–	–	LR:lc
Platyrrhinus infuscus	1	–	–	X	X	LR:nt

LEYENDA/LEGEND — **Estatus de conservacíon por la UICN/IUCN conservation status (Hutson et al. 2004)**

LR:nt = Riesgo menor, casi amenazada/Low risk, near threatened

LR:lc = Riesgo menor, poca preocupación/Low risk, least concern

Murciélagos/Bats

Bat species registered by M.L.S.P. Jorge and P. Velazco at three inventory sites during the rapid biological inventory of the Zona Reservada Sierra del Divisor, Peru, from 6 to 24 August 2005 and their presence during previous inventories in the region.

MURCIÉLAGOS / BATS						
Nombre científico/Scientific name	**Abundancia en los sitios visitados/ Abundance at the sites visited**			**Inventarios previos/ Previous inventories**		**Estatus/ Status**
	Ojo de Contaya	Tapiche	Divisor	ProNaturaleza 2001	ProNaturaleza 2004	
Sturnira magna	–	–	–	–	X	LR:nt
Sturnira tildae	–	–	–	X	–	LR:lc
Uroderma bilobatum	–	1	–	X	X	LR:lc
Vampyressa bidens	2	–	–	X	–	LR:nt
Vampyressa pusilla	1	1	1	X	X	LR:lc
Vampyrodes caraccioli	–	1	–	–	–	LR:lc
Molossidae						
Molossus molossus	–	–	–	–	X	LR:lc
Thyropteridae						
Thyroptera tricolor	–	1	–	–	–	LR:lc
Vespertilionidae						
Myotis nigricans	–	–	–	X	–	LR:lc
Myotis sp.	1	–	–	–	–	–
Número de especies/ Number of species	16	26*	10	20	16	

* De que observamos 12 durante luna llena./Of which we observed 12 during a full moon.

Demografía de nueve asentamientos humanos cercanos a la Zona Reservada Sierra del Divisor que
fueron visitados durante el inventario social entre 2 y 22 del agosto del 2005. Compilación por A. Nogués./
Demography of nine settlements near the Zona Reservada Sierra del Divisor that were visited during the
social inventory from 2 to 22 August 2005. Compiled by A. Nogués.

ASENTAMIENTOS HUMANOS/HUMAN SETTLEMENTS

Asentamiento/ Settlement	Cuenca/ Watershed	Población/ Population	Número de familias/Number of families	Procedencia/ Origins	Tamaño/ Size (ha)
Comunidad Nativa San Mateo	Río Abujao	52	12	Atalaya, Gran Pajonal (Perú); Paciencia, Sargento Lores (Brasil)	4,638
Caserio Vista Alegre	Río Callería	35	8	Iquitos, Pucallpa (Perú)	1,216
Caserio Guacamayo	Río Callería	ca. 45	12	Pucallpa, otras regiónes (Perú)/Pucallpa, other regions (Peru)	1,500
C.N. Callería	Río Callería	400	75	Nativos de la región/ Native to the region	4,036
C.N. Patria Nueva	Río Callería	265	60	Nativos de la región/ Native to the region	3,052
Caserio Bellavista	Río Tapiche	100	20	Colombia; Iquitos, Nauta, Requena (Perú)	–
Caserío Canelos	Río Ucayali	720	172	San Martín, Pucallpa, Huánuco (Perú)	8,600
C.N. Limón Cocha	Río Tapiche	158	28	Nativos de la región/ Native to the region	–
C.N. Canchahuaya	Río Ucayali	182	46	Nativos de la región/ Native to the region	–

**Fortalezas Sociales/
Social Assets**

Fortalezas sociales que fueron identificados durante el inventario social de nueve asentamientos humanos cercanos a la Zona Reservada Sierra del Divisor del 2 al 22 de agosto del 2005. Compilación por A. Nogués.

FORTALEZAS SOCIALES

Comunidad	Cuenca	Etnia	Fortalezas		Visión para el futuro
			Organizacionales	Uso de Recursos	
Comunidad Nativa San Mateo	Río Abujao	Asheninka	Trabajo comunal en minga Organización rápida de comuneros mediante amenazas	Utilización de diversidad de recursos para autoconsumo Área titulada satisface necesidades Extracción de madera de baja escala y bajo impacto	Cuidar sus recursos de madereros y mineros que amenazan Mantener su cultura y su lengua materna Tener mayor población de plantas medicinales, frutales, y otros
C.N. Patria Nueva	Río Callería	Shipibo	Comité Local de Vigilancia de Pescadores (COLOVIPE) Club de Madres Capacidad de relacionarse al nivel comunal con instituciones de apoyo Biohuerto Junta de Administración Saneamiento Sanitario Colaboración con comunidades vecinas Trabajo comunal semanalmente	Reforestación de bolaina, caoba, cedro, sangre de grado, capirona Recoleccion sostenible de aguaje Uso sostenible de recursos del área por grupos de mujeres para elaboración de artesanías (tejidos y cerámicas) Cultivos agrícolas de baja escala	Ser vecinos de un área protegida Ser el "primer puesto de vigilancia" Tener más posibilidades de mejorar su calidad de vida a través del manejo de recursos naturales Evitar el ingreso de empresas petroleras y problemas con madereros y pescadores comerciales Incursionar en la crianza de peces y manejo forestal con fines maderables
C.N. Callería	Río Callería	Shipibo & Iskonawa	Miembros de la comunidad son dirigentes de FECONAU Comité de Manejo Forestal Comité de Pesca Comité de Artesanías Colaboración estrecha con otras comunidades nativas Alta participación comunal para la ejecución de obras publicas Centro poblado ordenado, residuos procesados	Uso sostenible de recursos de suelo y de monte para la elaboración de artesanías Tramitando la certificación forestal voluntaria Manejo de paiche	Controlar acceso al área Mantener su cultura y su lengua materna Mantener equidad de genero: "Las mujeres también podemos ser guardaparques." Dar mejor valor agregado a la madera

Social assets that were identified during the social inventory of nine settlements near the Zona Reservada Sierra del Divisor from 2 to 22 August 2005. Compiled by A. Nogués.

SOCIAL ASSETS					
Community	**Watershed**	**Ethnicity**	**Assets**		**Vision for the future**
			Organizational	Resource Use	
Comunidad Nativa San Mateo	Río Abujao	Asheninka	Communal work groups Rapid mobilization of community members to address threats	Subsistence use of variety of natural resources Titled lands sufficient for current local use Small-scale, low-impact wood extraction	Protect their resources from commercial timber and mining interests that threaten the area Maintain their culture and language Increase populations of medicinal and important fruiting plants
C.N. Patria Nueva	Río Callería	Shipibo	Local fishing watchgroup to protect river resources (COLOVIPE) Mothers Club Capacity to relate to and coordinate with external institutions Biohuerto Sanitation board Collaboration with neighboring communities Weekly communal work efforts	Reforestation with native species (*bolaina, caoba, cedro, sangre de grado, capirona*) Sustainable harvest of *aguaje* palms Sustainable use of local resources in women's arts and crafts Small-scale agricultural activities	Neighbor to a protected area Establish the first control post for the protected area Improve their quality of life through managing natural resources Avoid problems with commercial timber and mining interests; avoid incursions by petroleum companies Begin pisciculture and forest management activities
C.N. Callería	Río Callería	Shipibo & Iskonawa	Members of the community serve as leaders within FECONAU (Federación de Comunidades Nativas del Alto Ucayali) Forest management committee Fishing committee Artisan committee Collaboration with other native communities Communal work groups Organized and clean town	Sustainable use of local resources in arts and crafts Implementing voluntary forestry certification Managing *paiche* fish populations	Control access to the area Maintain their culture and language Maintain gender equality: "Women can be park guards, too." Get value-added benefits from timber

Fortalezas Sociales/
Social Assets

FORTALEZAS SOCIALES					
Comunidad	Cuenca	Etnia	Fortalezas		Visión para el futuro
			Organizacionales	Uso de Recursos	
Caserío Vista Alegre	Río Callería	Mestizos	Solicitud en tramite para el ordenamiento de un permiso de aprovechamiento forestal maderable bajo modalidad de bosque local	—	Cuidar las aguas para el consumo humano con presencia de peces para autoconsumo
Caserío Guacamayo	Río Callería	Mestizos	Organización efectiva para la comercialización sostenible del irapai Buenas relaciones con concesionarios vecinos Hombres y mujeres trabajan juntos para juntar hojas y en la elaboración de techos Realizan trabajos comunales	Aprovechamiento sostenible de irapai para confección de techos Aprovechamiento de pona como insumo para los paños Producción agrícola y pecuaria de baja escala, para auto consumo; utilizan anzuelo para pescar	Apoyar la propuesta de un área protegida Participar en el cuidado y protección del área protegida
C.N. Limón Cocha	Río Tapiche	Kapanawa	Trabajo diario en mingas, organizado por las autoridades de la comunidad Club de Madres Club Deportivo, mediante el cual se fortalecen las relaciones con vecinos, incluyendo Buenas Lomas (Matsés) Presencia continua en la comunidad	Actividades productivas de baja escala para el autoconsumo	Participar en la protección del bosque Realizar reforestación Permanecer en el área, particularmente los jóvenes Mantener el idioma Kapanawa
Caserío Bellavista	Río Tapiche	Mestizos	Autoridades con alta capacidad de realizar gestiones con instituciones externas Ejecución de acciones conjuntas en base a una organización efectiva	Conocimiento profundo de su jurisdicción y de la cuenca alta del R.Tapiche Extracción artesanal de madera, que es selectiva y de bajo impacto; rechazo a la extracción con tractores; dejan árboles de diámetros menores al DMC Le dan valor agregado a la producción de la yuca; elaboración de farinha y tapioca de buena calidad	Permanecer en el lugar Evitar actividad de madera mecanizada Repoblar áreas intervenidas con maderas de especies de valor comercial

SOCIAL ASSETS					
Community	**Watershed**	**Ethnicity**	**Assets**		**Vision for the future**
			Organizational	Resource Use	
Caserío Vista Alegre	Río Callería	Mestizos	Applied for permits to manage timber resources in their local forest	—	Protect water and fish resources for human consumption
Caserío Guacamayo	Río Callería	Mestizos	Effective organization to sustainably manage *irapay* palm commerce Collaboration with neighboring communities Men and women working together to build roofs Communal work groups	Sustainable harvest of *irapay* palms Sustainable harvest of *pona* palms Small-scale agriculture and fishing for local consumption; fishing with hook-and-line	Support the protected area proposal Participate in the protection and care of the protected area
C.N. Limón Cocha	Río Tapiche	Kapanawa	Daily communal work practices organized by local authorities Mothers Club Athletic organization that strengthens relationship with neighboring communities, including Buenas Lomas (Matsés) Continuous presence in community	Small-scale agricultural activities for local consumption	Participate in the protection of the forest Implement reforestation Remain in the area, particularly young people Maintain their culture and language
Caserío Bellavista	Río Tapiche	Mestizos	Capacity to relate to and coordinate with external institutions Well-organized communal activities	Profound knowledge of their jurisdiction in the Río Tapiche watershed Selective low-impact harvest of artisanal woods; no extraction using tractors, and leave trees that are smaller than minimum cutting limits Manioc production with value-added products such as *farinha* and high quality tapioca	Remain in the area Avoid mechanized timber extraction Reforest disturbed areas with commercial timber species

FORTALEZAS SOCIALES					
Comunidad	**Cuenca**	**Etnia**	**Fortalezas**		**Visión para el futuro**
			Organizacionales	Uso de Recursos	
C.N. Canchahuaya	Río Ucayali	Shipibo-Conibo	Trabajo diario en minga, de modo rotativo Coordinaciones diarias para las mingas	Contratos de corto plazo (1–2 años) para extraer madera, con reforestación de las especies extraídas; hace 2 años que se ha vencido el ultimo contrato y ya no extraen Bajo nivel de caza durante el año (1 animal por mes por familia) excepto en época de carnaval (enero y febrero) cuando el consumo aumenta Consumo de recursos en baja escala (autoconsumo) poca participación en mercados	Participar en la protección del bosque Quedarse en la comunidad (incluyendo los jóvenes)
Caserio Canelos	Río Ucayali	Mestizos	Capacidad efectiva para realizar gestiones con instituciones	Conocimiento de actividades agrícolas y pecuarias (arroz, chiclayo, maíz, coco, ganado vacuno, porcino) Construcción de viviendas utilizando recursos del bosque (palmeras, madera redonda, tamshi)	Proteger el área con colaboración de instituciones con apoyo del gobierno regional

SOCIAL ASSETS					
Community	**Watershed**	**Ethnicity**	**Assets**		**Vision for the future**
			Organizational	Resource Use	
C.N. Canchahuaya	Río Ucayali	Shipibo-Conibo	Daily communal work practices, on rotating schedule Daily coordination of communal work	Short-term logging contracts (1–2 yr), with reforestation of extracted species; last contract expired two years prior, and they are no longer logging Low-level hunting (1 animal/month/family) except during carnaval (January, February) when hunting increases Little participation in markets; small-scale resource extraction for local consumption	Participate in the protection of the forest Remain in the area, particularly young people
Caserio Canelos	Río Ucayali	Mestizos	Capacity to relate to and coordinate with external institutions	Strong knowledge of agricultural and fishing activities (rice, *chiclayo*, corn, coconut, pigs, cattle) Homes constructed from forest products (palms, *madera redonda*, *tamshi* vines)	Collaborate with other institutions and the regional government to protect the area

LITERATURA CITADA/LITERATURE CITED

Álvarez A., J. 2002. Characteristic avifauna of white-sand forests in northern Peruvian Amazonía. Master's thesis, Louisiana State University, Baton Rouge.

Álvarez A., J. 2005. Evaluación rápida de la avifauna de las Sierras de Contamana. Octubre del 2004. Pp. 30-40 en Evaluación rápida en las Sierras de Contamana. Octubre del 2004. ProNaturaleza/Centro de Datos para la Conservación, Lima.

Álvarez A., J., and B. M. Whitney. 2001. A new *Zimmerius* tyrannulet (Aves: Tyrannidae) from white-sand forests of northern Amazonian Peru. Wilson Bulletin 113:1-9.

Álvarez A., J., and B. M. Whitney. 2003. New distributional records of birds from white-sand forests of the northern Peruvian Amazon, with implications for biogeography of northern South America. Condor 105:552–566.

Alverson, W. S., R. B. Foster, J. Urrelo, J. Rojas, D. Ayaviri, y/and A. Sota. 2003. Flora y vegetación/Flora and vegetation. Pp. 34-40, 83-89 en/in W. S. Alverson, D. K. Moskovits, y/and I. C. Halm, eds. Bolivia: Pando, Federico Román, Rapid Biological Inventories Report 06. The Field Museum, Chicago.

Amanzo, J. 2006. Mamiferos medianos y grandes/Medium and large mammals. Pp. 98-106, 205-213 en/in C. Vriesendorp, N. Pitman, J. I. Rojas M., B. A. Pawlak, L. Rivera C., L. Calixto M., M. Vela C., y/and P. Fasabi R., eds. Perú: Matsés. Rapid Biological Inventories Report 16. The Field Museum, Chicago.

Aquino, R., and F. Encarnacion. 1994. Primates of Peru. Primate Report 40:1-127.

Baldwin, J. D., and J. I. Baldwin. 1971. Squirrel monkeys (*Saimiri*) in natural habitats in Panama, Colombia, Brazil, and Peru. Primates 12:45-61.

Barnett, A. A., and D. Brandon-Jones. 1997. The ecology, biogeography and conservation of the uakaris, *Cacajao* (Pitheciinae). Folia Primatologica 68:223-235.

Barthem, R., M. Goulding, B. Fosberg, C. Cañas, and H. Ortega. 2003. Aquatic ecology of the Río Madre de Dios. Scientific bases for Andes-Amazon headwaters conservation. Asociacion para la Conservación de la Cuenca Amazónica (ACCA)/ Amazon Conservation Association (ACA), Lima, Peru.

Bellido B., E. 1969. Sinopsis de la geologiá del Perú. Boletín del Instituto geológico, minero y metalúrgico [INGEMMET], Seria A, Carta Geológica Nacional 22. Lima, Peru.

Bockmann, F. and G. M. Guazzelli. 2003. Family Heptapteridae. Pp. 406-431 in R. E. Reis, S. O. Kullander, and C. J. Ferraris Jr., eds. Checklist of the freshwater fishes of South America and Central America. EDIPUCRS, Porto Alegre, Brasil.

Campbell, K. E., M. Heizler, C. D. Frailey, L. Romero-Pittman, and D. R. Prothero. 2001. Upper Cenozoic chronostratigraphy of the southwestern Amazon Basin. Geology 29:595-598.

Christen, A. 1999. Survey of Goeldi's monkeys (*Callimico goeldii*) in northern Bolivia. Folia Primatologica 70:107-111.

CITES 2005. Appendices I, II and III (*www.cites.org*, 13 September 2005). Convention on International Trade in Endangered Species of Wild Fauna and Flora, Geneva.

Crump, M. L. 1974. Reproductive strategies in a tropical anuran community. University of Kansas Museum of Natural History Miscellaneous Publications 61:1-68.

Daly. H. E. 1996. Beyond growth: the economics of sustainable development. Beacon Press, Boston.

Daly, H. E., and J. B. Cobb Jr. 1989. For the common good: redirecting the economy toward community, the environment, and a sustainable future. Beacon Press, Boston.

de Rham, P., M. Hidalgo, y/and H. Ortega. 2001. Peces/Fishes. Pp. 64-69, 137-141 en/in W. S. Alverson, L. O. Rodríguez, y/and D. K. Moskovits, eds. Perú: Biabo-Cordillera Azul. Rapid Biological Inventories Report 02. The Field Museum, Chicago.

Dixon, J. R., and P. Soini. 1986. The reptiles of the upper Amazon basin, Iquitos Region, Peru. Second edition. Milwaukee Public Museum, Milwaukee.

Duellman, W. E. 1978. The biology of an equatorial herpetofauna in Amazonian Ecuador. Miscellaneous Publications of the University of Kansas Museum of Natural History 65:1-352.

Duellman, W. E. 1990. Herpetofaunas in Neotropical rainforests: Comparative composition, history and resource use. Pp. 455-505 in A. H. Gentry, ed. Four neotropical rainforests. Yale University Press, New Haven.

Duellman, W. E., and A. W. Salas. 1991. Annotated checklist of the amphibians and reptiles of Cuzco Amazonico, Peru. Occasional Papers of the University of Kansas Museum of Natural History, 143:1-13.

Duellman, W. E., and J. R. Mendelson III. 1995. Amphibians and reptiles from northern Departamento Loreto, Peru: Taxonomy and biogeography. University of Kansas Science Bulletin 55:329-376.

Dumont, J. F. 1993. Lake patterns as related to neotectonics in subsiding basins: the example of the Ucamara Depression, Peru. Tectonophysics 222:69-78.

Dumont, J. F. 1996. Neotectonics of the Subandes-Brazilian Craton boundary using geomorphological data: the Marañón and Beni Basins. Tectonophysics 259:137-151.

Emmons, L. H., and F. Feer. 1997. Neotropical rainforest mammals. Second edition. University of Chicago Press, Chicago.

Fine, P. V. A. 2004. Herbivory and the evolution of habitat specialization in Amazonian forests. Doctoral thesis, University of Utah, Salt Lake City.

Fine, P. V. A., D. C. Daly, G. V. Muñoz, I. Mesones, and K. M. Cameron. 2005. The contribution of edaphic heterogeneity to the evolution and diversity of Burseraceae trees in the western Amazon. Evolution 59:1464-1478.

Fine, P., N. Dávila, R. Foster, I. Mesones, y/and C. Vriesendorp. 2006. Flora y vegetación/Flora and vegetation. Pp. 63-74, 174-183 en/in Vriesendorp, C., N. Pitman, J. I. Rojas M., B. A. Pawlak, L. Rivera C., L. Calixto M., M. Vela C., y/and P. Fasabi R., eds. 2006. Perú: Matsés. Rapid Biological Inventories Report 16. The Field Museum, Chicago.

Fleck, D. W., and J. D. Harder. 2000. Matses Indian rainforest habitat classification and mammalian diversity in Amazonian Peru. Journal of Ethnobiology 20:1-36.

Foster, R., H. Beltán, and W. S. Alverson. 2001. Flora y vegetación/Flora and vegetation. Pp. 50-64, 124-137 en/in W. S. Alverson, L. O. Rodríguez, y/and D. K. Moskovits, eds. Perú: Biabo-Cordillera Azul. Rapid Biological Inventories Report 02. The Field Museum, Chicago.

Fowler, H. W. 1945. Los peces del Perú. Catálogo sistemático de los peces que habitan en aguas peruanas. Museo de Historia Natural "Javier Prado," Lima.

FPCN/CDC. 2001. Evaluación ecológica rápida de las Sierras de Contamana y El Divisor. Informe no publicado (unpublished report). ProNaturaleza-Fundación para la Conservación del la Naturaleza/Centro de Datos para la Conservación, Lima.

FPCN/CDC. 2005. Evaluación rápida en las Sierras de Contamana. Octubre del 2004. Informe no publicado (unpublished report). ProNaturaleza-Fundación para la Conservación del la Naturaleza/Centro de Datos para la Conservación, Lima.

Gamboa Balbín, C. 2006. Reservas Territoriales del Estado a favor de los pueblos indígenas en aislamiento voluntario o contacto inicial. Derecho, Ambiente y Recursos Naturales (DAR), Lima.

Gentry, A. H., y Ortiz, S. R. 1993. Patrones de composición florística en la Amazonía Peruana. Pp. 155-166 en R. Kalliola, M. Puhakkaa, and W. Danjoy, eds. Amazonía Peruana: vegetación húmeda tropical en el llano subandino. Proyecto Amazonía de la Universidad Turku y Oficinal Nacional de Evaluación de Recursos Naturales. Turun Yliopisto [University of Turku], Turku, Finland.

Gordo, M., G. Knell, y/and D. E. Rivera G. 2006. Anfibios y reptiles/Amphibians and reptiles. Pp. 83-88, 191-196 en/in C. Vriesendorp, N. Pitman, J. I. Rojas M., B. A. Pawlak, L. Rivera C., L. Calixto M., M. Vela C., y/and P. Fasabi R., eds. Perú: Matsés. Rapid Biological Inventories Report 16. The Field Museum, Chicago.

Haffer, J. 1997. Contact zones between birds of southern Amazonía. Pp. 281-305 in J. V. Remsen Jr., ed. Studies in Neotropical ornithology honoring Ted Parker. Ornithological Monographs 48. American Ornithologists' Union, Washington, D.C.

Hershkovitz, P. 1987. Uacaries, New World monkeys of the genus Cacajao (Cebidae: Platyrrhini): a preliminary taxonomic review with the description of a new subspecies. American Journal of Primatology 12:1-53.

Hershkovitz, P. 1988. Origin, speciation, and distribution of South American titi monkeys, genus Callicebus (family Cebidae, Platyrrhini). Proceedings of the Academy of Natural Sciences of Philadelphia 140:240-272.

Hice, C. L., P. M. Velazco, and M. R. Willig. 2004. Bats of the Reserva Nacional Allpahuayo-Mishana, northeastern Peru, with notes on community structure. Acta Chiropterologica 6:319-334.

Hidalgo, M., y/and R. Olivera. 2004. Peces/Fishes. Pp. 62-67, 148-152 en/in Pitman, N., R. C. Smith, C. Vriesendorp, D. Moskovits, R. Piana, G. Knell, y/and T. Watcher, eds. Perú: Ampiyacu, Apayacu, Yaguas, Medio Putumayo. Rapid Biological Inventories Report 12. The Field Museum, Chicago.

Hidalgo, M., y/and R. Quispe. 2005. Peces/Fishes. Pp. 84-92, 192-198 en/in C. Vriesendorp, L. Rivera C., D. Moskovits y/and J. Shopland, eds. Perú: Megantoni. Rapid Biological Inventories Report 15. The Field Museum, Chicago.

Hidalgo, M., y M. Velásquez. 2006. Peces/Fish. Pp. 74-83, 184-191 en/in Vriesendorp, C., N. Pitman, J. I. Rojas M., B. A. Pawlak, L. Rivera C., L. Calixto M., M. Vela C., y/and P. Fasabi R., eds. 2006. Perú: Matsés. Rapid Biological Inventories Report 16. The Field Museum, Chicago.

Hilty, S. L. 2003. Birds of Venezuela. Second edition. Princeton University Press, Princeton.

Hoorn, C. 1994. Fluvial paleoenvironments in the intracratonic Amazonas Basin (Early Miocene-early Middle Miocene, Colombia). Palaeogeography, Palaeoclimatology, Palaeoecology 109:1-54.

Hoorn, C. 1996. Miocene deposits in the Amazonian Foreland Basin. Science 273:122-123.

Hoorn, C., J. Guerrero, G. A. Sarmiento, and M. A. Lorente. 1995. Andean tectonics as a cause for changing drainage patterns in Miocene northern South-America. Geology 23:237-240.

Hu, D.-S., L. Joseph, and D. Agro. 2000. Distribution, variation, and taxonomy of Topaza hummingbirds (Aves: Trochilidae). Ornitológia Neotropical 11:123-142.

Hutson, A. M., S. P. Mickleburgh, and P. A. Racey, compilers. 2001. Microchiropteran bats: global status survey and action plan. IUCN/SSC Chiroptera Specialist Group. The World Conservation Union, Gland and Cambridge.

IGM. 1977. Mapa geológico del Perú (y sinopsis explicativa). Instituto de Geologiá y Minería del Perú, Lima.

INRENA. 2004. Categorización de especies amenazadas de fauna silvestre. Decreto Supremo 034-2004-AG (http://www.inrena.gob.pe/iffs/biodiv/catego_fauna_amenazada.pdf). Instituto Nacional de Recursos Naturales, Lima.

Isler, M. L., J. Álvarez A., P. R. Isler, and B. M. Whitney. 2001. A new species of Percnostola antbird (Passeriformes: Thamnophilidae) from Amazonian Peru, and an analysis of species limits within Percnostola rufifrons. Wilson Bulletin 113:164-176.

Isler, P. R., and B. M. Whitney. 2002. Songs of the antbirds. Thamnophilidae, Formicariidae, and Conopophagidae [compact discs]. Macaulay Library of Natural Sounds. Cornell Laboratory of Ornithology, Ithaca.

IUCN. 2004. 2004 IUCN Red List of threatened species (www.redlist.org). The World Conservation Union, Gland and Cambridge.

James, D. E. 1978. Subduction of Nazca Plate beneath central Peru. Geology 6:174-178.

Karr, J. R., S. K. Robinson, J. G. Blake, and R. O. Bierregaard, Jr. 1990. Birds of four neotropical forests. Pp. 237-269 in A. H. Gentry, ed. Four neotropical rainforests. Yale University Press, New Haven.

Klammer, G. 1984. The relief of the extra-Andean Amazon basin. Pp. 47-83 in H. Sioli, ed. The Amazon: limnology and landscape ecology of a mighty tropical river and its basin. Dr. W. Junk Publishers, Dordrecht.

Lamar, W. 1998. A checklist with common names of the reptiles of the Peruvian lower Amazon (www.greentracks.com). GreenTracks, Durango, Colorado.

Lane, D. F., T. Pequeño, y/and J. Flores V. 2003. Aves/Birds. Pp. 67-73, 150-156 en/in N. Pitman, C. Vriesendorp, and D. Moskovits, eds. Perú: Yavarí. Rapid Biological Inventories Report 11. The Field Museum, Chicago.

Latrubesse, E. M., and A. Rancy. 2000. Neotectonic influence on tropical rivers of southwestern Amazon during the Late Quaternary: The Moa and Ipixuna River basins, Brazil. Quaternary International 72:67-72.

Marín A., M., and F. G. Stiles. 1992. On the biology of five species of swifts (Apodidae, Cypseloidinae) in Costa Rica. Proceedings of the Western Foundation of Vertebrate Zoology 4:287-351.

Mayer, J. J., and R. M. Wetzel. 1987. Tayassu pecari. Mammalian Species 293:1-7.

Mones, A., and J. Ojasti. 1986. Hydrochoerus hydrochaeris. Mammalian Species 264:1-7.

O'Neill, J. P., C. A. Munn, and I. Franke J. 1991. Nannopsittaca dachilleae, a new species of parrotlet from eastern Peru. Auk 108:225-229.

O'Neill, J. P., y D. L. Pearson. 1974. Estudio preliminar de las aves de Yarinacocha, Departamento de Loreto, Perú. Publicaciones del Museo de Historia Natural "Javier Prado," Series A Zoología 25.

Ortega, H., y F. Chang. 1998. Peces de aguas continentales del Perú. Pp. 151-160 en G. Haffter, ed. La diversidad biológica de Iberoamérica III. Volumen especial de ActaZoológica Mexicana, nueva serie. Instituto de Ecología, A.C., Xalapa.

Ortega, H., W. Gutierrez, C. Cruz, y J. Guevara. 1977. Ictiofauna de la zona de Pucallpa (Loreto). Dirección de Investigaciones Hidrobiológicas, Ministerio de Pesquería publicación 30. Dirección General de Investigación Científica y Tecnológica, Lima.

Ortega, H., M. Hidalgo, y/and G. Bertiz. 2003. Peces/Fishes. Pp. 59-63, 143-146 en/in N. Pitman, C. Vriesendorp, y/and D. Moskovits, eds. Perú: Yavarí. Rapid Biological Inventories Report 11. The Field Museum, Chicago.

Ortega, H., M. McClain, I. Samanez, B. Rengito, M. Hidalgo, E. Castro, J. Riofrio and L. Chocano. 2003. Fish diversity, habitats and conservation of Pachitea River Basin in Peruvian Rainforest. Oral presentation at the June-July 2003 Joint Meeting of Ichthyologists and Herpetologists in Manaus, Brazil.

Ortega, H., and R. P. Vari. 1986. Annotated checklist of the freshwater fishes of Peru. Smithsonian Contributions to Zoology 437:1-25.

Patton, J. L., M. N. F. da Silva, and J. R. Malcolm. 2000. Mammals of the Rio Juruá and the evolutionary and ecological diversification of Amazonia. Bulletin of the American Museum of Natural History 244:1-306.

Peres, C. A. 1999. Effects of subsistence hunting and forest types on the structure of Amazonian primate communities. Pp. 268-283 in J. G. Fleagle, C. H. Janson, and K. E. Reed, eds. Primate Communities. Cambridge University Press, Cambridge.

Phillips, O., R. Vásquez, P. Núñez, A. Monteagudo, M. Chuspe, W. Sanchez, A. Peña, M. Timana, M. Yli-Halla, and S. Rose. 2003. Efficient plot-based floristic assesment of tropical forest. Journal of Tropical Ecology 19:629-645.

Pitman, N., H. Beltrán, R. Foster, R. García, C. Vriesendorp, y/and M. Ahuite. 2003. Flora y vegetación/Flora and vegetation. Pp. 52-59, 137-143 en/in N. Pitman, C. Vriesendorp, y/and D. Moskovits, eds. Perú: Yavarí. Rapid Biological Inventories Report 11. The Field Museum, Chicago.

Porter, L. M. 2004. Forest use and activity patterns of *Callimico goeldii* in comparison to two sympatric tamarins, *Saguinus fuscicollis* and *Saguinus labiatus*. American Journal of Physical Anthropology 124:139-153.

Porter, L. M., A. M. Hanson, and E. Nacimento Becerra. 2001. Group demographics and dispersal in a wild group of Goeldi's monkeys (*Callimico goeldii*). Folia Primatologica 72:108-110.

Puertas, P., and R. E. Bodmer. 1993. Conservation of a high diversity primate assemblage. Biodiversity and Conservation 2:586-593.

Reis, R. E., S. O. Kullander, and C. J. Ferraris, eds. 2003. Checklist of the freshwater fishes of South America and Central America. EDIPUCRS, Porto Alegre.

Ribeiro, J. E. L. S., M. J. G. Hopkins, A. Vicentini, C. A. Sothers, M. A. S. Costa, J. M. de Brito, M. A. D. De Souza, L. H. P. Martins, L. G. Lohmann, P. A. C. L. Assunção, E. da C. Pereira, C. F. da Silva, M. R. Mesquita, y/and L. C. Procópio. 1999. Flora da Reserva Ducke: guia de identificação das plantas vasculares de uma floresta de terra-firme na Amazônia Central. INPA-DFID, Manaus.

Rigo de Righi, M., and G. Bloomer. 1975. Oil and gas developments in the Upper Amazon Basin—Colombia, Ecuador, and Peru. Pp. 181-192 in Proceedings of the Ninth World Petroleum Congress. Volume 3. Exploration and transportation. Applied Science Publishers, London.

Rivera G., C. F. 2005. Evaluación rápida de anfibios y reptiles de las Sierras de Contamana. Octubre del 2004. Pp. 25-29 en Evaluación rápida en las Sierras de Contamana. Octubre del 2004. Informe no publicado (unpublished report). ProNaturaleza/Centro de Datos para la Conservación, Lima.

Robbins, M.B., A.P. Capparella, R. S. Ridgely, and S.W. Cardiff. 1991. Avifauna of the Río Mantí and Quebrada Vainilla, Peru. Proceedings of the Academy of Natural Sciences, Philadelphia 143:145-159.

Roca, R.L. 1994. Oilbirds of Venezuela: ecology and conservation. Publications of the Nuttall Ornithological Club 24. Nuttall Ornithological Club, Cambridge.

Rodríguez, L. O. 1992. Structure et organisation du peuplement d´anoures de Cocha Cashu, Parc National Manu, Amazonie Péruvienne. Revue d'Ecologie 47:151-197.

Rodríguez, L. O., ed. 1996. Diversidad biologica del Perú: zonas prioritarias para su conservación. Instituto Nacional de Recursos Naturales, Lima.

Rodríguez, L. O., and J. E. Cadle. 1990. A preliminary overview of the herpetofauna of Cocha Cashu, Manu National Park, Peru. Pp. 410-425 in A. H. Gentry, ed. Four neotropical rainforests. Yale University Press, New Haven.

Rodríguez, L. O., and W. E. Duellman. 1994. Guide to the frogs of the Iquitos Region, Amazonian Peru. University of Kansas Natural History Museum Special Publication 22. University of Kansas Natural History Museum, Lawrence.

Sabino, J. e R. M. C. Castro. 1990. Alimentação, período de atividade e distribuição espacial dos peixes de um riacho da Floresta Atlântica (Sudeste do Brasil). Revista Brasileira de Biologia 50:23-36.

Simmons, N. B., and R. S. Voss. 1998. The mammals of Paracou, French Guiana: a neotropical lowland rainforest fauna. Part 1. Bats. Bulletin of the American Museum of Natural History 237:1-219.

Souza, M. B. 1997. "Avaliação Ecológica Rápida": Herpetofauna (Amphibia e Reptilia). Em Plano de manejo do Parque Nacional da Serra do Divisor. Informe não publicado (unpublished report). Universidade Federal do Acre e S.O.S. Amazônia, Rio Branco.

Souza, M. B. 2003. Diversidade de anfíbios nas unidades de conservação ambiental: Reserva Extrativista do Alto Juruá (REAJ) e Parque Nacional da Serra do Divisor (PNSD), Acre—Brasil. Tese de doutorado (doctoral thesis). Universidade Estadual Paulista, Rio Claro.

Spichiger, R., P. Loizeau, C. Latour, and G. Barriera. 1996. Tree species richness of south-western Amazonian forest (Jenaro Herrera, Perú). Candollea 51:559-577.

Stallard, R. F. 1985. River chemistry, geology, geomorphology, and soils in the Amazon and Orinoco basins. Pp. 293-316 in J. I. Drever, ed. The chemistry of weathering. NATO ASI Series C: Mathematical and Physical Sciences 149. D. Reidel Publishing Co., Dordrecht.

Stallard, R. F. 1988. Weathering and erosion in the humid tropics. Pp. 225-246 in A. Lerman and M. Meybeck, eds. Physical and chemical weathering in geochemical cycles. NATO ASI Series C: Mathematical and Physical Sciences 251. Kluwer Academic Publishers, Dordrecht.

Stallard, R. F. 2006. Procesos del paisaje: geología, hidrología, y suelos/Landscape processes: geology, hydrology, and soils. Pp. 57-63, 168-174 en/in C. Vriesendorp, N. Pitman, J. I. Rojas M., B. A. Pawlak, L. Rivera C., L. Calixto M., M. Vela C., y/and P. Fasabi R., eds. Perú: Matsés. Rapid Biological Inventories Report 16. The Field Museum, Chicago.

Stallard, R. F., and J. M. Edmond. 1981. Geochemistry of the Amazon. 1. Precipitation chemistry and the marine contribution to the dissolved load at the time of peak discharge. Journal of Geophysical Research 86:9844-9858.

Stallard, R. F., and J. M. Edmond. 1983. Geochemistry of the Amazon. 2. The influence of geology and weathering environment on the dissolved load. Journal of Geophysical Research 88:9671-9688.

Stallard, R. F., and J. M. Edmond. 1987. Geochemistry of the Amazon. 3. Weathering chemistry and limits to dissolved inputs. Journal of Geophysical Research 92:8293-8302.

Stallard, R. F., L. Koehnken, and M. J. Johnsson. 1991. Weathering processes and the composition of inorganic material transported through the Orinoco River system, Venezuela and Colombia. Geoderma 51:133-165.

Stewart, J. W. 1971. Neogene peralkaline igneous activity in eastern Peru. Geological Society of America Bulletin 82:2307-2312.

Stotz, D. F., y/and T. Pequeño. 2006. Aves/Birds. Pp. 88-98, 197-205 en/in C. Vriesendorp, N. Pitman, J. I. Rojas M., B. A. Pawlak, L. Rivera C., L. Calixto M., M. Vela C., y/and P. Fasabi R., eds. Perú: Matsés. Rapid Biological Inventories Report 16. The Field Museum, Chicago.

Terborgh, J., and E. Andresen. 1998. The composition of Amazonian forests: Patterns at local and regional scales. Journal of Tropical Ecology 14:645-664.

Terborgh, J. W., J. W. Fitzpatrick, and L. Emmons. 1984. Annotated checklist of bird and mammal species of Cocha Cashu Biological Station, Manu National Park, Peru. Fieldiana: Zoology (new series) 21.

Thomsen, J. 1999. Looking for the hotspots (http://www.iucn.org/bookstore/Bulletin/2-1999/eng/hotspots.pdf). World Conservation 2:6-7

Traylor, M. A. Jr. 1958. Birds of northeastern Peru. Fieldiana: Zoology 35:87-141

Trolle, M. 2003. Mammal survey in the Rio Jauaperí region, Rio Negro basin, the Amazon, Brazil. Mammalia 67:75-83.

Vari, R. P. 1998. Higher level phylogenetic concepts within Characiforms (Ostariophysi), a historical review. Pp. 111–122 in L. Malabarba, R. Reis, R. Vari, Z. Lucena, and C. Lucena, eds. Phylogeny and classification of neotropical fishes. EDIPUCRS, Porto Alegre.

Vari, R. P., and A. S. Harold. 1998. The genus *Creagrutus* (Teleostei: Characiformes: Characidae): monophyly, relationship and undetected diversity. Pp. 245–260 in L. Malabarba, R. Reis, R.Vari, Z. Lucena, and C. Lucena, eds. Phylogeny and classification of neotropical fishes. EDIPUCRS, Porto Alegre.

Voss, R. S. and L. H. Emmons. 1996. Mammalian diversity in neotropical lowland rainforests; a preliminary assessment. Bulletin of the American Museum of Natural History 230:1-115.

Vriesendorp, C., N. Pitman, R. Foster, I. Mesones, y/and M. Ríos. 2004. Flora y vegetación/Flora and vegetation. Pp. 54-61, 141-147 en/in N. Pitman, R. C. Smith, C. Vriesendorp, D. Moskovits, R. Piana, G. Knell, y/and T. Wachter, eds. Perú: Ampiyacu, Apayacu, Yaguas, Medio Putumayo. Rapid Biological Inventories Report 12. The Field Museum, Chicago.

Wallace, A. R. 1852. On the monkeys of the Amazon. Proceedings of the Zoological Society of London 20:107-110.

Weitzman, S. H. and R. P. Vari. 1988. Miniaturization in South American freshwater fishes: an overview and discussion. Proceedings of the Biological Society of Washington 101:111 165.

Whitney, B. M., and J. Álvarez A. 1998. A new *Herpsilochmus* antwren (Aves, Thamnophilidae) from northern Amazonian Peru and adjacent Ecuador: the role of edaphic heterogeneity of terra firme forest. Auk 115:559-576.

Whitney, B. M., and J. Álvarez A. 2005. A new species of gnatcatcher from white-sand forests of northern Amazonian Peru with revision of the *Polioptila guianensis* complex. Wilson Bulletin 117:113-127.

Whitney, B. M., D. C. Oren, e D. C. Pimentel Neto. 1996. Uma lista anotada de aves e mamíferos registrados em 6 sítios do setor norte do Parque Nacional da Serra do Divisor, Acre, Brasil: uma avaliação ecológica. Informe não publicado (unpublished report). The Nature Conservancy e S. O. S. Amazônia, Brasilia e Rio Branco.

Whitney, B. M., D. C. Oren, e D. C. Pimentel Neto. 1997. Uma lista anotada de aves e mamíferos registrados em 6 sítios do setor sul do Parque Nacional da Serra do Divisor, Acre, Brasil: uma avaliação ecológica. Informe não publicado (unpublished report). The Nature Conservancy e S. O. S. Amazônia, Brasilia e Rio Branco.

Whitney, B. M., D. C. Oren, and R. T. Brumfield. 2004. A new species of *Thamnophilus* antshrike (Aves: Thamnophilidae) from the Serra do Divisor, Acre, Brazil. Auk 121:1031-1039.

Whittaker, A., A. H. Antoine-Feill S., and R. Scheiel Z. 2004. First confirmed record of Oilbird *Steatornis caripensis* for Brazil. Bulletin of the British Ornithologists' Club 124:106-108.

Whittaker, A., and D. C. Oren. 1999. Important ornithological records from the Rio Juruá, western Amazonia, including twelve additions to the Brazilian avifauna. Bulletin of the British Ornithologists' Club 119:235-260.

Wust, W. H., T. Valqui, y C. Guillén. 1990. Aves registradas en Jenaro Herrera, Iquitos. Boletin de Lima number 69:23-26.

Zimmer, J. T. 1938. A new form of *Crypturellus noctivagus*. Proceedings of the Biological Society of Washington 51:47-51.

Zimmer, J. T. 1950. Studies of Peruvian birds. Number 55. The hummingbird genera *Doryfera, Glaucis, Threnetes*, and *Phaethornis*. American Museum Novitates 1449.

INFORMES ANTERIORES/PREVIOUS REPORTS

Alverson, W. S., D. K. Moskovits, y/and J. M. Shopland, eds. 2000. Bolivia: Pando, Río Tahuamanu. Rapid Biological Inventories Report 01. The Field Museum, Chicago.

Alverson, W. S., L. O. Rodríguez, y/and D. K. Moskovits, eds. 2001. Perú: Biabo Cordillera Azul. Rapid Biological Inventories Report 02. The Field Museum, Chicago.

Pitman, N., D. K. Moskovits, W. S. Alverson, y/and R. Borman A., eds. 2002. Ecuador: Serranías Cofán-Bermejo, Sinangoe. Rapid Biological Inventories Report 03. The Field Museum, Chicago.

Stotz, D. F., E. J. Harris, D. K. Moskovits, K. Hao, S. Yi, and G. W. Adelmann, eds. 2003. China: Yunnan, Southern Gaoligongshan. Rapid Biological Inventories Report 04. The Field Museum, Chicago.

Alverson, W. S., ed. 2003. Bolivia: Pando, Madre de Dios. Rapid Biological Inventories Report 05. The Field Museum, Chicago.

Alverson, W. S., D. K. Moskovits, y/and I. C. Halm, eds. 2003. Bolivia: Pando, Federico Román. Rapid Biological Inventories Report 06. The Field Museum, Chicago.

Kirkconnell P., A., D. F. Stotz, y/and J. M. Shopland, eds. 2005. Cuba: Península de Zapata. Rapid Biological Inventories Report 07. The Field Museum, Chicago.

Díaz, L. M., W. S. Alverson, A. Barreto V., y/and T. Wachter, eds. 2006. Cuba: Camagüey, Sierra de Cubitas. Rapid Biological Inventories Report 08. The Field Museum, Chicago.

Maceira F., D., A. Fong G., y/and W. S. Alverson, eds. 2006. Cuba: Pico Mogote. Rapid Biological Inventories Report 09. The Field Museum, Chicago.

Fong G., A., D. Maceira F., W. S. Alverson, y/and J. M. Shopland, eds. 2005. Cuba: Siboney-Juticí. Rapid Biological Inventories Report 10. The Field Museum, Chicago.

Pitman, N., C. Vriesendorp, y/and D. Moskovits, eds. 2003. Perú: Yavarí. Rapid Biological Report 11. The Field Museum, Chicago.

Pitman, N., R. C. Smith, C. Vriesendorp, D. Moskovits, R. Piana, G. Knell, y/and T. Wachter, eds. 2004. Perú: Ampiyacu, Apayacu, Yaguas, Medio Putumayo. Rapid Biological Inventories Report 12. The Field Museum, Chicago.

Maceira F., D., A. Fong G., W. S. Alverson, y/and T. Wachter, eds. 2005. Cuba: Parque Nacional La Bayamesa. Rapid Biological Inventories Report 13. The Field Museum, Chicago.

Fong G., A., D. Maceira F., W. S. Alverson, y/and T. Wachter, eds. 2005. Cuba: Parque Nacional "Alejandro de Humboldt." Rapid Biological Inventories Report 14. The Field Museum, Chicago.

Vriesendorp, C., L. Rivera Chávez, D. Moskovits, y/and J. Shopland, eds. 2004. Perú: Megantoni. Rapid Biological Inventories Report 15. The Field Museum, Chicago.

Vriesendorp, C., N. Pitman, J. I. Rojas M., B. A. Pawlak, L. Rivera C., L. Calixto M., M. Vela C., y/and P. Fasabi R., eds. 2006. Perú: Matsés. Rapid Biological Inventories Report 16. The Field Museum, Chicago.